Wilhelm Pichler

Die gerichtliche Medizin

nach dem heutigen Standpunkte der Medizin und der Gesetzgebung in ihren Umrissen

dargestellt

Wilhelm Pichler

Die gerichtliche Medizin
nach dem heutigen Standpunkte der Medizin und der Gesetzgebung in ihren Umrissen dargestellt

ISBN/EAN: 9783743323865

Hergestellt in Europa, USA, Kanada, Australien, Japan

Cover: Foto ©berggeist007 / pixelio.de

Manufactured and distributed by brebook publishing software (www.brebook.com)

Wilhelm Pichler

Die gerichtliche Medizin

DIE

GERICHTLICHE MEDIZIN.

NACH DEM HEUTIGEN STANDPUNKTE

DER

MEDIZIN UND DER GESETZGEBUNG

IN IHREN UMRISSEN DARGESTELLT

von

DR. W. PICHLER,

Mitglied der medizinischen Facultäten von Wien und Prag, Redakteur der
Wiener medizinischen Zeitung.

WIEN.

Verlag und Druck von J. B. Wallishausser's k. k. Hoftheater-Druckerei.

1861.

Seit dem Erscheinen der letzten Auflage des Bernt'schen Handbuches der gerichtlichen Arzneikunde, also seit 16 Jahren, ist in Oesterreich kein Werk über forensische Medizin erschienen, das dem Studirenden und dem praktischen Arzte den Standpunkt dieser wichtigen Disziplin vergegenwärtigte. Seit jener Zeit hat die Heilwissenschaft die ungeheuersten Fortschritte gemacht, entsprechend den Postulaten der exacten Forschung ist, wie in dem übrigen Europa, so auch in Oesterreich, der Strafprozess ein anderer geworden, und das Bernt'sche Buch, das kaum in der Bibliothek eines Arztes fehlt, hat seine Brauchbarkeit ganz verloren.

In dem vorliegenden Werke habe ich in gedrängter Kürze, die jedoch meiner Ansicht nach der Vollständigkeit keinen Eintrag thut, die gerichtliche Medizin dem jetzigen Standpunkte der medizinischen Wissenschaft und unserer Gesetzgebung entsprechend bearbeitet. Alles für die Wissenschaft positiv Errungene habe ich darin berührt, während ich das Veraltete, bloss durch Tradition Ueberkommene über Bord warf. Den einzelnen Paragraphen habe ich stets die entsprechenden Gesetzesparagraphe vorangeschickt.

Die Paragraphe über streitige geistige Krankheit entstanden unter der Mitwirkung meines ausgezeichneten Freundes, des Privatdozenten und Directors der Döblinger Irrenanstalt, Dr. Max L e i d e s d o r f, dem ich hiermit öffentlich meinen Dank ausspreche.

Die mitgetheilten Fälle sind fast durchgehends durch Superarbitrien begutachtet, welche dem Leser gleichsam als Typen für analoge Fälle dienen können. Sie sind zum Theil verschiedenen Werken und Journalen, zum Theil den ebenso belehrenden, als mit ausgezeichneter Sachkenntniss redigirten Sammlungen des Professors M a s c h k a entnommen.

Ich war bemüht, durch Klarheit und leichte Verständlichkeit das Buch zu einem allgemein nützlichen zu gestalten, und so übergebe ich es nun der Oeffentlichkeit, glücklich, wenn es den Beifall des Publikums und der Kritik erlangt, zufrieden, wenn es ihm gelingt, sich in der Bibliothek meiner Collegen ein bescheidenes Plätzchen zu erobern.

W i e n, im September 1861.

Dr. **Pichler.**

Inhalt.

Drittes Kapitel.

Untersuchung krankhafter Zustände an Lebenden. (Gerichtliche Pathognosie.)

Viertes Kapitel.

Untersuchung an Todten. (Gerichtliche Thanatologie.)

Fünftes Kapitel.

Untersuchung an Erwachsenen.

Sechstes Kapitel.

Untersuchung an Neugeborenen.

Erstes Kapitel.

Allgemeines.

§. 1.

Die gerichtliche Medizin ist jene medizini- sche Disziplin, welche sich mit der Anwendung allgemein naturwissenschaftlicher oder speciell medizinischer Prinzipien auf zweifelhafte Rechtsfälle befasst; sie ist jene medizinische Doctrin, welche die Untersuchung und Beurtheilung medizinischer Thatsachen zu Zwecken der Legislatur und Rechtssprechung lehrt.

Da die Prinzipien, von welchen die gerichtliche Medizin sich leiten lässt, naturwissenschaftliche und medizinische sind, so ist der Fortschritt derselben enge verbunden mit der fortschreitenden Entwicklung der Naturwissenschaft im Allgemeinen und der Heilkunde im Besonderen.

Der Inhalt der gerichtlichen Medizin entspricht demnach einerseits dem Kulturzustande und der Gesetzgebung, andererseits dem jeweiligen Standpunkte der wissenschaftlichen Medizin. Beispielsweise sei hier z. B. erwähnt, dass in Lehrbüchern der gerichtlichen Medizin noch vom Anfange unseres Jahrhunderts Kapitel über Teufelsbesitzung, Zauberei, Gespenster, etc. vorkommen, und die Zeichen dieser in's Fach der „geistlichen Gerichtsbarkeit" gehörigen Zustände angegeben werden.

§. 2.
Gesetzliche Bestimmungen.

Allg. Strafprozess-Ordnung §. 78. Setzt die Erforschung eines zu untersuchenden Gegenstandes besondere Kenntnisse oder Fertigkeiten voraus, so sind der Erhebung der That Sachverständige und zwar in der Regel zwei beizuziehen. Ist Gefahr am Verzuge oder handelt es sich um einen Fall von geringerer Wichtigkeit, so genügt auch die Beiziehung Eines Sachverständigen. §. 81. Diejenigen Sachverständigen, welche vermöge ihrer bleibenden Anstellung schon im Allgemeinen beeidigt sind, hat der Untersuchungsrichter vor dem Beginne der Amtshandlung an die Heiligkeit des von ihnen abgelegten Eides zu erinnern. Andere Sachverständige müssen vor der Vornahme des Augenscheines eidlich verpflichtet werden.

Gerichtsärzte.   Der Richter bedarf in vielen Fällen, um klare Einsicht in Rechtsverhältnisse zu bekommen, des Ausspruches von Sachverständigen. In allen Fällen, wo zur Aufklärung zweifelhafter Rechtsfälle medizinisches Wissen erforderlich ist, sind die von der Behörde zur Abgabe ihrer Meinung aufgeforderten Experten gebildete Aerzte oder Wundärzte. Von einem Gerichte mit der Untersuchung eines gerichtlichen Falles betraut, heissen sie Gerichtsärzte. Sie werden entweder in jedem einzelnen Falle beeidigt, oder werden, wenn sie angestellt sind, in Amtseid genommen. In juridischer Beziehung sind demnach die Gerichtsärzte nicht Gerichtspersonen, sondern sachverständige Zeugen. Als Zeuge vor Gericht zu erscheinen, wenn er vom Richter dazu berufen ist, dazu verpflichtet jeden Arzt seine Stellung als Staatsbürger. Er untersteht als solcher dem allgemeinen Gesetze, und kann nur im Falle der eigenen Krankheit oder der näheren Verwandtschaft mit einer der Parteien eine ihm übertragene Untersuchung zurückweisen, kann aber sonst von der Behörde zur Ablegung der Zeugenschaft verhalten werden. Würde er sich aus was immer für einer Ursache, z. B. Parteilichkeit, Bestechung zu einer falschen Aussage verleiten lassen, so treffen ihn die Bestimmungen des Strafgesetzes.

§. 3.
Gesetzliche Bestimmung.

Allg. Strafprozess-Ordnung §. 85. Sind aber die Sachverständigen in Bezug auf das Gutachten verschiedener Meinung — — — — —. Sind die Sachverständigen Aerzte oder Chemiker, so ist in solchen Fällen das Gutachten der medizinischen Fakultät der nächstgelegenen Universität einzuholen. Letzteres kann auch dann geschehen, wenn der Gerichtshof wegen der Wichtigkeit des Verbrechens die Einholung eines Fakultätsgutachtens für die Erforschung der Wahrheit für nöthig findet.

Zur Untersuchung und Begutachtung eines Falles Gerichtsärztliche Instanzen. können von der Behörde ein, zwei oder mehr Gerichtsärzte designirt werden. Erscheint der Ausspruch der Gerichtsärzte dem Richter dunkel, unbestimmt, unvollständig, sind bei der Untersuchung Fehler unterlaufen, sind die Aerzte unter sich selbst nicht einig, so wendet sich das Gericht um ein Obergutachten oder Superarbitrium an die medizinische Fakultät, welche demnach die gerichtsärztliche zweite Instanz bildet.

§. 4.

Gesetzliche Bestimmung.

Siehe die weiter unten mitgetheilte Instruction für die öffentlich angestellten Aerzte und Wundärzte.

Geschäfte des Gerichtsarztes bei einer ihm vom Geschäfte des Gerichtsarztes. Gerichte aufgetragenen Untersuchung sind:

1. die Untersuchung selbst,
2. die Abfassung des Protokolls, und
3. die Abgabe des Gutachtens.

Die Untersuchung sei immer möglichst ruhig und vorsichtig, unbefangen und umsichtig, gründlich und erschöpfend; sollte dieselbe durch Einsicht in die Akten gewinnen, so wird der Arzt diese Einsicht verlangen. Das Protokoll dient als Unterlage des Gutachtens und sei deshalb ein treues Spiegelbild der Untersuchung; es sei in Bezug auf seinen Inhalt wahr, sorgfältig und vollständig, in Bezug auf die Form präzis, gefällig und streng logisch gegliedert. Das Gutachten sei klar und verständlich, wissenschaftlich wahr, gewissenhaft und so weit es im einzelnen Falle möglich ist, bestimmt.

§. 5.

Die Untersuchung ist je nach der Natur des zu untersuchenden Gegenstandes verschieden, und lehnt sich an die von dem Richter oder der Behörde zur Beant- Untersuchung.

wortung vorgelegten Fragen. Sie ist bald eine einfache (Inspection), bald eine sehr complicirte (chemische Untersuchung); sie ist bald eine einmalige (Obduction), bald eine mehrmals zu wiederholende (Untersuchung des Geisteszustandes wegen Zurechnungsfähigkeit).

Zeit und Ort derselben. Zeit und Ort der Untersuchung werden gewöhnlich schon von der Behörde bestimmt; ist in dieser Beziehung keine Bestimmung ergangen, so darf die Untersuchung weder übereilt und zu früh, noch auch zu spät, sondern sie soll zur geeigneten Zeit und am geeigneten Orte vorgenommen werden. In gewissen Fällen der Untersuchung an Lebenden, wo der Gerichtsarzt das Opfer einer absichtlichen Täuschung von Seite des zu Explorirenden sein könnte, wird er Zeit und Ort der Untersuchung so wählen, um sich gegen jeden Irrthum sicherzustellen, und vor jeder Täuschung zu schützen.

§. 6.

Protokoll. Das Protokoll, d. i. der formelle Act über den Gegenstand, den Gang und den Befund der Untersuchung, sei wie oben gesagt wurde, ein treues Spiegelbild der Untersuchung. Es soll daher klar und deutlich, gründlich, umsichtig und wahr, vollständig und wohlgeordnet sein. Es enthält den Eingang, den Befund und den Schluss.

Der Eingang enthält den Titel, das Datum, den Ort der Untersuchung und die Namen der amtlich gegenwärtigen Personen, den Auftrag des die Untersuchung veranlassenden Gerichts und das etwa bekannte Anamnestische.

Der Befund bildet den wesentlichen Theil des Untersuchungsprotokolls. Er enthält die Schilderung des Ganges und die Details der Untersuchung und führt in logischer Aufeinanderfolge alle Einzelnheiten auf, wie sie successiv als Resultate der Untersuchung sich ergeben haben. Alles für den vorliegenden Fall positiv oder negativ Wichtige wird eingehend und genau beschrieben, das minder Wichtige und Unwesentliche nur allgemein oder oberflächlich berührt.

Der Schluss enthält die Bemerkung, dass das Protokoll sämmtlichen Anwesenden vorgelesen und von dieser richtig befunden worden sei. Hierauf folgen die Unterschriften.

§. 7.

Gesetzliche Bestimmung.

Allg. Strafprozess-Ordnung §. 261. Ein rechtlicher Beweis kann hergestellt werden: II. durch Gutachten der Sachverständigen.

Das Gutachten oder ärztliche Parere ist die Be- *Gutachten.* antwortung der von Seite des Gerichtes über den Gegenstand der Untersuchung vorgelegten Fragen. Es bildet zum Theil die Grundlage des richterlichen Urtheils, da es dem Richter die klare Einsicht in den zweifelhaften Fall verschafft. Das erste Attribut des Gutachtens ist daher die Gewissenhaftigkeit. Dem auf wissenschaftlichen Prinzipien beruhenden Ausspruche des Gerichtsarztes müssen immer die Resultate der Untersuchung als Basis dienen, und es darf aus diesen nie mehr gefolgert werden, als in der That aus ihnen hervorgeht. Deshalb muss sich in dem Gutachten auch stets auf die einzelnen Punkte des Untersuchungsprotokolls bezogen werden. Die Aussprüche des Gerichtsarztes sollen sich immer an die Frage halten, dieselbe weder umgehen, noch über diese hinausgehen. Es werde daher nie mehr geantwortet, als gefragt wurde; aber die Antwort sei klar und deutlich, und für den Richter als Nichtarzt verständlich. Wo möglich sei das Gutachten ein bestimmtes; wo ein positives Gutachten auf Grundlage der Untersuchung nicht möglich ist, wird der Gerichtsarzt sich auf ein reservirtes oder unbestimmtes Gutachten beschränken müssen oder geradezu angeben, dass ein wissenschaftlicher Ausspruch unmöglich sei.

Wenn mehrere Aerzte zur Begutachtung eines Falles designirt wurden, so werden sie sich, da sie das Gutachten gemeinschaftlich zeichnen, über den Fall einigen müssen. Kömmt eine Einigung unter ihnen nicht zu Stande, so wird der zweite Gerichtsarzt seine abweichende Meinung in einem Sondergutachten durch ein Separatvotum darthun.

In einfachen Fällen wird das Gutachten unmittelbar dem Protokoll beigefügt; in komplicirteren Fällen nach 24 Stunden oder noch später abgegeben. Immerhin wird es gut sein, im letzteren Falle die Ursache der Verzögerung in der Einleitung des Gutachtens anzugeben.

Wenn bei Gerichtsverhandlungen mit öffentlichem und mündlichem Verfahren von dem Gerichtsarzte ein Gutachten mündlich abgegeben wird, so gilt hierfür alles eben Gesagte. Es ist unnöthig, dass der Gerichtsarzt besondere Rednerkünste entfalte; es ist vollkommend genügend, wenn er sich deutlich, klar, bestimmt und verständlich ausspricht, und ohne alle Abweichung immer bei der Sache bleibt.

§. 8.

Beispiel eines einfachen Untersuchungsprotokolls sammt Gutachten.

Erstickung durch einen Spulwurm.

Sectionsprotokoll

Erster Fall.

aufgenommen am 8. Juli 18.. in dem Leichenhause der Gemeinde W. über Auftrag des k. k. ... gerichtes vom 7. Juli 18 . . Z . . . . in Gegenwart der Herren . . . . . . Gegenstand der Untersuchung die Leiche des 28 Jahre alten Eisenbahnarbeiters N. N., welcher am 6. Juli d. J. im Wirthshause Nr. 1 zu P. plötzlich gestorben ist.

A. Aeussere Besichtigung.

1. Der Körper ist der eines starkgebauten und gutgenährten Individuums, und seine ganze Oberfläche zeigt die Haut aufgetrieben, stark gespannt, beim Fingerdrucke knisternd, welche leztere Erscheinungen auf Rechnung der weit vorgeschrittenen Fäulniss zu schreiben sind.

2. Aus derselben Ursache sind folgende Erscheinungen abzuleiten: Das Gesicht ist stark und ungleich geschwellt. Beide Augen durch die starke Geschwulst der Augenlider geschlossen, beide Lippen sind wulstig aufgetrieben, der Mund, aus welchem sich eine röthliche, jauchige Flüssigkeit ergiesst, dadurch weit geöffnet, die

Gesichtshaut ist sehr dunkel, missfärbig und fleckigroth-
braun bis in's Blaufärbige, vielfach befleckt mit einer
schmutzigröthlichen, schmierigen, übelriechenden Flüssigkeit.

3. Die Haut des Halses, des Rumpfes und der
oberen Extremitäten ist hochgradig gespannnt und durch
entwickelte Fäulnissgase theils schmutzig rothbraun, theils
livid gefleckt; die Hautvenen schimmern durch; die
Oberhaut ist theils in Blasen erhoben, theils in Form
schmieriger Fetzen losgelöst.

4. Der Hodensack ist bis zur Kindskopfgrösse geschwellt, fühlt sich prall und knisternd an, und ein gemachter Einschnitt lässt eine grosse Menge übelriechenden Gases austreten.

5. An der linken Wange, 1 Zoll unter dem äussern Augenwinkel, findet sich eine vier Linien lange,
von vorn nach hinten verlaufende, ein Wenig bogen-
förmig mit der Convexität nach aufwärts gekrümmte
Trennung des Zusammenhanges, deren Ränder scharf,
deren Winkel spitz sind. Die nähere Untersuchung dieser Verletzung ergibt, dass sie nur durch die Lederhaut dringt, und dass in ihrer Umgebung und Tiefe
keine Blutergiessung stattgefunden hat.

6. Dicht über der rechten Brustwarze findet sich
in der Haut ein rundlicher, erbsengrosser Substanzverlust mit platten, scharfen, nicht geschwellten Rändern.
Die nähere Untersuchung dieser Stelle zeigt eiterige
Zerstörung des Unterhautzellgewebes im Umfange eines
Silbergroschens und nur in sehr geringer Tiefe; das
ganze Ansehen dieser Trennung des Zusammenhanges
ist das eines kleinen, frisch geöffneten Abszesses.

7. An der hintern Fläche des rechten Oberschenkels, nahe an dem äussern Rande und in der Mitte
dieses Theils gelegen, ist die Haut an einer $1\frac{1}{2}$ Zoll
langen, $\frac{1}{2}$ Zoll breiten, mit dem Längsdurchmesser von
oben nach unten gerichteten Stelle von der Oberhaut
entblösst, rothbraun, pergamentartig vertrocknet. So
viel als die weit vorgeschrittene Fäulniss gestattet, bietet
diese Hautstelle das Bild einer frischen Hautabschürfung.

8. Ausser den beschriebenen befinden sich an der
Körperoberfläche keine Beschädigungen, auch keine

Spuren geleisteter Gegenwehr; doch ist zu bemerken, dass die hochgradig entwickelten Fäulnisserscheinungen eine ganz genaue Beurtheilung des Hautorgans und das Auffinden etwaiger leichter Hautverletzungen unmöglich machen.

B. Innere Besichtigung.

9. Die Kopfschwarte und die Schädelknochen sind reich an dünnflüssigem, sehr dunklem, mit Gasblasen gemengtem Blute; die Blutleiter der harten Hirnhaut sind stark gefüllt mit Blut von derselben Qualität.

10. Das Gehirn sehr schlaff, übrigens in ganz normalem Zustande.

11. Bei Untersuchung der Rachen- und Kehlkopfhöhle findet sich ein 6 Zoll langer, gewöhnlicher Spulwurm (Ascaris lumbricoides) mit zwei Drittheilen seiner Körperlänge im oberen Theile der Speiseröhre und mit seinem letzten Drittheile im Kehlkopfe eingedrungen liegend.

12. Die Weichtheile des Kehlkopfes, der Luftröhre und des Schlundkopfes sehr blutreich und durch Fäulnissgase geschwellt.

13. Die rechte Lunge ist angewachsen, die linke frei, das Gewebe beider ist durchaus lufthältig und gleichmässig sehr dunkel kirschbraun.

14. Das Herz ist sehr schlaff, in seinen Höhlen viel Gas, in der rechten Kammer viel dünnflüssiges, sehr dunkles Blut angesammelt; dasselbe gilt von den grossen Gefässen der Brusthöhle.

15. Der Magen enthält etwa $\frac{3}{4}$ Pfund halb verdaute Nahrungsmittel von stark saurem Geruche. Seine Wandungen, sowie alle übrigen Theile des Darmkanals finden sich in vollkommen normalem Zustande. Der ganze Darmkanal ist übrigens intensiv von Gas ausgedehnt.

16. Die Leber, die Milz und beide Nieren sind in hohem Grade mit Blut überfüllt, übrigens normal.

Gutachten.

Aus den bei der innern Besichtigung (B. Nr. 11) wahrgenommenen Erscheinungen geht hervor, dass der gerichtlich Untersuchte an Erstickung, gesetzt

durch einen mechanischen Reiz (Spulwurm),
somit eines natürlichen Todes gestorben sei.

W. am 8. Juli 18 . .

Unterschriften.

§. 9.

Die geistigen Erfordernisse eines Gerichtsarztes sind: Festhalten am objectiven Thatbestande, Ruhe und Unbefangenheit des Denkens, Schärfe des Urtheils. Ferner eine umfassende allgemeine, sogenannte humanistische Bildung, ein ausgebreitetes Fachwissen in allen Zweigen der Medizin und ihrer Hilfswissenschaften: Naturgeschichte, Physik, Chemie, allgemeiner und pathologischer Anatomie, Physiologie, praktischer Medizin, Chirurgie und Geburtshilfe. Die technische Fertigkeit, die sogenannte gerichtsärztliche Routine, wird eben nur durch eine reiche gerichtsärztliche Praxis erworben.

Erfordernisse eines Gerichtsarztes.

§. 10.

Eine gerichtlich medizinische Untersuchung, je nach der Beschaffenheit des Falles vom Civil- oder Strafgerichte veranlasst, kann vorgenommen werden

A. an Lebenden,

B. an Leichnamen und an leblosen Substanzen,

z. B. Werkzeugen, Giften.

Eintheilung.

Zweites Kapitel.

Untersuchung an Lebenden.

(Gerichtliche Biologie.)

§. 11.

Untersuchung
an Lebenden.

An Lebenden wird, abgesehen von solchen ausserordentlichen Fällen, die sich überhaupt nicht in eine Klasse einreihen lassen, die gerichtsärztliche Untersuchung vorgenommen mit Rücksicht auf

1. Physiologische Zustände, und zwar
   a) in Bezug auf geschlechtliche Verhältnisse, (Geschlecht, Missbildung, Jungfrauschaft, Zeugungsvermögen, Geschlechtsverbrechen, Schwangerschaft, Geburt);
   b) Alter und Abstammung;
2. Pathologische Zustände, und zwar
   a) Gewaltsame Beschädigungen und Störungen der Gesundheit: Verletzungen und Vergiftungen;
   b) Vorgebliche und angeschuldigte Krankheiten;
   c) Geisteskrankheit.

§. 12.

Geschlecht.

Die Bestimmung des Geschlechts ist, wiewohl selten, mitunter Sache des Gerichtsarztes. Bei unvollkommener Entwicklung des Genitalapparates können nämlich in Bezug auf das Geschlecht, von welchem die Stellung in der Gesellschaft, die Wahl des Namens, der Kleidung abhängt, an welches gewisse staatsbürgerliche Rechte und Pflichten, z. B. das Wahlrecht, die Wehrpflicht, geknüpft sind, Zweifel entstehen. Echte Hermaphroditen- oder Zwitterbildung kommt zwar beim Menschen, wie überhaupt bei Säugethieren, nicht vor; aber es gibt scheinbare Zwitter, welche, dem

Einen Geschlechte angehörend, zugleich einzelne Charaktere darbieten, die dem Unkundigen das andere
Geschlecht vortäuschen, derart, dass die Individuen beiden Geschlechtern anzugehören scheinen.
Es sind diese Fälle auf Bildungsanomalien zu reduziren.
Es kann bei einem männlichen Individuum der Penis
verkümmert sein, die Harnröhrenmündung kann sich
hinter der Eichel am Rücken oder an der untern Fläche
des Gliedes, am Mittelfleische, am Hodensacke befinden (Hypo- und Epispadie); es können die Hoden
in der Bauchhöhle zurückgeblieben sein (Kryptorchie);
es kann die Raphe des Scrotums eine tiefe Furche
bilden und der After oder die Harnröhre, oder beide
(Kloakenbildung) sich in dieser oder sonst abnorm sich
öffnen. In solchen und ähnlichen Fällen werden die
Genitalien eines männlichen Individuums Aehnlichkeit
haben mit der weiblichen Scham. Anderseits können
Bildungsfehler bei weiblichen Individuen, z. B. Vorfälle,
eine grosse Clitoris, ihren Trägern den Anschein männ-
licher Geschlechtsbildung verleihen.

Bei aufmerksamer Untersuchung von Seite des
Arztes wird von einer Täuschung nicht leicht die Rede
sein können, und die Berücksichtigung der einzelnen
Theile des ganzen Organismus wird Fehler vermeiden
lassen. Eine eingehende anatomische Prüfung der Genitalien bei Kindern, bei Erwachsenen ausserdem noch
Rücksichtnahme auf Körper- und Skelettbildung, auf
Kehlkopf und Stimme, auf Brust-, Körper- und Bart-
haare etc., wird den Gerichtsarzt nicht allein die Frage
des Geschlechts, sondern auch andere etwa an ihn gestellte Fragen nach wissenschaftlichen Prinzipien richtig
beantworten lassen. Von dieser Antwort wird auch der
dem untersuchten Individuum zu gebende Vorname,
dessen Kleidung, die demselben zu ertheilende, selbstverständlich dem Geschlechte entsprechende Erziehung
abhängen, nach dem Ausspruche des Gerichtsarztes wird
sich auch die Stellung des Untersuchten in der Gesellschaft, sowie die von demselben im Ehestande zu übernehmende active oder passive Rolle richten.

Irrthum wird freilich immerhin möglich sein, da
der Gerichtsarzt bei der Untersuchung Lebender nur

nach äussern, nicht nach innern anatomischen Momenten sein Urtheil abgibt. Casper erwähnt den Fall
des Mannes Marie Rosine Göttlich, der mit zwitter-
haften äussern Genitalien sich stets als Weib hatte gebrauchen lassen, und nach Metzger (gerichtlich - medizinische Abhandlungen 1. Theil, Wien 1810) des Carl
Durrgé, früher Marie Derrier, der eine eben so
grosse Sammlung von Attesten namhafter Anatomen und
Aerzte für seine weibliche, wie für seine männliche
Bildung aufzuweisen hatte.

Die Frage über die geschlechtlichen Functionen der
sogenannten Scheinzwitter gehört in das Kapitel der
Zeugungsfähigkeit, und soll daselbst zur .Sprache
kommen.

§. 13.

Gesetzliche Bestimmung.

Allg. bürgl. Gesetzbuch. §. 22. — — — — Ein
todtgeborenes Kind wird in Rücksicht auf die ihm für den Le-
bensfall vorbehaltenen Rechte so betrachtet, als wäre es nie em-
pfangen worden.

Missbildungen.   In den älteren Werken über gerichtliche Medicin
findet sich meist ein Langes und ein Breites über Missgeburten; doch hat diese Frage für den Gerichtsarzt
nur ein untergeordnetes Interesse. Die Frage über
Missgeburten fällt mit jener über Lebensfähigkeit zusammen, welche wir weiter besprechen werden. Der
Gerichtsarzt versteht unter Missgeburten solche Wesen,
die wegen ihrer fehlerhaften Bildung nach aufgehobe-
nem Zusammenhange mit dem Mutterkörper nicht fort-
zuleben vermögen, und daher als Früchte sterben. Die
Eintheilung der Missgeburten, deren Missbildung auf
pathologische Zustände der vegetativen Sphäre des
Fötus zurückzuführen ist, ist Sache des pathologischen
Anatomen; was für diesen Missgeburt ist, wird in vielen
Fällen für den Gerichtsarzt keine sein.

Einige früher von der gerichtlichen Medizin auf-
geworfene Fragen können heute füglich übergegangen
werden. So die Frage: ob Begattung mit einem Thiere
fruchtbar sein könne? Ob ein Versehen der Schwangeren stattgefunden habe? Andere Fragen, z. B. ob
ein Kind mit einem Kopfe und zwei Leibern, oder mit

zwei Köpfen und einem Leibe zwei Seelen habe, ob
es ein- oder zweimal getauft werden müsse, etc. gehören ins Gebiet einer theologisirenden, nicht aber einer
gerichtlich-medizinischen Casuistik. Hier bloss noch
Folgendes: Eine Missgeburt, die trotz ihrer normwidri-
gen Bildung das Luftleben angetreten hat, darf nicht
getödtet werden, und hat Anspruch auf Erhaltung und
Ernährung.

§. 14.

Gesetzliche Bestimmungen.

Allg. bürgl. Gesetzbuch. §. 53. Ansteckende Krankheiten oder dem Zwecke der Ehe hinderliche Gebrechen desjenigen, mit dem die Ehe eingegangen werden will, sind rechtmässige
Gründe, die Einwilligung zur Ehe zu versagen.
§. 60. Das immerwährende Unvermögen, die eheliche Pflicht
zu leisten, ist ein Ehehinderniss, wenn es schon zur Zeit des geschlossenen Ehevertrages vorhanden war. Ein bloss zeitliches
oder ein erst während der Ehe zugestossenes, selbst unheilbares
Unvermögen kann das Band der Ehe nicht auflösen. §. 100.
Insbesondere ist in dem Falle, dass ein vorher-
gegangenes und immerwährendes Unvermögen, die eheliche Pflicht
zu leisten, behauptet wird, der Beweis durch Sachverständige,
nämlich durch erfahrene Aerzte und Wundärzte und nach Umständen auch durch Hebammen zu führen.
§. 101. Lässt sich mit Zuversicht nicht bestimmen, ob das
Unvermögen ein immerwährendes oder bloss zeitliches sei, so — —
§. 109. Wichtige Gründe, aus denen auf Scheidung erkannt
werden kann, sind: — — — — —; anhaltende, mit Gefahr der
Ansteckung verbundene Leibesgebrechen.
§. 158. Wenn ein Mann behauptet, dass ein von seiner
Gattin innerhalb des gesetzlichen Zeitraumes geborenes Kind
nicht das seinige sei, so muss er — — — — — — die Unmöglichkeit der von ihm erfolgten Zeugung beweisen.
Allg. Strafgesetz. §. 156. Hat aber das Verbrechen
für den Beschädigten — — — — den Verlust der Zeugungsfähigkeit — — — — nach sich gezogen, so ist die Strafe des
schweren Kerkers zwischen 5 und 10 Jahren auszumessen.

In Erbschaftsangelegenheiten kann die Frage vorkommen: ob aus einer Ehe noch Kinder zu erwarten
sind. In Bezug auf das eheliche Verhältniss kann bei
den Gerichten wegen Verweigerung der ehelichen Pflicht
oder wegen übermässigen Zeugungstriebes Klage vorkommen. Bei Klagen auf Ehescheidung können vom
Manne oder der Frau körperliche Gebrechen, welche
Abscheu und Ekel erregen, angegeben werden, um die

*Zeugungsun-
fähigkeit.*

Trennung einer widerwärtig gewordenen Ehe zu verlangen. Eine Frau kann als Scheidungsgrund Impotenz
des Mannes anführen. Eine eheliche oder aussereheliche Schwängerung kann der Mann, dem diese im-
putirt wird, unter dem Vorwande seiner Impotenz bestreiten. Ein wegen Nothzucht oder Blutschande Angeklagter kann die gegen ihn erhobene Anschuldigung
mit der Behauptung seiner Impotenz abzuwehren versuchen. Unter solchen und ähnlichen Verhältnissen wird
das dem Gerichtsarzte abverlangte Gutachten von Entscheidung sein. Es wird sich um die wissenschaftlich
zu konstatirende Zeugungsfähigkeit oder Zeugungsunfähigkeit handeln.

Wir wollen hier diese Zustände bei beiden Geschlechtern gesondert betrachten.

§. 15.

Beim Manne.   Beim Manne werden wir Unvermögen zum Beischlafe
vom Unvermögen zur Zeugung trennen. Bei Konstatirung
der Beischlafsunfähigkeit wird es sich zumeist um die
Erectionsfähigkeit oder Nichterectionsfähigkeit des männlichen Gliedes handeln. Alle zur Untersuchung dieses
Umstandes seit den ältesten Zeiten bis auf den heutigen Tag angewendeten Methoden (der altfranzösische
Congrès, d. i. jene Ehestandsprobe, bei welcher das
Ehepaar von den Sachverständigen nakt untersucht,
hierauf zusammen in ein Bett gebracht, hierauf wieder
untersucht wurde: an facta sit immissio, ubi, quid et
quale immissum; — ferner die blosse Besichtigung der
Genitalien, die Vornahme mechanischer Manipulationen,
Frictionen, Erigirungsversuche, etc.) alle diese Methoden sind eben so das Gefühl verletzend als unsittlich,
eben so trügerisch als überflüssig. Der Gerichtsarzt kann
Erigirbarkeit des Penis als etwas Physiologisches bei jedem
Manne in den natürlichen Altersgrenzen voraussetzen und
sein Gutachten negativ abgeben: dass die Untersuchung keine Resultate geliefert habe,
aus welchen sich Beischlafsunfähigkeit de-
duziren liesse. Eine absolute Beischlafsunfähigkeit
beim Manne im kräftigen Alter dürfte an und für sich
nicht vorkommen.

Von gewissen augenfälligen pathologischen Zuständen der Genitalien, als Fehler oder Verkümmerung
des Penis, Phymose und Paraphymose, mächtiger Wu-
cherung spitzer Condylome, Deformitäten, Narben, etc.,
aus welchen Beischlafsunfähigkeit klar ersichtlich ist,
können wir selbstverständlich hier absehen, und wir
können es unterlassen, sie einer besonderen Erörterung
zu unterziehen. Bei anderen pathologischen Zuständen,
Hernien, namentlich Hodensackbrüchen, wird sich die
Frage der Beischlafsfähigkeit mit Berücksichtigung der
Grösse und des Volums der Geschwulst, der Functions-
störung entscheiden lassen.

Zeugungsunfähig machen den Mann alle jene Zustände, welche Beischlafsunfähigkeit bedingen; aber es
ist hier noch eine Reihe anderer, theils physiologischer,
theils pathologischer Ursachen in Betracht zu ziehen.

Vom physiologischen Standpunkte wichtig ist hier
zuerst das Alter. Es lässt sich keine Regel darüber
aufstellen, mit dem wievielten Lebensjahre die Zeu-
gungskraft beginne, mit dem wievielten Jahre sie er-
lösche. In unseren nördlichen Breiten kann man die
Zeugungsfähigkeit mit dem fünfzehnten bis sechzehnten
Jahre beginnen und mit den Sechziger Jahren erlöschen
lassen. Für das Erlöschen der Zeugungsfähigkeit ist
das Verschwinden der Samenfäden im Sperma, die allerdings oft noch bei Greisen von 80 Jahren nachgewiesen wurden, entscheidend. Von grossem Einflusse
sind hier allerhand individuelle Umstände, wie Natio-
nalität, Klima, Erziehung, Lebensweise, geistige Entwicklung, Nahrung, welche ein Schwanken innerhalb
engerer oder weiterer Grenzen, individuelle Abweichungen bedingen, so dass die Zeugungsfähigkeit früher
erwachen oder später erlöschen, oder auch später erwachen und sich früher abnützen kann. In jedem vorkommenden Falle wird also der Gerichtsarzt wohl thun,
zu individualisiren.

Vom pathologischen Standpunkte wichtig sind in
Bezug auf Zeugungsfähigkeit alle jene Affectionen,
welche die Funktion des samenbereitenden Organs vernichten, daher vor Allem Fehlen der Hoden nach Ca-
stration, dann Atrophie, Krebs, Sarcom, Tuberkel des

Hodens; ferner Krankheiten der den Samen leitenden und aufbewahrenden Organe. Ausser diesen lokalen Ursachen gehören noch einige allgemeine hierher, nämlich allgemeine Schwäche durch Krankheiten, Erschöpfung durch Exzesse, etc.

In Ehescheidungsklagen auf Grundlage der Behauptung, es sei einer oder der andere der Eheleute in Erfüllung seiner ehelichen Pflicht zu lässig, oder er begehre in einem solchen Masse, dass seinem Verlangen nicht entsprochen werden könne, kann die Wissenschaft ein Votum nicht abgeben.

Was jene Fälle betrifft, wo wegen unheilbarer körperlicher Gebrechen, welche Ekel und Abscheu erregen, Klage geführt wird, so lehrt die gerichtsärztliche Praxis, dass diese angeschuldigten Krankheiten bei der Untersuchung fast nie vorgefunden werden, und dass es unberechtigte, schmutzige Motive sind, welche die Klage veranlassen.

Dass gewisse psychische Zustände Ekel, Abscheu, Hass, Widerwille die Lust zum Beischlafe vernichten, ein Unvermögen zum Beischlafe herbeiführen können, lässt sich sogar vom physiologischen Standpunkte nicht in Abrede stellen; da jedoch derlei psychische Zustände als objectiv nicht nachweisbar, vom Arzte nicht kontrollirt werden können, so wird es in gerichtlichen Fällen gut sein, in Bezug auf derlei Angaben bei angeblich solcher relativer Impotenz mit der grössten Behutsamkeit und Vorsicht zu Werke zu gehen.

Die Zeugungsfähigkeit oder Zeugungsunfähigkeit der Scheinzwitter hängt von der Entwicklung des Genitalapparates ab, die Einen sind entschieden zeugungsfähig, die Andern nicht. Auch hier wird der Gerichtsarzt in allen vorkommenden Fällen individualisiren, und seinen Ausspruch dem Einzelnfalle entsprechend einrichten müssen. —

§. 16.

Beim Weibe.   Betrachten wir Beischlafs- und Zeugungsunfähigkeit beim Weibe — Sterilität, Unfruchtbarkeit — so werden wir finden, dass hier eine Prüfung der Begattungsunfähigkeit viel erfolgreicher als beim Manne

stattfinden kann. Abgesehen von gewissen Missbildungen, z. B. Hermaphroditismus, Kloakenbildung, die
zum Beischlafe unfähig machen können, sind hier Affectionen zu berücksichtigen, deren Vorhandensein wohl
keine absolute, sondern bloss eine relative Beischlafsunfähigkeit bedingt, welche zugleich mit der Entfernung der sie bedingenden Ursache aufhört. Hierher gehören eine Reihe von lokalen Affectionen; z. B. eine übermässige Vergrösserung der Nymphen, der Carunculæ
myrtiformes und der Clitoris, grosse Verengerung oder
Atresie der Vagina, ein festes fleischiges Hymen, Vorfälle der Scheide und des Uterus, Flexionen desselben,
Neurosen der Genitalien, z. B. Pruritus, Spasmus vul-
vae ; ferner Carunkeln der Urethralmündung, Geschwülste aller Art, fehlerhaftes Becken, wobei stets in
Erwägung zu ziehen, ob das Hinderniss entfernt werden kann, ob die Kunsthilfe das vorhandene temporäre
Unvermögen zu heilen vermag. So wird bei Verengerungen, Geschwülsten etc. die Chirurgie, bei schiefem,
stark geneigten Becken eine Veränderung der während
des geschlechtlichen Aktes einzunehmenden Lage den
Coitus manchmal ausführbar machen.

Was die Zeugungsfähigkeit beim Weibe betrifft,
so haben wir gerade so wie beim Manne gewisse physiologische Altersgrenzen zu markiren. Die Natur gibt
uns hier einen wichtigen Anhaltspunkt zur Hand in
der Menstruation, dem wahrnehmbaren Merkmale der
weiblichen Fruchtbarkeit; doch machen auch hier wie
beim Manne die obenerwähnten individuellen Einflüsse,
wie Erziehung, Klima, Lebensweise sich geltend. Im
Allgemeinen kann man annehmen, dass in unserem
Klima die Menstruationsperiode vom 13.—15. Jahre
beginne und zwischen dem 50.—52. Jahre aufhöre.
Mit dem physiologischen Verschwinden der Periode in
den climacterischen Jahren (von pathologischen Men-
struationsanomalien, Amenorrhöe, Chlorose ist da zu
abstrahiren), werden wir auch die Fruchtbarkeit aufhören lassen.

Absolute Sterilität werden wir annehmen bei gänz-
lichem Mangel des Uterus, bei einhörnigem Uterus, bei
gewissen pathologischen Affectionen der Befruchtungs-

organe, Hypertrophie und Atrophie des Uterus, vollständiger Atresie des Muttermundes, inveterirter Leucorrhöe, bei Ante- und Retroflexionen, Zerrungen des Uterus durch Exsudate, bei Geschwüren, Krebs, Polypen, Hydatiden des Uterus, bei Hydrovarium. Gewisse Texturveränderungen der Eierstöcke, Verwachsungen der Tuben und andere Zustände der inneren Zeugungsorgane, welche Ursache von Sterilität sein können, lassen sich während des Lebens kaum diagnostiziren. Es wird daher zur Diagnose der Unfruchtbarkeit eine Abschätzung der meisten gynäkologischen Krankheitsprozesse erfordert.

Mit Berücksichtigung alles Gesagten und mit Berufung auf die Ergebnisse einer genauen anatomischen Untersuchung wird der Gerichtsarzt alle von dem Richter in Bezug auf Zeugungsfähigkeit oder Impotenz und Sterilität an ihn gestellten, wie immer gearteten Fragen: ob das Unvermögen ein absolutes oder relatives, ein bleibendes oder zeitliches, ob es vor Schliessung der Ehe vorhanden gewesen oder während der Ehe entstanden sei, zu beantworten in der Lage sein.

Zeugungsfähigkeit bei einem wegen Nothzucht Angeklagten.

Zweiter Fall. Ein wegen Nothzucht Angeklagter wurde in Bezug auf seine Zeugungsfähigkeit untersucht. Es hiess in dem Gutachten: N. N., 27 Jahre alt, von schwächlicher Körperkonstitution, kleinem, zarten Körperbau, brünetter Gesichtsfarbe, reizbarem Temperamente, zeigt einen lebhaften Geist und ist in geistiger Beziehung gehörig entwickelt, sowie auch die Thätigkeiten der Intelligenz und des Gemüthes keine Abnormität zeigen. Seine Auffassung, sein Urtheil sind richtig und schnell, von Abweichungen seines Gemüthslebens, heftiger Leidenschaftlichkeit, Affecten sehr starker Art wurde nie etwas bemerkt. Er leidet nach seiner Angabe seit längerer Zeit am Husten und seit drei Jahren an Hämorrhoidalzuständen, wodurch er schon mehrmals Blutentleerungen aus dem Mastdarm hatte; wegen dieses Zustandes sowohl als auch wegen seines reizbaren Temperamentes mag ein stärkerer Geschlechtstrieb bei ihm vorhanden sein, so dass er bei mangelhafter Befriedigung desselben an nächtlichen Pollutionen leidet. Seine Geschlechtstheile sind der Grösse seines Körpers entsprechend entwickelt, wurden bei der Untersuchung im erschlafften Zustande gefunden, und sind von kleiner Beschaffenheit zu nennen. Die Vorhaut war über die Eichel zurückgezogen, der Hodensack nicht erschlafft, aber auch nicht angezogen; an den beiden Hoden nichts Bemerkenswerthes. Ebenso zeigt die Harnröhrenmündung nichts Abnormes, und das sich manchmal einstellende Brennen beim Urinlassen scheint von Hämorrhoidalzuständen herzurühren. Die Geschlechtstheile sind derart entwickelt, dass er im Stande ist, einen vollständigen Beischlaf auszuüben, nachdem keine Abnormität der Art vorhanden ist, welche ihn zu einem vollständigen Beischlaf unfähig macht. Nach den Erfahrungen, welche bei jungen Leuten bezüglich der Vollbringung des Beischlafs gemacht worden sind, erscheint es allerdings möglich bei vielen Individuen, die einen starken Geschlechtstrieb haben, dass sie auch zwei- und selbst dreimal nacheinander den Beischlaf vollbringen können.

Ob zeugungsfähig?

— — — — — Die Frau ist ihrer Angabe nach _{Dritter Fall} 46 Jahre alt, bereits zweimal verheiratet gewesen, hat in der ersten Ehe drei Kinder geboren, die Wochen allemal gut überstanden. Die monatliche Reinigung hat sie gewöhnlich alle vierzehn Tage, aber nicht länger als zwei bis drei Tage und ausserordentlich stark. Seit $1\frac{3}{4}$ Jahren ist sie mit ihrem jetzigen Manne W. verheiratet, der ihr im Anfange der Ehe, sowie sie ihm, die eheliche Pflicht geleistet, ohne sich über Etwas zu beschweren, und nur seit einiger Zeit, da sie mit ihm zerfallen, habe er ihr öfters vorgeworfen, dass ihm der Beischlaf Schmerz und Missvergnügen, sowie eine Narbe von einem vor zwölf Jahren unterhalb dem linken Ohre gehabten und zugeheilten Geschwüre, aus welcher zuweilen eine weiss aussehende, aber nicht übelriechende Feuchtigkeit hervorsickere, einen unüberwindlichen Ekel und Widerwillen verursache. Manchmal habe er ihr

2 *

zur Zeit ihrer Reinigung beiwohnen wollen, welches
sie denn gar nicht gerne gesehen, aber doch nicht gänzlich ihm abgeschlagen habe. — Bei genauer Besichtigung und Untersuchung ihrer Geburtstheile wurde
nicht das Geringste gefunden, welches den Beischlaf
erschweren, verhindern oder schmerzhaft machen könnte;
es waren vielmehr alle Theile in dem Zustande, in
welchem sie gewöhnlich bei Personen von diesem Alter,
und welche bereits einigemal glücklich geboren haben,
zu sein pflegen, natürlich etwas erweitert und schlaffer,
als bei jungen Personen, etwas starke Lefzen u. s. w.;
aber keine Spur von einem scharfen oder unreinen
Ausflusse, keine Geschwüre oder Gewächse in der
Scheide, kein Vorfall oder starke Senkung der Gebärmutter oder der Scheide zu sehen; das Mittelfleisch
unverletzt und über einen Zoll breit.

Ein übelriechender Athem wurde ebensowenig wie
ein übler Geruch von der Narbe unter und neben dem
linken Ohre bemerkt.

Es ist demnach an den Geburtstheilen dieser Frau
kein Fehler, welcher sie zur Vollziehung des Beischla-
fes untüchtig machen könnte.

§. 17.

Gesetzliche Bestimmungen.

Siehe die §. 18 angeführten Gesetzesparagraphe; ferner:
Allg. brgl. Gesetzbuch. §. 1328. Wer eine Weibsper-
son verführt, und mit ihr ein Kind zeugt, bezahlt die Kosten der
Entbindung und des Wochenbettes. — — —

Allg. Strafgesetz. §. 132. — III. Verführung, wodurch
Jemand eine seiner Aufsicht oder Erziehung oder seinem Unter-
richte anvertraute Person zur Begehung oder Duldung einer un-
züchtigen Handlung verleitet.

§. 504. Ein Hausgenosse, der eine minderjährige Tochter
oder eine zur Haushaltung gehörige minderjährige Anverwandte
des Hausvaters oder der Hausfrau entehrt, soll für diese Uebertretung nach Unterschied seines Verhältnisses zu der Familie mit
strengem Arreste von 1—3 Monaten bestraft werden.

§. 506. Die Verführung und Entehrung einer Person unter
der nicht erfüllten Zusage der Ehe soll als Uebertretung mit
strengem Arreste von 1—3 Monaten bestraft werden. Ausserdem
bleibt der Entehrten das Recht auf Entschädigung vorbehalten.

Jungfrauschaft. Ein Sinnbild weiblicher Scham und Sittenreinheit
wird die Jungfrauschaft (ihr Vorhandensein oder Fehlen)

in gewissen Fällen Object der Untersuchung des Gerichtsarztes. Es kann sein, dass ein Frauenzimmer wegen
Unkeuschheit oder unsittlichen Lebenswandels in Untersuchung gezogen, die Virginität für sich in Anspruch
nimmt; eine Gattin kann wegen Impotenz ihres Gatten,
sie zu defloriren, auf Scheidung klagen; ein Mädchen
kann wegen Defloration oder Nothzucht sich an die
Gerichte wenden. In allen diesen und ähnlichen Fällen
wird die Untersuchung in Bezug auf Vorhandensein
oder Fehlen der Jungfrauschaft vorgenommen.

Bei Stellung der Diagnose der Jungfrauschaft ist
immer vor Augen zu haben, dass es unstatthaft ist,
nach einem oder dem andern Zeichen allein, z. B.
nach der Beschaffenheit des Hymens, zu urtheilen; man
wird vielmehr immer von dem Gesammtbefunde ausgehen und erst nach Zusammenhalten aller Umstände
seinen Auspsruch machen.

Bei Beurtheilung der Jungfrauschaft ist demnach
Rücksicht zu nehmen: 1. auf die Brüste; 2. auf das
Hymen; 3. auf die grossen Schamlippen; 4. auf die
Scheide; 5. auf den Muttermund. Die Brüste sind
bei jugendlichen Individuen nicht übermässig entwickelt,
derb, fest. Die Brustwarze ist nur wenig entwickelt,
rosenroth und mit einem eben solchen, nicht dunkel
pigmentirten Hofe umgeben. Das Hymen ist unverletzt, und abgesehen von seiner natürlichen Configura-
tion, gespannt. Die grossen Schamlippen sind enge
aneinanderschliessend, fest, derb und prall, sie bedecken
die Clitoris und die rosenrothen kleinen Schamlippen
oder Nymphen. Die Scheide ist enge, der äussere
Muttermund quer gespalten.

Nothwendig ist es, folgende immerhin mögliche
Fehlerquellen zu berücksichtigen. Die Brüste können
einerseits bei Jungfrauen übermässig entwickelt, andererseits durch mangelhafte Ernährung, durch Herab-
gekommensein des Organismus durch Krankheit, ferner
bei bejahrten Jungfrauen durch das Alter schlaff, welk
sein, so dass sie für die Diagnose der Jungfrauenschaft
nicht als Anhaltspunkte benützt werden können, weil
sie keine charakteristischen Zeichen bieten. Das Hymen kann von Natur aus fehlen, wie das bei Vagina

duplex der Fall ist; es kann bei Jungfrauen durch vorausgegangene Krankheit, durch Operationen, durch Masturbation zerstört worden sein ; der Mangel des Hymens ist dann kein Beweis gegen die Jungfrauschaft. Andererseits begründet das Hymen, auch wenn es ganz unverletzt ist, für sich allein nicht bestimmt die Jungfrauschaft, da es unter günstigen Verhältnissen nach Coitus unverletzt bleiben, nach geschehener Conception noch durch die ganze Schwangerschaft bis zur Geburt, wo es zerreisst, vorhanden sein kann. Der Eingang zur Scheide und die Scheide selbst können bei Jungfrauen von Natur aus weit oder durch allerlei Umstände — Menstruation, Fluor albus, warme Bäder und Bähungen erschlafft und erweitert sein; auch können diese Theile im Gegensatze dazu bei Nichtjungfrauen vor der Menstruation oder durch krankhafte Affectionen, Narben, durch Behandlung mit Astringentien, durch angeborne starke Atresie verengt sein. Die Nymphen können ursprünglich lang sein und deshalb von den grossen Schamlippen nicht bedeckt werden. Es sind also auch das Aneinanderschliessen der grossen Schamlippen, Enge der Vagina und des Introitus vaginæ für sich allein keine charakteristischen Zeichen der Virginität.

Bei Untersuchungen wegen streitiger Jungfrauschaft wird es daher für den Gerichtsarzt geboten sein, auf alle die möglichen Quellen der Täuschung gebührend Rücksicht zu nehmen. Bei der Exploration, die weder während, noch unmittelbar vor oder nach der Menstruation, sondern am besten, wenn sie von der Untersuchenden am wenigsten erwartet wird, vorzunehmen ist, werden zur Beurtheilung des Falles die Körperkonstitution, vorausgegangene oder noch vorhandene krankhafte Affectionen, manchmal auch das Benehmen, der Charakter des Individuums in Anschlag zu bringen sein. Hat man alle die angeführten Cautelen beobachtet, so wird man bei erhaltenem, unverletztem Hymen, bei jungfräulicher Beschaffenheit der Brüste, der Genitalien und des Charakters aus dem sich ergebenden Gesammtbilde mit an Gewissheit grenzender Wahrscheinlichkeit sich für Vorhandensein der Jung-

frauschaft, oder im Gegentheile für Fehlen derselben
aussprechen können.

Die Frage: Ist Schwängerung bei der Defloration
durch den ersten Beischlaf möglich? ist nach physiologischen Grundsätzen entschieden zu bejahen. In
einem Falle, der uns im Prager Gebärhause zur Beobachtung kam, war nach einmaligem Coitus (das betreffende Individuum gab sogar an, von einem Soldaten genothzüchtigt worden zu sein) Schwangerschaft
eingetreten. Wegen grosser Enge der bloss federspul-
weiten Scheide wurde die künstliche Frühgeburt eingeleitet; das Hymen war unversehrt vorhanden.

§. 18.

Gesetzliche Bestimmungen.

Allg. Strafgesetz. §. 125. Wer eine Frauensperson
durch gefährliche Bedrohung, wirklich ausgeübte Gewaltthätigkeit oder durch arglistige Betäubung ihrer Sinne ausser Stand
setzt, ihm Widerstand zu thun, und sie in diesem Zustande zu
ausserehelichem Beischlaf missbraucht, begeht das Verbrechen
der Nothzucht.

§. 126. Die Strafe der Nothzucht ist schwerer Kerker zwischen 5 und 10 Jahren. Hat die Gewaltthätigkeit einen wichtigen
Nachtheil der Beleidigten an ihrer Gesundheit oder gar am Leben
zur Folge gehabt, so soll die Strafe auf eine Dauer zwischen
10 und 20 Jahren verlängert werden. Hat das Verbrechen den
Tod der Beleidigten verursacht, so tritt lebenslanger schwerer
Kerker ein.

§. 127. Der an einer Frauensperson, die sich ohne Zuthun
des Thäters im Zustande der Wehr- oder Bewusstlosigkeit befindet, oder die noch nicht das vierzehnte Lebensjahr zurückgelegt
hat, unternommene aussereheliche Beischlaf ist gleichfalls als
Nothzucht anzusehen.

§. 128. Wer einen Knaben oder ein Mädchen unter vierzehn Jahren oder eine im Zustande der Wehr- und Bewusstlosigkeit befindliche Person zur Befriedigung seiner Lüste auf eine
andere als die im §. 127 bezeichnete Weise geschlechtlich missbraucht, begeht das Verbrechen der Schändung.

§. 129. Als Verbrechen werden auch die nachstehenden
Arten der Unzucht bestraft:

I. Unzucht wider die Natur, d. i.
   a) mit Thieren,
   b) mit Personen desselben Geschlechts.

Uns an das allgemeine Strafgesetz anlehnend, wol- *Geschlechtsver-*
len wir hier die Nothzucht, die Schändung und die *brechen.*
Unzucht einer Betrachtung unterziehen. Andere den

Menschen zum Thiere erniedrigende Formen der Unzucht, die wohl im Leben oft genug vorkommen (ir-
rumare, fellare etc.), die verschiedenen Attentate gegen
Natur und Sittlichkeit, welche das Gesetz nicht besonders hervorhebt, glauben wir übergehen zu dürfen. Sie
werden, da sie zudem kaum Spuren zurücklassen, selten
oder nie Objecte einer erfolgreichen gerichtlich medizinischen Untersuchung sein können.

§. 19.

Nothzucht. Die Begriffe Nothzucht, Schändung, Unzucht, sind
vom Gesetze genau präcisirt, und es wäre daher vollkommen überflüssig, uns in weitere Definitionen einzulassen. Auch eine Eintheilung der Nothzucht (stuprum)
in besondere Arten ist vom gerichtlich medizinischen
Standpunkte vollkommen unnütz. Selbst die Annahme
einer versuchten Nothzucht erscheint für uns werthlos,
da das Gesetz den Versuch bloss als Milderungsgrund
gelten lässt, sonst aber sowie das Verbrechen selbst
bestraft.

Nothzucht kann an Frauenzimmern jedes Alters,
vom frühesten Kindes- bis in's Greisenalter, an Kindern,
unreifen Mädchen, Jungfrauen, Deflorirten, Verheira-
theten, Witwen verübt werden.

Die Untersuchung ist eine häufig schwierige, und
sie kann, wenn sie nicht bald nach der That vorgenommen wird, namentlich bei schon lange Deflorirten, bei
Individuen, die schon geboren haben, ja selbst bei
Jungfrauen ganz resultatlos bleiben, da viele, sogar die
entscheidensten Wirkungen und Spuren am Körper bereits verwischt sein können.

Zur Feststellung der Notzucht ist sowohl die Genothzüchtigte als der dieses Verbrechens Beschuldigte
zu untersuchen. Die Diagnose wird theils aus örtlichen,
theils aus allgemeinen Erscheinungen erschlossen.

Zu den örtlichen Zeichen gehören vor Allem Verletzungen, die veranlasst durch ein Missverhältniss des
männlichen Gliedes zu den weiblichen Genitalien, bei
Kindern und unreifen Mädchen mehr oder weniger
vorhanden sein, bei schon Deflorirten oder Erwachsenen meistens oder häufig fehlen werden. Zu erwähnen

sind hier einfache Röthe, Excoriationen am Eingang
der Scheide, Entzündung, Erweiterung der Vagina, Blutspuren oder Schorfe von vertrocknetem Blute, Verletzung
oder gänzliche Zerstörung des Hymen, Einrisse in
dessen Ränder, endlich eine schleimig-eiterige Se-
cretion der Vaginalschleimhaut. In Bezug auf den eitrig-
schleimigen Ausfluss ist grosse Vorsicht von Seite des
Arztes nöthig, da derselbe von dem Secrete der bei
Kindern vorkommenden catarrhalischen oder skrophu-
lösen Vaginalblennorrhöe sich durchaus nicht unterscheidet, und lediglich durch das Trauma entstanden, durchaus nicht gestattet, auf Tripperinfection durch den Noth-
züchtigenden zurückzuschliessen.

Zu den allgemeinen Zeichen gehören Schmerzen
an den Genitalien und in deren Umgebung, an den
Schenkeln, am After, beim Uriniren und Stuhlgange;
erschwertes Gehen mit auseinander gespreizten Schenkeln; sonstige Verletzungen am Körper der Gemiss-
brauchten, Sugillationen, Excoriationen, Kratzwunden
etc., welche von dem Widerstande des Opfers gegen
den Angreifer herrühren. In Bezug auf derlei Verletzungen wird jedoch stete Rücksicht darauf zu nehmen sein,
dass bei Fällen angeblicher Nothzucht Frauenzimmer
Geschlechtstheile und Körper selbst blutig verletzen,
oder aus Gewinnsucht derlei Verletzungen an Kindern
vorgenommen werden, um den Mann, welcher des Verbrechens beschuldigt wird, zu prellen oder sonst zu
Schaden zu bringen. Es wird daher dringend geboten
sein, auch psychologische Momente, den Charakter, die
Sitten, den Lebenswandel der angeblich oder wirklich
Genothzüchtigten gehörig zu würdigen. Man wird die
zu Untersuchende mit seinem Besuche und der Untersuchung überraschen, man wird in Erwägung ziehen,
ob die Verletzungen durch versuchte oder vollbrachte
Cohabitation, oder durch andere gewaltthätige Handgriffe entstanden sein können, man wird auf die Merkmale einer vielleicht längst stattgefundenen Defloration
achten, man wird die Haltung der Klagenden, ihre Er-
zählung des Sachverhaltes in ihren Details benützen,
um in manchen Fällen vor jeder Täuschung sicher
zu sein.

Auch der der Nothzucht Beschuldigte wird zu untersuchen sein, und zwar werden der Habitus, das Alter, Charakter und Lebenswandel, die Conformation des Penis und dessen Verhältniss zu den Genitalien der Genothzüchtigten, örtliche oder sonstige von etwaiger Gegenwehr des Opfers herrührende Verletzungen des Beschuldigten zu berücksichtigen sein.

Wenn der Nothzuchtsfall frisch zur Untersuchung kommt, dann wird auch noch die Leibwäsche des Beschuldigten und des Opfers auf Blut- und Spermaflecke chemisch und microscopisch zu untersuchen sein. Für das Vorhandensein von Blut wird das Gelingen der weiter anzugebenden Hämatinprobe sprechen; für die Diagnose der Samenflüssigkeit, die auch in der Vagina der Stuprirten kurz nach dem Attentate vorhanden sein kann, wird der microscopische Nachweis von Spermatozoiden entscheidend sein.

Seit alter Zeit werden in der gerichtlichen Medizin Fragen aufgeworfen, deren Beantwortung heutzutage nicht mehr zweifelhaft sein kann.

1. Kann ein Frauenzimmer durch Nothzucht geschwängert werden? Unbedingt.

2. Kann ein Frauenzimmer während des (physiologischen) Schlafes genothzüchtigt werden? Nein.

3. Wie weit bestätigt das Vorhandensein von Syphilis an einer angeblich Genothzüchtigten den Thatbestand? — Wir haben schon oben auf die Aehnlichkeit des traumatischen Scheidenflusses mit der syphilitischen und der spontanen catarrhalischen oder scrophulösen Blennorrhöe aufmerksam gemacht und grosse Vorsicht empfohlen. Hier wollen wir noch einen Umstand hervorheben, auf den unseres Wissens Casper zuerst aufmerksam machte. Es gibt, sagt er, eine eigene Form von aphthösen, leicht brandig werdenden Geschwüren an der Schleimhaut der Schamlefzen, die nach kreisrunder Form, Härte der Ränder, speckigem Grunde, etc. die grösste Aehnlichkeit mit Schanker haben, ganz spontan entstehen und leicht auf venerische Infection irrthümlich schliessen lassen. Man wird deshalb mit grösster Vorsicht und mit genauer Beach-

tung des Gesammtfalles, der übrigen etwas vorhandenen Zeichen der Nothzucht, und namentlich des Stadiums des anscheinend syphilitischen Uebels, v e r g l i c h e n m i t d e r Z e i t seines Entstehens durch vorgebliche Nothzucht zu verfahren, und darnach sein Urtheil abzugeben haben.

Dass Genothzüchtigte wirklich syphilitisch infizirt werden können und in der That auch häufig werden, wird durch Erfahrung bestätigt.

4. Kann ein gesundes erwachsenes Frauenzimmer von einem einzelnen Manne überwältigt und genothzüchtigt werden? Es wird bei Beantwortung dieser möglichen Frage mit Berücksichtigung aller Nebenumstände jeder Einzelfall individuell aufgefasst werden müssen. Ist das Frauenzimmer schwach, der Mann hingegen ihm überlegen und sehr kräftig, so wird die Frage bejaht, im Gegenfalle verneint werden können.

Nach Allem, was wir überhaupt über Nothzucht angeführt, wird der Gerichtsarzt im vorkommenden Falle wirklicher oder vorgeblicher Nothzucht die möglicherweise an ihn gerichteten folgenden Fragen zu beantworten in der Lage sein:

1. Sind Spuren eines Attentats vorhanden?

2. Können die vorgefundenen Veränderungen durch eigene Betastungen, durch lasterhafte Gewohnheiten zu Stande gekommen sein?

3. Ist ein vorhandener Ausfluss durch Ansteckung hervorgerufen?

4. Besteht Entjungferung?

5. Wann hat die Entjungferung stattgefunden?

6. Finden sich Zeichen habitueller Liederlichkeit?

7. Ist die Entjungferung durch Einführung des männlichen Gliedes, oder durch Betastungen, oder durch Zufall, oder durch Krankheit zu Stande gekommen?

8. Finden sich ausser der Entjungferung noch andere Spuren von Gewaltthätigkeit?

9. Kann eine Frau unbewusst entjungfert oder geschändet werden?

10. Kann eine Frau durch den Nothzuchtsact ge schwängert werden?

11. Vermag ein einzelner Mann bei einem Frauenzimmer, welches Widerstand leistet, die Nothzucht zu vollbringen?

12. Welcher Art ist die Krankheit, an der das Opfer leidet?

13. Seit wann diese Krankheit bestehe?

14. Kann die Krankheit durch blosse Berührung mitgetheilt worden sein?

15. Ist die Krankheit der Geschändeten ganz dieselbe wie bei dem Angeschuldigten?

16. Stehen die Theile des Angeschuldigten in einem proportionirten Verhältniss zu jenen des Opfers?

17. Wovon rühren die Flecke her, die auf den Kleidern des Opfers und des Angeschuldigten gefunden wurden?

18. Ist die Nothzüchtigung simulirt?

19. Ist der Tod eine Folge der Nothzucht?

20. Ist die Ermordung der Nothzucht vorausgegangen?

§. 20.

Schändung,
Unzucht.

Die Fälle, welche unter den oben citirten §. 128 des Strafgesetzes fallen, bedürfen keiner besonderen Erläuterung. Sie werden, wenn sie Mädchen unter 14 Jahren betreffen, vollständig nach dem im vorigen Paragraphe Gesagten aufzufassen und zu beurtheilen sein. Als Verbrechen der Unzucht betrachtet das Strafgesetz den geschlechtlichen Umgang mit Thieren und mit Personen desselben Geschlechts.

Der geschlechtliche Umgang mit Thieren (Sodomie) dürfte, die Fälle von Ertappen auf frischer That ausgenommen, kaum Gegenstand der forensischen Untersuchung werden; scheint auch in unseren nördlichen Gegenden nicht, wohl aber in warmen Klimaten unter Viehhirten vorzukommen. Moses bedrohte den, der ein Vieh beschläft, mit dem Tode.

Nicht selten und leider häufig genug auch unter den sogenannten bessern Ständen kommt die andere Art der Unzucht „mit Personen desselben Geschlechtes" (Päderastie) vor. Der Gerichtsarzt erweitert die durch die etymologische Bedeutung des Wortes (Knabenschän-

dung) gezogene Grenze, und fasst den Begriff weiter
auf als das Gesetz. Er versteht darunter immissio penis
in anum, und es gilt ihm gleich, ob die Ausführung des
Liebeswerkes an Knaben oder Erwachsenen geschieht.
Auf das Geschlechtsverhältniss kommt es dabei nicht an,
da die Individuen beide männlichen Geschlechts oder
das passive auch weiblichen Geschlechts sein kann. Allerdings kommen die Fälle, wo Päderastie an Frauen verübt wird, kaum zur Kenntniss der Gerichte, da sie sich
merkwürdigerweise am meisten in der Ehe ereignen.
Man bezeichnet den bei dieser scheusslichen Art von
Unzucht eine active Rolle spielenden Mann als Päde-
rasten (Prædicator), der die passive Rolle übernehmende
Theil heisst, ist es ein Mann, Weichling, ist es ein
Weib, Weichlingin (Cinaedus, Cinaeda).

Die Zeichen sind verschieden, da die Päderastie
in zwei verschiedenen Rollen auftritt, die bald in der
nämlichen Person vereinigt, bald auch getrennt sind,
und die Päderastie prägt sich verschieden aus, je nachdem die Individuen auf active oder passive Art bei
dem Acte betheiligt sind.

Als Zeichen der activen Päderastie gibt Tar-
dieu Folgendes an: ein sehr dünner, von der Basis
zur Spitze sich verjüngender, wie beim Hunde spitzig
auslaufender Penis, der der Länge nach um seine Axe
gedreht ist (veranlasst durch die schrauben- oder kork-
zieherartige Bewegung bei der Immission). Bei volumi-
nösem Penis soll die Verjüngung nicht das ganze Glied
betreffen, sondern bloss die Glans penis.

Die Zeichen und Spuren der passiven Päderastie sind verschieden, je nachdem der widernatür-
liche Act erst vor Kurzem und nur Einmal begangen
wurde, oder je nachdem die Päderastie als lasterhafte
Gewohnheit zu betrachten ist. Die Spuren des frisch-
begangenen Attentates hängen von der verübten Gewalt, vom Volumen der Theile, von der Jugend des
Individuums ab. Diese Spuren sind: Röthe, Excoriationen,
schmerzhaftes Brennen am After, erschwertes Gehen,
leichte Risse oder tiefer gehende Zerreissungen, Blutaustritt, Entzündung. Wird die Untersuchung einige
Tage nach dem Attentate vorgenommen, so findet man

nur noch eine Verfärbung am After, bedingt durch Veränderung des vergossenen Blutes. Zeichen der habituellen passiven Päderastie sind: Starke Entwicklung des Gesässes, trichterförmige Umgestaltung des Afters, Carunkeln am After, Verwischung der Afterfalten, Erschlaffung des Sphincter und Kothincontinenz, Geschwüre, Schrunden, Hämorrhoiden, Blennorhöe und Fisteln des Mastdarms.

Angebliche Nothzucht, consecutive Syphilis.

Vierter Fall. Die fünfzehnjährige Bauernmagd A. R. wurde am 17. October auf dem Wege vom Tanzboden nach ihrer 300 Schritte entfernten Wohnung durch das Dorf von einem fünfundzwanzigjährigen Burschen gepackt und niedergeworfen. Derselbe legte sich hierauf auf sie, hielt mit der einen Hand ihre Hände, hob ihr mit der andern die Röcke auf und nothzüchtigte sie, wobei sie jedoch nur geringe Schmerzen empfunden haben will. Ihrer Aussage nach wehrte sie sich mit ihrer ganzen Kraft, geschrien hat sie jedoch nicht, weil sie sich schämte; wobei noch bemerkt werden muss, dass dieselbe noch von keinem Manne gebraucht worden sein will. Der fünfundzwanzigjährige K. L. stellt den ganzen Vorgang in Abrede und gibt an, die R. in jener Nacht zwar begleitet, aber nicht gebraucht zu haben.

Drei Wochen hierauf, welche Zeit die A. R. gegen Niemand etwas von diesem Vorfalle erwähnte, verspürte sie in ihren Schamtheilen ein Reissen und Stechen und bemerkte an denselben rothbeerenähnliche Auswüchse. Der Zustand verschlimmerte sich so sehr, dass sie kaum mehr gehen konnte, weshalb ihre Dienstfrau aufmerksam wurde und sie vom Wundarzte M. untersuchen liess.

Derselbe fand die innere und äussere Fläche der grossen Schamlippen sowie auch die Gegend um den After herum und das Mittelfleisch dicht mit eiternden breiten Condylomen besetzt. Wundarzt M. verordnete Pillen aus Sublimat und eine Salbe von rothem Präcipitat, als Nachkur ein Decoctum Sarsaparillæ. Nach sieben Wochen war die Kranke hergestellt, wobei noch hinzugefügt werden muss, dass sich im Anfange der

Behandlung auch ein über den ganzen Körper verbreiteter Ausschlag hinzugesellt hatte.

Am 16. April des nächsten Jahres untersuchten zwei Gerichtsärzte die R. Dieselben fanden am ganzen Körper der Untersuchten Flecke, welche zufolge ihres charakteristischen Aussehens als Ueberbleibsel eines syphilitischen Ausschlages erklärt wurden. Im Munde und in der Nase wurde nichts Regelwidriges wahrgenommen. Um den After herum, an den grossen Schamlippen und in den Schenkelbügen fanden sich viele kupferrothe Flecke, von denen die Röthe auch beim Drucke nicht verschwand. Narben von Geschwüren waren nicht sichtbar, das Hymen war theilweise durchrissen, der Scheideneingang und die Scheide selbst eng, in derselben sowie an der Harnröhrenmündung war nichts Krankhaftes zu bemerken.

Am 9. Mai wurde K. L. ärztlich untersucht und vollkommen gesund, ohne jede Spur von Narben, Geschwüren und Hautentfärbung gefunden.

Das Gutachten lautete:

1. Der bei der ärztlichen Untersuchung der A. R. wahrgenommene Zustand der Geschlechtstheile und zwar das an mehreren Stellen eingerissene Jungfernhäutchen bei noch engem Scheideneingange und nicht erweiterter Scheide gibt wohl der Möglichkeit Raum, dass der Beischlaf bei diesem Mädchen versucht, vielleicht auch vollbracht worden war, mit Gewissheit lässt sich jedoch hierüber kein Ausspruch fällen, da Einrisse des Hymens noch durch anderweitige Ursachen herbeigeführt werden können; keinesfalls könnte jedoch der Beischlaf zufolge der Beschaffenheit der Geschlechtstheile oft vollzogen worden sein. Ob nun

2. in dem Falle, wenn wirklich ein Beischlaf stattgefunden haben sollte, hierbei eine und zwar welche Gewalt angewendet worden war, lässt sich um so weniger bestimmen, da bei der erst viel später vorgenommenen Untersuchung der A. R. und dem Mangel eines jeden Zeichens von einer mechanischen Einwirkung alle Anhaltspunkte zur Beantwortung dieser Frage mangeln. So viel lässt sich jedoch mit grosser Wahrscheinlichkeit behaupten, dass A. R. im Falle einer angethanen

Gewalt keinen ernstlichen Widerstand entgegengesetzt
haben dürfte, indem es einestheils kaum einem einzigen
Manne gelingen dürfte, ein Mädchen von dieser Beschaffenheit gegen ihren Willen zu missbrauchen; andererseits aber auch schon der Umstand, dass sie weder
geschrien noch nach Hilfe gerufen hatte, wo doch die
That mitten im Dorfe unternommen worden sein soll,
gegen die Annahme einer vorgeblichen Gegenwehr und
Ueberwältigung spricht.

3. Der Krankheitszustand und die bei der ärztlichen Untersuchung gemachten Wahrnehmungen liefern den Beweis, dass A. R. an der Lustseuche gelitten hat und noch leidet, welchen Krankheitszustand
sie sich jedenfalls durch Ansteckung, d. h. durch Berührung mit syphilitischem Gifte zugezogen haben muss.
Ob nun dieses letztere, nämlich der Contact mit dem
syphilitischen Krankheitsstoffe bei K. L. oder bei einem
andern Manne oder auf eine andere Art stattgefunden
hat, lässt sich zwar nicht bestimmen, jedoch muss bemerkt werden, dass, wenn auch K. L. bei der sechs
Monate nach der angeblichen That vorgenommenen Untersuchung gesund und ohne Spur von Narben oder Geschwüren befunden wurde, derselbe doch zu jener Zeit,
wo der Beischlaf von ihm gepflogen worden sein soll,
möglicherweise an einem syphilitischen Harnröhren-
geschwür, welches niemals äusserliche Spuren zu-
rücklässt, oder auch an einem oberflächlichen, äusserlichen syphilitischen Geschwüre gelitten, und so die
Ansteckung bewirkt haben konnte, da auch diese letztern bisweilen heilen, ohne Narben oder Hautentfärbungen zurückzulassen.

4. Dass endlich diese Krankheit im gegenwärtigen
Falle in kurzer Zeit eine so bedeutende Ausdehnung
genommen hatte, dürfte lediglich der Anfangs stattgefundenen Vernachlässigung zuzuschreiben sein. —

Flecke im Hemde einer angeblich Genothzüch-
tigten, Nachweisung von Samenfäden.

Fünfter Fall. Die zu untersuchenden Stellen wurden mit Wasser befeuchtet und ausgedrückt. Die ausgepresste Flüssigkeit war trübe, weisslich, leicht klebrig, und bildete

auf Zusatz von Weingeist unter dem Microscope ein
feinkörniges Gerinnsel. In den meisten der Flecke (es
wurden deren sieben untersucht) fand sich eine fein-
körnige Masse, mehr minder zahlreiche, sehr kleine
Fetttröpfchen; in allen fanden sich sehr zahlreiche Epi-
dermiszellen von menschlicher Haut, ferner Samenfäden, die besonders in den grösseren Flecken zahlreich waren. Die Samenfäden waren theils gestreckt,
theils nur leicht gebogen, hatten eine Gesammtlänge von
0,015—0,002 Par. Linien Länge, wenn sie ganz unversehrt waren, hatten an dem einen Ende eine knopf-
artige Aufschwellung von 0,002 Par. Linien Länge,
welche an der von dem Faden abgewandten Seite sich
leicht verschmälerte; der Samenfaden selbst lief fein
zugespitzt zu Ende.

„Aus dieser Untersuchung geht auf das Bestimm-
teste hervor, dass die angeführten Flecke von menschlicher Samenfeuchtigkeit herrühren.“

Schändung eines noch nicht 14jährigen Mädchens mit angeblich zurückgebliebenen, jeweilig wiederkehrenden convulsivischen Anfällen.

W. R., ein sechsundvierzigjähriger Riemer, wurde Sechster Fall.
angeklagt, die noch nicht vierzehnjährige Kath. W. zu
wiederholten Malen geschändet zu haben. Er läugnet,
dass er je sein Glied in die Scheide des Mädchens eingebracht habe, und gibt nur zu, sowohl mit den Fingern als auch mit dem Gliede an ihren Geschlechtstheilen gespielt zu haben.

Kath. W. aber, welche ausser einem im vierten
Lebensjahre erlittenen Fraisenanfall stets gesund, übrigens noch nicht menstruirt war, behauptet, er sei auch
mit seinem Gliede wiederholt in ihre Scheide eingedrungen, und habe den Beischlaf verübt, ohne dass aber
aus den Erhebungsakten hervorginge, dass je ein besonderer körperlicher oder moralischer Zwang angewendet worden wäre. Nach derartigen Beiwohnungen will
sie stets heftige Schmerzen beim Gehen und Brennen
beim Urinlassen empfunden haben. Uebrigens soll
Kath. W. nach dem ersten Schändungsversuche, welcher bereits vor zwei Jahren stattfand, Krämpfe bekom-

men haben, die später in Zwischenräumen und zwar
besonders nach gepflogener Beiwohnung zurückgekehrt
sein sollen.

Diese Krämpfe, welche übrigens niemals von Aerzten beobachtet wurden, zeigten sich zufolge der Aussage der Eltern auf nachstehende Weise: Das Mädchen
hat einige Momente vor dem Eintritte des Anfalls das
Gefühl, dass der Anfall kommen werde, hierauf stürzt
es unter dem Ausrufe „jetzt kommt's" bewusstlos zusammen, verzerrt die Glieder, gibt unartikulirte Laute
von sich, athmet tief und schnell, schluchzt, wird endlich ruhig und erwacht mit Kopfschmerzen und mit dem
Gefühle der Abgeschlagenheit. Mit der Zeit wurden
die Anfälle mässiger, so dass sich W. vor ihrem Eintritte niedersetzte, worauf der Anfall vorüberging, ohne
dass sie ganz bewusstlos gewesen sein soll.

Anfänglich behandelte Dr. H. dieses Mädchen, und
zwar mit kühlenden, dann mit wurmtreibenden Mitteln,
später mit China und Eisen, bis er endlich den früher
geschilderten Sachverhalt in Erfahrung brachte, worauf er erklärte, dass diese Krämpfe nur die Folge des
Missbrauchs des Mädchens und Folge der Aufregung
der Geschlechtstheile seien.

Am 28. Dezember wurde das Mädchen gerichtsärztlich untersucht. Man fand: Die Schamhaare spar-
sam entwickelt, kaum $\frac{1}{3}$ Zoll lang, nicht gekräuselt,
die grossen Schamlippen aneinanderliegend, etwas schlaff,
die kleinen Schamlefzen waren blauröthlich, der Kitzler
und die Harnröhrenöffnung waren dunkelroth. Das Hymen fehlt, so dass nur geringe Spuren von demselben
vorhanden waren, der Eingang in die Scheide war
offen, aus derselben entleerte sich eine weisse, schleimige Flüssigkeit in nicht sehr bedeutender Menge. Der
Durchmesser der Scheide betrug, wie es die Untersuchung mit dem Finger zeigte, mehr als 1 Zoll, die
Länge derselben bis zum Muttermund 3 Zoll, ihre
Schleimhaut ist dunkelroth, wenig gefaltet, der Muttermund normal. Das Mittelfleisch und der After boten
nichts Regelwidriges dar, auch war daselbst keine Spur
einer Vernarbung wahrzunehmen. Die Brüste sind wenig
entwickelt, die Brustwarzen klein, fast gar nicht über

die Fläche erhaben. Die rechte Brust war grösser als die linke, gespannt, etwas schmerzhaft, so wie auch der ganze Hof um die Warze daselbst etwas vorgetrieben und erhaben erscheint, der Körper ist dem Alter entsprechend entwickelt, keine Abmagerung bemerkbar. Ausser Spuren eines Krätzenausschlages wurde sonst keine krankhafte Veränderung eines Organs vorgefunden; doch klagte die Untersuchte über brennende Schmerzen beim Urinlassen.

Am 12. Mai des nächsten Jahres wurde W. nochmals untersucht. Die Geschechtstheile zeigten hierbei nur insoferne eine Veränderung, als die kleinen Schamlippen ihre dunkelblaue Farbe verloren hatten, und auch Kitzler und Harnröhre nicht mehr so roth waren, der weissliche Ausfluss dauerte noch fort, das Urinlassen ging ohne Beschwerde vor sich, auch die krankhafte Beschaffenheit der rechten Brustdrüse hatte sich grösstentheils verloren, der sonstige Gesundheitszustand liess nichts zu wünschen übrig. Bezüglich der Krampfanfälle gab sie an, dieselben seit der letzten Untersuchung fünfmal, doch minder heftig gehabt und niemals das Bewusstsein verloren zu haben. Uebrigens äusserte sich die Mutter der W. dahin, dass die letztere auch in der früheren Zeit selbst während der heftigsten Anfälle niemals das Bewusstsein gänzlich verloren, sondern auf Fragen mit Kopfnicken geantwortet, und die ihr gereichte Hand ergriffen und gedrückt habe.

Das Gutachten lautete:

1. Der bei der ärztlichen Untersuchung vorgefundene Zustand der Geschlechtstheile der K. W. und zwar die Weite und sonstige Beschaffenheit der Scheide, der Ausfluss aus derselben, das Fehlen des Hymens sowie auch die dunkelrothe Färbung des Kitzlers und der Harnröhrmündung liefern den Beweis, dass sich die genannten Organe nicht mehr im jungfräulichen Zustande befinden, sondern bereits bedeutende Veränderungen erlitten haben. Was die Ursache dieser Veränderungen anbelangt, so muss allerdings zugegeben werden, dass fleischliche Beiwohnungen vollkommen geeignet sind, dieselben hervorzubringen, und auch her-

3 *

vorgehoben werden, dass diese Veränderungen bereits
einen solchen Grad erreicht hatten, dass auch einem
erwachsenen Manne die wenigstens theilweise Einbrin-
gung seines Gliedes in die Scheide gelungen sein konnte.
Nichts desto weniger muss aber gleichzeitig bemerkt
werden, dass die angeführten Erscheinungen auch durch
häufig wiederholte Selbstbefleckung hervorgebracht werden können, und dass man demnach vom ärztlichen
Standpunkte aus im gegenwärtigen Falle über das wirkliche Stattgefundenhaben eines ausserehelichen Beischla-
fes kein bestimmtes Urtheil abzugeben vermag.

2. Was die bei der ersten ärztlichen Untersuchung
an der W. vorgefundenen krankhaften Erscheinungen
betrifft, wie den gereizten Zustand der Scheidenschleim-
haut, des Kitzlers und der Harnröhrenmündung, sowie
auch das Brennen beim Uriniren und die Anschwellung
der rechten Brustdrüse, welch letztere wahrscheinlich
durch Druck, Quetschen oder Saugen an der Brust entstanden sein dürfte, so waren diese Zustände bei der
zweiten ärztlichen Untersuchung in bedeutend geringerem Grade vorhanden, und es dürften dieselben bei
gehöriger Schonung und Ruhe binnen Kurzem sich
gänzlich verlieren, weshalb dieselben auch keinen
wichtigen Nachtheil für die Gesundheit der Betheiligten zur Folge hatten.

3. Betreffend die an der W. beobachteten, mit con-
vulsivischen Bewegungen verbundenen Krämpfe, welche
zufolge ihrer Heftigkeit und ihrer häufigen Wieder-
holung nicht ohne nachtheiligen Einfluss auf den Ge-
sammtorganismus gedacht werden können, so müsste,
falls man dieselben mit Gewissheit als die Folge einer
stattgefundenen Schändung betrachten könnte, letztere
jedenfalls als mit einem wichtigen Nachtheile für die
Gesundheit verbunden erklärt werden.

Da aber W. schon im vierten Lebensjahre einen
Fraisenanfall erlitten hatte, demnach zu derartigen Convulsionen disponirt war, übrigens aber in Folge der
Schändungsakte nie ein besonderer körperlicher oder
moralischer Zwang an der W. ausgeübt worden war,
welcher allenfalls eine heftige Gemüthsbewegung hervorgerufen hätte, derlei krankhafte Zufälle aber der

Erfahrung gemäss nicht selten auch spontan, ohne alle
Veranlassung aufzutreten pflegen, so lässt sich der ur-
sächliche Zusammenhang nicht mit voller Bestimmtheit
nachweisen und somit auch nicht mit Gewissheit behaupten, dass, falls eine Schändung wirklich stattgefunden hat, diese die beschriebenen Krampfanfälle herbeigeführt, und demnach einen wichtigen Nachtheil für
die Gesundheit der K. W. zur Folge gehabt habe, zumal als die erwähnten Krampfanfälle nie von Sachverständigen beobachtet wurden, und die Angabe der
Angehörigen wegen mehrfacher auffallender Widersprüche unverlässlich erscheinen.

§. 21.

Gesetzliche Bestimmungen.

Allg. bürg. Gesetzbuch. §. 22. Selbst ungeborne Kin- Schwanger-
der haben von dem Zeitpunkte ihrer Empfängniss an einen An- schaft, Geburt
spruch auf den Schutz der Gesetze. und Alter.
§. 58. Wenn ein Ehemann seine Gattin nach der Ehe-
lichung bereits von einem Andern geschwängert findet, so kann
er — — —
§. 120. Wenn eine Ehe für ungiltig erklärt, getrennt, oder
durch des Mannes Tod aufgelöst wird; so kann die Frau, wenn sie
schwanger ist, nicht vor ihrer Entbindung, und wenn über ihre
Schwangerschaft ein Zweifel entsteht, nicht vor Verlauf des sechsten Monats zu einer neuen Ehe schreiten. Wenn aber nach den Umständen oder nach dem Zeugnisse der Sachverständigen eine
Schwangerschaft nicht wahrscheinlich ist, so kann — — —
§. 138. Für diejenigen Kinder, welche im siebenten Monate
nach geschlossener Ehe oder im zehnten Monate nach dem Tode
des Mannes, oder nach gänzlicher Auflösung des ehelichen Ban-
des von der Gattin geboren werden, streitet die Vermuthung der
ehelichen Geburt.
§. 155. Die rechtliche Vermuthung der unehelichen Geburt
hat bei denjenigen statt, welche zwar von einer Ehegattin, jedoch
vor oder nach dem oben (§. 138) mit Rücksicht auf die ein-
gegangene oder aufgelöste Ehe bestimmten gesetzlichen Zeitraume geboren worden sind.
§. 156. Diese rechtliche Vermuthung tritt aber bei einer
früheren Geburt erst dann ein, wenn der Mann, dem vor der
Verehelichung die Schwangerschaft nicht bekannt war, längstens
binnen drei Monaten nach erhaltener Nachricht von der Geburt
des Kindes die Vaterschaft des Kindes gerichtlich widerspricht.
§. 157. Die von dem Manne innerhalb dieses Zeitraumes
rechtlich widersprochene Rechtmässigkeit einer früheren oder späteren Geburt kann nur durch Kunstverständige, welche nach ge-

nauer Untersuchung der Beschaffenheit des Kindes und der Mutter die Ursache des ausserordentlichen Falles deutlich angeben, bewiesen werden.

§. 159. Stirbt der Mann vor dem ihm zur Bestreitung der ehelichen Geburt verwilligten Zeitraume, so können auch die Erben — — — — — die eheliche Geburt eines solchen Kindes. bestreiten.

§. 163. Wer auf eine in der Gerichtsordnung vorgeschriebene Art überwiesen wird, dass er der Mutter eines Kindes innerhalb des Zeitraumes beigewohnt habe, von welchem bis zu ihrer Entbindung nicht weniger als sieben, nicht mehr als zehn Monate verstrichen sind, oder wer dieses auch nur ausser Gericht gesteht, von dem wird vermuthet, dass er das Kind erzeugt habe.

§. 1328. Wer eine Weibsperson verführt und mit ihr ein Kind zeugt, bezahlt die Kosten der Entbindung und des Wochenbettes, und — — —

Allg. Strafgesetz. §. 144. Eine Frauensperson, welche absichtlich was immer für eine Handlung unternimmt, wodurch die Abtreibung ihrer Leibesfrucht verursacht, oder ihre Entbindung auf solche Art, dass das Kind todt zur Welt kommt, bewirkt wird, macht sich eines Verbrechens schuldig.

§. 145. Ist die Abtreibung versucht, aber nicht erfolgt, so soll die Strafe auf Kerker zwischen 6 Monaten und 1 Jahre ausgemessen; die zu Stande gebrachte Abtreibung mit schwerem Kerker zwischen einem und 5 Jahren bestraft werden.

§. 147. Dieses Verbrechens macht sich auch derjenige schuldig, der aus was immer für einer Absicht wider Wissen und Willen der Mutter, die Abtreibung ihrer Leibesfrucht bewirkt oder zu bewirken versucht.

§. 148. Ein solches Verbrechen soll mit schwerem Kerker zwischen 1 und 5 Jahren; und wenn zugleich der Mutter durch das Verbrechen Gefahr am Leben oder Nachtheil an der Gesundheit zugezogen worden ist, zwischen 5 und 10 Jahren bestraft werden.

§. 149. Wer ein Kind in einem Alter, da es zur Rettung seines Lebens sich selbst Hilfe zu verschaffen unvermögend ist, weglegt, um dasselbe der Gefahr des Todes auszusetzen, oder auch nur um seine Rettung dem Zufalle zu überlassen, begeht ein Verbrechen, was immer für eine Ursache ihn dazu bewogen habe.

§. 150. Wenn das Kind an einem abgelegenen, gewöhnlich unbesuchten Orte oder unter solchen Umständen weggelegt worden, dass die baldige Wahrnehmung und Rettung desselben nicht leicht möglich war, so ist die Strafe schwerer Kerker von einem bis 5 Jahren, und wenn der Tod des Kindes erfolgt ist, von 5 bis 10 Jahren.

§. 151. Wenn aber das Kind an einem gewöhnlich besuchten Orte und auf eine Art weggelegt worden, dass die baldige Wahrnehmung und Rettung desselben mit Grund erwartet werden konnte, so ist die Weglegung mit Kerker zwischen 6 Monaten und 1 Jahre zu bestrafen. Wäre der Tod des Kindes dennoch erfolgt, so ist die Strafe Kerker von 1 bis 5 Jahren.

§. 339. Eine unverehelichte Frauensperson, die sich schwanger befindet, muss bei der Niederkunft eine Hebamme, einen Geburtshelfer oder sonst eine ehrbare Frau zum Beistande rufen. Wäre sie aber von der Niederkunft ereilt, oder Beistand zu rufen verhindert worden, und sie hätte entweder eine Fehlgeburt gethan, oder das lebendig geborene Kind wäre binnen vierundzwanzig Stunden, von Zeit der Geburt an, gestorben, so ist sie verbunden, einer zur Geburtshilfe berechtigten, oder wo eine solche nicht zur Hand ist, einer obrigkeitlichen Person von ihrer Niederkunft die Anzeige zu machen, und derselben die unzeitige Geburt oder das todte Kind vorzuzeigen.

Allg. Strafprozess-Ordnung. §. 319. Wenn die Verurtheilte schwanger ist, hat die Vollziehung (der Strafe) so lange zu unterbleiben, bis dieser Zustand aufgehört hat. Nur dann kann der Vollzug auch gegen eine Schwangere eingeleitet werden, wenn der bis zu ihrer Entbindung fortdauernde Verhaft für sie härter sein würde, als die zuerkannte Strafe.

Aus den eben zitirten Gesetzes-Paragraphen ist schon eine grosse Anzahl möglicher Civil- und Strafrechtsfälle ersichtlich, in welchen der Richter als Grundlage der Entscheidung oder des Urtheils die gerichtsärztliche Beurtheilung des Falles nicht wird entbehren können. Das Weitere wird durch die folgenden, in die einzelnen Fragen näher eingehenden Auseinandersetzungen erhellen.

§. 22.

Aus dem Gesagten sieht man, dass die Schwangerschaft mitunter die Grundlage von Streitsachen bilden kann. Es kann eine wirklich vorhandene Schwangerschaft aus verschiedenen Gründen geläugnet, verheimlicht oder bestritten werden; es kann aus egoistischen, in Gewinnsucht begründeten oder anderen Motiven eine nicht vorhandene Schwangerschaft fälschlich vorgegeben oder simulirt werden; es kann einer nicht schwangern Person Schwangerschaft zugemuthet werden. Es wird sich in derlei civilgerichtlichen Fällen von streitiger oder bestrittener Gravidität, sowie in andern Fällen, die vor das Forum des Strafgerichts gehören (Schwängerung nach Nothzucht, vorgebliche Schwangerschaft, um einer Strafe zu entgehen, Aufschiebung der Todesstrafe), um den gerichtsärztlichen Nachweis handeln, dass Schwangerschaft in der That vorhanden oder nicht vorhanden sei.

Schwangerschaft.

Zur gerichtsärztlichen Beurtheilung der Schwangerschaft ist eine ausreichende geburtshilfliche Bildung und Routine in der geburtshilflichen Untersuchung unerlässlich. Da die zu untersuchenden wirklich oder vorgeblich Schwangeren alle Künste der Verstellung in Anwendung bringen, um den Arzt zu täuschen, so wird dieser bei Vornahme der Untersuchung mit der grössten Vorsicht und Unbefangenheit vorgehen, und die Angaben der zu Explorirenden zum Theil ignoriren, jedenfalls aber mit dem grössten Misstrauen in sich aufnehmen.

Von den dem Geburtshelfer geläufigen Zeichen der Schwangerschaft haben die subjectiven für den Gerichtsarzt unendlich geringen oder keinen Werth. Von den objectiven sind manche für die Diagnose der Schwangerschaft in absoluter Weise entscheidende, sichere, manche mehr oder weniger wesentliche.

Ueber die Bedeutung der einzelnen Schwangerschaftszeichen spricht sich Prof. B r a u n folgendermassen aus:

Der Werth der einzelnen Schwangerschaftszeichen ist sehr relativ. Manche derselben können für sich allein die Anwesenheit einer Schwangerschaft bestätigen, und werden daher s i c h e r e Zeichen genannt, während andere hingegen nur im Complex mit mehreren anderen eine Schwangerschaftsdiagnose möglich machen, und daher die h ö c h s t w a h r s c h e i n l i c h e n Zeichen heissen.

A) S i c h e r e Z e i c h e n d e r S c h w a n g e r s c h a f t.

Eine Schwangerschaft wird für bestimmt erkannt, wenn

1. D i e F ö t a l h e r z t ö n e d e u t l i c h g e h ö r t und mit andern Geräuschen nicht verwechselt werden.

2. Wenn die spontanen Fötalbewegungen, von der Mutter empfunden, v o m A r z t e g e h ö r t, g e s e h e n oder g e t a s t e t w e r d e n k ö n n e n, und an der Stelle des Bauches, an welcher dieses stattfindet, ein leerer Percussionston nachgewiesen wird.

3. Wenn d i e T h e i l e d e s F ö t u s durch die Abdominalpalpation und das Vaginaltouchiren d e u t l i c h

gefühlt und das Abdominal- und Vaginal-Ballotiren
der Fötustheile entdeckt werden kann.

4. Wenn die Geburt eines Eies beginnt oder vollendet wird.

Die Abwesenheit dieser Zeichen berechtigt aber
nicht eine Schwangerschaft abzuleugnen, da bei einem
lebenden Kinde dieselben wohl bestehen, aber wegen
störender Hindernisse von Seite des Fötus, des Uterus
und der Bauchdecken bisweilen nicht nachgewiesen
werden können.

Der Werth dieser sichern, objectiv nachweisbaren
Zeichen wird dadurch aber sehr geschmälert, dass sie
wohl gegen die Mitte und das Ende, aber nicht mehr
vom vierten Schwangerschaftsmonate nach abwärts —
mit Ausnahme der Zeichen eines stattfindenden Abortus — benützt werden können, dass sie nur beim Leben
des Fötus deutlich auftreten, und beim Tode desselben
(einige, wie die Herztöne und spontanen Bewegungen
des Fötus ganz sistiren und andere wie die Fötaltheile)
bisweilen gar nicht oder nur schwer eruirt werden.

In zweifelhaften Fällen sind die negativen Zeichen
von hoher Bedeutung. Es kann das Fehlen einer Schwangerschaft bestimmt ausgesprochen werden, wenn ein
fremdartiger Tumor in der Becken- und Bauchhöhle
fehlt und die vollständige Leere der Uterus- und Cer-
vicalhöhle nachzuweisen ist.

B) **Wesentliche, höchst wahrscheinliche
Zeichen.**

Von den objectiven Symptomen bleiben manche
während der ganzen Schwangerschaftszeit anwesend, so
dass ein Complex derselben zu jeder Zeit für ein höchst
wahrscheinliches Schwangerschaftzeichen betrachtet werden kann. Hierher gehören eine sehr deutliche **Hypertrophie und Auflockerung der Vagina, der
Vaginalportion und der äussern Genitalien,**
die Art des Ueberganges des Halses in den Körper des
Uterus, eine bläulich rothe **Färbung** und **Hypertrophie des Papillarkörpers der Scheidenschleim-
haut,** eine grössere **Ausdehnung des Warzen-**

hofes, der Brustwarze und eine dunklere Färbung derselben.

C) Unsichere objective Zeichen.

Hierher gehören die Vergrösserung und La-
geveränderung des Uterus und des Vaginal-
theiles (die immer vorkommen), die mütterlichen Ge-
fässgeräusche, die Veränderungen an den Bauchdecken,
die Vergrösserung und Zunahme der körnigen Beschaffenheit der Brustdrüse, der Beginn der Milchabsonde-
rung, Ausbildung von Varicositäten und Oedemen (die
beide nicht selten gänzlich fehlen).

D) Subjective Erscheinungen.

1. Das Ausbleiben der Menstruation ohne
Erkrankung nach gepflogenem Coitus bei früher regelmässig Menstruirten begründet den Verdacht einer
Schwangerschaft, während die mehrmonatlich typisch
fortbestehenden Menses eine Schwangerschaft sehr bezweifeln lassen.

2. Die sympathischen Erscheinungen, wie die Brechneigung, Erbrechen des Morgens aus Inanition vor dem
Genuss von Nahrungsmitteln ohne eruirbare Veranlassung, ein stetes Wohlbefinden nach Tisch, Gelüste für
oder Abneigungen gegen gewisse Speisen, Getränke
und Gewohnheiten und öfters wiederkehrende Ohn-
machtsempfindungen, Stechen in den Brüsten, und Empfinden der Fötalbewegungen müssen höchst behutsam
beurtheilt werden, da alle diese Erscheinungen auch
bei chlorotischen, aber besonders täuschend bei hysterischen Nichtschwangern und bei verschiedenen Becken-
geschwülsten auftreten (und da bei vorgeblichem Vorhandensein dieser sympathischen Erscheinungen eine
Controlle durch den Gerichtsarzt nicht möglich ist).

Zahnschmerz, Salivation, Meteorismus, Frostempfin-
dungen, heftiger Hinterhauptschmerz, Störungen der
Darmfunctionen haben nur bei wiederholten Schwangerschaften eine individuelle Bedeutung. —

Mit Berücksichtigung der angegebenen sicheren
und höchst wahrscheinlichen Zeichen wird der Gerichtsarzt sich entschieden für Schwangerschaft oder Nicht-

schwangerschaft aussprechen. Ist ein bestimmter Ausspruch nicht möglich, so wird er das in seinem Gutachten angeben, und die Untersuchung zu einer Zeit
wieder vornehmen, wo es bereits möglich sein wird,
aus den mittlerweile eingetretenen Veränderungen mit
Zuverlässigkeit die Diagnose zu stellen.

§. 23.

Synopsis der
Schwanger-
schaftsepochen.

Da es mitunter wichtig sein kann, die Epoche der
Schwangerschaft zu bestimmen, so bedarf es hierzu gewisser Anhaltspunkte. Genau wird diese Bestimmung
nie, immer nur annähernd sein können. Wir lassen
deshalb hier einen synoptischen Ueberblick der einzelnen Schwangerschaftsepochen (nach Prof. Braun) folgen, der die einzelnen Trimester nach ihren schärfer
ausgesprochenen Symptomen folgendermassen charak-
terisirt.

1. Trimester.

Am Ende des dritten Lunarmonates erreicht der
Uterusgrund noch nicht das Niveau des Beckenein-
gangs, ist nicht durch einen dumpfen Percussionston,
aber bisweilen durch eine Verbindung des Touchiren
mit der Abdominalpalpation als ein dem Kopfe eines
reifen Kindes ähnlicher, aber elastischer Körper erkennbar. Der Halstheil des Uterus ist schmal und geht
an seiner obern Grenze in eine kugelförmige Wölbung
des sich ausdehnenden Körpers der Gebärmutter über.

Der Cervix ist 1⅓ Zoll lang, in seiner Portio
supravaginalis unverändert, in seiner Portio infravagi-
nalis an der Spitze mehr aufgelockert, weicher, dessen
äusseres Orificium ist geschlossen sowohl bei der ersten
Schwangerschaft, als auch bei wiederholt Schwangern,
wenn nach einmal eingetretenem Abortus, Frühgeburt
oder zeitigen Geburten wenigstens ein Zeitraum von
mehreren Jahren verstrichen ist. Bei den in kurzen
Zwischenräumen wiederholt Geschwängerten ist die Vaginalportion breiter, ihr Os externum ungleichförmig
und leicht geöffnet. Seit der letzten Menstruation sind
ein, zwei bis drei Monate verstrichen, oder es zeigten
sich bisweilen kärglichere Blutabgänge. Längere Zeit

besteht ein leichterer Meteorismus, der mit einer Abplattung des Bauches endet, während die bekannten sympathischen Erscheinungen fortbestehen, und die Brüste und die Montgomerischen Drüschen, die Genitalien und die Schleimhautpapillen der Vagina anschwellen.

2. Trimester.

Der Uterusgrund liegt zwischen der Schoossfuge und dem Nabelring, am Ende des vierten Lunarmonates zwei Zoll oberhalb der Symphyse, am Ende des fünften Monates zwei Zoll unterhalb des Nabels, am Ende des sechsten Monates am Nabel selbst, wenn der Nabel leicht nach aufwärts gezogen wird.

Die Fötalherztöne, die spontanen Fötalbewegungen, das Ballotiren der Fötustheile treten in der zwanzigsten Woche auf, und werden bisweilen objectiv sehr deutlich nachgewiesen.

Der Cervix wird dadurch, dass er an Breite zunimmt, scheinbar um $\frac{1}{2}$ Zoll kürzer, und ist an seiner obern Hälfte gewöhnlich noch geschlossen.

Die Vaginalportion erhebt sich mit dem Uterus und wird gewöhnlich mühsamer im linken Beckenwinkel gefunden. Dessen äusseres Orificium ist bei Erstgeschwängerten gewöhnlich geschlossen. Bei wiederholt Schwangern kann bisweilen das erste Fingerglied in denselben eindringen.

Die Brustwarzen werden erectiler, der Meteorismus und die sympathischen Symptome nehmen ab und die mechanischen Stauungen (Varices, Oedeme) nehmen zu.

3. Trimester.

Der Uterusgrund liegt ober dem Nabel in der Regio epigastrica, und zwar am Ende des siebenten Monates zwei Zoll über dem Nabel, am Ende des achten zwei Zoll unter dem Schwertknorpel, am Ende des neunten Lunarmonats in der Nähe des Schwertknorpels. Die Vaginalportion liegt hoch im linken Winkel, ist bisweilen noch geschlossen und fängt an sich zu verkürzen, oder ist bis zu den Eibäuten durchgängig und in den Muttermundslippen lappig und gewulstet. Die

Nabelgrube verstreicht oder ist ausgestülpt, die strie-
menähnlichen Bauchstreifen bilden sich aus. Das Kind
ist lebensfähig.

Zehnter Lunarmonat.

Alle objectiven Symptome sind in ihren stärksten
Ausbildungen anzutreffen.

Der Uterus sinkt etwas tiefer, ungefähr drei Zoll
unter den Schwertknorpel (meistens wegen des tiefern
Einsenkens des Fötalkopfes und des Cervix gegen den
Boden der Beckenhöhle) und drängt die Bauchwand
mehr nach vorn, wodurch sich in der Regio epigastrica
eine Abplattung darstellt. Die Vaginalportion ist bei
Erstgeschwängerten $1/4$ Zoll lang, bisweilen ein wenig
geöffnet.

Bei wiederholt Schwangeren sind die Eihäute meistens zu erreichen, ihre Vaginalportion ist $1/2$ bis ein
Zoll lang, jedoch der Isthmus noch immer enger als
das Os externum. Der Vaginaltheil wird zur Erweiterung
der Uterushöhle grösstentheils verwendet.

§. 24.

Als gewöhnliche Dauer der Schwangerschaft wird
ein Zeitraum von 10 Mondesmonaten, oder 9 Kalender-
monaten, oder 40 Wochen, oder 280 Tagen angenommen; doch gibt es von dieser Norm auch Abweichungen. Man bemerkt nämlich in der Dauer der Schwangerschaft ausnahmsweise Schwankungen von 252 bis
326 Tagen oder von 36 'bis 46 Wochen, und bezeichnet Kinder, welche nach dem als Norm angenomme-
nen Zeitraum geboren werden, als Spätgeburten.
Die Frage der Spätgeburt ist in Bezug auf richterliche
Entscheidung (eheliche Geburt, Erbfähigkeit) von Wichtigkeit.

Sowie jeder periodische Entwicklungsakt, z. B.
das Zahnen, die Pubertät, die Menstruation, einer Re-
tardation fähig ist, so kann dies auch bei der Schwangerschaftsdauer der Fall sein. In vielen Fällen allerdings ist die Frage von geringerer Bedeutung, da die
verschiedenen Gesetzbücher in dieser Beziehung positive Bestimmungen haben. Das österreichische bürgerliche

*Dauer der Schwanger-
schaft, Spät-
geburt.*

Gesetzbuch erkennt die Legitimität eines Kindes an, wenn es noch im 10. Kalendermonate, vor dem 307. Tage nach dem Ableben des Gatten geboren wurde. Das preussische Landrecht nimmt eine längste Dauer der Schwangerschaft von 302, der Code Napoléon von 300 Tagen an. Doch ist die Bestimmung der äussersten Grenze der Möglichkeit einer Spätgeburt beim menschlichen Weibe sehr schwierig, da einzelne Beobachter noch die Möglichkeit einer Schwangerschaftsdauer bis zum 310., 315., ja bis zum 320. Tage annehmen. Dem Gutachten des Gerichtsarztes werden demnach erst jene Spätgeburten unterzogen, welche nach dem durch die einzelnen Gesetzgebungen bestimmten äussersten Termin der Schwangerschaftsdauer zur Welt kommen.

In solchen allerdings höchst seltenen Fällen wird, wie das schon aus der Natur des Objectes hervorgeht, der Ausspruch des Arztes häufig nur unbestimmt und zweifelhaft sein können. Er wird sich bei seiner Untersuchung von den folgenden, noch die meisten Anhaltspunkte bietenden Ideen leiten lassen: 1. Ob der Vater zur Zeit der angeblichen Empfängniss noch zeugungsfähig war? 2. Ob aus dem Verlaufe der Schwangerschaft keine Elemente der Diagnose sich ableiten lassen, z. B. Erscheinen der Schwangerschaftszufälle gleich zu Anfang der Geburt, zeitliche Schwellung des Unterleibes; Zeichen der Entbindung, Wehen, Abgang von Fruchtwasser und Blut zur Zeit des normalen Schwangerschaftendes etc. 3. Ob aus den normalen Menstruationsintervallen, die jedoch durch wahrheitsgetreue Zeugen constatirt sein müssen, sich eine nach 29 oder 30 Tagen regelmässig wiederkehrende Periode nachweisen lässt.

§. 25.

Superfötation.   Unter Superfötation fasst man eine Befruchtung zweier Eier nach einer grossen Zwischenzeit (von Tagen oder Wochen) durch eine zweimalige Begattung auf.

Eine Superfötation (Ueberschwängerung) oder eine Befruchtung in einer spätern Schwangerschaftszeit wird von den Physiologen für eine Unmöglichkeit erklärt,

weil vor dem Eintritte des ersten Eichens die Decidua
und der Schleimpfropf des innern Muttermundes sich
bilden, wodurch ein späterer Contact der Samenfäden
mit einem zweiten Eichen unmöglich gemacht wird,
und weil es überhaupt hypothetisch ist, dass nach Befruchtung eines Eichens noch Follicularberstungen stattfinden sollen. Diese physiologische Negation ist aber
auch auf eine zweitheilige Gebärmutter auszudehnen,
da bei einem Uterus bicornis oder bilocularis nach geschehener Befruchtung eines Eichens die Deciduabildung
in beiden Uterushälften eintritt, und daher eine nach
Wochen erfolgende Befruchtung unmöglich ist.

Alle Fälle von sogenannter Superfötation lassen
sich von einem anomalen Verlauf von Zwillingsschwan-
gerschaften ableiten, ohne einen Rückschluss auf
zwei von einander weit abstehenden Befruch-
tungszeiten zu erlauben. (Braun, Lehrbuch der
Geburtshilfe, S. 85.)

§. 26.

In Fällen, wo ein weggelegtes Kind todt oder lebend Geburt.
aufgefunden wird und der Verdacht des Verbrechens auf
einer Frauensperson lastet, ferner in Fällen, wo auf einem
Frauenzimmer der Verdacht lastet, es habe sich die
Frucht des Leibes abgetrieben, wird der Gerichtsarzt
die Untersuchung vorzunehmen haben, ob eine Geburt
stattgefunden habe oder nicht.

Die Untersuchung ist hier eine leichte, erfolgreiche,
in andern Fällen eine schwierigere, im Verhältniss zu
der Zeit, die zwischen der fraglichen Geburt und dem
Zeitpunkte der Untersuchung verstrichen ist, je nachdem die Frage des Richters dahin lautet, ob eine Frau
überhaupt, oder ob sie zu einer bestimmten Zeit geboren habe.

Die Zeichen der stattgefundenen Geburt sind nämlich bleibende oder verschwindende.

Die bleibenden Zeichen sind theils lokale, theils
allgemeine. Zur ersten Reihe gehören: Zerrissenes und
vernarbtes Schamlippenband und fehlendes Hymen,
Erweiterung der Vagina, Abflachung der Plicae palmatae,
rundlicher, vertiefter, mit vernarbten Einrissen ver-
sehener, nicht eine Querspalte bildender Muttermund.

Zur zweiten Kategorie: Schwangerschaftsnarben, braune
Pigmentirung der Mittellinie (vom Nabel bis zur Symphyse), der Brustwarze und ihres Hofes, Erschlaffung
der Bauchhaut.

Da einzelne dieser Erscheinungen ihren Ursprung
auch verschiedenen pathologischen Prozessen verdanken
können, so wird stets auch auf die Anamnese, sowie
auf das Zusammentreffen mehrerer Erscheinungen, auf
das Gesammtbild Rücksicht zu nehmen sein.

Zu den nur kurze Zeit nach der Geburt dauernden
und daher verschwindenden Zeichen der stattgefundenen Geburt gehören: Milchinhalt in den turgeszirten
Brüsten, der Lochienfluss, Erweichung, Erweiterung
und Schwellung der Genitalien, vergrösserter, noch nicht
ganz involvirter Uterus. Auch hier gilt das oben Gesagte, dass es nothwendig ist, stets auf die Gesammt-
heit des Symptomencomplexes die Diagnose zu basiren.

Die Frage, ob ein Weib überhaupt schon geboren, oder ob es vor kurzer Zeit geboren habe? wird
sich aus den angegebenen Zeichen stets mit Bestimmtheit beantworten lassen. Die Frage, wann eine Frau
geboren habe? wird sich mit einiger Wahrscheinlichkeit nur kurze Zeit, höchstens einige Wochen nach der
Geburt; die Frage wie vielmal eine Frau geboren habe,
niemals beantworten lassen.

Ist Schwangerschaft vorhanden?

Siebenter Fall. Eine Frau A. R., welche von ihrem Manne entfernt lebte und im Verdachte stand, dass sie ihre
Schwangerschaft verheimliche, wurde in Folge gerichtlicher Aufforderung in ihrer Wohnung in der Absicht
untersucht, um auszumitteln, ob die Frau wirklich
schwanger sei oder nicht.

Die Untersuchung ergab:

1. A. R., 32 Jahre alt, von mittlerer Grösse, kräftig gebaut, von blühendem Aussehen, soll früher noch
nie schwanger gewesen sein.

2. Die Brüste hart, gespannt, die Warzen derselben gross und sammt ihrem Hofe dunkel gefärbt.

3. Der Unterleib ausgedehnt, die Seitengegenden
desselben voll und breit, über den Schambeinen bis

zum Nabel hinauf eine härtliche. kugelige Geschwulst
wahrnehmbar, der Nabel etwas herausgetrieben.

4. Mittelst des auf den Unterleib aufgelegten
Stethoscops ist der Herzschlag der Frucht und das Pla-
centargeräusch hörbar.

5. Der Muttermund steht hoch oben, ist dick,
wulstig und weich.

6. Der vorliegende Kopf der Frucht ist deutlich
fühlbar.

Gutachten.

Aus dem Befunde erhellet: dass die Untersuchte,
da an ihr die zuverlässigen Merkmale der Schwangerschaft wahrgenommen worden, wirklich schwanger sei
und sich im sechsten Monate der Schwangerschaft
befinde.

Hat Geburt stattgefunden?

Ein Frauenzimmer, das in Verdacht steht, das vor
zwei Tagen in einem Bache gefundene, todte Kind geboren zu haben, wird über Auftrag gerichtsärztlich untersucht. Bei der Untersuchung wurde Folgendes wahrgenommen:

1. A. Z., 20 Jahre alt, von kräftiger Konstitution
und gutem Aussehen, gibt an, sie hätte durch mehrere
Monate keine Menstruation gehabt, und vor zwei Tagen
wäre dieselbe in einer bedeutenden Menge eingetreten.

2. Die äusseren Geschlechtstheile angeschwollen und
schmerzhaft bei der Berührung, der Eingang und die
Scheide so erweitert, dass die zusammengelegte Hand
eingebracht werden kann, das Schambändchen zerrissen.

3. Der Gebärmuttermund ist für die zusammen-
gelegten Finger offen und rechterseits auf $\frac{1}{2}$ Zoll weit
eingerissen, aus der Gebärmutter fliesst eine seröse, mit
Blut vermischte Flüssigkeit.

4. Ueber den Schambeinen ist der Grund der Gebärmutter als eine feste Kugel wahrnehmbar, der Bauch
ausgedehnt und erschlafft, die Brüste sind angeschwollen, die Warzen entwickelt und beim Ausdrücken fliesst
Milch aus denselben.

5. Das Gesicht roth, die Hautwärme erhöht, die
Augen glänzend, die Kräfte abgemattet, der Puls fie-
berhaft.

Achter Fall.

Gutachten.

Aus dem Befunde geht hervor :

a) dass an der Untersuchten die Kennzeichen einer vorausgegangenen Geburt (2., 3., 4., 5.) wahrgenommen worden, sie daher vor Kurzem geboren habe, und

b) dass das vor zwei Tagen gefundene neugeborne Kind, da an der Untersuchten bloss der Grund der Gebärmutter über den Schambeinen (4.) zu fühlen, die Kindbettreinigung serös mit Blut vermischt (3.) und bereits Milchfieber eingetreten war, mit ihrer Geburtszeit vollkommen übereinstimmt.

§. 27.

Abtreibung der Leibesfrucht.

Die Frage, ob in Folge einer verursachten oder versuchten Abtreibung der Leibesfrucht ein Abortus auch wirklich stattgefunden habe, kann dem Gerichtsarzte vorgelegt werden. Gewöhnlich versteht man unter Abortus eine Geburt vor, unter Frühgeburt nach dem sechsten Monate. Läge dem Arzte der Beweis in Form des abgetriebenen Fötus vor, so wäre die Beantwortung der Frage eine leichte und in noch rezenten Fällen wäre die Beantwortung der vom Richter vorgelegten Frage theilweise mit Berücksichtigung des bei Schwangerschaft und Geburt Angegebenen noch immer möglich. Im wirklichen Leben verhält sich jedoch die Sache anders. Verbrecherischer Abortus kommt meistens in Fällen vor, wo die noch nicht weit vorgeschrittene Schwangerschaft verheimlicht und deshalb von der Umgebung nicht bemerkt worden war, und wenn diese Fälle zur Cognition der Gerichte kommen, sind die Spuren längst verschwunden ; abgesehen davon, dass diese Spuren nicht so ausgesprochen sind, wie nach der Geburt eines reifen Kindes. Zudem ist der Beweis, dass ein Abortus vorsätzlich veranlasst wurde, aus objectiven Zeichen nicht zu führen, da unfreiwillige, unvorsätzliche Frühgeburt nur zu häufig vorkommt. Der Gerichtsarzt wird demnach selten oder nie in der Lage sein, einen positiven Ausspruch darüber zu machen, ob ein verbrecherischer Abortus stattgefunden habe, oder nicht. Anders verhält es sich, wenn die Frage zur Beantwortung vorgelegt wird, ob eine bestimmte Substanz, ein Medicament, gewisse äusserliche Handgriffe und Manipulationen einen Abortus herbeiführten? Allgemeine Gesichtspunkte zur Beantwortung dieser Fragen lassen sich wohl nicht aufstellen, aber bei gewissenhafter Durchdringung und strenger Individualisirung des Falles, bei Berücksichtigung der Quantität und Qualität, der Pharmakodynamik der Substanz oder des Mittels, bei genauer Würdigung der Wirksamkeit des mechanischen Eingriffes wird man immerhin in der Lage sein, sich mehr weniger positiv darüber zu äussern, ob ein eingetretener Abortus Folge jener dynamischen oder mechanischen Eingriffe sei, wiewohl man auch hier nie wird ausser Acht lassen dürfen, dass ein immerhin möglicher, unfreiwilliger Abortus der gerichtsärztlichen Beurtheilung unzugänglich ist.

Verdacht der versuchten Fruchtabtreibung.

Elisabeth G. befindet sich seit 6—7 Monaten im Neunter Fall. Zustande der Schwangerschaft. Im Anfange derselben will sie viel an Stuhlverstopfung gelitten und dagegen gebraucht haben. Vor 2 Monaten soll sie an einer Pleuritis erkrankt sein, weshalb ihr vom Wundarzte K. mehrere Medizinen und Blutegel verordnet wurden. Um diese Zeit kam ein ihr angeblich ganz unbekannter Arzt, der von ihrem Zustande gehört haben soll, zweimal zu ihr, erklärte ihren Zustand für Verhärtung und drang ihr eine selbst bereitete, röthliche, nach Kräutern riechende, bitterschmeckende Medizin in einer gewöhnlichen Medizinflasche auf, die er selbst herbeiholte. Sie nahm diese Medizin und führte darauf 15mal ab. Der Unbekannte wollte sie des andern Tages zur Fortsetzung dieser Medizin bewegen, wozu sie sich jedoch wegen Erschöpfung nicht herbeiliess.

Nach Einhändigung der von dem Wundarzte K. verschriebenen Rezepte, deren wesentlicher Inhalt aus dem Gutachten ersichtlich wird, wurden den Sachverständigen folgende Fragen vorgelegt:

I. Ist in diesen Recepten nichts enthalten, woraus nach den gewöhnlichen medizinischen Wirkungen für eine schwangere Frau Abtreibung der Leibesfrucht oder eine

4 *

Entbindung in der Art, dass das Kind todt zur Welt
kommt, voraussichtlich erfolgen könnte?

Obwohl nun die Medizin, welche der Unbekannte
brachte, nicht näher beschrieben werden kann, Nichts
davon zurückblieb, kein Rezept vorliegt, und der Unbekannte selbst nicht zu eruiren ist, so läge doch daran nach
Möglichkeit zu wissen, ob

II. eine Verwechslung der Schwangerschaft mit einer
Verhärtung leicht möglich und im vorliegenden Falle von
Seite des Unbekannten, der doch ärztliche Kenntnisse zu
besitzen vorgab, anzunehmen sei? ferner ob, da doch
immer von ihm ein schwangerer Zustand von Seite der
Elisabeth K. als möglich gedacht werden musste, unter
der Voraussetzung, wenn auch nur der Möglichkeit, die
Anwendung so heftiger Purgirmittel nicht als sehr gefähr-
lich erschien, ja, ob nicht jedenfalls davon abzusehen war,
dass hier eine Abtreibung der Leibesfrucht oder eine Entbindung in der Art, dass das Kind todt zur Welt kommt,
erfolgen konnte?

Gutachten.

Ad Frage I. In dem vorliegenden Rezepte des Wundarztes K. finden sich zwei Mittel vor, die im Stande
sind, die Abtreibung der Leibesfrucht oder den Tod des
Kindes im Mutterleibe zu bewirken.

1. Jalappa wurde zweimal verabreicht, als Tinctura
resinæ jalappæ, ein anderesmal als Pulvis resinæ jalappæ.
Um die Verabreichung dieses heftig purgirenden Mittels
an eine Schwangere zu rechtfertigen, muss die Verabreichung minder starker Mittel fruchtlos befunden worden
sein, oder die Gefahr so dringend sich darstellen, dass
mildere, also minder verlässliche Mittel nicht mehr zulässig erschienen. Waren diese beiden Fälle nicht vorhanden, was aus den vorliegenden Rezepten nicht ersehen
werden kann, so war dieses Mittel, an eine Schwangere
verabreicht, ein Wagniss, dessen sich ein vorsichtiger Arzt
nicht schuldig machen würde. Aber manche Wundärzte
machen solche Wagnisse täglich ohne alle böse Absicht. Sie
geizen nur nach der Ehre, dass das verordnete Medikament
„tüchtig operire“, womit ihre Pflegebefohlenen insgemein
ganz zufrieden sind. Wäre die mögliche Fehlgeburt in
der Absicht des Wundarztes K. gelegen, so hätte er das

in Rede stehende Mittel anhaltend und in steigender Dosis
verabreicht, und nicht zwischendurch Dinge verordnet,
welche die Wirkung der Jalappa mässigen (Mixtura
oleosa) oder zum Theil sogar aufheben (Tinctura opii).
Die Mittel zum Fruchtabtreiben werden überhaupt nicht
mittelst Rezept aus der Apotheke bezogen. Wer derlei
Absichten hegt, verschafft sich die Ingredienzien vom
Materialisten, mischt und verabreicht sie eigenhändig, und
setzt sich nicht der Gefahr aus, schriftliche Dokumente
seines Unterfangens in die Hände der Behörden gelangen
zu lassen.

2. Calomel ist in grosser Gabe ebenfalls ein heftiges
Abführmittel. In kleiner Gabe durch längere Zeit, z. B.
zwei Wochen, gereicht, kann es geeignet sein, die Frucht
zu tödten. Die Gabe von 4 Gran auf einmal und nur zweimal des Tages gereicht, ist aber noch kein heftiges Abführmittel; als kleine Gabe betrachtet, ist es nicht lange
genug gereicht worden (nur Einen Tag), um in dieser
Hinsicht schaden zu können.

Weit verdächtiger ist die Prozedur, welche in der
Frage ad II beurtheilt werden soll.

1. Es gibt allerdings Verhärtungen im Unterleibe,
die mit einer Schwangerschaft so leicht verwechselt werden können, dass trotz genauester Untersuchung der beste
Kenner kein anderes Mittel weiss, um in's Reine zu kommen, als den Gang des Zustandes durch mehrere Wochen
zu beobachten. Hieraus folgt, dass kein Sachverständiger
es wagt, auf eine Untersuchung hin, den Zustand als eine
Verhärtung zu erklären.

2. Wer auf eine oberflächliche Untersuchung hin
einen solchen Zustand als eine Verhärtung erklärt, dem
ist es entschieden nicht um die richtige Erkenntniss der
Sache, sondern nur darum zu thun, die Behandelte und
eventuell die übrige Welt glauben zu machen, er habe ihn
für eine Verhärtung gehalten.

3. Es sind uns keine Verhärtungen bekannt, die
durch so energisch wirkende Abführmittel rasch beseitigt
werden könnten. Allmälig, langsam auflösende Mittel sind
es, die gegen solche Zustände m a n c h m a l erfolgreich
sich bewähren. Wollte man einwenden, dass etwa ein
derlei langsam auflösendes Mittel zufällig bei der Elisa-

beth G. eine exzessive Wirkung von 15 Stuhlgängen in einem Nachmittage hervorgebracht habe, so widerlegt sich diese Meinung hinlänglich durch die Thatsache, dass der angebliche Arzt, nachdem ihm dieser Erfolg mitgetheilt war, auf dem Fortgebrauche bestand. Es musste somit die eingetretene Wirkung mit seiner Erwartung zusammenstimmen. Wir können daher die Prozedur für nichts Anderes erklären, als für einen muthmasslichen, wissentlich und absichtlich vorgenommenen Versuch, die monatliche Reinigung wieder herzustellen, es möge eine Schwangerschaft da sein oder nicht, wie dieser Versuch häufig genug vorkommt. Keine Schwangere wendet sich an eine Fruchtabtreiberin mit dem Ansinnen: „Ich bin schwanger, helfen Sie mir davon", sondern jede, die Ursache hat zu wünschen, nicht schwanger zu sein, hat in den ersten Monaten sich selbst bloss im Verdachte der Schwangerschaft und hofft im Stillen, es könnte doch die Reinigung aus andern Gründen ausgeblieben sein. In dieser Situation wendet sie sich an eine heilkundige Frau, der sie vordemonstrirt, wegen Verkühlung, wegen Zorn, Schrecken etc. sei ihr die Periode ausgeblieben. Die „Heilkundige" stellt sich, als nehme sie Alles für baare Münze und gibt ihr eine „Blutreinigung", „es könnte sonst das ganze Geblüt abstehen." In der geforderten und gern geleisteten hohen Bezahlung liegt ein Zeichen, dass beide Theile sich verstanden haben.

Wenn nun über einige Zeit die Periode unter Schmerzen und insbesondere reichlichem Grade sich einfindet, so ist kein Arzt und kein Gericht im Stande, eine geschehene Fehlgeburt zu constatiren, wenn man nicht des abgegangenen Eies habhaft wird, welches doch in einem Nu bei Seite geschafft wird. Selbst wenn man des abgegangenen Eies habhaft wird, so kann

1. kein Arzt sein Parere dahin abgeben, dass die Parteien von einer vorhandenen Schwangerschaft überzeugt sein mussten, und dass sie nicht in einem Irrthume befangen waren.

2. Kein Arzt kann sich dahin äussern, dass der Abgang der Frucht bloss in Folge des „gereichten blutreinigenden" Mittels erfolgt sei, und dass nicht anderweitige diätetische Verhältnisse der Schwangeren darauf Einfluss

genommen haben konnten. Um dies behaupten zu können, müsste er die Schwangere viele Wochen lang, Tag und Nacht ununterbrochen unter seinen Augen gehabt haben.

3. Wie ein Apfelbaum, der 1000 Früchte angesetzt hat, davon 900 vor der Reife fallen lässt, ohne dass nachgewiesen werden kann, warum die eine Frucht abfällt, die andere reif wird, ebenso gehen Leibesfrüchte ohne alle nachweisbare Veranlassung von selbst ab.

So lange diese Thatsache feststeht, werden alle Versuche, eine geschehene Fruchtabtreibung zu erweisen, vergeblich sein, und man wird sich mit einem mehr oder weniger gegründeten Verdacht begnügen müssen.

Gilt dies von Fällen, wo eine Schwangerschaft wirklich vorhanden, und die abgegangene Frucht wirklich Gegenstand der Besichtigung war, um wie viel muss ärztlicher Seits auf blosse Muthmassung sich beschränkt werden in einem Falle, wo ein Fruchtabgang nicht erfolgt ist, wo sogar jetzt noch die Schwangerschaft auf unsicheren Aussagen beruht, wo das angeblich gereichte Abortivmittel nicht bekannt und der Gesundheit und Kräftezustand der Elisabeth K. zu jener Zeit, wo ihr das verdächtige Mittel gereicht wurde, höchst ungenügend erhoben ist. — —

Untersuchung mehrerer Gegenstände in Bezug auf Abtreibung der Leibesfrucht.

Die Corpora delicti bestanden aus 5 Päckchen. Die Zehnter Fall. Körper wurden einer genauen mechanischen und chemischen Prüfung unterworfen. Die Untersuchung ergab: Im 1. Päckchen Blätter von Nerium Oleander; im 2. Päckchen 20 Stück Früchte von Vicia Faba; im 3. Päckchen 3 Stück eben solche Bohnen, eine getrocknete Rose, mehrere Blumenblätter und der Kelch von Paeonia officinalis (Pfingstrose); im 4. Päckchen 2 Stückchen Kohle, 28 Stück Saubohnen und 5 Stück der Früchte von Evonymus (Pfaffenkäppchen); im 5. Päckchen 1 Stück vertrockneter Holzschwamm.

Das Gutachten lautete:

1. die in den Päckchen 2, 3, 4 vorgefundenen Saubohnen sind ein gänzlich unschädlicher Körper. Ebenso unschädlich sind

2. die in dem Päckchen 4 vorgefundenen 2 Stückchen Kohle und der in dem Päckchen 5 befindliche Holzschwamm.

3. Die in dem Päckchen 3 vorgefundenen Blätter und Kelche der Pfingstrose stehen wohl unter dem Volke in dem Rufe einer fruchtabtreibenden Wirkung; ihre Wirksamkeit ist jedoch äusserst gering, und sie können als gesundheitsunschädlich erklärt werden.

4. Die in dem Päckchen 4 enthaltenen 5 Stücke der Früchte von Evonymus enthalten wohl, sowie alle Theile dieses Strauches, einen scharfen, Brechen und Purgiren erregenden Stoff; die vorgefundene Quantität ist jedoch im gegenwärtigen Falle zu gering, als dass man derselben eine schädliche oder fruchtabtreibende Wirkung beimessen könnte.

5. Die in dem Päckchen 1 vorgefundenen Blätter von Oleander enthalten ein scharfes, narkotisches Gift, erzeugen Betäubung, Erbrechen, und es ist sonach nicht unmöglich, dass der Genuss derselben zufolge des hervorgerufenen Erbrechens unter Umständen auch den Abgang einer Leibesfrucht veranlassen kann; keineswegs lässt sich jedoch behaupten, dass der Gebrauch dieses Mittels nothwendig und sicher eine Fruchtabtreibung bewirken muss. —

§. 28.

Falsche oder Molenschwangerschaft. Unter falscher Schwangerschaft versteht man jenen Zustand von Frauen, bei welchen nicht ein normaler Fötus, sondern ein anderer im Uterus enthaltener Körper Schwangerschaftszufälle hervorbringt. Die Schwangerschaft wird endlich unterbrochen, und es geht ein unförmliches Ei mit oder ohne Spuren eines Fötus ab. Man bezeichnet die falsche Schwangerschaft auch als Molenschwangerschaft.

Ehedem war man gewohnt, die Molen nach zwei Kategorien zu sondern, und nannte sie entweder Blasen- oder Traubenmolen (Mola hydatosa) und Fleischmolen (Mola carnosa). Man rechnete zu jenen ein traubenförmiges Blasenaggregat, zu diesen alle anderen durch Verkümmerung und Schmelzung des Embryo charakterisirten Molen, und stellte die Frage auf, ob sie einem Beischlaf ihren Ursprung verdanken oder nicht. In neuerer Zeit haben die pathologischen Anatomen nähere Untersuchungen angestellt, und man kam zu dem Resultate, dass eine Mole nichts Anderes ist, als ein degenerirtes Abortivei. Nach diesen Untersuchungen ist jede Molenschwangerschaft mit Texturerkrankungen der Placenta (oder der Chorionzotten in den ersten Schwangerschaftswochen) verbunden, die bald als sogenannte fettige Degeneration, atheromatöse Ablagerung in die Placentalarterien, Oedem der Chorionzotten, Oedem der Placenta, und in höherem Grade als Mola hydatosa, als Hydrops der Amniosblase, Apoplexien, Fibrinablagerungen in Folge von Placentitis, Pfropfbildung der Plazentalvene und diffuse Zellgewebsneubildungen auftreten. Die Molen setzen demnach eine Befruchtung voraus; eine Ausnahme bilden bloss die Hydatidentrauben, welche nicht immer von einer hydropischen Entartung der Chorionzotten nach vorausgegangener Befruchtung, sondern auch von parasitischen Thieren (Acephalocystenblasen, d. h. von Säcken der zu Grunde gegangenen Kolonien von Ecchinococcus hominis (Tänienlarven) ohne vorausgegangene Befruchtung herrühren können. (Siehe Braun Lehrbuch der Geburtshilfe S. 660.)

Zu den Molen wollen wir auch das Lithopaedion rechnen, i. e. eine verödete, gänzlich oder theilweise durch Niederschlag von Kalksalzen incrustirte Frucht.

Gewisse pathologische Geschwülste des Uterus, z. B. Polypen, Fibroide etc. wird wohl kein Arzt mit Molen verwechseln.

§. 29.

Kann eine Frau schwanger sein, ohne es zu wissen? Man wird die Möglichkeit einer unbewussten Schwangerschaft bis zum Ende des sechsten Monates gelten lassen. Von da ab wird man diese Möglichkeit nur annehmen bei Schwach- und Stumpfsinnigen, ferner bei Personen, die zur Zeit der eine Schwängerung veranlasst habenden Cohabitation sich im Zustande der Bewusstlosigkeit oder Betäubung befanden.

Unbewusste Schwangerschaft.

§. 30.

Kann eine Frau von der Geburt überrascht werden? Diese Frage ist im Allgemeinen zu bejahen, wiewohl sie ihre spezielle Bedeutung erst im Munde des Richters bekommt. Ledige uneheliche Schwangere werfen ihr Kind nach der Geburt, um sich dessen zu entledigen, häufig in den Abtritt, und geben dann an, sie seien während des Stuhlganges von der Geburt überrascht worden. In solchen Fällen werden die einzelnen Umstände zu berücksichtigen sein: ob Zeichen einer leichten oder schweren Geburt zugegen sind; ob Missverhältnisse zwischen den Durchmessern des Kindeskopfes und des mütterlichen Beckens bestehen; ob die Person schon wiederholt geboren hatte etc. Einsicht in die Akten, welche über das Benehmen der Mutter vor und nach der Geburt Aufschluss geben, werden dem Gerichtsarzte die Beurtheilung des einzelnen Falles erleichtern.

§. 31.

Gesetzliche Besimmungen.

Allg. bürgl. Gesetzbuch. §. 21. Diejenigen, welche wegen Mangel an Jahren — — — ihre Angelegenheiten selbst zu besorgen unfähig sind, stehen unter dem besonderen Schutze der Gesetze. Dahin gehören: Kinder, die das siebente, Unmündige, die das vierzehnte, Minderjährige, die das vierundzwanzigste Jahr ihres Lebens noch nicht zurückgelegt haben — — —

§. 48. — — — Unmündige sind ausser Stande einen giltigen Ehevertrag zu errichten.

§. 49. Minderjährige sind auch unfähig, ohne Einwilligung ihres ehelichen Vaters sich zu verehelichen.

§. 569. Unmündige sind zu testiren unfähig.

§. 865. Ein Kind unter sieben Jahren ist unfähig ein Versprechen zu machen oder es anzunehmen.

Allg. Strafgesetz. §. 127. Siehe oben Seite 23.

§§. 269, 270, 271 von Bestrafung der Unmündigen.

In Fällen, wo ein weggelegtes Kind todt oder lebendig gefunden, wo ein Taubstummer aufgegriffen wird, wo es sich darum handelt, zu ermitteln, ob eine Genothzüchtigte das vierzehnte Jahr schon erreicht habe, und in anderen Fällen, wo ein Taufschein oder ein Alterszeugniss nicht zu beschaffen ist, kann der Gerichtsarzt aufgefordert werden, sich über das Alter einer Person bestimmt oder annähernd auszusprechen. Die Kennzeichen

der Pubertät, des Mannes- und Greisenalters (Evolution
und Involution) sind dem Arzte aus Anatomie und Physiologie geläufig; wir wollen demnach hier bloss die Charaktere des Neugeborenen und des Säuglings (erste Le-
benstage und erstes Lebensjahr) betrachten.

Kennzeichen des Neugeborenen sind die noch vorhandenen Reste des Fötuslebens; röthliche, dann gelbliche Haut, Spuren von Vernix caseosa, frische, welke,
bereits trockene oder im Abfallen begriffene Reste des
Nabelstranges; grosse Fontanellen, beim todten Neugeborenen noch unveränderte foetale Kreislauforgane.

Merkmale eines Säuglings sind: Grössere Länge und
Schwere des Körpers, normale Farbe, längere Haare,
schuppige Borken der Kopfschwarte, verengerte Fontanellen, Abwesenheit aller Reste des Fötuslebens. Im späteren Zeitraume: noch weiter fortgeschrittene Entwicklung,
Hervorbrechen der Zähne (Vermögen, den Kopf aufrecht
zu halten und beginnende Articulirung der kräftigeren
Stimme, wenn das Kind lebt).

§. 32.

Die Frage, ob ein vorhandenes Kind unterschoben, Unterschieben
eines Kindes.
oder ob es wirklich von einer bestimmten Frau geboren
sei, kann in gewissen Betrugsfällen zur gerichtsärztlichen Beantwortung vorgelegt werden.

Es sind da zwei Fälle möglich: Hat die angebliche
Mutter geboren oder hat sie nicht geboren?

In letzterem Falle ist der Betrug gleich declarirt.

Hat aber die Mutter wirklich geboren, so ist bei der
Untersuchung des Kindes darauf zu achten, ob dessen
Alter, Körperbeschaffenheit, Schädeldimensionen, Fontanellen mit dem Termin der Niederkunft stimmen, und
es wird ein Betrug noch immer entdeckt werden können,
wenn sich absolute Unmöglichkeiten ergeben, wenn z. B.
die Mutter vor zwei Tagen niederkam und das Kind nicht
mehr die Charaktere des Neugeborenen zeigt. (Siehe oben
den achten Fall Seite 49.)

Wurde bei einer Geburt ein Neugeborener mit einem
andern Neugeborenen gleichen Alters verwechselt, so ist
eine Entscheidung durch den Arzt unmöglich.

Drittes Kapitel.

Untersuchung krankhafter Zustände an Lebenden.

(Gerichtliche Pathognosie.)

§. 33.

Eintheilung. Wir werden in diesem Abschnitte in Betrachtung ziehen:

1. Gewaltsame Beschädigungen und Störungen der Gesundheit (Verletzungen und Vergiftungen).
2. Streitige körperliche Krankheiten, vorgebliche und angeschuldigte.
3. Streitige geistige Krankheiten (gerichtliche Psychognosie).

§. 34.

Gesetzliche Bestimmungen.

Verletzungen ohne tödtlichen Ausgang, Allg. bürg. Gesetzbuch. §. 1325. Wer Jemanden an seinem Körper verletzt, bestreitet die Heilungskosten des Verletzten; ersetzt ihm den entgangenen, oder wenn der Beschädigte zum Erwerbe unfähig wird, auch den künftig entgehenden Verdienst, und bezahlt ihm auf Verlangen überdies ein den erhobenen Umständen angemessenes Schmerzensgeld.

§. 1326. Ist die verletzte Person durch die Misshandlung verunstaltet worden; so muss, zumal wenn sie weiblichen Geschlechtes ist, insoferne auf diesen Umstand Rücksicht genommen werden, als ihr besseres Fortkommen dadurch verhindert werden kann.

§. 1327. Erfolgt aus einer körperlichen Verletzung der Tod, so müssen nicht nur alle Kosten, sondern auch der hinterlassenen Frau und den Kindern des Getödteten das, was ihnen dadurch entgangen ist, ersetzt werden.

§. 1339. Die körperlichen Verletzungen — — — werden nach Beschaffenheit der Umstände entweder als Verbrechen von dem Kriminalgerichte, oder als schwere Polizeiübertretungen, und wenn sie zu keiner dieser Klassen gehören, als Vergehungen von der politischen Obrigkeit untersucht und bestraft.

Allg. Strafgesetz. §. 152. Wer gegen einen Menschen, zwar nicht in der Absicht, ihn zu tödten, aber doch in anderer feindseliger Absicht auf eine solche Art handelt, dass daraus eine Gesundheitsstörung oder Berufsunfähigkeit von mindestens zwanzigtägiger Dauer, eine Geisteszerrüttung oder eine schwere Verletzung desselben erfolgte, macht sich des Verbrechens der schweren körperlichen Beschädigung schuldig.

§. 155. Wenn jedoch

a) die obgleich an sich leichte Verletzung mit einem solchen Werkzeuge und auf solche Art unternommen wird, womit gemeiniglich Lebensgefahr verbunden ist, oder auf andere Art die Absicht, einen der im §. 152 erwähnten schweren Erfolge herbeizuführen, erwiesen wird, mag es auch nur bei dem Versuche geblieben sein; — oder

b) aus der Verletzung eine Gesundheitsstörung oder Berufsunfähigkeit von mindestens dreissigtägiger Dauer erfolgte; oder

c) die Handlung mit besonderen Qualen für den Verletzten verbunden war; oder

d) die schwere Verletzung lebensgefährlich wurde, so ist — — (Strafausmass).

§. 156. Hat aber das Verbrechen

a) für den Beschädigten den Verlust oder eine bleibende Schwächung der Sprache, des Gesichtes oder Gehöres, den Verlust der Zeugungsfähigkeit, eines Auges, Armes, oder einer Hand, oder eine andere auffallende Verstümmlung oder Verunstaltung; oder

b) immerwährendes Siechthum, eine unheilbare Krankheit, oder eine Geisteszerrüttung ohne Wahrscheinlichkeit der Wiederherstellung; oder

c) eine immerwährende Berufsunfähigkeit des Verletzten nach sich gezogen, so ist die Strafe — — — — —

§. 157. Wenn bei einer zwischen mehreren Leuten entstandenen Schlägerei, oder bei einer gegen eine oder mehrere Personen unternommenen Misshandlung Jemand an seinem Körper schwer beschädigt wurde (§. 152), so ist Jeder, welcher ihm eine solche Beschädigung zugefügt hat, nach Massgabe der vorstehenden Paragrafe zu behandeln. Ist aber die schwere körperliche Beschädigung nur durch das Zusammenwirken der Verletzungen oder Misshandlungen von Mehreren erfolgt, oder lässt sich nicht erweisen, wer eine schwere Verletzung zugefügt habe, so sollen Alle, welche an den Misshandelten Hand angelegt haben, ebenfalls des Verbrechens der schweren körperlichen Beschädigung schuldig erkannt — — —

§. 195. Wenn aber bei einem Raube Jemand dergestalt verwundet oder verletzt worden, dass derselbe dadurch eine schwere körperliche Beschädigung erlitten hat, oder wenn Jemand durch anhaltende Misshandlung — — —

§. 335. Jede Handlung oder Unterlassung, von welcher der Handelnde schon nach ihren natürlichen, für Jedermann leicht

erkennbaren Folgen — — — — einzusehen vermag, dass sie eine
Gefahr für das Leben, die Gesundheit oder körperliche Sicherheit von Menschen herbeizuführen oder zu vergrössern geeignet
sei, soll, wenn hieraus eine schwere körperliche Beschädigung
eines Menschen erfolgte, an jedem Schuldtragenden als Uebertretung mit Arrest von 1 bis 6 Monaten; dann aber, wenn hieraus der Tod eines Menschen erfolgt, als Vergehen mit strengem
Arreste von 6 Monaten bis zu einem Jahre geahndet werden.

§. 336. Die Vorschrift des vorstehenden Paragraphes ist insbesondere in Anwendung zu bringen, wenn der Tod oder die schwere
körperliche Verletzung aus einem der nachstehenden Verschulden
eingetreten ist: d) durch Unvorsichtigkeit bei Schwefelräucherungen und Anwendung von Narcotisirungsmitteln.

§. 356. Ein Heilarzt, der bei Behandlung eines Kranken
solche Fehler begangen hat, aus welchen Unwissenheit am Tage
liegt, macht sich, insoferne daraus eine schwere körperliche Beschädigung entstanden ist, einer Uebertretung, und wenn der
Tod des Kranken erfolgte, eines Vergehens schuldig, und es ist
ihm deshalb die Ausübung der Heilkunde so lange zu unter-
sagen, bis er in einer neuen Prüfung die Nachholung der man-
gelnden Kenntnisse dargethan hat.

§. 357. Dieselbe Bestrafung soll auch gegen einen Wundarzt Anwendung finden, der die im vorhergehenden Paragraphe
erwähnten Folgen durch ungeschickte Operationen eines Kranken
herbeigeführt hat.

§. 358. Wenn ein Heil- oder Wundarzt einen Kranken übernommen hat und nach der Hand denselben zum wirklichen Nachtheile seiner Gesundheit wesentlich vernachlässigt zu haben, über-
führt werden kann, so ist ihm für diese Uebertretung eine Geldstrafe von 50—200 Gulden aufzuerlegen. Is daraus eine schwere
Verletzung oder gar der Tod des Kranken erfolgt, so ist die Vorschrift des §. 335 in Anwendung zu bringen.

§. 359. Aerzte, Wundärzte, Apotheker, Hebammen und Todtenbeschauer sind in jedem Falle, wo ihnen eine Krankheit, eine
Verwundung, eine Geburt oder ein Todesfall vorkommen, bei welchem der Verdacht eines Verbrechens oder Vergehens, oder überhaupt einer durch Andere herbeigeführten gewaltsamen Verletzung
eintritt, verpflichtet, der Behörde davon unverzüglich die Anzeige
zu machen. Die Unterlassung dieser Anzeige wird als Uebertretung mit einer Geldstrafe von 10 bis 100 Gulden geahndet.

§. 411. Vorsätzliche und bei Raufhändeln vorkommende
körperliche Beschädigungen sind dann, wenn sich darin keine
schwerer verpönte strafbare Handlung erkennen lässt (§§. 152
und 153), wenn sie aber wenigstens sichtbare Merkmale und
Folgen nach sich gezogen haben, als Uebertretungen zu ahnden.

(Hierher gehören auch die §§. 336 bis 433: von den Vergehen und Uebertretungen gegen die Sicherheit des Lebens und
gegen die Gesundheit und den die körperliche Sicherheit ver-
letzenden oder bedrohenden Uebertretungen.)

Allg. Strafprozess-Ordnung. §. 91. Liegt der Verdacht einer Vergiftung vor, so sind der Erhebung des Thatbestandes nebst den Aerzten nach Thunlichkeit noch zwei Chemiker beizuziehen. Die Untersuchung der Gifte selbst aber kann nach Umständen auch von den Chemikern allein, in einem hierzu insbesondere geeigneten Lokale vorgenommen werden.

§. 92. Auch bei körperlichen Beschädigungen ist die Besichtigung des Verletzten durch zwei Sachverständige vorzunehmen, welche sich nach genauer Beschreibung der Verletzungen, insbesondere auch darüber auszusprechen haben, welche von den vorhandenen Verletzungen an und für sich oder in ihrem Zusammenwirken, unbedingt oder unter den besondern Umständen des Falles als leichte, schwere, oder lebensgefährliche anzusehen seien; welche Wirkungen dieselben gewöhnlich nach sich zu ziehen pflegen, und welche in dem vorliegenden, einzelnen Falle daraus hervorgegangen sind, so wie durch welche Mittel oder Werkzeuge und auf welche Weise dieselben zugefügt worden seien. —

Wir werden bei Erörterung der Verletzungen ohne tödtlichen Ausgang dem Gesetze Schritt für Schritt folgen, und uns an dasselbe anlehnend, die einzelnen von ihm aufgestellten Begriffe in Betracht ziehen.

§. 35.

Schwere körperliche Beschädigung.

Der Begriff: schwere körperliche Beschädigung bedarf keiner Definition; er ist durch das Gesetz genau bestimmt und strenge umschrieben. Die §§. 152 und 155 des Strafgesetzbuchs bezeichnen jene Umstände, von welchen jeder einzelne eine Beschädigung zu einer schweren macht. Diese Umstände sind:

1. Wenn mit der Beschädigung eine Gesundheitsstörung oder Berufsunfähigkeit von mindestens zwanzigtägiger Dauer, eine Geisteszerrüttung, oder eine schwere Verletzung erfolgte.

Wenn die an sich leichte Verletzung mit einem Werkzeuge oder auf eine Art unternommen wurde, womit gemeiniglich Lebensgefahr verbunden ist, oder auf andere Art die Absicht, einen der sub 1. erwähnten schweren Erfolge herbeizuführen erwiesen wird, mag es auch nur beim Versuche geblieben sein.

3. Wenn die Handlung mit besonderen Qualen für den Verletzten verbunden war.

4. Wenn die Verletzung lebensgefährlich wurde.

Bevor wir auf die Besprechung der einzelnen Punkte eingehen, wollen wir nur vorausschicken, dass der Ge· richtsarzt es niemals mit Verletzungen in abstracto zu thun hat. In seinen Bereich gehört die Untersuchung und Beurtheilung verletzter Personen. Er wird deshalb nie von allgemeinen Standpunkten ausgehen, sondern immer bei dem einzelnen Falle bleiben, jeden Fall als solchen speziell betrachten, ihn individualisiren.

§. 36.

Gesundheitsstö-
rung und Berufs-
unfähigkeit.

Im Gesetze finden wir als Merkmale der schweren Verletzung zuerst Gesundheitsstörung und Berufsunfähigkeit von mindestens zwanzigtägiger Dauer angeführt. Bei Besprechung dieser beiden Begriffe folgen wir der geistvollen Auffassung C a s p e r's. Ausgehend von der Voraussetzung, dass weder Arzt noch Richter einen Menschen, bei welchem nach einer unbedeutenden Verletzung geringe Spuren, z. B. ein gelblichgrüner Fleck, etwas Schmerz beim Druck, zurückgeblieben sind, der aber sonst vollkommen gesund ist, krank nennen werden, nimmt er eine forensische Bedeutung des Wortes Gesundheitsstörung an, und nennt eine Gesundheitsstörung im gerichtlich-medizinischen Sinne jene, durch welche entweder ein Allgemeinleiden bedingt wird, wie Fieber, heftige, den ganzen Körper ergreifende Schmerzen, allgemeiner Schwächezustand u. s. w., oder wenn auch dies nicht der Fall, durch welche irgend eine Verrichtung des Körpers wesentlich gestört ist, z. B. Beweglichkeit einzelner Glieder oder des ganzen Körpers. Ein solcher Mensch, bei welchem irgend eine körperliche Verrichtung wesentlich gestört ist, wird krank genannt werden, nicht aber ein Individuum, das seinen Geschäften nachgeht, aber eine blutrünstige Stelle am Auge oder blaue Striemen am Rücken hat.

Berufsfähigkeit definiren wir mit dem berühmten Berliner Gerichtsarzte als die Fähigkeit, die gewöhnte körperliche oder geistige Thätigkeit im gewohnten Maasse auszuüben. Im Sinne dieser Definition kann in Folge einer erlittenen Verletzung jeder Mensch berufsunfähig werden: Das Kind in die Schule zu gehen, der Rentier sein Vermögen zu verwalten oder seine tägliche Pro-

menade zu machen; der Industrielle, der Gelehrte, der
Künstler, der Handwerker seiner gewöhnlichen Beschäftigung nachzugehen, seine Berufsarbeit im gewohnten
Maasse zu verrichten. Es ist diese Definition nicht allein
mit Bezug auf das Strafgesetz, sondern auch in civilrecht-
licher Beziehung von grosser Wichtigkeit, da nach dem
Ausspruche des Arztes theilweise auch das Urtheil des
Richters in der Entschädigungsklage (siehe den oben
citirten §. 1325 des bürgl. Gesetzbuches) sich richten wird.

In Bezug auf die Beurtheilung einer Gesundheitsstörung oder Berufsfähigkeit von mindestens zwanzigtägiger Dauer wird für den mit der speziellen medizinischen
und chirurgischen Pathologie und Therapie vertrauten
Gerichtsarzt eine Schwierigkeit nicht entstehen können.
Sei es nun, dass eine ungenügende Pflege, eine nicht
ganz zweckmässige Behandlung oder der Zufall die Heilung verzögerten, der Arzt wird jeden concreten Fall als
solchen individuell auffassen und begutachten: ob der
Verlauf der durch die Beschädigung gesetzten Gesundheitsstörung mehr als 20 Tage in Anspruch nahm. Die
Annahme einer mittleren Heilungsdauer, wie sie häufig
von der Chirurgie gelehrt wird, in die gerichtsärztliche
Praxis übertragen zu wollen, ist unstatthaft. War der
Beschädigte schon vor dem zwanzigsten Tage auf dem
Wege der Besserung, so wird der Arzt nach seinem
besten Wissen und Gewissen sich darüber aussprechen,
ob er den Zustand der Reconvaleszenz, den Uebergang
von Gesundheitsstörung zur Gesundheit, noch zur ersteren oder schon zur letzteren zählt.

§. 37.

Beurtheilung einer Geisteszerrüttung nach körper- Geisteszerrüt-
lichen Beschädigungen wird, wenn Simulation mit Si- tung.
cherheit ausgeschlossen ist, in eclatanten Fällen nicht zu
den Schwierigkeiten gehören. Es gibt aber Fälle, in
welchen der Beschädigte bei der Untersuchung eine Reihe
von Erscheinungen von Seite des Kopfes, z. B. un-
aufhörliche Kopfschmerzen, Confusion der Gedanken
und Denkschwäche, Vergesslichkeit und Gedächtniss-
schwäche, etc. als Folgen der Verletzung angibt. Das
Zusammensein dieser Erscheinungen constituirt nun aller-

dings noch keine Geisteszerrüttung. In solchen Fällen
wird dem Arzte nun wieder nichts Anderes übrig bleiben, als den vorliegenden Fall speziell aufzufassen, seine
Ansicht über die Frage : Ob Geisteszerrüttung oder
nicht? nach seiner besten Einsicht und Ueberzeugung
zu motiviren. Das Gutachten wird demnach bald positiv, bald unbestimmt lauten, wiewohl mit Rücksicht auf
den Umstand, dass pathologisches Ergriffensein des Gehirns sich häufig erst lange Zeit nach der Verletzung
ausspricht, derlei körperliche Beschädigungen meistens
als schwere werden bezeichnet werden müssen.

§. 38.

**Schwere Ver-
letzung.** Der §. 152 des Strafgesetzbuches betrachtet auch
jene körperliche Beschädigung als eine schwere, welche
eine „schwere Verletzung" zur Folge hat. Nun handelt
es sich darum zu bestimmen, was eine schwere Verletzung ist. Bei jenen Beschädigungen, die das Gesetz
ausdrücklich als schwere Verletzungen bezeichnet, entfällt jeder Zweifel. Aber auch bei anderen, vom Gesetze
nicht charakterisirten Verletzungen wird mit Rücksicht
auf die Beantwortung der Frage über die Qualität eine
ernste Schwierigkeit nicht aufstossen. Auch hier wird
sich der Gerichtsarzt von seiner auf wissenschaftliche
Prinzipien basirenden Ueberzeugung leiten lassen. Er
wird mit Zugrundelegung des Befundes seiner Untersuchung alle Verletzungen, die von schweren Zufällen
begleitet oder gefolgt sind, als schwere bezeichnen.

§. 39.

**Lebensgefähr-
liche Verletzung.** Das Gesetz spricht auch von schweren Verletzungen, die lebensgefährlich wurden, oder von Verletzungen, die mit Lebensgefahr verbunden sind. Die
Definition der lebensgefährlichen Verletzung liegt in dem
vom Gesetze gebrauchten Worte selbst, und der Arzt
wird auf Grundlage des Befundes sich äussern, ob in
Folge der vorhandenen Verletzung wirklich Gefahr für
den ferneren oder längeren Fortbestand des Lebens
eingetreten sei; ob die Verletzung einen Zustand invol-
virte, welcher den Tod mittelbar oder unmittelbar zur
wahrscheinlichen Folge hat.

§. 40.

Als schwere körperliche Beschädigung führt das _{Verlust oder bleibende Schwächung der Sprache, des Gesichts oder Gehörs, Verlust der Zeugungsfähigkeit.} österreichische Strafgesetz namentlich auf: Den Verlust oder eine bleibende Schwächung der Sprache, des Gesichts und Gehörs, den Verlust der Zeugungsfähigkeit. Da das Gesetz hier ganz klar ist, und nicht erst einer besonderen Deutung bedarf, so wird sich in derlei Fällen dem Gerichtsarzte kein grosses Feld der Thätigkeit eröffnen, und er wird sich immer nur darauf beschränken können, zuerst sich darüber zu vergewissern, dass Simulation nicht vorliege, und dann auf Grundlage des Befundes darüber zu urtheilen, ob im vorliegenden Falle Verlust oder bleibende Schwächung der genannten Funktionen vorhanden sei.

Es ist bekannt, dass in Folge von Traumen, die den Kopf und unmittelbar das Gehirn treffen, also durch Kopfverletzungen in Folge von Schlag, Stoss, Hieb, Stich etc. Entzündungen, Extravasate, Ergüsse in's Gehirn eintreten können. Es wird demnach zu constatiren sein, ob die etwa vorhandene pathologische Affection des Centralorgans Folge der Verletzung sei, und ob das Vermögen zu sprechen gänzlich aufgehoben, oder das vorhandene Stammeln, Stottern mittelbar in Folge derselben Einwirkung entstanden sei; ferner ob die eingetretene Blindheit oder Taubheit, oder die Beeinträchtigung dieser Sinnesfunctionen, also Flimmern vor den Augen, Schwachsichtigkeit, Ohrensausen, Schwerhörigkeit, durch centrale oder lokale pathologische Vorgänge in mittelbarem oder unmittelbarem Causalnexus mit der vorausgegangenen körperlichen Beschädigung stehen. Bei Constatirung des durch eine Verletzung bedingten Verlustes des Zeugungsvermögens werden alle jene Momente zur Berücksichtigung kommen, welche wir oben in den §§. 15 und 16 speziell in Erwägung gezogen.

Bei allen in solchen Fällen vorzunehmenden Untersuchungen wird der Arzt sich auch darüber zu vergewissern haben, ob die den Thatbestand der schweren Verletzung bildenden Störungen der Gesundheit nicht schon vor der Verletzung zugegen waren, und wirklich auf die von dem Beschädigten angegebene Weise zu Stande gekommen sein konnten. Berücksichtigung der

5 *

Anamnese, des Status præsens, Besichtigung des Werkzeuges, mit dem die Verletzung zugefügt wurde, Einsicht in die Untersuchungsakten werden dem Arzte die nöthigen Aufschlüsse geben.

§. 41.

Auffallende Verstümmlung oder Verunstaltung. Das Gesetz führt weiter den Verlust eines Auges, eines Armes, einer Hand als schwere körperliche Beschädigung an. Wir wollen, da die Constatirung dieser Zustände sicht- und greifbar ist, dieselben übergehen, und die in dem betreffenden Paragraphe weiter vorkommenden Ausdrücke: Verstümmlung, Verunstaltung, Siechthum, unheilbare Krankheit betrachten.

Verunstaltung nennen wir den durch eine gewaltsame Beschädigung gesetzten Verlust eines Körpertheils oder die Aenderung seiner normalen anatomischen Lage und Beschaffenheit. Wird zugleich mit dem Verluste eines Körpertheiles eine beträchtliche, nicht mehr entfernbare Störung einer physiologischen Verrichtung gesetzt, so sprechen wir von Verstümmlung. Wir werden z. B. das Abbeissen der Nasenspitze, das Ausstossen eines Zahnes, womit keine Funktionsstörung verbunden ist, als Verunstaltung, das Abbeissen eines Fingers, das Abhauen der ganzen Ohrmuschel als Verstümmlung betrachten.

§. 42.

Siechthum, unheilbare Krankheit. Ist in Folge einer durch gewaltsame Beschädigung veranlassten Verunstaltung oder Verstümmlung ein Zustand gesetzt worden, der durch Natur oder Kunsthilfe nicht mehr entfernbar ist, oder ist namentlich durch Beeinträchtigung oder gänzliche Störung gewisser physiologischer Verrichtungen ein Zustand von continuirlichem oder temporärem, aber habituellem, nicht mehr zu entfernendem Kranksein gesetzt, so werden wir von Siechthum sprechen. Derlei Zustände sind beispielsweise: Convulsionen, tonische und klonische Krämpfe, Zittern, Contracturen, Marasmus.

Bei Beurtheilung der Frage: ob ein vorhandenes Siechthum in causalem Zusammenhange mit einer bestimmten Verletzung stehe, ist grosse Vorsicht und Umsicht nöthig, da die krankhaften Veränderungen häufig

erst lange Zeit nach geschehener Verletzung auftreten
können, und daher nicht directe Folgen derselben zu
sein brauchen. Genaue Betrachtung des Werkzeuges,
gründliche Auffassung der Beschädigung, erschöpfende
Würdigung der unmittelbaren und erst im weiteren Verlaufe eingetretenen, pathologischen Veränderungen und
ihrer Ausgänge werden den Arzt das Rechte treffen lassen und seinen Ausspruch bestimmen.

§. 43.

Der Begriff leichte Verletzung ist vom Gesetze Leichte Verlez-
ebenfalls bestimmt. Jede körperliche Beschädigung, an zung.
welcher kein einziger der oben angeführten Charaktere
der schweren Verletzung vorkommt, ist eine leichte Verletzung. Diese kann entweder von unbedeutenden, bald
vorübergehenden Zufällen gefolgt sein, oder sie hinter-
lässt gar keine Folgen oder Spuren. Hieraus ergibt sich
eine Eintheilung der leichten Verletzungen in solche,
welche von unbedeutenden Zufällen begleitet sind und
unbedeutende Merkmale hinterlassen, und in solche,
welche ohne dergleichen einhergehen.

Eine weitere Erörterung ist bei der Einfachheit
dieser Verhältnisse vollkommen überflüssig.

§. 44

Nach dem §. 92 der Strafprozess-Ordnung haben An und für sich,
die Gerichtsärzte sich nach genauer Beschreibung der menwirken, un-
Verletzungen auch darüber auszusprechen, welche von bedingt, unter
den vorhandenen Verletzungen an und für sich, oder Umständen
unbedingt, oder unter den besonderen Umständen des schwere und le-
Falles als leichte, schwere oder lebensgefährliche an- Verletzungen.
zusehen seien, welche Wirkungen dieselben gewöhnlich
nach sich zu ziehen pflegen, und welche Folgen in dem
einzelnen Falle daraus hervorgegangen sind, sowie durch
welche Werkzeuge dieselben zugefügt worden seien.

Bei der Beurtheilung, ob eine Verletzung an und
für sich schwer, unbedingt schwer sei, wird
die im einzelnen Falle vorliegende Verletzung gene-
ralisirt und auf andere Individuen übertragen gedacht.
Eine Verletzung, die auf ein gesundes Individuum übertragen gedacht, stets von denselben schweren Zufällen

begleitet, stets von denselben schweren Folgen gefolgt sein
würde, wie im Einzelfalle, wird als unbedingt, an und
für sich schwer zu bezeichnen sein. Eben so wird auch
unbedingt oder an und für sich lebensgefährlich jene
Verletzung sein, die bei jedem Individuum ohne Unterschied derlei Zustände hervorrufen würde, durch welche
eine längere Fortdauer des Lebens bedroht wird, ob
nun diese Zufälle unmittelbar (direkte Funktionsstörung
eines lebenswichtigen Organs, Blutung) oder mittelbar
(heftige Reactionserscheinungen) eingetreten sind.

Eine grosse Anzahl von Verletzungen, von welchen jede einzelne eine leichte ist, kann durch heftige
Erregung des Nervensystems oder durch starke Reaktion von Seite des Organismus zu einer durch Zusammenwirken schweren werden.

Beim Ausspruche über die Frage: ob eine Verletzung unter den besonderen Umständen des Falles
als schwere oder lebensgefährliche anzusehen sei, werden die in dem einzelnen Falle obwaltenden Verhältnisse (Individualität, Alter, Geschlecht, Constitution und
Habitus, vorhandene pathologische Zustände des Verletzten, zufällige äusserliche Einflüsse, Fernsein aller
Hilfe, unzweckmässige Behandlung, welche die vorhandene körperliche Beschädigung eben unter den besonderen Umständen zu einer schweren oder lebensgefährlichen gestalten) in besondere Berücksichtigung kommen.

Bei Beantwortung dieser und der weiteren Frage:
welche Wirkungen eine gewisse Verletzung gewöhnlich
nach sich zu ziehen pflege, und welche in dem vorliegenden Einzelfalle daraus hervorgegangen sind, wird
es das Bestreben des Arztes sein, dem Richter eine
fassliche Darstellung der Grösse und des Umfanges der
Beschädigung, und eine erschöpfende, verständliche,
wissenschaftliche Darlegung der etwa möglichen, sowie
der im vorliegenden Fälle wirklich eingetretenen vorübergehenden und bleibenden Folgen zu geben.

§. 45.

Mittel und
Werkzeuge.
  Weiter hat der Gerichtsarzt bei Verletzungen anzugeben, durch welche Mittel und Werkzeuge, und auf
welche Weise dieselben zugefügt worden seien.

Die Verletzungen können durch chemisch oder
mechanisch wirkende Mittel zugefügt werden. Die Bestimmung der chemischen Agentien (siehe weiter Vergiftungen) wird oft durch chemische Untersuchung
der noch vorhandenen Reste möglich. Im Uebrigen werden die Grundsätze der medizinischen und chirurgischen
Diagnostik ihre Anwendung finden, und durch genaue
Würdigung der physikalischen Merkmale der Verletzung,
als da sind: Gestalt, Länge, Breite, Tiefe, Beschaffenheit der Ränder, Farbe; durch Berücksichtigung anderer Umstände, z. B. des Vorhandenseins von Splittern,
fremden Körpern in Wunden wird es häufig mehr
weniger leicht sein, über das verletzende Werkzeug ein
Urtheil abzugeben. Immerhin wird jedoch grosse Vorsicht nöthig sein und es kann nie schaden, wenn der
Gerichtsarzt, insofern er in Bestimmung des Werkzeugs
nicht objective Sicherheit für sich hat, eine reservirte
Haltung beobachtet und sich dahin ausspricht: Es
könne eine vorliegende Verletzung durch dieses oder
jenes Werkzeug, z. B. Messer, Hacke, Hammer, Stein
etc. zugefügt worden sein.

Die Frage, ob eine vorhandene Verletzung durch
ein vorliegendes Werkzeug zugefügt worden sein konnte,
lässt sich immer mit aller Sicherheit durch Vergleichung
des Werkzeuges und der Verletzung bestimmen.

Ist das Werkzeug, womit die Verletzung zugefügt
wurde, mit mehr weniger annähernder Wahrscheinlichkeit eruirt, so wird auch die Art und Weise, wie die
Verletzung zugefügt wurde, ob von vorn oder rückwärts, von oben oder von der Seite, mit grossem oder
geringem Kraftaufwande etc. bestimmt werden können. —

Wir haben bisher, den bestehenden gesetzlichen
Bestimmungen folgend, die Verletzungen und die an
dieselben sich knüpfenden gerichtsärztlichen Begriffe im
Allgemeinen betrachtet, und haben methodisch die Art
und Weise angegeben, wie gewisse, vom Richter in jedem
Falle vorgelegte Fragen von Seite des Gerichtsarztes
zu beantworten sind. In eine Abschätzung der verschiedenen Verletzungen, in eine Besprechung der verschiedenen Kopfverletzungen, der Knochenbrüche, der Wunden etc. glauben wir nicht eingehen zu dürfen. Unsere

Darstellung dieser in die spezielle chirurgische Pathologie gehörenden Verhältnisse könnte immer nur eine
skizzenhafte sein, und zudem müssen wir bei jedem
Gerichtsarzte die einschlägigen chirurgischen Kenntnisse
voraussetzen.

§. 46.

Vergiftungen von Lebenden — Begriff und Ein-theilung der Gifte.

Es ist bis jetzt nicht gelungen, den Begriff „Gift"
wissenschaftlich zu definiren. Das österreichische Gesetz
definirt den Begriff Gift nicht; es gebraucht diesen
Ausdruck bloss schlechtweg, und stellt in einigen, lediglich auf die sanitätspolizeiliche Ueberwachung des Han-
dels mit Giften sich beziehenden Dekreten und Verordnungen jene Körper nach verschiedenen Kategorien zusammen, die als Gifte zu betrachten sind. Diese sind

1. Materialien und Präparate, welche wegen ihrer Verwendung zu technischen Zwecken von den dazu berechtigten Han-
delsleuten und chemischen Fabrikanten jedoch nur an Gewerbs-
leute, welche dieselbe zu ihrem Gewerbe bedürfen, unter den für
den Gifthandel bestehenden Vorschriften verkauft werden dürfen.
Hierher gehören: Arsenik als Metall, seine Oxyde und Säuren,
die daraus entstehenden Salze, und alle natürlichen und künst-
lichen Verbindungen desselben (Mineralfarben), unter was immer
für einem Namen sie vorkommen mögen; Quecksilberchlorid,
Aetzsublimat; salzsaures Quecksilberoxyd; mineralischer Turpith;
Antimonchlorid; Spiessglanzbutter; Phosphor; salzsaures Gold-
oxyd; Höllenstein; Spiessglanzsafran; weisser Præzipitat; ammo-
niakhältiges schwefelsaures Kupfer; künstliches Zinkvitriol; hy-
drojodsaures Kali, und alle Jodinpräparate mit Ausnahme des
Jodzinnobers; Blausäure und alle Blausäure enthaltenden äthe-
rischen Oele und Wässer, z. B. von Kirschlorbeer, bitteren Mandeln etc.; alle giftigen Alkaloide (z. B. Morphin, Strychnin, Veratrin, Emetin etc.) und die Salze daraus; Lerchenschwamm, Ko-
kelskörner; endlich alle Aetherarten und Naphten.

2. Materialien und Präparate, welche, als lediglich zum
Arzneigebrauche dienend, bloss an Kaufleute und Apotheker, nicht
aber an andere Parteien verkauft werden dürfen, nämlich alle
in- und ausländischen Giftpflanzen, als: Mohnsamenkapseln;
schwarzer Nachtschatten; Bittersüss-Stengel; Stechapfel; schwarzes, weisses Bilsenkraut; Tollkorn; Erven; unechter Gänsefuss;
wilder giftiger Lattich; Kirschlorbeerblätter; Einbeere; Tollkirsche;
rother Fingerhut; wilder, berauschender Kälberkropf; Gleisse;
breitblättriger Wassermerk; Wasser-, gefleckter Schierling; wilder Rosmarin; ausdauerndes Bingelkraut; rothbeerige Zaunrübe;
Zeitlose; Blei- oder Zahnwurz; Hundswurze; Schweinsbrot; Was-
sernabelkraut; safrangelbe Rebendolde; gemeines Froschkraut;
gemeine blaue, scharfe (Brennkraut), gerade Waldrebe; Wolfs-
kraut; gemeiner Osterluzei; gemeine schwärzliche Küchenschelle;

Waldanemone; schwarze, grüne, weisse, stinkende Nieswurzel;
Dotterblume; gemeiner, italienischer, immergrüner Seidelbast (Kel-
lerhals); gemeine Aronswurzel; alle Arten Wolfsmilch; alle Arten
Hahnenfuss; Ackerrettig; Gottesgnadenkraut; Haselwurz; Rinde
und Sprossen des Hollunders; Wolverlei; Sebenbaum; Wasser-
fenchel und schwarze Christwurzel; grosses Schöllkraut; Wurzel
und Blätter des Giftsumach; eichenblättriger Giftsumach; Wun-
derbaumkörner; Meerzwiebeln; Mutterkorn; Brechwurzel; Krä-
henaugen; Ignatiusbohne; Coloquinthen; Wurzel, Harz und Oel
von Jalappa; alle Sorten Aloë; Euphorbiumharz; Scammonium-
harz; Geoffroirinde; Sabadillensamen; Läusesamen; sibirische
Schneerose; Spigelia; Mohnsaft; aus dem Thierreiche: spanische
Fliegen, Canthariden.

3. Materialien und Präparate, deren Bereitung und Verkauf
den Apothekern allein zusteht, und welche von Kaufleuten gar
nicht geführt und verkauft werden dürfen, nämlich Arsenikerze
aller Art, wie Scherbenkobalt, Fliegenstein etc.; echte und falsche
Angusturarinde.

4. Materialien und Präparate, welche zwar ohne die Vorschriften für den Gifthandel zu beobachten, verkauft werden dürfen, jedoch im Kleinhandel nur an bekannte Personen, und mit
besonderer Aufmerksamkeit bei deren Aufbewahrung; nämlich:
rauchende Salpetersäure; Scheidewasser; Schwefelsäure (Vitriolöl);
Salzsäure; Kleesäure; Aetzstein; Bleioxyde; Mennig; Bleiweiss;
Bleizucker; Kupfervitriol; Grünspan jeder Art; Wismuthweiss;
alle Formen salzsaures Zinn; Jod; Jodzinnober; Gummigutti;
Zuckersäure; Opalsäure; Blei-, Cassler-, Englisch-, Neapel-Chrom-
gelb; weisser Gallizenstein; Spiessglanzglas; Jodin; Zinkoxyd;
Brechweinstein; mineralischer Kermes; Goldschwefel; saures Kali.

Diese Eintheilung interessirt möglicherweise den
Richter, aber durchaus nicht den Gerichtsarzt, welchem
der Begriff Gift dadurch nicht um ein Haarbreit näher
gebracht wird. Für ihn wird es sich übrigens bei strei-
tigen Fällen von Vergiftung bloss darum handeln, ob
in einem concreten Falle eine gewisse Substanz geeignet war, Störungen und Beschädigungen der Gesundheit hervorzubringen, oder ob eine vorliegende Verletzung durch eine gewisse Substanz hervorgebracht
wurde.

Diese Frage wird der Gerichtsarzt mit Berücksichtigung der pharmacodynamischen Eigenschaften, der
Quantität einer Substanz und mit paralleler Würdigung
des an dem angeblich Vergifteten vorgefundenen Status
præsens zu beantworten in der Lage sein, ohne dass er
es nöthig haben wird, sich um den Begriff Gift viel
zu kümmern. Im Allgemeinen wird man jedoch nicht

fehl gehen, wenn man jene (organischen oder mineralischen) Substanzen als Gifte bezeichnet, die, auf welchem Wege immer, durch Haut, Lunge oder Darm in
entsprechender Quantität in die thierische Oekonomie
eingebracht, einen schädlichen Einfluss auf die organischen Gewebe ausüben.

Sowie die Definition des Begriffes Gift mangel-
haft ist, so ist auch jede Eintheilung der Gifte ungenügend. Je nach dem verschiedenen Eintheilungsgrunde
hat man die Gifte verschieden abgetheilt, in organische
und anorganische; in animalische, vegetabilische und
mineralische; in ätzende und narkotische; Orfila theilte
die Gifte etwas weitläufig in corrosive, adstringirende,
scharfe, narkotische, narkotisch scharfe und septische;
Casper nimmt, ohne jedoch für seine Eintheilung
Vollkommenheit oder streng durchgeführte Wissenschaft-
lichkeit zu beanspruchen, folgende 5 Klassen an:

1. Irritirende, inflammatorische, Aetzgifte (Säuren, Arsenik).

2. Hyperämisirende, narkotische Gifte (z. B. Opium,
Nux, Belladonna mit ihren Präparaten).

3. Neuro-paralysirende Gifte (Blausäure mit ihren
Präparaten).

4. Tabeficirende Gifte (Blei, metallische Dämpfe).

5. Septische Gifte (Speisengifte, Wurst-, Fischgift).

So wie den Gerichtsarzt eine Definition des Begriffes Gift nicht eigentlich interessirt, so ist auch eine Eintheilung für ihn nicht von praktischem Werthe, und
wir können uns nach dieser allgemeinen Erörterung
eines näheren Eingehens füglich entschlagen.

§. 47.

Erscheinungen
bei acuter Ver-
giftung.

Verdacht auf Vergiftung entsteht, wenn Menschen
unter auffallenden, ungewöhnlichen, stürmischen Krankheitserscheinungen, wie sie eben Gifte zu erzeugen vermögen, plötzlich nach dem Genusse von Speisen, Getränken, Arzneien, nach Klystieren, zu einer Zeit erkranken, wo keine epidemischen Krankheiten herrschen,
die Aehnlichkeit mit der Erkrankung haben. Der Verdacht wird verstärkt, wenn mehrere Personen gleich-

zeitig oder bald nacheinander unter ähnlichen Symptomen nach dem Genusse derselben Stoffe erkranken.

Die Erscheinungen, welche im Allgemeinen für
Vergiftung sprechen, sind: Brennen im Schlunde,
heftiger, reissender, brennender Schmerz im Magen,
Ekel, Würgen, Erbrechen blutiger und anderer Stoffe,
heftig schneidende, reissende, brennende Bauchschmerzen, Diarrhöe, blutige Abgänge, Kälte der Haut und
der Extremitäten, Angst, kalter Schweiss, Zittern, Zuk-
kungen, Delirien, Ohnmachten, Wahnsinn, Tobsucht,
Trismus, tetanische Zufälle, Sopor, Coma.

Diese Erscheinungen bedürfen aber stets einer ausgezeichneten Würdigung. Einerseits rufen Gifte der
heterogensten Art dieselben pathologischen Phänomene:
Brechen, Abführen, Collapsus etc. hervor; andererseits
sind die Symptome bei einem und demselben Gifte nach
dem Individuum, nach der dem Körper einverleibten
Menge, nach der Dauer der Einwirkung so verschieden,
dass sich nur schwer auf eine bestimmte Gruppe von
Giften ein Schluss ziehen lässt; endlich gibt es idiopathische Krankheiten, welche, wie die sporadische und
epidemische Cholera, einer Vergiftung ganz ähnliche
Erscheinungen hervorrufen.

Wir wollen indess jene Erscheinungen, entsprechend
der oben citirten Eintheilung der Gifte, in Gruppen
zusammenfassen.

1. Erscheinungen bei ätzenden Giften: Brennende
Hitze längs des ganzen Weges, den das Gift genommen: in Mundhöhle, Speiseröhre, Magen, Unterleib;
Brechneigung und Erbrechen, Abführen, unlöschbarer
Durst, Angst, kalter Schweiss der kalten Haut, kleiner,
harter, frequenter Puls, halonirte Augen, Collapsus, Verlust des Bewusstseins.

2. Erscheinungen bei narkotischen Giften: Weite
Pupillen, Berauschung, Taumel, Betäubung, Sopor, lang-
sames, unregelmässiges Athmen, Brechen, Ohnmachten,
tonische, klonische Krämpfe, Tetanus, Paralysen. Bei
örtlicher Einwirkung thierischer narkotischer Stoffe, nämlich nach Vipernbiss und Bienenstich auch noch örtliche Entzündung in Form von Erythem, Nesselaus-
schlag, Anschwellung, Abgeschlagenheit.

3. Erscheinungen bei neuroparalysirenden Giften: Wenn nicht plötzlicher Tod eintritt, Gesichtsblässe, bald enge, bald weite Pupille, rasches Sinken der Respiration und des Pulses.

4. Erscheinungen bei tabeficirenden Giften sind jene der Cachexie, wie bei der chronischen Blei- und Quecksilbervergiftung: Beleg der Zähne, Kolik, Alterationen des Nervensystems, wie Lähmungen, Tremores, Amaurose etc.

5. Erscheinungen bei septischen Giften: Allgemeine Abgeschlagenheit, Uebelkeit, Brechen, dann Erscheinungen des putriden, torpiden oder septischen Fiebers.

Auf stattgehabte Einwirkung schädlicher Gase leiten die umgebenden Verhältnisse der jüngsten Vergangenheit, und auf Applikation verdächtiger Stoffe auf die Haut die noch vorhandenen Spuren auf derselben.

Auf die Erscheinungen der einzelnen Gifte, welche bei absichtlichen Vergiftungen am häufigsten angewendet werden, wollen wir später bei der Betrachtung der Vergiftung an Todten wieder zurückkommen.

§. 48.

Behandlung. In vorkommenden Fällen von Vergiftung ist es Aufgabe des Arztes (abgesehen davon, dass das Gesetz ihn verpflichtet, den Fall zur Kenntniss der Behörde zu bringen), den Kranken zweckmässig zu behandeln. Erst später wird der Gerichtsarzt über Aufforderung des Gerichtes den Thatbestand der Vergiftung oder den Mangel jedes Thatbestandes feststellen, die Qualität der gesetzten Verletzung und den Grad der Beschädigung oder Gesundheitsstörung bestimmen.

Die Behandlung der Vergiftungen gehört, strenge genommen, in's Gebiet der speziellen Therapie, und wir können deren Kenntniss bei jedem gebildeten Arzte voraussetzen; doch wollen wir dieselbe hier nach ihren allgemeinsten Umrissen skizziren.

Soll die Behandlung rationell und möglicherweise von Erfolg begleitet sein — und in den meisten Fällen muss die Hilfe, will sie erfolgreich sein, rasch geleistet werden — so muss vor allem Andern die Art des Giftes erkannt werden.

Die Entdeckung desselben ist nun in vielen Fällen keine leichte Sache. Hier sind zuerst die Krankheits-erscheinungen von der höchsten Bedeutung, welche jedoch, eben weil die verschiedensten Giftkörper meist ähnliche Erscheinungen hervorrufen, nicht immer ent-scheidende Anhaltspunkte bieten. Man wird daher bei dem Vergifteten, bei seiner Umgebung, nach Andeu-tungen, nach genaueren Angaben über das Gift, über die vorhergegangenen Umstände, die etwa Aufschlüsse zu geben vermöchten, zu forschen haben. Man wird gewisse Nebenumstände, z. B. den Stand, das Gewerbe, die Beschäftigung des Vergifteten und seiner Umgebung berücksichtigen, weil bei gewissen Gewerben häufig Ver-giftungen mit denselben Substanzen vorkommen; z. B. bei Wäscherinnen mit sogenannter Laugenessenz, bei Photographen mit blausaurem Kali. Man wird nach Speisen, Getränken, Arzneien, die der Vergiftete kurz vor dem Eintritte der Vergiftungszufälle genommen hat, suchen, man wird die etwa erbrochenen Massen, in den-selben vielleicht vorfindliche Krystalle, Pflanzentheile, Flüssigkeiten untersuchen, und in Bezug auf Geruch, Geschmack, Farbe beurtheilen.

Der Geruch kann z. B. Anhaltspunkte geben bei Präparaten der Blausäure, die sich durch den Geruch nach bittern Mandeln erkennen lassen; so verursachen Opium, Hyoscyamus, Chlor, Jod und Phosphor, Salz- und Salpetersäure, Ammoniak und Creosot, Aether und Chloroform spezifische Geruchsempfindungen.

Die Farbe wird dann Aufschluss geben, wenn das Gift seine charakteristische Färbung noch nicht durch Beimischung anderer Körper verloren hat, namentlich wenn es in starrer Form vorliegt.

Schauenstein stellt die am meisten zugänglichen Gifte nach ihrer Farbe in folgendem Schema zusammen:

Weiss: Die fixen Alkalien und ihre kohlen-sauren Salze — durch die Löslichkeit im Wasser, die stark alkalische Reaktion und den laugenhaften Ge-schmack ausgezeichnet; das Cyankalium gibt überdies den Geruch der Blausäure.

Alkalische Erden: Kalk, Baryt.

Von Metallgiften: arsenige Säure (weisser Arsenik, Hüttenrauch) — entweder in etwas grösseren, milchweissen, porzellanartigen Stückchen oder als hartes, rauhes Pulver, im Wasser schwer löslich. Auf glühende Kohlen gestreut mit knoblauchähnlichem Geruch sich verflüchtigend.

Antimon: Brechweinstein, im Wasser leicht löslich, metallisch schmeckend; die trockene Substanz auf einem Löffelchen erhitzt, knistert und schwärzt sich unter Entwicklung von weissem Rauche.

Zink: Zinkvitriol; in Wasser löslich, sauer reagirend; Zinkweiss, nicht krystallinisch, wie das erstere, unlöslich im Wasser; wird beim Erhitzen vorübergehend gelb.

Blei: Bleiweiss; schweres, nicht krystallinisches, im Wasser unlösliches Pulver oder derbe Stücke; wird beim Erhitzen bleibend und schön gelb.

Zinn: nur als Zinnsalz (Zinnchlorür) in der Färberei gebraucht; im Wasser löslich.

Quecksilber: mehrere Verbindungen; vorzüglich erwähnenswerth: Sublimat (Quecksilberchlorid) im Wasser leicht löslich; die Lösung, wenn nicht zu verdünnt, färbt hineingehaltenes blankes Gold oder Kupfer durch Amalgamirung weiss. Beim Erhitzen ohne Rückstand flüchtig.

Wismuth: als Perlweiss im Handel; im Wasser unlöslich, beim Erhitzen gelb werdend.

Silber: wohl nur als Höllenstein, und als solcher leicht erkennbar.

Kleesäure und ihre Salze — krystallinisch — im Wasser löslich; gibt mit den meisten Brunnenwässern wegen des Kalkgehaltes derselben einen in Essig unlöslichen, weissen Niederschlag.

Die Alkaloide: erhitzt verbrennen sie unter Entwicklung unangenehm riechender Dämpfe; zeichnen sich meist durch sehr bittern Geschmack aus.

Schwarz: Jod: durch den Geruch kennbar; manche Metalle, z. B. metallisches Arsen, sogenannter Fliegenstein, als grauschwarzes, metallisches Pulver, durch den auf glühender Kohle sich entwickelnden Knoblauchgeruch kennbar; manche Quecksilberpräparate. Hier ist auch zu erwähnen, dass öfters auch schon die zerkleinerten Köpfchen von Reibzünd-

h ö l z c h e n zu Vergiftungen gewählt werden. Diese
stellen eine meist dunkel gefärbte Masse dar, entwickeln
trocken, vorzüglich beim Reiben, weisse Dämpfe und
den bekannten Phosphorgeruch.

Roth-orangefärbig: S c h w e f e l a r s e n (als Ru-
binblende) selten im Gebrauche, beim Erhitzen flüchtig,
der starke Schwefelgeruch verdeckt meist den auf glühender Kohle entstehenden Knoblauchgeruch. S c h w e-
f e l a n t i m o n ; Zinnober; ebenfalls flüchtig, wird beim
Erwärmen schwarz, dann beim Erkalten wieder roth.
M e n n i g, unverändert in der Hitze; manche c h r o m-
s a u r e S a l z e.

Gelb: Schwefelarsen; an der schönen gelben Farbe
dem einigermassen geübten Auge ziemlich erkennbar.
M a s s i k o t, beim Erwärmen unverändert. C h r o m s a u r e
S a l z e, das chromsaure Kali als neutrales, mit gelber,
als saures mit rothgelber Farbe in Wasser löslich.
P h o s p h o r, an den weissen Dämpfen und dem Geruche
leicht kennbar, ist oft an der Oberfläche durch längeres Aufbewahren weiss, undurchscheinend.

Grün: vorzüglich K u p f e r p r ä p a r a t e, unter diesen das arsenhältige Schweinfurter-Grün durch die sehr
schöne Farbe auffallend. C a n t h a r i d e n sind dem Arzte
wohlbekannt.

Blau: deutet auf K u p f e r, auch K o b a l t. Viele
blaue Farben sind aber unschädlich, z. B. Ultramarin,
Berlinerblau.

Die erste Indication bei Behandlung einer acuten
Vergiftung ist immer die möglichst rasche Entfernung
des Giftes aus dem Magen, die zweite die Anwendung
der Antidote. Wo Erbrechen nicht hervorgerufen werden kann, schreitet man gleich zur Verabreichung des
Gegengiftes. Zugleich findet je nach den Erscheinungen
eine symptomatische Behandlung statt. Ist das wirk-
samste Antidot nicht gleich zur Hand, so nimmt man
vorläufig zu Nothbehelfen seine Zuflucht. Milch ist für
die meisten Gifte theilweise als Gegengift zu empfeh-
len, und wird auch zur Beförderung des Erbrechens
(durch Anfüllung des Magens) angewendet werden können.

Die folgende Tabelle stellt die gebräuchlichsten
Gifte mit ihren Antidoten und Nothbehelfen dar.

Gifte	Gegenmittel	Nothbehelfe
Aetz- und kohlensaure Alkalien.	Weinsäurelösung.	Citronensaft, Essig, Ölmixturen als einhüllende Mittel.
Antimonpräparate.	Tannin.	Galläpfelaufguss, gerbstoffhältige Decocte, z. B. von Cortex quercus, chinae.
Arsenikpräparate.	Eisenoxydhydrat (ferr. oxydat. hydric. in aqua). Das Präparat soll nicht zu alt sein, da es durch längeres Aufbewahren an seiner Wirksamkeit einbüsst. 1 Med. Pfund des offiz. Präparates entspricht etwa 28 Gran arseniger Säure. Als erste Dosis gebe man 2—3 Unzen, und dann zu 1 bis 1 ß Unzen in entsprechenden Pausen. Mehr Anwendung als dieses nicht immer zuverlässige — bei bereits vorhandenen Reizungszuständen des Magens nicht angezeigte Mittel, verdient: Magnesiahydrat (Magnesia hydrica). Eine Unze des offiz. Präparates enthält 68 Gr. Magnesia, welche theoretisch für 2 Drachmen arseniger Säure ausreichen. In praxi ist aber stets ein Ueberschuss des Gegenmittels nothwendig, nach Schuchardt selbst das 20-fache der vermutheten Menge des Giftes. Noch besser dürfte sein: Magnesia saccharata. (Mag. ustae. unc. duas, continuo terendo misce cum Syr. simpl., Aq. destillat. aa libra una, servetur in lagena bene clausa.) Ist die Masse durch längeres Stehen zu dick geworden, so kann sie durch gelindes Erwärmen (z. B. durch Eintauchen des Gefässes in warmes Wasser) wieder dünnflüssig gemacht werden. Die Menge der Magnesia kann noch erhöht werden, jedoch wird das Präparat dadurch zu dickbreiig. 1 Unze enthält 36 Gran Magnesia — kann also der Theorie nach fast eine Drachme arseniger Säure in unlösliche Form überführen. 2 Unzen der Flüssigkeit leisten in praxi wohl so viel, als 9 Unzen vom Eisenoxydhydrat.	Man suche, wenn es anders der Zustand des Magens erlaubt, durch Erbrechen das Gift aus dem Körper zu schaffen, vorzüglich wenn dasselbe in fester Form genossen wurde. Man lasse viel Milch trinken, bis das Gegengift angewendet werden kann. Ist keines der Hauptmittel zu bekommen, so kann man als Nothbehelf anwenden: sehr viel Milch, oder eine Mischung von Bittersalzlösung mit Kali (das erstere aber in kleinem Ueberschusse). Magnes. sulfur. unc. 1, solv. in aq. dest.suff.quant. adde: Kali caust. drachm. tres; wohlgeschüttelt zu nehmen), oder man rührt wo möglich frisch gelöschten Kalk mit Wasser an, und gibt diese dünne Kalkmilch in kleinen Portionen. Bei der Behandlung mit den Hauptmitteln vermeide man säuerliche Getränke und kohlensaure Alkalien — ebenso Salmiak — weil dadurch die gebildeten arsenigsauren Salze wieder löslich würden.

Gifte	Gegenmittel	Nothbehelfe
Blausäure, blausäurehaltige Wässer, Cyansalze.	Aq. chlori oder Bleichkalklösung. Calcar. chlorat. drachm. Acid. hydrochlor. conc. pur. gutt. 10., Aq. destill. Dr. 6. Bei Vergiftungen mit Blausäure wird bei der so rasch tödtlichen Wirkung wohl kein Mittel etwas leisten. Bei der äusserst raschen Resorption des Giftes dürfte wohl auch die Entfernung desselben durch erzeugtes Erbrechen nur höchst selten noch Hilfe bringen.	Kalte Begiessungen, kalte Umschläge auf den Kopf, Hautreize.
Barytsalze.	Schwefelsaure Alkalien.	Soda, Eiweiss, Milch.
Bleisalze.	Schwefelsaure Alkalien, Bittersalz, hierauf gelinde Purganzen.	Kochsalz.
Brom.	Zuckermagnesia.	Kleister, Mehlbrei.
Cantbariden.	Schnelles Wegschaffen des Giftes durch Erbrechen.	Einhüllende, schleimige Mittel. Oele streng zu vermeiden, weil dieselben das giftige Prinzip lösen.
Chlordämpfe, Bleichkalk und dgl.	Weingeistige Getränke und Inhalationen, Aether.	Opiate, Branntwein.
Chloroform- und Aetherdämpfe.	Einleitung der künstlichen Respiration, Hautreize.	Kalte Begiessungen.
Chromsaure Salze.	Dünner Brei aus Zuckersyrup und Eisenfeilpulver.	Zuckerwasser, Milch, schleimige Getränke.
Jod und seine Präparate.	Zuckermagnesia.	Stärkekleister, Mehlbrei
Kalk, Aetzkalk, Kalksalze.	Zuckersyrup, Bittersalz, schwefelsaure Alkalien.	Oel - Mixturen, Milch, Soda.
Kleesäure und ihre Salze.	Verdünnte Kalkmilch, einhüllende schleimige Mittel.	Kalte Begiessungen.
Kohlengas, Kohlensäure.	Einleitung der künstlichen Respiration, starke, auf die Respirat.-Nerven wirkende Reize.	Kalte Begiessungen u. Abreibungen.
Kreosot.	Eiweiss.	Schleimige Getränke, Milch.
Kupfersalze.	Feuchter frisch bereiteter Brei aus 7 Thl. Eisenfeile und 4 Thl. Schwefelblumen oder Eisenpulver in Zuckersyrup.	Zuckermagnesia, Milch, Eiweisslösungen.
Mineral- und organische Säuren.	Zuckermagnesia.	Milch, Zucker, ölige und schleimige Getränke, Eiweiss.
Pflanzengifte (alkalische und Bitterstoffe).	Bleichkalklösung.	Brechmittel, Gerbstoff, nach Umständen starke Reizmittel, kalte Begiessungen, b. Narcoticis starken Kaffee aufguss.
Phosphor.	Bleichkalklösung.	Dicker Mehlbrei, schleimige Getränke.
Quecksilbersalze.	Eisenpulver oder Eisenpulver mit Schwefelblumen in lauwarmen Wasser zum Brei geformt, wie bei Kupfer.	Milch, Eiweiss.
Silbersalze.	Kochsalz.	Wie bei Quecksilber.
Wismuthsalze.	Wie beim Kupfer.	detto.
Zinksalze.	Tannin.	Eiweisslösungen, gerbstoffh. Decocte, Milch.
Zinnsalze.	Zuckermagnesia.	Milch, Eiweiss.

§. 49.

Die bei dem Vergifteten etwa vorgefundenen Ueberreste von Speisen, Getränken, Arzneien, die durch Erbrechen von demselben entleerten Stoffe, welche dem Gerichte übergeben wurden, werden in der Folge über Auftrag des Richters von den designirten Sachverständigen chemisch analysirt, damit der etwaige Thatbestand einer Vergiftung auf chemischem Wege konstatirt und das Gift selbst durch Analyse erkannt werde. Der Gerichtsarzt hat aber immer etwaige, durch eine Vergiftung veranlasste Störungen und Beschädigungen der Gesundheit zu untersuchen, und dieselben dann nach den oben angegebenen, dem Gesetze entsprechenden Normen als leichte, schwere, lebensgefährliche, mit oder ohne bleibenden Nachtheil verbundene etc., zu beurtheilen, und dem darnach fragenden Richter zu charakterisiren.

§. 50.

Für den Arzt, der wegen einer in der Ausübung seines Berufes begangenen Handlung oder Unterlassung in gerichtliche Untersuchung gezogen wird, ist der moralische Eindruck einer solchen ein schmerzlicher und niederdrückender. In solchen Fällen kömmt der Gerichtsarzt in die peinliche Lage, auf Verlangen des Richters sein Urtheil oder Gutachten abgeben zu müssen. Es wird da seine Pflicht sein, nicht nach einer vorgefassten Meinung, nicht nach einer lediglich subjektiven Auffassung zu urtheilen. Mit gerechter Unparteilichkeit, die ein gewisses kollegiales Wohlwollen nicht ausschliesst, wird der Gerichtsarzt sich in die Lage des Angeschuldigten versetzen, wird er dessen Darstellung, dessen Motive und Anschauungen würdigen, und von allgemeinen Gesichtspunkten ausgehend, die Ergebnisse der Wissenschaft im Grossen und Ganzen vor Augen behalten.

Am häufigsten sind jene Fälle, wo die gegen den Arzt gerichteten Anschuldigungen aus unlauteren Motiven entspringen und ungegründet sind. Unwissenheit und Unbildung, niedrige Gesinnung, Schmutzigkeit bei Bezahlung des vom Arzte angesprochenen Honorars,

Gewinnsucht, die dem einen Skandal befürchtenden Arzte
ein Stück Geld abpressen möchte, leider auch unehren-
haftes, nicht zu rechtfertigendes Benehmen des Arztes
gegen den Arzt, welcher vor ihm einen Kranken behandelte, sind die gewöhnlichen Ausgangspunkte von Untersuchungen, welche wegen kunstwidrigen Heilverfahrens gegen Aerzte eingeleitet werden. Solche Fälle
endigen auch gewöhnlich mit Freisprechung des Angeklagten. Indess kommen, glücklicherweise selten, auch
solche Fälle vor, bei denen, wie das österreichische
Strafgesetz sich ausdrückt, Unwissenheit am Tage liegt.

Fälle der letzteren Arzt sprechen an und für sich
so klar, dass bei dem mit ihrer Beurtheilung betrauten
Sachverständigen jeder Zweifel schwindet; wo aber die
Thatsachen nicht so klar sprechen, da treten dem Gerichtsarzte Schwierigkeiten mancher Art in den Weg,
und seine Aufgabe bei der Beurtheilung eines sogenannten Kunstfehlers wird eine schwierige.

Was sind für den Art bei Behandlung von Krankheiten „Fehler, aus welchen Unwissenheit am Tage
liegt?" Je nach dem Systeme, welchem er huldigt,
behandelt der eine Arzt eine Lungenentzündung mit
wiederholten Blutentziehungen, der andere mit alko-
holigen Reizmitteln, der dritte expectativ oder gar nicht.
Welcher von den Dreien hat einen Fehler begangen,
aus welchem Unwissenheit zu Tage liegt? Auf welchen
Standpunkt soll der Gerichtsarzt sich stellen gegenüber
einem Arzte, der, um sich von der Natur eines Ge-
schwürs zu überzeugen, Impfungen an den Schenkeln
des Patienten vornimmt, der also an demselben neue
Gesundheitsstörungen, neue Schanker erzeugt; oder dem
Arzte gegenüber, der die Syphilis durch Syphilisation
behandelt? Was ist ferner eine „ungeschickte Operation?" Wo hört bei einer Operation, die unglücklich
endet, das Unglück auf, und wo fängt die Ungeschicklichkeit an? Man sieht sich vergebens nach allgemein
gültigen, normirenden Grundsätzen der Beurtheilung um.

§. 51.

Je nach der Richtung, welcher Gerichtsärzte und Methode der Be-
Rechtslehrer angehören, hat sich bei diesen eine mehr urtheilung.

6 *

oder minder verschiedene Anschauung in Bezug auf die
Beurtheilung einschlägiger Fälle entwickelt. Casper
sieht sich nach einem greifbaren Satze um, der als Grundlage für die gerichtsärztliche Beurtheilung der Anschuldigungen gegen Aerzte dienen könnte, und formulirt
denselben folgendermassen : Die nach einer ärztlichen
(wundärztlichen, geburtshilflichen) Behandlung erwie-
senermassen eingetretene Gesundheitsbeschädigung oder
Tödtung eines Menschen ist dem Arzte zuzurechnen,
wenn seine Behandlung ganz und gar abweichend war
von dem, was in Lehren und Schriften seiner wissenschaftlich anerkannten Zeitgenossen für einen solchen
oder einen, diesem ähnlichen Fall als allgemeine Kunst-
regel vorgeschrieben, und durch die ärztliche Erfahrung
der Zeitgenossen als richtig anerkannt ist.

Schürmayer tadelt dieses Vorgehen und dieses
Axiom Casper's. Er meint, in dem technischen Vermögen und der darauf gründenden Befähigung der
Aerzte liege ausschliesslich die Aufklärung und Constatirung von Thatsachen, die mit einer heilkünstlerischen
Handlung oder Unterlassung in einem wesentlichen Verbande stehen, und der Gerichtsarzt gewinnt eben dadurch, dass er sich lediglich um die Beurtheilung der
Thatsachen handle, an festem Boden. Weitere Folgerungen, sowie die Beurtheilung des Begriffes : Vernachlässigung eines Kranken, fallen nicht mehr in die Kom-
petenz des Gerichtsarztes, und er habe diese ganz dem
Richter zu überlassen.

Im Allgemeinen, glauben wir, kann man beide
Ansichten adoptiren. Man kann sich dem Grundsatze
Casper's unter gewissen Restrictionen anschliessen,
und wird in der Ansicht Schürmayer's schätzbare
Anhaltspunkte finden, die in der Praxis zu verwerthen
sein werden.

Der Gerichtsarzt wird, wie das überhaupt seine
Gewohnheit sein muss, jeden Fall als solchen ganz individuell auffassen; er wird sich an die Frage des Richters halten, und wo sich ihm die unabweisliche Nothwendigkeit dazu herausstellt, den Richter auch über
die Frage hinaus belehren, um ihm den Fall vollkommen klar zu machen. Er wird, je nach der Beschaffen-

heit des Einzelfalles, sich darüber auslassen, ob die
ursprüngliche Krankheit, wegen welcher der angeschuldigte Arzt beigezogen wurde, mit Ausschluss des eingeleiteten Heilverfahrens, die körperliche Beschädigung
(oder den Tod) zur Folge gehabt haben konnte, oder
ob mit Berücksichtigung ähnlicher Fälle anzunehmen
sei, dass das in Anwendung gekommene Heilverfahren
die vorhandene schwere körperliche Beschädigung (oder
den Tod) als wirkende Ursache herbeigefürt habe.
Bei Beurtheilung ärztlicher Unterlassungen wird es sich
um die Frage handeln, ob die Krankheit erst seit dem
Zeitpunkte der Berufung des angeschuldigten Arztes
die wirkende Ursache der Beschädigung oder des Todes
enthält.

Der Entscheidungsgrund des Gerichtsarztes für die
Bejahung darf aber nicht darin gesucht werden, dass
ein anderes, von Anderen für heilsam oder kunstgerecht
gehaltenes Verfahren unterblieben ist, sondern es muss
der Beweis ausschliesslich durch die thatsächlichen physiologischen und pathologischen Gründe geführt werden. Die
Frage, ob der Kranke durch ein anderes Heilverfahren
hätte gerettet oder geheilt werden können, liegt bei der
Unsicherheit jeder Prognostik auch schon deshalb ausser
der Beantwortungssphäre des Gerichtsarztes, weil sie
nur durch ein Vermuthen und Meinen gelöst werden
kann, und weil der Gerichtsarzt nur auf Grundlage vorhandener Thatsachen urtheilt, sich aber nie auf Beurtheilung von Möglichkeiten einlassen kann.

Bei Fällen, wo ein Arzneistoff in zu grosser Gabe
verordnet wurde und schädlichen Erfolg herbeigeführt
haben soll, kann die sachverständige Aufklärung über
die Wirkung des fraglichen Stoffes in verschiedenen
Dosen und bei verschiedenen Individuen für die richterliche Beurtheilung sehr einflussreich werden, wenn
der Angeschuldigte behauptet, oder nach Lage der Sache
behaupten kann, die Dose nach fremden und eigenen
Erfahrungen nicht zu gross gehalten zu haben. Es wird
auch in solchen Fällen dem Richter ein vollständiges
und richtiges objektives Bild auf Grund der verschiedenen Thatsachen zu entwerfen sein.

Verletzung am Halse mittelst eines Taschenmessers. Leichte Verletzung.

Eilfter Fall. Am 1. November wurde B. H. von ihrem Geliebten, der zufolge seiner Angabe die Absicht hatte, dieselbe aus Eifersucht zu tödten, mit einem Taschenmesser verwundet.

Der herbeigeholte Arzt fand in der rechten Seite
des Halses und zwar in der Gegend des Kopfnickers
eine von oben nach unten verlaufende, $\frac{1}{2}$ Zoll lange,
mit etwas klaffenden Wundrändern versehene Wunde,
welche bloss die Haut und das unterliegende Zellgewebe
getrennt hatte. Nach angelegtem Verbande war die
Verletzte allsogleich im Stande wieder auszugehen und
besuchte auch die Kirche. Nach wenigen Tagen war
die Wunde vollkommen geheilt.

Gutachten.

Die am Halse der B. H. vorgefundene Verletzung,
welche nur oberflächlich war, kein wichtiges Gebilde
getroffen hatte, und in kurzer Zeit ohne wesentliche
Kunsthilfe und ohne der Beschädigten Beschwerden veranlasst zu haben, vollkommen geheilt war, bildet eine
leichte Verletzung.

Zufolge ihrer glatten und klaffenden Wundränder
deutet diese Wunde auf die Einwirkung eines spitzig-
schneidenden Werkzeuges, und konnte demnach mit
dem vorliegenden Taschenmesser ganz wohl zugefügt
werden.

Obgleich nun unter den gegebenen Umständen durch
die stattgefundene Verwundung, welche bloss in die
Klasse der leichten Verletzungen gehört, durchaus keine
Lebensgefahr, um so weniger aber der Tod der B. H.
bewirkt werden konnte, so lässt es sich dennoch nicht
in Abrede stellen, dass mit dem vorliegenden spitzigen
und ziemlich scharfen Taschenmesser unter Umständen,
und zwar namentlich bei einer starken Kraftanwendung, an der im gegenwärtigen Falle getroffenen Stelle
des Halses auch eine Verletzung hätte verursacht werden können, welche, wenn sie tief genug eingedrungen
wäre, durch Beschädigung der daselbst verlaufenden

wichtigen Gebilde, Blutgefässe und Nervenstämme leicht lebensgefährliche, ja selbst tödtliche Folgen hätte herbeiführen können.

Welcher Ursache endlich der günstige Erfolg der stattgefundenen Verletzung zuzuschreiben ist, lässt sich zwar nicht mit Gewissheit bestimmen; es dürfte jedoch hierzu einerseits die Schlaffheit der Haut am Halse und die Beschaffenheit des Instruments, dessen Klinge nicht leicht festgestellt werden kann, andererseits aber das schnelle Zurückweichen der Verletzten und eine geringe Kraftanwendung von Seite des Thäters beigetragen haben.

Schusswunde mit Schrotkörnern; gestörte Beweglichkeit und zeitweise Schmerzhaftigkeit. Schwere, mit einem wichtigen Nachtheile verbundene Verletzung.

Am 6. Dezember wurde der Eisenbahnarbeiter F. W. Zwölfter Fall. von einem andern, mit dem er kurz zuvor einen Streit gehabt hatte, von rückwärts durch einen Schuss verletzt. Unmittelbar nach dem Schusse konnte er wohl noch eine Strecke gehen, stürzte jedoch dann zusammen, worauf er noch an demselben Tage in's Spital gebracht wurde. Man fand

1. An der äusseren Seite des rechten Oberschenkels neun Wunden von eingedrungenen Schrotkörnern.

2. An der innern Seite des linken Oberschenkels zwei ganz ähnliche, ebenfalls von Schrotkörnern herrührende Wunden, wovon das eine die gesammten Weichtheile durchbohrt hatte, und an der äusseren Seite oberhalb der Kniescheibe unter den Hautdecken stecken geblieben war.

3. Am rechten Vorderarm eine Wunde von einem in der Richtung gegen das Ellbogengelenk vorgedrungenen Schrotkorne.

4. Drei ähnliche Wunden an der rechten Seite des Brustkorbes.

Der Verletzte fiebert bedeutend, klagt über heftige Schmerzen in den geschwollenen Oberschenkeln, deren Beweglichkeit sehr gehindert war. Nach vier Wochen verliess er das Spital, konnte jedoch nur sehr langsam

gehen, und gab an, eine grosse Schwäche und bei wechselnder Witterung auch Schmerzen in den verletzten
Theilen zu empfinden.

Am 28. Oktober des folgenden Jahres wurde der
Verletzte gerichtsärztlich untersucht. Man fand die frü-
her angegebenen Wunden vollständig vernarbt, der
Untersuchte im Gehen nur wenig gehindert, doch gab
derselbe an, bei wechselnder Witterung noch immer
Schmerzen in den verletzten Theilen zu empfinden.

Gutachten.

1. Sämmtliche an dem Körper des W. vorgefundenen Verletzungen mussten zufolge ihrer Beschaffenheit, der vorhandenen Schusskanäle und des aufgefundenen Schussmateriales durch einen Schuss mit Schrotkörnern und zwar aus grösserer Entfernung hervorgebracht worden sein, da die Körner sehr zerstreut, und
die einzelnen Wunden in bedeutenden Abständen von
einander vorgefunden wurden.

2. Belangend ihre Wichtigkeit, müssen sämmtliche
Verletzungen sowohl eine jede, als zusammengenommen
für unbedingt schwer erklärt werden, da W. einige
Augenblicke nach ihrer Zufügung zusammenstürzte, in
das Krankenhaus überbracht, bedeutend fieberte, die
verletzten Theile geschwollen, schmerzhaft und in der
freien Bewegung gehindert waren, der Verletzte überdies eine vierwöchentliche Spitalshilfe zu seiner Heilung benöthigte, und demnach während dieses ganzen
Zeitraumes an der Verrichtung seiner Geschäfte und
der Gewinnung seines Lebensunterhaltes gehindert war.
Obgleich

3. zufolge der Lage und Richtung der Verletzung
kein Organ getroffen worden war, dessen Verwundung
das Leben hätte gefährden können, auch in den Akten
keine Erwähnung geschieht, dass das Leben des W.
während des Krankheitsverlaufes je ernstlich bedroht
gewesen wäre, und diese Verletzungen somit keineswegs für lebensgefährlich erklärt werden können, so
sind dieselben dennoch

4. mit einem wichtigen Nachtheile für den Körper
des Verletzten verbunden, da W., welcher seinen Le-

bensunterhalt durch die mit starker körperlicher Bewegung verbundene Beschäftigung eines Eisenbahnarbeiters gewinnt, noch gegenwärtig, also fast eilf Monate nach zugefügter Verletzung, im Gehen gehindert ist, und bei jedem Witterungswechsel Schmerzen in den verletzt gewesenen Theilen empfindet, welche Erscheinungen dadurch an Glaubwürdigkeit gewinnen, wenn man bedenkt, dass eine ziemliche Menge Schussmateriales in den Weichtheilen der untern Extremitäten zurückgeblieben ist, welches durch den Reiz, den es als fremder Körper ausübt, wohl manche krankhafte Erscheinung sowohl gegenwärtig als auch in Zukunft bedingen kann.

Misshandlung durch Schläge und Drosseln.
Schwere Verletzung.

Am 23. Jänner wurde Franziska D., welche übrigens in einem schlechten Rufe stand, nach bereits früheren Zwistigkeiten von ihrem Ehegatten misshandelt; er soll sie beim Halse gefasst, zur Erde geworfen, mit ihrem Kopfe herumgedreht, den Kopf an die Wand geschlagen, dann mit einem Stricke gemisshandelt haben. Unmittelbar nach der Misshandlung lief sie zum Pfarrer des Orts, um zu klagen. Den folgenden Tag ging dieselbe nach K. zum Wundarzte T. Derselbe fand: *(margin: Dreizehnter Fall.)*

1. Die untern und obern Augenlider beider Augen vollkommen blau und von Blut unterlaufen.

2. Im Gesichte mehrere schwarze, von Blut unterlaufene Stellen.

3. An der ganzen Halspartie, sowohl am Kehlkopfe wie an den beiden Seitentheilen, befanden sich Hautaufschürfungen und braunrothe, angeschwollene, strangartig anzufühlende, schmerzhafte und entzündete Hautstellen. Die Beschädigte klagte über Schlingbeschwerden, sehr empfindliche Schmerzen bei der Bewegung des Halses; sie entleerte bei dem öfters mahnenden Hüsteln einen Speichel, der mit Blut gemengt war.

4. An der ganzen Körperoberfläche, vorzüglich aber am rechten Oberarme, am rechten Oberschenkel, befanden sich 4 Zoll lange und eben so breite Blutunterlaufungen, welche Stellen entzündet, schmerzhaft und

angeschwollen waren, und in der Mitte deutlich die
Spur des Strickes zeigten. Die Beschädigte klagte über
Schwäche und Schwindel. Die Misshandelte scheint nach
den Erhebungsakten weder gelegen, noch ärztlich behandelt worden zu sein.

Am 25. April wurde die Verletzte von den Gerichtsärzten untersucht. Sie klagte über zeitweise Kopfschmerzen, Ohrensausen, auf dem linken Ohre über
Schwerhörigkeit, Schwere auf der Brust, Husten ohne
Auswurf, Schmerz im Kreuze, das wie zerbrochen sei,
allgemeine Schwäche, schlechten Schlaf. Das Herz war
überdies in seinen Höhlen erweitert, Herzklopfen, sonst
keine Spur einer Verletzung.

Das Gericht ersuchte um das Gutachten über die
Fragen: Ob und welche von den der Franziska D.
durch ihren Ehegatten zugefügten Verletzungen schwer
und lebensgefährlich gewesen; ob der bei der Beschädigten vorgefundene Herzfehler eine Folge der Misshandlung sei, oder aber von etwas Anderem, z. B. einer
schweren Geburt herrühren könne, und ob nicht etwa
die Art und Weise der zugefügten Misshandlung von
Seite des Angeschuldigten entnehmen lassen, dass er
seine Ehegattin habe tödten wollen, und welchen Umständen in diesem Falle das Nichteintreten des Todes
zugeschrieben werden könne.

Gutachten.

1. Die der Franziska D. durch ihren Gatten zugefügten Verletzungen bestanden nach den mitgetheilten Erhebungsakten in vielen, über den Körper zerstreuten Hautaufschürfungen und Quetschungen, welche
vorzüglich die Gegend der Augen, des Halses, des rechten Oberarms und Oberschenkels trafen. Die Beschaffenheit derselben spricht für die Einwirkung stumpfer
Werkzeuge, und sie können füglich durch Anschlagen
des Kopfes an harte Gegenstände, Drosseln mit den
Händen, durch wiederholtes Schlagen mit einem Stricke
verursacht worden sein.

2. Dieselben stellen nur oberflächliche Hautleiden
dar, bewirken keine Funktionsstörung eines wichtigen
Organs, verschwanden ohne Anwendung ärztlicher Hilfe

vollkommen, hatten keine 20tägige Gesundheitsstörung zur Folge, und müssen deshalb einzeln als leichte Verletzungen erklärt werden, während dieselben zusammengenommen wegen der grossen Menge, der hiermit nothwendig verbundenen Schmerzen, eine unbedingt schwere Verletzung darstellen, ohne jedoch lebensgefährlich zu sein, weil weder unmittelbar nach der Misshandlung, noch im weitern Krankheitsverlaufe auf eine Gefahr deutende Krankheitserscheinungen sich kundgaben.

3. Diese Handlung, namentlich das Schlagen des Kopfes an harte Gegenstände, das Drosseln mit den Händen, die wiederholten Schläge mit einem Stricke — waren im Sinne des §. 155 St. G. B. mit besonderen Qualen für die ·Verletzte verbunden, ohne dass aber behauptet werden könnte, dass die Art und Weise der zugefügten Misshandlung die Absicht entnehmen lässt, dass er seine Ehegattin habe tödten wollen, weil zur Erreichung eines solchen Erfolges die Gewaltthätigkeit mit grosser Kraftanwendung durch längere Zeit hätte fortgesetzt werden müssen, was unter den obwaltenden Umständen in Gegenwart von Zeugen wohl unausführbar gewesen wäre.

4. Den angeblich vorhandenen Herzfehler von der erlittenen Misshandlung herzuleiten, ist kein Grund vorhanden, sowie auch erfahrungsgemäss schwere Geburten keine Herzfehler zur Folge haben, welche im Gegentheile aus anderen, von den in Frage stehenden verschiedenen Ursachen zu entstehen pflegen.

Mehrere auf die Anwendung verschiedener Werkzeuge hindeutende Verletzungen. Schwere Verwundung.

Am 25. August wurde der gemeine Soldat J. A. bei einer Rauferei misshandelt, und zwar theils geprügelt, theils auch mit einem spitzigen Instrumente gestochen. Unmittelbar nach der Rauferei musste J. A., da ihm die Sinne vergingen, er auch Uebelkeiten empfand und sich erbrach, nach Hause geführt werden. Des andern Tages wurde er in das Militärspital transportirt. Während des Transportes sowie auch den ersten Tag

Vierzehnter Fall.

seines Aufenthaltes im Spitale soll er auch mehrmals
sich erbrochen haben.

Bei der Untersuchung fand man:

1. Am linken Seitenwandbeine eine gequetschte,
dreieckige Lappenwunde von $1\frac{1}{2}$ Zoll Länge, welche
die Beinhaut verletzte und den Knochen blosslegte, an
welchem letzteren eine 1 Zoll lange Fissur ohne Eindruck wahrgenommen wurde.

2. Am rechten Seitenwandbein eine mit einem spiz-
zigen Lappen versehene, dreieckige Wunde mit flachen
Rändern von 1 Zoll im Durchmesser, welche ebenfalls
bis zum Schädelknochen eindrang.

3. Beinahe in der Mitte der Pfeilnaht eine $\frac{1}{4}$
Zoll lange, nach rückwärts verlaufende, bis zur Beinhaut sich erstreckende Verletzung.

4. Eine ähnliche Verwundung auf der rechten Seite.

5. In der Mitte der sub 2 und 4 beschriebenen
Verwundungen eine Contusion mit Geschwulst und einer
Stichwunde im Mittelpunkte.

6. Am linken Seitenwandbeine vor Nr. 1 eine Quetschung von $1\frac{1}{2}$ Zoll im Durchmesser.

7. Hinter dem rechten Ohre eine 2 Zoll lange
Hautwunde mit geraden Rändern.

8. Am äussern Rande des obern Drittheils des
rechten Kopfnickers eine $\frac{1}{4}$ Zoll lange Hautwunde mit
platten Schnitträndern.

9. An der vordern Fläche des rechten Oberarmes
eine $1\frac{1}{2}$ Zoll lange, eben so tief in die Muskulatur
dringende Wunde mit scharfen und geraden Rändern.

Der Verletzte wurde im Spitale vom 25. August
bis 13. September behandelt, am 20. September vollkommen geheilt entlassen.

Gutachten.

Bezüglich des Werkzeuges, welches bei der Misshandlung des J. A. in Anwendung gezogen worden war,
lassen sich die an demselben wahrgenommenen Verletzungen in drei Kategorien scheiden. Die Einen, wie
die Schnittwunden hinter dem rechten Ohre (7), in der
Gegend des Kopfnickers (8) und am rechten Oberarme
(9), sowie auch die Stichwunde am Kopfe (5) setzen

zufolge ihrer geraden und glatten Wundränder unzweifelhaft die Einwirkung eines s p i t z i g e n und etwas
scharfen Werkzeuges, wie es allenfalls ein Messer ist,
voraus. Die übrigen Kopfverletzungen (1, 2, 3, 4), welche
meistentheils gelappt waren und zackige Ränder hatten, konnten eben sowohl mit einem spitzigen, als einem
kantigen, ja selbst mit einem stumpfen Werkzeuge zugefügt worden sein, und zwar mit einem spitzigen dann,
wenn stossend eingewirkt wurde, wobei die Spitze am
glatten Knochen abglitt, und das Instrument sodann
schneidend oder reissend wirkte; mit einem kantigen
oder stumpfen, wie es allenfalls ein Stein oder Stock
ist, in dem Falle, wenn damit kräftige Schläge gegen
den Kopf geführt wurden. Die Quetschung endlich am
linken Seitenwandbeine (6) musste zufolge ihrer Beschaffenheit jedesfalls mit einem stumpfen Werkzeuge
hervorgebracht worden sein, und konnte von einem
Schlage mit der Faust, einem Stocke oder Steine, oder
auch von einem Falle auf einen harten Gegenstand herrühren.

Was die Würdigung der einzelnen Verletzungen
anbelangt, so bilden die Schnittwunden hinter dem
rechten Ohre (7), am rechten Oberarm (9) und am
Halse (8) sowie auch die Quetschungen in der Gegend des rechten und linken Seitenwandbeines (5, 6),
da sie von geringer Ausdehnung waren und kein wichtiges Gebilde betrafen, sowohl einzeln als zusammengenommen eine leichte Verletzung. Dagegen drangen
die übrigen am Kopfe wahrgenommenen Verletzungen
(1, 2, 3, 4) durch die Beinhaut bis zum Knochen, waren
mit einer bedeutenden Anschwellung der Weichtheile, die
sub 1. angeführte sogar mit einer Fissur des Knochens
verbunden. Ihre Zufügung setzt demnach eine Kraft
voraus, welche bei keiner derselben ohne Erschütterung
des Gehirns gedacht werden kann. Dass diese letztere
aber, wenn auch im geringeren Grade, wirklich vorhanden gewesen war, lässt sich aus dem nach der Misshandlung eingetretenen Vergehen der Sinne, den Uebelkeiten, dem durch längere Zeit andauernden Erbrechen
hinreichend beweisen. Da überdies jede der letztgenannten Kopfwunden bei ihrer beträchtlichen Tiefe auch

schon für sich allein längere Zeit zu ihrer Heilung benöthigt hatte, so müssen dieselben sowohl einzeln als zusammengenommen für eine unbedingt schwere Verletzung erklärt werden. Dieselbe war aber weder mit
Lebensgefahr, noch mit einem wichtigen Nachtheile für
den Körper des Verletzten verbunden, da die Erschütterung des Gehirns keinen hohen Grad erreicht hatte,
und die Krankheit selbst zufolge des Zeugnisses des
behandelnden Arztes eine gefahrlose, kurzdauernde, ohne
erheblichen Schmerz verlaufende war, deren Heilung
auch vollkommen zu Stande gebracht wurde.

**Mit Eindruck des linken Seitenwandbeines ver-
bundene Kopfverletzung. Starke Leibesbewegung
unmittelbar nach der Beschädigung. Schwere und
bedingt lebensgefährliche Verletzung.**

*Fünfzehnter
Fall.*

J. S., Müllerlehrling, 19 Jahre alt, zeitweilig dem
Trunke ergeben, wurde am 13. Jänner von dem Alt-
gesellen gegen 9 Uhr Morgens mit einem kurzen, mit
Eisen beschlagenen Knittel so über den Kopf geschlagen, dass er zu Boden fiel. Er verlor nicht das Bewusstsein, sondern stand auf und ging in die benachbarte,
½ Stunde entfernte Stadt L., um Klage zu führen, von
wo er gegen 11 Uhr Vormittag zurückkehrte, und seiner Angabe nach sehr rasch gegangen war. Zu Hause
angekommen, klagte er über Kopfschmerzen und legte
sich auf eine Bank nieder. Als die Leute gegen Mit-
tag in die Stube kamen, wo S. lag, fiel es ihnen auf,
dass er mit den Augen rolle, mit einem Fusse zucke,
fast gar nicht athme und kalt sei. Man rüttelte ihn,
gab ihm kalte Umschläge, rieb ihn, doch erst nach
3 Stunden gelang es, denselben zum Bewusstsein zu
bringen, wobei er jedoch unzusammenhängende und verwirrte Reden vorbrachte.

Als der mittlerweile herbeigeholte Wundarzt C.
ankam, fand er den Verletzten auf einer Bank sitzend,
von einem Müllergesellen gehalten. Das Benehmen desselben war wild, rachsüchtig, unfolgsam, auf Mangel
an Bewusstsein hindeutend. Der Kopf war heiss, der
Puls frequent, der Blick starr. Am Kopfe war, dem
linken Seitenwandbein entsprechend, die Haut im Um-

fange eines Kupfergroschens geschwollen, heiss, blau
gefärbt, schmerzhaft, und man fühlte daselbst entsprechend einen Knocheneindruck von der Grösse eines
Mandelkernes. Auch in der Mitte des rechten Seiten-
wandbeins war die Haut etwas geschwollen und schmerzhaft. Zufolge der Zeugenaussage soll der Verletzte sich
auch erbrochen haben. Therapie. Aderlass von 12 Unzen, kalte Umschläge auf den Kopf, Mixtura gummosa mit
Sal Glauber. Nachdem er in der Nacht ziemlich ruhig
geschlafen hatte, war er auch am nächsten Tage noch
wie betäubt, und seiner Sinne nicht ganz mächtig.

Am dritten Tage, d. i. am 15. Jänner besuchten
ihn die Gerichtsärzte. Dieselben fanden die beschriebenen Stellen am Kopfe noch immer schmerzhaft, und
überzeugten sich nochmals von dem Knocheneindrucke
am linken Seitenwandbeine. Der Kranke klagte über
Kopfschmerzen; der Blick war starr, wild, gleichsam
einen Gegenstand suchend. Patient schien wenig auf
seine Umgebung zu achten, erkannte die ihn umgebenden Personen nicht immer, und die bekanntesten erst
nach einigem Nachdenken, ebenso musste er auch mehrmals angesprochen werden, ehe er eine Antwort gab.
Er erinnerte sich übrigens der Umstände, unter denen
er die Verletzung erhielt, in allen seinen Reden war
jedoch stets eine gewisse Betäubung der Geistesfunk-
tionen erkenbar. Zeitweilig wurde er auch aufgeregt,
und ergriff ein neben dem Bette liegendes Stück Holz,
„um die Köchin todtzuschlagen". Die Bewegungen des
Körpers waren sämmtlich ungehindert, nur beim Sitzen
war zeitweilig ein Zittern der Füsse bemerkbar. Der
Puls war kräftig, nicht beschleunigt, die Zunge roth,
feucht. Durst nicht erhöht, Esslust vorhanden, die Hautwärme mässig. Den nächsten Tag, das ist am 16. Jänner, war der Zustand schon bedeutend gebessert, und
am 18. konnte der Patient schon leichtere Arbeiten
verrichten, die nächsten Tage aber seinen Berufsgeschäf-
ten ungehindert wie zuvor nachgehen, ohne Unwohlsein
mehr zu empfinden. Bei einer zweiten Untersuchung
am 24. Jänner wurde er körperlich und geistig als
vollkommen gesund befunden.

Gutachten.

1. Wenn J. S. auch unmittelbar nach der erlittenen Misshandlung eine stärkere Leibesbewegung unternommen hat, so lässt sich doch bei dem früher gesunden, 19jährigen Manne die Entstehung der kurze Zeit darnach eingetretenen Krankheitserscheinungen nicht von derselben herleiten.

Die wahrgenommenen Symptome deuten vielmehr mit vollkommener Bestimmtheit auf eine Gehirnaffection, und es kann deren Veranlassung unter gegebenen Umständen bloss der am linken Seitenwandbeine wahrgenommenen Kopfverletzung zugeschrieben werden, da diese zufolge des mit ihr verbundenen Knocheneindruckes, und somit jedenfalls sehr bedeutenden Eingriffes auf das Gehirn einerseits an und für sich schon vollkommen geeignet war, derartige Erscheinungen zu bedingen, andererseits aber keine andere Ursache eingewirkt hat, welche diese Zustände hervorzubringen geeignet gewesen wäre.

Da es übrigens durch die Erfahrung sichergestellt ist, dass die Erscheinungen nach Kopfverletzungen nicht immer allsogleich auftreten, sondern nicht selten sich erst nach kürzeren oder längeren Zeiträumen einstellen, so findet auch hierin der Umstand, dass S. erst einige Stunden nach der Misshandlung erkrankte, seine hinreichende Erklärung.

Dem Gesagten zufolge lässt es sich also nicht bezweifeln, dass die Krankheitserscheinungen, welche in Bewusstlosigkeit, allgemeiner Aufregung, Erbrechen und einer mehrere Tage andauernden Betäubung bestanden, und wie bereits erwähnt, jedenfalls auf ein Gehirnleiden hindeuten, nur der erwähnten Kopfverletzung ihre Entstehung verdanken, und es muss demnach dieselbe

2. für eine an und für sich unbedingt schwere körperliche Beschädigung erklärt werden. Da übrigens

3. die geschilderten Erscheinungen einen ziemlich hohen Grad erreicht hatten, und auf ein bedeutendes Ergriffensein eines der wichtigsten Organe, nämlich des Gehirns, hindeuten, so war jedesfalls auch das Leben des Verletzten in Gefahr.

Da aber durch die unmittelbar nach der Misshandlung unternommene, heftige körperliche Bewegung, wenn auch nicht die Entstehung, so doch eine Steigerung und Verschlimmerung der durch die Verletzung bedingten Zufälle möglicherweise veranlasst worden sein konnte, so kann auch die Lebensgefahr mit voller Bestimmtheit nicht der Verletzung allein zugeschrieben, sondern es muss den besondern, von der Verletzung unabhängigen Umständen des Falles hierbei Rechnung getragen werden, weshalb auch die vorliegende Beschädigung nur als eine bedingt lebensgefährliche Verletzung erklärt werden kann.

4. Keinesfalls hat aber dieselbe einen der im §. 156 St. G. B. angeführten Nachtheile herbeigeführt, da S. bei der später vorgenommenen Untersuchung bereits vollkommen gesund und berufsfähig befunden wurde.

5. Die fragliche Verletzung deutet auf die Einwirkung eines stumpfen, mit Gewalt geführten Werkzeuges, und konnte ganz wohl durch einen Schlag mit dem mit Eisen beschlagenen Holzstücke verursacht worden sein.

6. Die Anschwellung der Hautdecken am rechten Seitenwandbein, welche nur oberflächlich, geringfügig und von keiner Beschädigung der um- oder tiefliegenden Gebilde begleitet war, bildet an und für sich nur eine leichte Verletzung, und konnte gleichfalls durch einen minder kräftigen Schlag, oder auch, wie es der Verletzte selbst angibt, beim Falle auf die Erde ganz wohl entstanden sein.

Schuss gegen die Brust, wobei das Pistol sprang und das Schussmateriale nicht in die Brust eindrang. — Schwere, nicht lebensgefährliche Verletzung.

Am 9. August früh nach 6 Uhr schoss der Tischlergeselle F. S. auf seine Geliebte A. P. durch das offenstehende Küchenfenster mit einem Pistol, welches mit Pulver und Schroten Nr. 0 geladen war. Bei dem Abfeuern des Pistols zersprang der Lauf desselben auf der untern Seite. Die verletzte A. P., deren Hals- Sechzehnter Fall.

tuch in Folge des Schusses geschwärzt vorgefunden wurde, stand unmittelbar nach dem Schusse auf, lief in die Werkstätte ihres Herrn, wo sie zusammensank, kam jedoch bald wieder zu sich und wurde in's Kranken-haus übertragen. Daselbst aufgenommen, fand man an der vordern Brustseite links von der zweiten bis fünften Rippe eine schmerzhafte, blaurothe Geschwulst der Weich-theile, die Epidermis daselbst von 18 hirsekorn- bis lin-sengrossen Stellen abgestreift. Die Kranke klagt über Dyspnöe, Schmerz beim Athmen, die Percussion ist in der Umgebung der Geschwulst etwas gedämpft, sonst aber wie die Auscultation normal. Uebrigens keine Störung. Therapie: kalte Umschläge, Fettlappen, Potio pur-gans. Am 10. August Dyspnöe, Röthe und Schmerz ge-ringer, die kleinen Hautaufschürfungen mit bräunlichen Schorfen bedeckt. Am 11. und 12. die Temperatur erhöht, Puls beschleunigt, Durst, kein Appetit, Schmerz bedeu-tender. Am 13. sämmtliche Funktionen normal, der Schmerz geringer, die genannten Hautaufschürfungen sind confluirt, so dass bloss 6 wahrzunehmen sind. Am 14., 15., 16. Schmerz und Geschwulst noch geringer, die Schorfe stossen sich ab, Geschwüre zurücklassend, deren Grund und Umgebung empfindlich und roth gefärbt ist. Charpie-Verband. Am 18. die Geschwüre etwas grösser gelappt, mässig Eiter sezernirend. Am 19., 20., 21. beginnen die Geschwüre zu granuliren, Eitersecretion mässig, Empfindlichkeit gering.

Nun verkleinerten sich und vernarbten die Ge-schwüre, bis die Kranke hergestellt am 7. September, d. i. am 31. Tage nach der Verletzung entlassen wurde.

Gutachten.

1. Die Beschaffenheit der an A. P. wahrgenom-menen Verletzung, bestehend in einer Geschwulst der Weichtheile und 18 kleinen, rundlichen Hautaufschür-fungen setzt es im Zusammenhange mit dem Geständ-nisse des Thäters, den Zeugenaussagen und dem noch vorgefundenen Schussmateriale ausser Zweifel, dass die-selbe durch einen Schuss, und zwar zufolge des vom Pulverdampfc geschwärzten Halstuches durch einen ganz

in der Nähe abgefeuerten, hervorgebracht worden ist. Der Umstand, dass die Schrote nicht tiefer eingedrungen und ihre Wirkung nur oberflächlich äussterten, findet aber seine hinreichende Erklärung darin, dass der Lauf des Pistols beim Abfeuern zersprang, wodurch die Kraft des Schusses wesentlich geändert und beeinträchtigt wurde.

2. Unmittelbar nach dem Schusse sank A. P. bewusstlos zusammen. Hierauf in das Krankenhaus übertragen, war sie genöthigt, durch 31 Tage die ärztliche Hilfe daselbst in Anspruch zu nehmen, während welchen langen Zeitraumes sie nicht nur an der Verrichtung ihrer Geschäfte gehindert war, sondern auch zufolge der nicht unbedeutenden Geschwulst der Weichtheile und der aus den Hautaufschürfungen entstandenen Geschwürsflächen namhafte Schmerzen zu erleiden hatte; es müssen demnach bei so bewandten Umständen die vorgefundenen Verletzungen zusammengenommen für unbedingt schwer erklärt werden. Dieselben waren jedoch

3. weder mit Lebensgefahr, noch mit einem wichtigen Nachtheile für den Körper der Verletzten verbunden, da jene unmittelbar nach dem Schusse eingetretene Ohnmacht in der kürzesten Zeit von selbst und ohne alle üble Folgen gewichen ist, während des ganzen Krankheitsverlaufes keine einzige bedenkliche Erscheinung, die wirklich gefahrdrohend gewesen wäre, aufgetreten war, und die Verletzte überdies vollkommen geheilt aus der ärztlichen Behandlung entlassen wurde.

Was endlich die Frage anbelangt, ob mit Rücksicht auf die verwundete Stelle durch den beigebrachten Schuss, wenn das Pistol nicht gesprungen wäre, der Tod hätte erfolgen müssen, so ist man nicht in der Lage, sich in eine Beantwortung derselben einlassen zu können, da sich durchaus nicht ermessen lässt, von welcher Art und somit von welcher Bedeutung die Verletzung gewesen wäre, und vom gerichtsärztlichen Standpunkte überhaupt nur über eine wirklich vorhandene Verletzung ein Urtheil abgegeben werden kann.

7 *

Unerwartetes plötzliches Begiessen mit kaltem Wasser; durch 8 Tage andauernde Sprachlosigkeit; schwere Verletzung.

Siebenzehnter Fall.

W. R., ein 61jähriger Taglöhner, soll seiner Angabe zufolge eines Tages im Wirthshause im Gedanken vertieft gesessen sein, ohne sich um seine Umgebung zu kümmern. Obgleich es sichergestellt ist, dass dieser Mann dem Trunke nicht abhold war, so soll er doch an jenem Tage weder betrunken gewesen sein, noch aber besonders viel geistige Getränke zu sich genommen haben. Während er so dasass, scherzten einige Gäste miteinander, und zwar wollte Einer den Andern mit einem ziemlich grossen, mit kaltem Wasser gefüllten Topf begiessen, wobei es jedoch durch Zufall geschah, dass die ganze Menge des Wassers über den Kopf des W. R. gegossen wurde. Unmittelbar darauf sprang der Letztere von seinem Sitze auf, und eilte, nachdem er einige Sekunden ruhig gestanden hatte, nach Hause. Daselbst soll er nach Angabe seines Eheweibes zu Boden gestürzt, einige Minuten bewusstlos gelegen und als er zu sich kam, der Sprache gänzlich beraubt gewesen sein.

Doktor P., welcher kurz darauf herbeigeholt wurde, fand ausser Röthung des Gesichts, geringer Beschleunigung des Pulses, keine weitere objektive Krankheitserscheinung; doch vermochte der Kranke keinen Laut hervorzubringen. Obgleich Dr. P. anfänglich eine Simulation vermuthete, so will er sich doch, seiner Aeusserung gemäss, durch genaue Beobachtung von dem Vorhandengewesensein der Sprachlosigkeit überzeugt haben. Nach Anwendung von äussern Reizmitteln und Darreichung von Brechweinstein fing der Kranke nach 8 Tagen zu lallen an. Bei der 14 Tage später vorgenommenen Untersuchung wurde weder eine Verletzung, noch eine Veränderung der Sprache, noch eine objektive Krankheitserscheinung wahrgenommen.

Gutachten.

1. Aus den Erhebungen geht hervor, dass R. unmittelbar nach dem unerwarteten und plötzlichen Begiessen mit kaltem Wasser zu Hause eilte, daselbst zu

Boden stürzte und durch 8 Tage der Sprache beraubt
war. Da nun dieser Zustand, welcher in der Lähmung
einer wichtigen Funktion bestand, auf ein bedeutendes
Ergriffensein des Nervensystems hindeutet, andererseits
aber die Möglichkeit nicht in Abrede gestellt werden
kann, dass durch einen heftigen Schreck ein derartiger Lähmungszustand herbeigeführt werden könne, so
muss in der Voraussetzung, dass Dr. P.'s Beobachtung
richtig ist, und weder eine Simulation vorlag, noch
R. sich im trunkenen Zustande befand, der geschilderte
Zustand des R. für eine schwere Verletzung erklärt
werden, deren Entstehung durch das plötzliche Begiessen mit kaltem Wasser zugegeben werden muss.

2. Ein wichtiger Nachtheil für die Gesundheit ist
nicht zurückgeblieben, da R. bei der Untersuchung
keinen Krankheitszustand mehr darbot.

Schliesslich muss jedoch hervorgehoben werden,
dass ein derartiger Eingriff auf den Organismus, wie
er im gegenwärtigen Falle stattfand, nur höchst selten solche Krankheitserscheinungen hervorzurufen pflegt,
und dass der Beschuldigte unmöglich vorhersehen konnte,
dass seine Handlungsweise solche Folgen nach sich
ziehen werde.

**Verletzung der Augenlider in Folge von Schlägen.
Zurückgebliebenes Thränenträufeln. Schwere
Verletzung ohne wichtigen Nachtheil.**

Am 19. März wurde der 50jährige Schmiedmeister   Achtzehnter
J. T. misshandelt, und zwar mit Fäusten und einem   Fall.
Pfeifenrohre in's Gesicht und namentlich in die Augen
geschlagen. Wundarzt K. fand den Verletzten liegend
und über heftige Schmerzen im linken Auge klagend.
Die Augenlider beider Augen, besonders des linken,
waren geschwollen, mit Blut unterlaufen. Am rechten
Auge zeigte sich nächst dem innern Augenwinkel eine
4 Linien lange, 2 Linien tiefe, noch blutende Wunde,
das Auge konnte nicht von selbst geöffnet werden, und
das Sehen mit demselben war wie durch Nebel. Das
linke Auge konnte wegen der bedeutenden Geschwulst
gar nicht geöffnet werden. Am untern Lide desselben
gegen den untern Augenhöhlenrand befand sich eine

quere, $\frac{1}{4}$ Zoll lange, bis in die Sclera dringende Wunde
mit gerissenen Rändern, aus dieser Wunde und durch
die Nase floss Blut, das Sehvermögen dieses Auges war
ganz aufgehoben. Der Wundarzt liess gleich Eisum-
umschläge auflegen, vereinigte die Wunde mit Heft-
pflaster, und verordnete ein Decoctum solvens. Nach
6 Tagen wurde der Verletzte wegen Mangel gehöriger
häuslicher Pflege in das Krankenhaus übertragen.

Bei der auf der Augenklinik erfolgten Aufnahme
fand man die Gegend des untern linken Augenlides
von der Nasenwurzel bis zum Wangenbeine geröthet,
geschwollen und schmerzhaft. Durch den Lidrand ging
in unmittelbarer Nähe des Thränenpunktes eine 2 Linien tiefe Spaltung, und als Fortsetzung derselben eine
S-förmige, nach unten und aussen sich erstreckende
frische Hautnarbe. In der Mitte und am Ende der
Narbe war eine linsengrosse Oeffnung, durch welche
sich beim Drucke etwas Eiter entleerte. Der Thränenpunkt war verwachsen, der Lidrand nach aussen und
unten gezogen, und die dadurch blossgelegte Bindehaut
des Lides geschwollen und geröthet. Am Auge selbst
war keine Veränderung sichtbar, die Bewegung ungehindert, das Sehvermögen nur insofern beeinträchtigt, als das Auge mit Thränen gefüllt ist, die von
Zeit zu Zeit über die Wangen fliessen. Durch einfachen Charpieverband und leichte Compression verschwanden die Entzündungerscheinungen, die Eiterung
hörte auf, und als der Kranke am 16. April das Spital
verliess, war die Narbe consolidirt, das Ectropium und
Colobom durch Festwerden der Narbe geringer, das
Thränenträufeln bestand jedoch fort. Am 3. November
untersuchten die Gerichtsärzte den Verletzten. Sie
fanden

1. In der Mitte des linken Augenlides eine vom
Rande desselben nach abwärts verlaufende, $\frac{3}{4}$ Zoll
lange, unregelmässige, vollkommen verheilte Narbe.

2. Beim Abziehen dieses Auges erschien am innern
Ende seines Randes eine 2 Linien lange, vom Thrä-
nenpunkte beginnende, nach abwärts verlaufende, rinnenförmige Spalte, deren Ränder dunkelroth und gewulstet waren.

3. Der Thränenpunkt des linken untern Augenlides war vollkommen verwachsen, die Thränen träu-
felten in Zwischenräumen über die Wangen.

4. Am rechten untern Augenlide befand sich eine
4 Linien lange, kaum bemerkbare Narbe.

Uebrigens wurde keine Störung des Sehvermögens
weder am linken, noch am rechten Auge wahrgenommen; beim Schliessen des linken Auges berührten sich
die gegenseitigen Lidränder vollkommen, und die be-
standenen Erscheinungen eines Ectropiums waren nicht
mehr bemerkbar.

Gutachten.

1. Die nach der Misshandlung an dem rechten
Auge des P. vorgefundene Blutunterlaufung bildet, da
sie von geringer Ausdehnung, einer nur unbedeutenden
Hautwunde begleitet, und binnen wenigen Tagen ohne
allen weiteren Nachtheil verschwunden war, eine leichte
Verletzung. Die Verwundung des linken Auges dagegen, welche nebst einer beträchtlichen Sugillation der
Augenlider eine bis in die Sclera dringende Wunde
darbot, anfänglich eine bedeutende Störung des Sehvermögens sowie auch heftige Schmerzen verursachte,
zu ihrer Heilung überdies einen längeren Zeitraum
benöthigte, und während desselben den Verletzten an
der Verrichtung seiner Geschäfte hinderte, muss an
und für sich und ohne Rücksicht auf einen bleibenden
Nachtheil als eine unbedingt schwere Verletzung erklärt
werden. Da übrigens

2. der Krankheitsverlauf ein gutartiger war und
durch kein gefahrdrohendes Symptom gestört wurde, so
ist kein Grund vorhanden, die stattgefundenen Verletzungen für lebensgefährlich zu erklären. Eben so wenig
sind dieselben

3. mit einem wichtigen Nachtheile für den Körper des Verletzten verbunden, da bei der letzten ärztlichen Untersuchung das Sehvermögen beider Augen
ungestört und die Beschaffenheit derselben bis auf ein
Thränenträufeln des linken Auges, vollkommen normal vorgefunden wurde, dieses letztere aber für T. zu-

folge seiner Beschäftigung als Schmied von keinem
wesentlichen Nachtheile sein kann. Was endlich   .

4. das Werkzeug anbelangt, womit jene Verletzungen zugefügt wurden, so musste dasselbe zufolge der
vorhanden gewesenen Blutunterlaufungen und der gerissenen Wunden ein stumpfes oder stumpfkantiges
gewesen sein, und es konnten sämmtliche Erscheinungen durch Schläge mit Fäusten und einem Pfeifenrohre
ganz wohl beigebracht worden sein.

**Ohrenfluss und Schwerhörigkeit nach einer Ver-
letzung. Schwere Verletzung mit überwiegender
Wahrscheinlichkeit eines bleibenden Nachtheils.**

Neunzehnter
Fall.

Am 6. September wurde der 10jährige Knabe J. H.,
während er Vieh hütete, von einem andern mit
einem Stocke über den Kopf, Rücken und die Füsse
geschlagen. Der herbeigeholte Wundarzt fand an dem
robusten, gesund aussehenden Knaben

1. das linke Ohr geröthet, geschwollen, an dem
Ohrläppchen eine blaurothe Hautaufschürfung, hinter
dem Ohre einen gegen den behaarten Theil verlaufenden, bläulich rothen Streifen.

2. Auf der linken Schulter einen blauen Fleck von
der Grösse eines Zweikreuzerstückes mit einer grün-
gelblichen Färbung im Umfange.

3. Am linken Oberarm einen $2\frac{1}{2}$ Zoll langen,
2 Zoll breiten blauen Fleck.

4. Ein ähnlicher Fleck befand sich am rechten
Schultergelenke.

5. In der Mitte des Schienbeins war gleichfalls
ein blauer Fleck von denselben Dimensionen sichtbar.
Ueberdies klagte der Verwundete über Schmerzen und
Sausen im linken Ohre, das Gehör war normal, alle
übrigen Funktionen regelmässig.

Es wurde ein Laxans und auf die blauen Flecke Umschläge von Bleiwasser verordnet. Am ersten Tage blieb
der Kranke liegen, weil der Kopf etwas eingenommen
war, die nächsten Tage ging er jedoch wieder aus, um
Gänge zu besorgen und Vieh zu hüten. Binnen einigen
Tagen verloren sich die blauen Flecke; die Schmerzen
und das Sausen im Ohre liessen aber nicht nach, son-

dern es stellte sich ein Ausfluss aus dem Ohre, ein und der Knabe gab an schwer zu hören. Es wurden Ausspritzungen mit Milch, sodann innerlich Calomel mit Digitalis, Ungu. cinereum mit Opium, Vesicantien, reizende Fussbäder angeordnet und gebraucht, doch ohne Erfolg; denn noch am 22. Oktober klagte Patient über etwas Stechen im Ohre, noch mehr aber über Schwerhörigkeit.

Auch bei der am 29. Mai des folgenden Jahres vorgenommenen Untersuchung beobachteten die Gerichtsärzte, dass H. in der That schwerhörig sei. Durch Zeugenaussagen, worunter jene des Seelsorgers und des Schullehrers, wurde constatirt, dass H. vor der Verletzung niemals Zeichen der Schwerhörigkeit darbot, von jenem Zeitpunkte angefangen aber wirklich bedeutend schwerhörig gewesen war. Auch will keiner der Zeugen vor der Misshandlung je einen Krankheitszustand an ihm bemerkt haben.

Gutachten.

1. Die an J. H. vorgefundenen Verletzungen deuten auf die Einwirkung eines stumpfen Werkzeuges, und konnten allerdings durch Schläge mit einem Stocke zugefügt worden sein.

2. Was die Wichtigkeit der einzelnen Verletzungen anbelangt, so bilden die Blutunterlaufungen an den Schultern, dem linken Oberarme und dem Schienbeine, da sie oberflächlich, von geringer Ausdehnung und in kurzer Zeit geheilt waren, ohne den Beschädigten wesentlich zu belästigen, sowohl einzeln als zusammengenommen eine leichte Verletzung; dagegen muss aber die Verwundung des linken Ohres in die Reihe der schweren Verletzungen gesetzt werden, da man nicht umhin kann, den nach der Misshandlung eingetretenen Ausfluss, sowie auch die Schwerhörigkeit von derselben abzuleiten. J. H. war zufolge der ärztlichen Untersuchung ein gesunder, robuster Knabe, der gemäss der übrigen Zeugenaussagen früher kein Zeichen eines Ohrenleidens oder der Schwerhörigkeit darbot. Unmittelbar nach der Misshandlung klagte aber derselbe über Schmerzen und Stechen im Ohre, wozu sich bald ein Ausfluss

und die erwähnte Schwerhörigkeit hinzugesellte. Da somit kein Grund verhanden ist, diesen Krankheitszustand einer andern, von der Misshandlung unabhängigen Ursache zuzuschreiben, der Erfahrung gemäss aber eine Verletzung des Ohres, wie sie im gegenwärtigen Falle stattfand, auch geeignet ist, solche pathologische Veränderungen, wie sie an H. beobachtet worden, hervorzubringen: so erübrigt nichts Anderes, als dieselben mit der Verletzung in ursächlichen Zusammenhang zu bringen, und die letztere demnach, wie schon früher erwähnt, als eine schwere zu erklären. Da sich aber

3. aus den Verhandlungsakten kein Umstand ergibt, der auf eine ernstliche Gefährdung des Lebens des H. oder besondere Leiden desselben hindeuten würde, so ist kein Grund vorhanden, diese Verletzung als mit Lebensgefahr oder besondere Qualen für den Verletzten verbunden zu erklären. Ob übrigens

4. diese verursachte Schwächung des Gehöres eine bleibende sein wird, lässt sich zwar nicht mit apodictischer Gewissheit bestimmen; doch lässt sich mit vieler Wahrscheinlichkeit vermuthen, dass sich dieselbe kaum mehr gänzlich verlieren dürfte, da sie bereits geraume Zeit andauert, und Erscheinungen vorhergegangen waren, welche, wie der Ohrenfluss, tiefere pathologische Veränderungen mit Grund befürchten lassen. —

Schlag in's Gesicht; Verlust eines Backenzahnes. Schwere Verletzung.

Zwanzigster Fall. J. S. wurde bei Gelegenheit eines Streites mit einem Gewehrkolben derart in das Gesicht geschlagen, dass er seiner Angabe nach betäubt zusammensank, worüber aber keine Zeugenaussagen vorliegen. Als er sich erholt hatte, spürte er, dass ihm ein Zahn ausgeschlagen worden war Er begab sich sogleich zum Wundarzte T. Dieser fand 1: eine haselnussgrosse Contusion an der Stirne; 2. mehrere Hautaufschürfungen um den Mund; 3. das Zahnfleisch an der linken Seite des Unterkiefers sehr geschwollen und blutend. Der erste linke untere Backenzahn fehlte ganz, und die Höhle, in welcher derselbe sich früher befunden hatte, war mit Blut angefüllt und blutete noch immer.

Bei einer nach drei Tagen von zwei Gerichtsärzten vorgenommenen Untersuchung fand man an der Stirne eine silbergroschengrosse Hautentfärbung und mehrere mit Krusten bedeckte Hautaufschürfungen an der Oberlippe, am Halse und am linken untern Augenlide. Der erste untere linke Backenzahn fehlte, es war an dieser Stelle eine frische Narbe sichtbar, das Zahnfleisch noch etwas geschwollen und schmerzhaft.

Da nun die Gerichtsärzte den Fall divergirend beurtheilten, wurde er vom Gerichte an die Fakultät geleitet. Diese erstattete das folgende

G u t a c h t e n.

1. Die an der Stirne des S. vorgefundene haselnussgrosse Blutunterlaufung sowie auch die Hautaufschürfungen im Gesichte bilden wegen ihrer Oberflächlichkeit und Geringfügigkeit und der in kurzer Zeit ohne jede Beschwerde erfolgten Selbstheilung sowohl einzeln als zusammengenommen eine leichte Verletzung. Was jedoch

2. das Herausschlagen des Backenzahnes anbelangt, so deutet diese Beschädigung jedenfalls auf eine bedeutende Kraftanwendung, und konnte somit ganz wohl mit einer vorübergehenden Gehirnerschütterung verbunden gewesen sein, wie dies der Verletzte angibt. Da dieselbe überdies wenigstens in den ersten Augenblicken namhafte Schmerzen verursacht haben musste, und denn doch jedenfalls den Verlust eines, wenn auch nicht unentbehrlichen, so doch gerade nicht unwichtigen Organes herbeiführte, übrigens aber auch noch nach Verlauf von einigen Tagen Schwellung, Schmerzhaftigkeit des Zahnfleisches und Beeinträchtigung des Kauens vorhanden waren, welche gleichfalls nur von dem erlittenen Schlage hergeleitet werden können: so muss die fragliche Beschädigung an und für sich für eine unbedingt schwere Verwundung erklärt werden, welche jedoch

3. weder mit Lebensgefahr, noch mit besonderen Qualen, noch aber mit einem des im §. 156 des St. G. B. bezeichneten, wichtigen Nachtheile verbunden war.

4. Das Werkzeug, womit die in Frage stehende Verletzung zugefügt wurde, musste ein stumpfes gewe-

sen sein, und ein Schlag mit einem Gewehrkolben war
vollkommen geeignet, dieselben hervorzurufen.

**Darreichung von Schwefelsäure; Entzündung
der gesammten Mund- und Gaumenschleimhaut.
Schwere Verletzung.**

Einundzwanzig-
ster Fall. W. B., 64 Jahre alt, Bergmann, litt seit einem
Jahre sehr häufig an Magenbeschwerden und Erbrechen,
welches letztere sich fast immer nach dem Genusse von
Nahrungsmitteln einzustellen pflegte. Dabei magerte er
sehr ab, verlor die Kräfte und wurde äusserst hinfällig,
wozu sich bald noch eine ödematöse Anschwellung der
Füsse gesellte. Dr. S., welcher ihn behandelte, diagno-
stizirte Lebersarcom und Scirrhus des Magens. B. gebrauchte gegen dieses Leiden ausser den verordneten
Arzneien auch mancherlei Hausmitttel. Am 7. März
reichte ihm A. W., der ihn bediente, und welchem B.
in seinem Testamente sein Häuschen sammt Feld ver-
macht hatte, ein Fläschchen mit dem Bedeuten, dies
sei eine Medizin, welche ihm eine bekannte Frau schicke,
er möge einen Löffel voll davon mit Zucker nehmen.
B. nahm ein Stück Zucker in den Mund, füllte sich
einen Blechlöffel mit der Flüssigkeit an und nahm sie
in den Mund. Kaum hatte er dieselbe jedoch zu sich
genommen, so fühlte er ein so heftiges Brennen im
Munde und Schlunde, dass er den ganzen Inhalt, ohne
noch das Geringste geschluckt zu haben, ausspie. Der
Zucker soll ganz schwarz ausgesehen haben, und der
Fussboden, wohin die Flüssigkeit kam, soll allsogleich
schwarz gefärbt worden sein. Der herbeigeholte Dr. St.
fand die Schleimhaut der Zunge, der Backen, des
Gaumenbogens und das Zäpfchen entzündet, das Epithelium theils abgestreift, theils bräunlich gefärbt. Die
entblössten Schleimhautstellen waren mit einem dicken,
croupösen Exsudate belegt, welches stellenweise eitrig
zerfloss, Lippen und Zunge waren geschwollen, schmerzhaft, ihre Bewegungen sehr erschwert, ebenso auch das
Schlingen. Die Mündungen der Speichelgänge waren
aufgewulstet und ein starker Speichelfluss vorhanden.
Es wurde Milch und Magnesia dargereicht und Ein-
pinselungen mit Mandelöl verordnet. Binnen 14 Tagen

war die Heilung bis auf einen kleinen Streifen in der Unterlippe vollendet. Die chemische Untersuchung des in dem Fläschchen zurückgebliebenen Restes stellte dasselbe als concentrirte Schwefelsäure dar, und der Löffel, auf welchen die Flüssigkeit geschüttet worden war, fasste eine Unze.

Gutachten.

1. Der bei der Untersuchung des W. B. vorgefundene Zustand, und zwar namentlich die mit Schmerzhaftigkeit gepaarte Geschwulst der Zunge und der Lippen, die Abstossung des Epitheliums, sowie auch die Exsudatbildung auf den Schleimhautflächen deutet auf die Einwirkung einer ätzenden Substanz, und die Berührung dieser Theile mit konzentrirter Schwefelsäure war vollkommen geeignet, sämmtliche geschilderte Erscheinungen hervorzubringen.

2. Was die Wichtigkeit der in Frage stehenden Beschädigung anbelangt, so muss dieselbe an und für sich ohne Rücksicht auf alle Nebenumstände für eine unbedingt schwere Verletzung erklärt werden, da B. zufolge der intensiven Entzündung und Geschwulst der betroffenen Theile nicht nur bedeutende Schmerzen zu erleiden hatte, sondern auch durch längere Zeit an dem Gebrauche der Zunge sowie auch am Schlingen gehindert war. Es war aber

3. diese Verletzung weder mit Lebensgefahr noch mit einem wichtigen Nachtheile für den Körper des Beschädigten verbunden, da die Heilung bereits nach 14 Tagen vollendet war, ohne dass das Leben durch irgend einen Umstand ernstlich bedroht gewesen wäre.

4. Was die Frage betrifft: „ob der Tod des B. nothwendig hätte erfolgen müssen, wenn er die auf dem Löffel befindliche Quantität Schwefelsäure geschluckt hätte", so lässt sich zwar nicht mit Gewissheit behaupten, dass, wenn B. diese Quantität verschluckt hätte, der Tod desselben nothwendig erfolgen musste; es wäre jedoch durch diesen Genuss jedesfalls und bei jedem Menschen, auch wenn er sonst vollkommen gesund gewesen wäre, eine schwere und lebensgefährliche Verletzung veranlasst worden, welche den Tod des Betref-

fenden auch bei der zweckmässigsten Behandlung leicht
hätte herbeiführen können.

Versuch einer Vergiftung durch dem Kochsalze beigemengte arsenige Säure.

Am 26. Dezember kam ein Bauer nach H. zu
Dr. S. mit einem Gefässe von Blech, dessen 6 Zoll im
Durchmesser betragender Boden mit ungefähr $\frac{1}{4}$ Seitel
ziemlich festen Kochsalzes bedeckt war, und ersuchte
ihn, die Untersuchung dieses, ihm als verdächtig erscheinenden Salzes vorzunehmen. Befragt, worauf sich sein
Verdacht gründe, erzählte der Bauer, dass er mit seinem, bei ihm in Ausgedinge wohnenden Vater wegen
einer ohne Zustimmung desselben geschlossenen Ehe
in Unfrieden lebe, und schon zu wiederholtenmalen bemerkt habe, dass sich derselbe während seiner Abwesenheit häufig etwas in seinem wiewohl versperrten
Zimmer zu thun mache. Am vorhergegangenen Tage
war ihm dieser Salznapf aufgefallen, weil das darin
enthaltene Salz, bevor er sich aus dem Hause begab,
eine ganz ebene, bei seiner Zurückkunft aber eine stellenweise aufgewühlte Fläche darbot, und bei näherer
Betrachtung eine Beimischung wahrnehmen liess. Dr. S.,
welcher in der That ein dem Salze beigemengtes fremdartiges, weisses Pulver nebst kleineren und grösseren
weissen Körnchen wahrnahm und beobachtete, dass
eines der letzteren auf glühende Kohlen gelegt, Dämpfe
entwickelte, welche einem dem Arsenik eigenthümlichen
Geruch verbreiteten, übergab das ganze in dem Napfe
enthaltene Salz der Behörde, welche die chemische
Analyse desselben vornehmen liess.

Der Vater des Bauers gestand ein, in Abwesenheit des Sohnes von einem vogeleigrossen Arsenikkügelchen 3—4mal mit seinem Messer oberhalb des Salznapfs geschabt zu haben, worauf etwa so viel davon
in denselben hineinfiel, als die Spitze eines mittelgrossen Messers gefasst hätte. Er gab ferner an, dies deshalb gethan zu haben, damit, wenn wie es gewöhnlich
der Fall war, dieses Salz der zum Frühstück bereiteten
Wassersuppe beigemengt würde, sein Sohn Abweichen
und Uebelkeiten bekäme, um für seinen gegen ihn

oftmals an den Tag gelegten Uebermuth etwas bestraft
zu werden; er habe jedoch, obwohl er diese Kugel vor
längerer Zeit für Arsenik gekauft habe, dieselbe dennoch nicht dafür gehalten, weil die damit versetzte Milch
auf die Fliegen keine wahrnehmbare Wirkung geäussert hatte.

Das Gericht ersuchte um möglichst genaue Ermittlung der vorkommenden Menge Arseniks und um Beantwortung der folgenden Fragen:

1. Ob, da das Arsen auf dem Salze obenauf befindlich war, und die die Suppe Geniessenden somit den
bei Weitem grössten Theil desselben bekommen hätten,
die Salzmenge, wie sie zum Salzen der für zwei Personen bestimmten Suppe gewöhnlich genommen wird,
so viel Arsen enthalten hätte, als nöthig ist, um den
einen oder den anderen von diesen Eheleuten um das
Leben zu bringen? und

2. ob die Gesammtmenge des bei allen chemischen
Analysen vorgefundenen Arsens den Tod des Einen oder
des Anderen herbeizuführen geeignet gewesen wäre. —

Zufolge der Aeusserung des Gerichtschemikers betrug die Menge des Salzes $\frac{1}{4}$ Seitel. Die arsenige
Säure kam in demselben, der grössten Menge nach,
nur in gröberen Stücken vor, von denen das grösste
2 Grane wog. Nach der quantitiven Analyse betrug
die Menge der in dem Salze aufgefundenen arsenigen
Säure 18 Gran. Bei den früheren Untersuchungen wurden nach der Angabe der Kunstverständigen aus dem
Salze $7\frac{1}{2}$ Grane arseniger Säure abgeschieden, und
Dr. S. gibt das Gewicht des von ihm verwendeten
Stückes auf 4 Grane an, folglich betrug die Gesammt-
menge des dem Salze beigemengten Arseniks $29\frac{1}{2}$
Grane.

Gutachten.

Die durch den gerichtlichen Chemiker vorgenommene Untersuchung führte zu dem Resultate, dass das
Kochsalz wirklich Arsenik enthielt, und zwar war die
arsenige Säure dem Salze grösstentheils nur in grösseren Stücken beigemengt, von denen das grösste 2 Grane
wog. Die ganze Menge der dem Kochsalze beigemisch-
ten arsenigen Säure betrug $29\frac{1}{2}$ Grane.

Wenn man nun bedenkt, dass zwei arbeitende Personen zum Frühstücke von einer Wassersuppe ungefähr 4—6 Seitel verzehren, und dass, um diese zu salzen, beiläufig 1 Loth Salz, somit etwa der achte Theil der vorliegenden Salzmenge nöthig ist, so ergibt sich von selbst, dass diese Eheleute beim Genusse der Suppe eine beträchtliche Menge arseniger Säure, und da von dieser, der Erfahrung zufolge nur einige Grane zur Tödtung eines Menschen hinreichen, sehr wahrscheinlich eine solche Menge bekommen hätten, welche hinreichend gewesen wäre, den einen oder den andern von ihnen des Lebens zu berauben. Doch lässt es sich andererseits nicht läugnen, dass, wenn die erwähnten Individuen, zum Salzen nur von dem festen Salze genommen, oder beim Herausnehmen des Salzes die grösseren und metallisch-schweren Stücke arseniger Säure verstreut hätten, die Menge derselben auch nur geringer ausfallen konnte, obwohl dann wieder eine mehrmalige Benützung desselben Salzes hätte stattfinden, und zusammen doch wieder eine grosse, zur Tödtung zureichende Menge verbraucht werden können. Was aber die Gesammtmenge der in dem Salze enthaltenen arsenigen Säure anbelangt, so ist dieselbe, da sie fast $\frac{1}{2}$ Drachme betrug, so gross, dass sie zur Gänze genommen, geeignet gewesen wäre, den Tod nicht nur des einen oder des andern dieser Eheleute, sondern auch wohl beider zusammen herbeizuführen.

Beibringung von gestossenem Glase in Kaffee und Suppe. Magen- und Darmcatarrh. Schwere Verletzung.

Dreiundzwanzigster Fall. J. B., welcher mit der 76jährigen Ausgedingerin R. F. nicht im besten Einverständnisse lebte, mischte dieser letzteren am 13. April in ein Seitel Kaffee ungefähr einen Esslöffel voll gestossenen Glases. Nachdem diese den Kaffee theilweise genossen, und am Boden des Gefässes einen auffallenden glasartigen Bodensatz bemerkt hatte, bekam sie Leibschmerzen und Abweichen, welche Zufälle jedoch gegen Morgen des 14. April nachliessen. Am 15. April mengte J. B. neuerdings zwei Esslöffel voll gestossenen Glases in eine Tropfteigsuppe,

welche R. F. gleichfalls theilweise genoss, und abermals am Boden einen auffallenden Rückstand bemerkte,
den sie auch dem Ortsvorsteher übergab. In der Nacht
vom 15. auf den 16. bekam Patientin neuerlich heftige
Leibschmerzen und eine häufige Diarrhöe. Am 17.
April klagte dieselbe über Kopfschmerz, Schwindel,
Appetitlosigkeit und vermehrten Durst. Die Zunge war
trocken, weiss belegt, die Magengegend schon beim
leisen Drucke sehr empfindlich, der Unterleib aufgebläht,
schmerzhaft, der Urin ging tropfenweise ab, die Haut
war trocken, der Puls klein und unregelmässig. Ordinirt wurde Dct. Salep cum Laudano. Am 18. April
war die Diarrhöe mässiger, die Schmerzen geringer.
Nun verloren sich unter dem Gebrauche von Aqua
laurocer. und später eines Dct. Chinæ die Krankheits-
symptome allmälig, bis Patientin am 27. April bereits
vollständig hergestellt erschien. Jener Bodensatz, welcher im Kaffee und der Suppe zurückgeblieben war,
zeigte sich als ein glänzendes, gröblich gestossenes Pulver, in der Grösse von Stecknadelköpfchen, welches zufolge der chemischen Untersuchung gestossenes Glas
war. —

Gutachten.

Unmittelbar nach dem Genusse des dem Kaffee
und der Suppe beigemengten gestossenen Glases erkrankte R. F. unter den Erscheinungen eines ziemlich
heftigen, mit Fieberbewegungen und Schmerzen verbundenen Magen- und Darmkatarrhs, welcher dieselbe durch
längere Zeit an das Krankenlager fesselte und in ihrem
Berufe hinderte.

Dieser krankhafte Zustand, welcher im gegenwärtigen Falle nur als die Folge des Genusses des gestossenen Glases betrachtet werden kann, muss wegen der
bedeutenden Gesundheitsstörung, welche er hervorgerufen hatte, als eine schwere Verletzung erklärt werden,
ohne aber mit Lebensgefahr und besondern Qualen oder
einem wichtigen Nachtheile für den Körper der Beschädigten verbunden gewesen zu sein, da der Krankheitsverlauf günstig war, und R. F. bereits wieder am
27. April vollkommen hergestellt befunden wurde.

Obwohl es ferner nicht geläugnet werden kann, dass
grob gestossenes Glas, namentlich wenn grössere Splitter vorhanden sind, unter gewissen Umständen eine
Verletzung des Magens oder Darmkanales und dadurch
eine Entzündung der beleidigten Theile, ja selbst den
Tod herbeizuführen im Stande ist, so kann doch nicht
behauptet werden, dass dasselbe im gegenwärtigen Falle
ein taugliches Mittel war, den Tod der R. F. zu bedingen, da das Glas zu einem stecknadelkopfgrossen
Pulver verkleinert war, und in dieser Form noch dazu
von den Magen- und Darm-Contentis eingehüllt, nicht
leicht eine besonders nachtheilige Wirkung äussern
konnte, übrigens aber der Erfahrung zufolge bisweilen
selbst grössere Stücke Glas in den Magen und Darmkanal gelangten und abgingen, ohne einen besonderen
Nachtheil hervorzurufen.

Angeblich stattgefundener Kunstfehler bei Behandlung einer Lungenentzündung.

Vierundzwanzigster Fall.

Mathias S., ein 40jähriger, schwächlich gebauter
Mann, erkrankte im Mai unter den Erscheinungen einer
Lungenentzündung. Dr. A., dessen ärztlicher Beistand
nachgesucht wurde, beschränkte sich darauf, den Kopf
durch einige Blutegelstiche und kalte Umschläge zu
erleichtern und den Darmkanal zu entleeren. Den leichteren Auswurf suchte er durch Salmiak und kleine Gaben von Brechweinstein zu befördern, verordnete überdies noch eine Oelmixtur mit Kirschlorbeerwasser und
Salpeter, und trachtete die bereits verfallenden Kräfte
des Kranken durch Kampher zu heben, ohne jedoch
zum Ziele zu gelangen.

Am zwölften Tage der Krankheit wurde Dr. B.
geholt. Derselbe fand den Kranken blass, eiskalt, mit
klebrigem, kaltem Schweisse bedeckt, die Augen eingesunken, halb gebrochen, die Nase russig und spitzig,
den Puls kaum fühlbar. Er wendete die Methode des
Dr. Peschier an und verabreichte dem Kranken binnen
5 Tagen 25$\frac{1}{2}$ Gran Brechweinstein. Als der Kranke
starb, äusserte sich Dr. B. dahin, dass Dr. A. den Kranken durch seine fehlerhafte Behandlung getödtet habe,
und dass der tödtliche Ausgang bei rechtzeitiger An-

wendung eines Aderlasses und der Methode nach Peschier gewiss nicht erfolgt wäre.

Dr. A., welcher sich durch diese Aeusserung ge-
kränkt fühlte, überreichte der Staatsanwaltschaft seine
diesfällige Beschwerde, welche letztere Behörde die Fakultät um die Beantwortung nachstehender Fragen ersuchte:

1. Ist die von Dr. A. eingeleitete Behandlung von
jener, welche Dr. B. beobachtet hat, überhaupt und
wesentlich verschieden?

2. Haben diese beiden Behandlungsarten auf die
Gesundheit und das Leben des S. einen wesentlich
verschiedenen, und welchen Einfluss hat die eine und
die andere darauf gehabt?

3. Welchen Einfluss hätte die Behandlungsweise
des Dr. A. auf die Gesundheit und das Leben des S.
genommen, wenn damit fortgefahren worden wäre, und
welche Folgen hätten sich erwarten lassen, wenn Dr. B.
den Kranken gleich im Anfange übernommen und nach
seiner Methode behandelt hätte?

4. War durch die Behandlung des Dr. A. die Gesundheit oder das Leben des S. gefährdet?

5. Hat sich der letztgenannte Arzt bei seiner Behandlung Fehler zu Schulden kommen lassen, und im
bejahenden Falle, Fehler, zufolge welcher Unwissenheit
am Tage liegt?

Gutachten.

Nach genauer Ewägung der eingesendeten Verhandlungsakten erkennt man klar und deutlich, dass die
beiden genannten Aerzte den fraglichen Krankheitsfall
für eine Lungenentzündung gehalten haben; namentlich
ist die von Dr. A. gestellte Diagnose, zufolge der Krankheitsgeschichte, auf alle der Neuzeit zu Gebote stehenden Behelfe gestützt, und Dr. B. erhebt auch nicht den
geringsten Zweifel dagegen, sondern greift nur die stattgefundene Art und Weise der Behandlung auf sehr zuversichtliche Weise an. Alle Forscher, welche das Leiden, um welches es sich im gegenwärtigen Falle handelt, mit mathematischer Sicherheit erkennen lehrten,
beweisen durch unwiderlegliche Thatsachen, dass

1. die Lungenentzündung eine Krankheit ist, welche,
wie etwa die Blattern, zu ihrem Verlaufe einen je nach
ihrer Ausdehnung und inneren Natur mehr oder weniger langen Zeitraum benöthigt;

2. dass es im Vorrathe der menschlichen Kunst
kein Mittel gibt, welches im Stande wäre, den Verlauf
der Krankheit nach Wunsch abkürzen, oder gar in allen
Fällen dem ersehnten Ende, nämlich der Genesung zu-
zuführen, am wenigsten ist aber, sorgfältigen Erhebungen der Neuzeit zufolge, der Aderlass, wie man sonst
glaubte und auch jetzt noch häufig behauptet, ein solches Mittel. Die besten Resultate haben jene Aerzte der
früheren und gegenwärtigen Periode erlangt, welche
sich eingreifender, sogenannter heroischer Methoden
enthielten, und mit bescheidener Vorsicht, Säfte und
Kräfte schonend, dem Gange der Natur folgten, in der
Ueberzeugung, dass diese letztere es ist, welche den
Prozess durchführen muss, wobei dem Arzte das wichtige Verdienst bleibt, die im Körper vor sich gehen-
den Veränderungen zu beobachten, die diätetischen Verhältnisse günstig und einsichtsvoll zu regeln und arz-
neiliche Unterstützung in der Art zu leisten, wie es
die Wissenschaft und Erfahrung vorschreibt.

So und nicht anders war das Verfahren des Dr. A.
vom Anfang bis zum Ende seiner Behandlung. Er hatte
einen Kranken vor sich, bei dem in früherer Zeit auf
reichliche Blutentzündungen sogleich Ohnmachten folgten, und der mitten in den Anstrengungen seines schweren Handwerks von der epidemisch herrschenden Krankheit befallen wurde. A. beschränkte sich darauf, den Kopf
durch einige Blutegelstiche und kalte Umschläge zu
erleichtern, den Darmkanal zu entleeren, und vermied
mit vollstem Rechte, wegen grosser Hinfälligkeit
des Kranken, allgemeine Blutentziehungen durch Ader-
lässe anzustellen. Den leichteren Auswurf suchte er durch
Salmiak und kleine Gaben Brechweinstein zu fördern,
beruhigte mit Oelmixturen, Kirschlorbeerwasser und
Salpeter, bestrebte sich, die hinzugetretene Ausschwiz-
zung im Herzbeutel durch milde, harn- und schweiss-
treibende Arzneien zu vermindern, und trachtete die

Kräfte des verfallenden Kranken durch Kampher zu erwecken, ohne jedoch zum Ziele zu gelangen.

Am 12. Tage dieser Krankheit wurde Dr. B. geholt, und fand den Kranken blass, eiskalt und mit eingefallenen Wangen, bedeckt mit kaltem Schweisse, die Augen eingesunken, halb gebrochen, die Nase russig und spitzig, den Puls kaum fühlbar, die Venen fadenförmig, blutleer. Im Brustkorbe hörte er starkes Schleimrasseln, und schloss daraus (?), dass sich die Lunge noch im Zustande der Hepatisation (d. i. der Verstopfung durch gerinnbare Stoffe) befinde. Er wendete demnach, da ihm denn doch der Zustand des Kranken nicht mehr für das Aderlassen zu passen schien, die gewaltsam wirkende Methode des Dr. Peschier an, und liess dem Kranken binnen fünf Tagen 25 $\frac{1}{2}$ Gran Brechweinstein verabreichen. Der Kranke starb. Auf diesen Ueberblick ergibt sich sogleich die Beantwortung der ersten zwei Fragen.

Ad 1. Obgleich Dr. A. dasselbe Mittel verordnete (den Brechweinstein), so geschah es doch in kleiner Gabe, während Dr. B. hiebei der Peschier'schen Methode den Vorzug gab, und also ungeachtet der Anwendung des gleichen Mittels doch eine wesentlich verschiedene Heilart gewählt hat, da er wohl denselben Arzneistoff, jedoch in grossen Gaben verabreichen liess.

Ad 2. Die Behandlungsart des Dr. A. konnte auf die Gesundheit und das Leben keinen nachtheiligen, und bei einem minder schweren Erkrankungsfalle jedenfalls nur einen günstigen Einfluss ausüben, während die Methode des Dr. B. mit Rücksichtnahme auf den Zeitpunkt der Anwendung, die grosse Gabe des Brechweinsteines und den Schwächezustand des Kranken als bedenklich, ja gefahrbringend bezeichnet werden muss. Er nahm ohne Perkussion, nur weil er Schleimrasseln hörte, die Verdichtung der Lunge als fortbestehend an, während man aus der genaueren Krankengeschichte des Dr. A. ersieht, dass die Verdichtung zu jener Zeit bereits gelöst war, wie dies auch zum eilften Tage der Krankheit ganz wohl passt, und dass Patient an einer hinzugetretenen Ausschwitzung im Herzbeutel litt.

Ad 3. Auf die dritte Frage, wie der Erfolg gewesen wäre, wenn Dr. A. bis zu Ende, oder Dr. B. gleich vom Beginne der Krankheit die Behandlung geleitet hätte, ist die Fakultät nicht in der Lage eine bestimmte Antwort geben zu können. Da es aber sehr wahrscheinlich ist, dass der ungünstige Ausgang der Krankheit in ihrer eigenen Natur und in ihrem hohen Grade lag, so kann man annehmen, dass es dem Dr. A. trotz seiner erfahrenen und umsichtigen Handlungsweise kaum gelungen sein würde, den Mann dem Tode zu entreissen. Dagegen ermangelt aber die zuversichtliche Meinung des Dr. B., er hätte die Heilung durch Aderlassen unter Mitwirkung der Peschier'schen Methode bewirken können, eines jeden vernünftigen Grundes, und widerstreitet allen neuesten Erfahrungen, indem es hinreichend bekannt ist, welche nachtheiligen Folgen diese Methode namentlich auf den Magen auszuüben im Stande ist.

Ad 4. und 5. Dr. A. hat durch sein Verfahren die Gesundheit oder das Leben des S. auch nicht im Geringsten gefährdet, und sich durchaus keine Fehler zu Schulden kommen lassen, am wenigsten solche, aus denen Unwissenheit an den Tag käme; im Gegentheile seine Krankengeschichte beweist klar und deutlich, dass es ihm ernst ist, mit der Fortbildung der Wissenschaft gleichen Schritt zu halten, und die Ergebnisse der neuesten Forschungen sich anzueignen, während ein Arzt, welcher jetzt noch beim Studium der Lungenentzündungen V o g e l's Handbuch als beruhigende Autorität citirt, wie es Dr. B. that, wohl leicht ein Dritteljahrhundert des regsten, wissenschaftlichen Fleisses nachzuholen hätte.

§. 52.

Gesetzliche Bestimmungen.

Allg. brgl. Gesetzbuch. §. 53. Ansteckende Krankheiten oder dem Zwecke der Ehe hinderliche Gebrechen desjenigen, mit dem die Ehe eingegangen werden will, sind rechtmässige Gründe, die Einwilligung zur Ehe zu versagen.

§. 109. Wichtige Gründe, aus denen auf die Scheidung erkannt werden kann, sind: — — — — — anhaltende, mit Gefahr der Ansteckung verbundene Leibesgebrechen.

Allg. Strafgesetz. §. 24. Die Züchtigung besteht bei Jünglingen unter 18 Jahren und bei Frauenspersonen in Ruthenstreichen, bei erwachsenen Personen des männlichen Geschlechts in Stockstreichen und kann höchstens 30 Streiche betragen. Sie darf nur gegen Rückfällige, erst nach vorausgegangener Erklärung des Arztes, dass sie dem Gesundheitszustande des Sträflings unnachtheilig sei — — — — vollzogen werden.

§. 409. Die Selbstverstümmlung, wie auch sonst jede absichtliche Selbstverletzung, um sich dem Militärstande zu entziehen, ist nach Beschaffenheit der That und der Umstände als Uebertretung mit strengem Arreste von 14 Tagen bis zu 3 Monaten zu bestrafen.

§. 519. Ein Bettler hingegen, der, um grösseres Mitleid zu erwecken, Verstellung von körperlichen Gebrechen, Wunden, Krankheiten und dergleichen anwendet, ist sogleich bei der ersten Betretung zu Arrest bis zu einem Monate zu verurtheilen.

Allg. Strafprozess-Ordnung. §. 114. In der Regel ist jeder Zeuge vor dem Richter zu erscheinen verbunden; doch können Personen, welche durch Krankheit oder Gebrechlichkeit vor Gericht zu erscheinen verhindert sind, in ihrer Wohnung vernommen werden.

§. 182. Verweigert der Beschuldigte überhaupt oder auf bestimmte Fragen zu antworten, oder stellt er sich taub, stumm, wahn- oder blödsinnig, und ist der Untersuchungsrichter in den letzteren Fällen entweder durch seine eigenen Wahrnehmungen, oder durch Vernehmung von Zeugen oder Sachverständigen von der Verstellung überzeugt, so ist — — — — —

§. 221. Weiset der Angeklagte nach, dass er wegen Krankheit — — — — nicht erscheinen kann, so ist — — — — —

§. 248. Eine Vertagung der Schlussverhandlung kann von dem Gerichtshofe in folgenden Fällen beschlossen werden: a) wenn während derselben der Angeklagte in der Art erkrankt, dass er nicht weiter der Verhandlung beiwohnen kann.

§. 319. Wenn jedoch der zu einer Strafe Verurtheilte zur Zeit, wo das Strafurtheil in Vollzug gesetzt werden soll, geisteskrank oder körperlich schwer krank, — — — hat die Vollziehung in der Regel so lange zu unterbleiben, bis dieser Zustand aufgehört hat.

§. 325. Ist nach dem Strafurtheile an dem Verurtheilten eine körperliche Züchtigung zu vollziehen, so ist dieselbe, wenn es ohne Nachtheil für die Gesundheit des Sträflings geschehen kann — — — — —

Bei Erforschung zweifelhafter Krankheiten, gleichgiltig ob dieselbe von einer politischen oder Militär-Behörde, vom Civil- oder Strafgerichte veranlasst wird, handelt es sich für den Gerichtsarzt darum, festzustellen, ob eine von Jemanden vorgegebene oder einer Person von einer andern angeschuldigte Krankheit in der That vorhanden sei, oder ob eine solche bloss fälschlich angegeben, vorgeschützt, simulirt werde.

Wirklich vorhandene und angebliche Krankheiten.

Ist eine (angegebene oder angeschuldigte) Krankheit wirklich vorhanden, so wird mit Zuhilfenahme der mannigfachsten Untersuchungsbehelfe und mit Berücksichtigung der Ergebnisse medizinischer Wissenschaft und einer rationellen Diagnostik die Constatirung des pathologischen Prozesses nicht zu den Schwierigkeiten gehören, und im vorkommenden Falle wird dann der Gerichtsarzt auf Grundlage seines Befundes, z. B. bei schwach-konstituirten Personen, bei Schwangeren, Puerpern, Säugenden, Acut-Kranken, Tuberkulösen, Marastischen, bei Blattern, Steinkranken, mit Hernien oder Vorfällen Behafteten, etc. sich gegen die Verhängung einer Leibesstrafe, in anderen Fällen gegen die Verhaftungsfähigkeit aussprechen.

Auch jene Fälle grober Simulation, wie sie ältere Schriftsteller aufweisen (Erbrechen von Eidechsen, Schlangen, Fröschen, Uriniren von Tinte, blutschwitzende Wunderkranke etc.), werden dem vorurtheilsfreien Gerichtsarzte von heute kein Kopfzerbrechen machen.

Bloss jene Fälle, wo mit einem Aufgebote geistiger Mittel, mit beharrlicher List, gewandter Schlauheit und mehr minder scharfer Combination nicht vorhandene Krankheiten als vorhanden angegeben werden, wo Alles auf den Betrug angelegt ist, und hinter welchen mitunter sogar — Pfaffenlist steckt, können einigermassen Schwierigkeit bieten, und eben in solchen ist es Aufgabe des Gerichtsarztes, den Betrug aufzuklären und aufzudecken.

§. 53.

Simulation.　　Gewisse Krankheiten befreien von beschwerlichen Bedienstungen und lästigen Verpflichtungen, von Leibesstrafen, andere gelten als Entschuldigungs- oder Milderungsgründe bei gesetzwidrigen Handlungen. Schon hieraus wird es einleuchtend, wie mannigfach die meist egoistischen Motive sind, aus welchen Krankheiten simulirt werden. Manchmal, wie bei hysterischen Mädchen und Frauen, ist es lediglich die Sucht, von sich reden zu machen, Aufsehen zu erregen, in katholischen Ländern der Wunsch, bei der Umgebung in den Geruch der Heiligkeit zu gelangen, welcher sie veranlasst, gewisse, zumal an das Gebiet des Wunderbaren streifende Krankheiten vorzuspiegeln.

Es ist nicht leicht möglich, alle jene Umstände erschöpfend aufzuzählen, welche zur Simulirung von Krankheit Anlass geben; doch kommt im gerichtlichen Leben in folgenden Veranlassungen nicht zu selten Simultation vor. Ein junger Mensch, der sich der Wehrpflicht entziehen will; ein Beamter, der beurlaubt oder in den Ruhestand versetzt zu werden wünscht; ein Bettler, der grösseres Mitleiden erwecken, ein Zeuge, der nicht gern vor Gericht erscheinen, ein Angeklagter, der die Verhandlung hinausschieben möchte, simulirt irgend eine Krankheit, ein Gebrechen, ein Siechthum. Ein Mensch, der die Verantwortung für ein Verbrechen von sich abwälzen möchte, stellt sich wahnsinnig; ein Mann, gegen den eine Paternitätsklage anhängig ist, der wegen Nothzucht in Untersuchung gezogen wurde, simulirt Impotenz; eine Frau, die eine Leibesstrafe zu gewärtigen hat, simulirt Schwangerschaft etc. etc.

In solchen und in den aufgezählten analogen Fällen wird für den Gerichtsarzt, sobald es sich um die Untersuchung einer zweifelhaften Krankheit handelt, der Verdacht auf Simulation entstehen, und bei allen hier einschlägigen Untersuchungen wird der Untersuchende schon von vornherein mit der grössten Vorsicht und Behutsamkeit, ja mit einem gewissen Misstrauen zu Werke gehen. Dabei darf jedoch nicht unerwähnt bleiben, dass mitunter durch längere Zeit fortgesetzte Simulation (z. B. von Nervenleiden) wirklich zur Krankheit führt.

§. 54.

Bei der Unzahl von Krankheiten, welche simulirt werden können, ist die Aufstellung einer Norm, welche für die Untersuchung aller Fälle maassgebend wäre, nicht durchführbar; es lässt sich hier nichts Anderes thun, als gewisse leitende Grundsätze aufzustellen, mit welchen man übrigens in den meisten Fällen ausreichen wird.

1. Man gehe, wie gesagt, mit dem grössten Misstrauen an die Untersuchung; liegt es im Interesse des zu Untersuchenden, krank zu erscheinen, so denke man allsogleich an die Möglichkeit einer Simulation; man

Untersuchung und deren Methodik.

trage also jenen Motiven Rechnung, die dem beabsichtig-
ten Betruge zu Grunde liegen, und setze nie jene Verhältnisse ausser Augen, welche die Untersuchung des
Falles veranlassen.

2. Man berücksichtige den Charakter, die Erziehung, die Lebensweise, die individuellen Verhältnisse des
zu Untersuchenden. Einsicht in die Akten wird hier dem
Gerichtsarzte sehr gut zu Statten kommen.

3. Man sehe, ob die vorgebliche Krankheit dem
Alter, dem Geschlechte, der Konstitution des zu Untersuchenden entspricht; ob die Angaben, welche er in Bezug auf Aetiologie und Entstehung, Erscheinungen, Veränderungen und Verlauf seiner Krankheit macht, mit den
Ergebnissen der medizinischen Erfahrung stimmen, oder
auffallende Widersprüche, offenbare Unwahrheiten enthalten.

4. Da man die Angaben des Kranken mit dem grössten Misstrauen in sich aufnehmen muss, und die subjektiven Symptome, die der „Kranke" mittheilt, nicht zu verwerthen sind, so lege man um so grösseres Gewicht auf
den gesammten Apparat einer objektiven, physikalischen
Diagnostik mit allen ihren Behelfen und Hilfsmitteln.
Man berücksichtige dann erst die Krankheitserscheinungen, und sehe, ob dieselben mit dem klinischen Bilde der
Krankheit stimmen, oder ob die letztere bloss stümperhaft
nachgeahmt wird.

5. Die Untersuchung finde wiederholt statt und zu
einer Zeit, wo der zu Untersuchende sie am wenigsten
erwartet, wo sie ihn daher möglicherweise unvorbereitet
trifft. Ganz kurze Zeit, ein, zwei Stunden nach der ersten,
lasse man die zweite Untersuchung folgen, da diese dann
um so überraschender ist. Man beobachte den zu Untersuchenden auch, ohne dass er es merkt, indem man sich
scheinbar mit andern Personen und Dingen beschäftigt.

6. Man begnüge sich nicht mit einer oberflächlichen
Untersuchung; diese sei genau und erstrecke sich über
den ganzen, nöthigenfalls entblössten Körper. Verbandstücke, Pflaster, Salben, Schienen etc. müssen entfernt,
Wunden gereinigt werden, u. s. w.

7. Man stelle den vermuthlichen Simulanten, wo
dies möglich ist, unter strenge, ununterbrochene, verläss-

liche Aufsicht, lasse ihn, ohne dass er es weiss, Tag und
Nacht beobachten; entferne Alles, was möglicherweise
einer Fortsetzung der betrügerischen Simulation Vor-
schub leisten könnte; trachte ihn durch Andere überraschen zu lassen, und setze der List List entgegen. Dem
Geiste und Scharfsinn des Gerichtsarztes bietet sich da
ein weites Feld dar. Verwickelt sich der Simulirende in
Widersprüche, so halte man ihm seine Inconsequenz, seine
abweichenden Antworten auf dieselbe Frage vor, und
mache ihn auf seine Widersprüche aufmerksam.

8. Bei hartnäckigen Individuen nehme man seine
Zuflucht zur Drohung, zu schärferen Mitteln, und unter-
ziehe den „Kranken" schmerzhaften Proben, welche
jedoch keine schwere Beschädigung herbeiführen dürfen.
Anwendung schlecht schmeckender, übelriechender Medi-
kamente, Blasenpflaster, Moxen, Anästhesirung mittelst
Chloroform und andere Hilfsmittel werden mitunter zur
Entlarvung der Simulation führen.

§. 55.

Für den Waffendienst können, wie das von selbst Untersuchung beim Militär.
einleuchtend ist, nur gesunde, kräftige, für ihre Bestimmung vollkommen geeignete Individuen als Rekruten
übernommen werden. Ob diese Eigenschaften vorhanden seien, muss durch die ärztliche Untersuchung der
betreffenden Individuen erhoben werden.

Bei dieser Untersuchung ist darauf Rücksicht zu
nehmen, ob der zu Untersuchende freiwillig beim Militär einzutreten verlange, oder zwangsweise gestellt
werde. Die zwangsweise Gestellten trachten durch Er-
dichtung oder Vergrösserung von Gebrechen sich der
Widmung zum Militär zu entziehen; die Freiwilligen
dagegen durch Verheimlichung oder Verkleinerung vorhandener Gebrechen die Aufnahme in den Militärdienst
zu erschleichen. In beiden Fällen hat der visitirende
Arzt mit grösster Vorsicht zu Werke zu gehen.

Ueber die Visitirung der Rekruten bestehen in allen
Staaten umfassende Instructionen. In denselben finden
sich Vorschriften über die Art und Weise der Untersuchung; es werden darin diejenigen Gebrechen angeführt, welche den Rekruten für jede Militärdienstlei-

stung ganz und für immer untauglich machen, ferner jene, welche weder die geistigen noch die körperlichen Funktionen ganz stören und denselben zwar zum Waffendienste, keineswegs aber zu minderen Militärdiensten unfähig machen, endlich auch jene Gebrechen, welche in kurzer Zeit und ganz sicher geheilt oder doch so vermindert werden könne, dass der Rekrut nach der Heilung entweder für den Waffendienst als Combattant oder für eine mindere Dienstleistung die Tauglichkeit erhält.

Da diese Instructionen jedem zur Assentirung designirten Civil- oder Militärarzte gegenwärtig sein und als Norm gelten müssen, und dieselben auch dienstlich in dessen Kentniss gelangen, glauben wir uns eines weiteren Eingehens auf die Details überheben zu dürfen.

§. 56.
Gesetzliche Bestimmungen.

Allg. bürgl. Gesetzbuch. §. 21. Diejenigen, welche wegen — — Gebrechen des Geistes — — ihre Angelegenheiten selbst zu besorgen unfähig sind, stehen unter dem besonderen Schutze der Gesetze. Dahin gehören: — — — Rasende, Wahnsinnige und Blödsinnige, welche des Gebrauches ihrer Vernunft entweder gänzlich beraubt oder wenigstens unvermögend sind, die Folgen ihrer Handlungen einzusehen.

§. 48. Rasende, Wahnsinnige, Blödsinnige — — sind ausser Stand, einen giltigen Ehevertrag zu errichten.

§. 187. Personen, — — — die ihre Angelegenheiten selbst zu besorgen unfähig sind, gewähren die Gesetze durch einen Vormund oder durch einen Kurator besonderen Schutz.

§. 191. Untauglich zur Vormundschaft überhaupt sind diejenigen, welche wegen Geistesgebrechen ihren eigenen Geschäften nicht vorstehen können.

§. 269. Für Personen, welche ihre Angelegenheiten nicht selbst zu besorgen und ihre Rechte nicht selbst verwahren können, hat das Gericht, wenn die väterliche oder vormundschaftliche Gewalt nicht Platz findet, einen Kurator oder Sachwalter zu bestellen.

§. 270. Dieser Fall tritt ein: — — — bei Volljährigen, die in Wahn- oder Blödsinn verfallen.

§. 273. Für wahn- oder blödsinnig kann nur derjenige gehalten werden, welcher nach genauer Erforschung seines Betragens und nach Einvernehmung der von dem Gerichte ebenfalls dazu verordneten Aerzte gerichtlich dafür erklärt wird.

§. 275. Taubstumme, wenn sie zugleich blödsinnig sind, bleiben beständig unter Vormundschaft.

§. 310. Personen, die den Gebrauch der Vernunft nicht haben, sind an sich unfähig, einen Besitz zu erlangen. Sie werden durch einen Vormund oder Kurator vertreten.

§. 566. Wird bewiesen, dass die Erklärung (Testament) im Zustande der Raserei, des Wahnsinnes, Blödsinnes oder der Trunkenheit geschehen sei, so ist sie ungiltig.

§. 567. Wenn behauptet wird, dass der Erblasser, welcher den Gebrauch des Verstandes verloren hatte, zur Zeit der letzten Anordnung bei voller Besonnenheit gewesen sei; so muss die Behauptung durch Kunstverständige, die den Gemüthszustand des Erblassers genau erforschen, oder durch andere zuverlässige Beweise ausser Zweifel gesetzt werden.

§. 591. Sinnlose — — — können bei letzten Anordnungen nicht Zeugen sein.

§. 865. Wer den Gebrauch der Vernunft nicht hat, ist unfähig, ein Versprechen zu machen oder es anzunehmen.

Allg. Strafgesetz. §. 2. Daher wird die Handlung oder Unterlassung nicht als Verbrechen zugerechnet:

a) wenn der Thäter des Gebrauches der Vernunft gänzlich beraubt ist;

b) wenn die That bei abwechselnder Sinnenverrückung zu der Zeit, da die Verrückung dauerte, oder

c) in einer ohne Absicht auf das Verbrechen zugezogenen Berauschung oder einer anderen Sinnenverwirrung, in welcher der Thäter sich seiner Handlung nicht bewusst war, begangen worden.

§. 152. Wer gegen einen Menschen zwar nicht in der Absicht, ihn zu tödten, aber doch in anderer feindseliger Absicht auf eine solche Art handelt, dass daraus eine — — — Geisteszerrüttung — -- — erfolgte, macht sich des Verbrechens der schweren körperlichen Beschädigung schuldig.

Allg. Strafprozess-Ordnung. §. 95. Entstehen Zweifel darüber, ob der Beschuldigte den Gebrauch seiner Vernunft besitze, oder ob er an einer andern Krankheit des Geistes oder Gemüthes leide, wodurch die Zurechnungsfähigkeit desselben aufgehoben oder vermindert sein könnte, so ist die Untersuchung des Geistes- oder Gemüthszustandes des Beschuldigten in der Regel durch zwei Aerzte zu veranlassen.

Dieselben haben über das Ergebniss ihrer Beobachtungen Bericht zu erstatten, alle auf die Beurtheilung des Geistes- und Gemüthszustandes des Beschuldigten Einfluss nehmenden Thatsachen zusammenzustellen, sie nach ihrer Bedeutung sowohl einzeln als im Zusammenhange zu prüfen, und falls sie eine Seelenstörung als vorhanden betrachten, die Natur der Krankheit, die Art und den Grad derselben zu bestimmen, und sich sowohl nach den Akten als nach ihrer eigenen Beobachtung über den Einfluss auszusprechen, welchen die Krankheit ununterbrochen oder zeitweise auf die Vorstellungen, Triebe, Entschlüsse und Handlungen des Beschuldigten geäussert habe und noch äussere; und ob dieser getrübte Seelenzustand schon zur Zeit der begangenen That und in welchem Maasse bestanden habe.

§. 112. Auch diejenigen Personen sind nicht als Zeugen abzuhören, welche zur Zeit, als sie das Zeugniss ablegen sollen,

126

wegen Leibes- oder Gemüthsbeschaffenheit ausser Stande sind, die Wahrheit anzugeben.

§. 319. Wenn jedoch der zu einer Strafe Verurtheilte zur Zeit, wo das Strafurtheil in Vollzug gesetzt werden soll, geisteskrank — — ist, hat die Vollziehung in der Regel so lange zu unterbleiben, bis dieser Zustand aufgehört hat.

Untersuchung des Geisteszustandes. Der Arzt kann als Sachverständiger sich über den Geisteszustand eines Menschen in dreifacher Hinsicht auszusprechen haben, und zwar wird er von der Polizei befragt: ob eine gewisse Person gemeinschädlich, von der Justizbehörde ob sie rasend, wahn- oder blödsinnig, von den Strafgerichten: ob sie geisteskrank oder geistesgesund sei.

Die umständliche Beantwortung dieser Fragen wäre eine Abhandlung der Psychiatrie in ihrem weitesten Sinne. Wir wollen daher zur möglichst wissenschaftlichen und korrekten Lösung dieser Fragen die Resultate jener Wissenschaft benützen, und in eine nähere Begründung dieser Resultate nur da eingehen, wo es die Wichtigkeit des Gegenstandes nach unserem Dafürhalten erheischt. —

§. 57.

Gemeingefährlichkeit. In Bezug auf die Gemeingefährlichkeit ist eigentlich jeder Geisteskranke ein möglicherweise sich und der Umgebung gefährliches Individuum. — Der Melancholische ist es durch seine psychische Verstimmung, durch die Angstgefühle, die ihn befallen, durch die Wahnvorstellungen und Sinnesdelirien, die er nicht zu berichtigen vermag; der Tobsüchtige ist es durch die Spontaneität seiner Bewegungen, respektive Handlungen; der Wahnsinnige und der Verrückte durch seine Wahnvorstellungen, in deren Sinne er rücksichtslos und unaufhaltsam handelt; der Blödsinnige endlich wird gemeingefährlich durch die Heftigkeit einzelner Triebe und durch die Unmöglichkeit, die Folgen seiner Handlungen zu bemessen. — Jeder Geisteskranke bedarf der Ueberwachung. Von Angstanfällen oder psychischer, schmerzlicher Verstimmung Ergriffene, ferner Tobsüchtige, gewisse Wahnsinnige und Verrückte, endlich alle Jene, die an zu Gewalttthaten auffordernden Sinnesdelirien leiden, bedürfen der Isolirung, müssen mit einem Worte durch einen passenden Aufenthalt unschädlich gemacht werden.

§. 58.

Abgesehen von der Gemeingefährlichkeit eines Gei- Dispositions-
und
Zurechnungsfä-
higkeit.
steskranken kann der Zweck einer ärztlichen Unter-
suchung in Bezug auf psychische Erkrankung nur ein
zweifacher sein. Es kann sich nämlich, wie wir schon
oben gesagt haben, in zivilrechtlicher Hinsicht darum
handeln, ob ein Mensch d i s p o s i t i o n s f ä h i g, oder in straf-
rechtlicher Hinsicht ob er z u r e c h n u n g s f ä h i g sei, i. e.
ob er im ersten Falle in einem solchen geistigen Zustande
sei, sein Vermögen oder das Vermögen Anderer zu verwalten, ein rechtskräftiges Dokument auszufertigen, einen
Eid abzulegen u. s. w.; ob er im zweiten Falle sich zur
Zeit einer gesetzwidrigen Handlung in einem geistigen
Zustande befunden habe, welcher die Freiheit des Handelns ausschliesst oder nicht, ob er geistesgesund oder
geisteskrank war. —

Der Arzt braucht sein Gutachten nur über den psychischen, und soweit letzterer damit zusammenhängt, über
den physischen Gesundheitszustand abzugeben. Im zivil-
rechtlichen Falle hat er sich auszusprechen, ob das Individuum rasend, wahn- oder blödsinnig sei oder nicht, im
strafrechtlichen ob der Thäter des Gebrauches der Vernunft ganz beraubt ist, ob die That während einer Verrückung der Sinne oder in einer, ohne Absicht auf das
Verbrechen zugezogenen Berauschung, oder in einer anderen Sinnenverwirrung, in welcher der Thäter sich seiner Handlungen nicht bewusst war, begangen worden ist.
— Nie braucht aber der Arzt sich über die Dispositions-
oder Zurechnungsfähigkeit des Inkulpaten auszusprechen,
vielmehr muss sein Gutachten derart klar, deutlich und
begründet sein, dass nicht der Arzt, sondern die Thatsache selbst zu antworten scheint, dass der Richter ein
Urtheil über Dispositions- oder Zurechnungsfähigkeit daraus ableiten kann.

Indem wir den Begriff Zurechnungsfähigkeit von der
gerichtlichen M e d i z i n ausschliessen, entfällt auch die
Frage, ob G r a d e der Zurechnungsfähigkeit anzunehmen seien oder nicht. Der Arzt hat sich darüber nicht
auszusprechen; dem Richter bleibt es unbenommen, solche
Grade in jedem einzelnen Falle nach seinem, auf das ärztliche Gutachten gestützten Ermessen anzunehmen. —

§. 59.

Wir geben gerne zu, dass die psychiatrische Terminologie, deren sich bei uns die Gesetzgebung bedient, dem heutigen Standpunkte der Psychiatrie nicht vollkommen entspricht; so gibt es ausser Rasenden, Wahn- und Blödsinnigen noch andere, feiner nuancirte Erkrankungen des Gemüthes, welche nur zwangsweise unter eine der gesetzlichen Rubriken untergebracht werden können und müssen, die aber dennoch die Dispositionsfähigkeit ausschliessen. Die strafrechtlichen Bestimmungen sind zwar weit genug gefasst, um alle darauf bezüglichen Fälle unterbringen zu können, und ist in dieser Beziehung das österreichische Gesetz dem vieler anderer Länder vorzuziehen; doch sind Ausdrücke, wie: der Vernunft ganz beraubt, Sinnesverwirrung, Sinnesverrückung, theils nicht wissenschaftlich, theils nicht hinreichend bezeichnend. — Der Arzt hat sich aber den gesetzlichen Bestimmungen unterzuordnen, die Fragen in ihrem Sinne zu lösen, Arzt und Richter müssen sich in gemeinsamer Arbeit vereinigen, jener sich mit seinem ganzen Wissen dem Verständnisse des Richters zur Verfügung stellen, dieser dem Arzte, im Falle er es bedarf, das Materiale des erhobenen Thatbestandes mit Bereitwilligkeit liefern. —

In zivilrechtlicher Beziehung sollten wir nun vielleicht die Grundsätze angeben, nach denen man in Einzelfalle sein Gutachten auf Wahnsinn oder Blödsinn zu stellen habe. Wir weisen ein solches Ansinnen entschieden zurück, der beurtheilende Arzt muss hier nach seinem Ermessen handeln; im Allgemeinen wird man gezwungen sein, jene Formen psychischer Erkrankung, die mit Wahnideen einhergehen, als Wahnsinn, jene, in welchen die Kranken vermöge ihres gedrückten, geschwächten oder hastig sich überstürzenden Geisteszustandes ausser Stand sind, die Folgen ihrer Handlungen einzusehen, für Blödsinn zu erklären. — In der Voraussetzung, dass nur solche Aerzte als Sachverständige beizuziehen sind, welche die nöthigen psychiatrischen Kenntnisse haben, brauchen wir uns über das Untersuchungs-Verfahren nicht weiter einzulassen; überdies bildet das Verfahren bei zivilgerichtlichen Untersuchungen nur einen, und zwar den leichteren Theil der Begutachtung.

§. 60.

Der Arzt muss, um den Anforderungen des Gerichts Genüge zu leisten, vor Allem das geistige und leibliche Leben des Exploranden durchforschen, um bestimmen zu können, ob derselbe in der fraglichen Zeit geisteskrank oder nicht gewesen sei.

Er muss sein so gewonnenes Urtheil dem Richter fasslich und verständlich darstellen.

Er muss seine Gründe aus der Physiologie und Pathologie der psychischen Lebenserscheinungen schöpfen, daher mit der Wissenschaft, die von diesen Erscheinungen handelt, nicht nur theoretisch, sondern auch praktisch vertraut sein.

Der mit Geisteskrankheiten vertraute und praktisch geübte Arzt wird zwar auch, aber jedenfalls weit seltener als der ungeübte, auf zweifelhafte Fälle von schwieriger Entscheidung stossen, wo die Physiologie und Pathologie der psychischen Vorgänge ihm keine hinreichende Stütze zur Motivirung eines Gutachtens abgibt, und er sich auf jenem rein psychologischen Felde wird bewegen müssen, welches auch der Richter für sich mit Recht in Anspruch nimmt, und auf welchem der Arzt allenfalls nur eine grössere Erfahrung oder eine richtigere Einsicht haben dürfte, namentlich wenn es sich darum handelt, die Eigenthümlichkeiten eines geisteskranken Thäters vor, während und nach der That zur Geltung zu bringen — Eigenthümlichkeiten, die oft von entscheidender Wichtigkeit für die Beurtheilung sein können.

In psychologischer Hinsicht hat Casper folgende Momente angeführt, welche nach seiner Meinung zur wesentlichen Erleichterung bei der Untersuchung auf Geistesstörung dienen können.

1. Die Ermittlung, ob die That isolirt dasteht im geistigen Leben des Thäters, ob sie im Geiste plötzlich entsprang, oder nicht vielmehr das letzte Glied einer langen Kette von sündhaften, verbrecherischen Bestrebungen war.

2. Die Ermittlung des Beweggrundes zur That (causa facinoris). Wo nämlich ein Motiv zur That im concreten Falle sich ermitteln lässt, wo dieses Motiv mit der Gesin-

nungsweise des Thäters übereinstimmt, da hält C a s p e r
es für eines der sichersten Kennzeichen der Zurechnungsfähigkeit des Thäters zur Zeit der That und umgekehrt.
— Wenn nun C a s p e r auch hinzufügt: es verstehe sich
von selbst, dass die Causa facinoris an sich nicht auf einer
Wahnvorstellung beruhen muss, so ist doch immer noch
auf die Gefahr aufmerksam zu machen, dass es oft sehr
schwierig ist, die Wahnvorstellung nachzuweisen, namentlich wenn sie zu einer That führt, die durch heftige Leidenschaft motivirt s c h e i n t.

3. Die Ermittlung, ob der Thäter bei der angeschuldigten That planmässig verfuhr oder nicht. —

Dies Moment hat nach C a s p e r's eigenem Geständ-
nisse wenig diagnostischen Werth. Der Gerichtsarzt muss
höchstens wissen, dass und in welchen Formen psychischer Erkrankung planmässige und planlose Gewaltthaten
verübt werden. —

Die Planlosigkeit, insoferne sie auf Geistesverwirrung hindeutet, ist dann allerdings ein Merkmal der
psychischen Störung, die Zweckmässigkeit eines Planes
schliesst aber nie die psychische Störung aus; denn man
sieht Geisteskranke mit Beharrlichkeit, Consequenz und
Schlauheit den Plan zu Gewaltthaten entwerfen und sie
ausführen. Wir erinnern nur an jenen Fall C a s p e r's,
wo der Möbelhändler Johann Grieser im Schwermuths-
wahn einen sonst von ihm geliebten jungen Menschen umzubringen beschlossen hatte, und zu diesem Behufe vor
der Ankunft seines Opfers im Holzkeller, wo sie zusammen hinzugehen pflegten, Dominosteine auf den Boden
ausgestreut hatte in der Voraussicht, dass der Knabe sich
danach bücken würde. — So geschah es denn auch, und
in dem Momente, als der Knabe sich nach den Steinen
bückte, erschlug ihn Grieser mit einem Beile.

Es geht schon aus diesem Beispiele hervor, wie irrthümlich es ist, auf die erwiesene Prämeditation der That
gestützt, Geisteskrankheit ausschliessen zu wollen. —

4. Die Ermittlung, ob der Angeschuldigte Anstalten
getroffen hat, sich der Strafe für seine That zu entziehen,
ob diese Anstalten v o r oder n a c h der That getroffen
wurden. Wir haben diesen Punkt der Genauigkeit hal-
ber nur kurz angeführt, der Gerichtsarzt mag ihn im be-

treffenden Falle in Erwägung ziehen. Wir vermögen nicht, ihm irgend ein Gewicht beizulegen. —

Viel wichtiger wird es sein, den Zustand des Thäters n a c h der That möglichst genau zu eruiren. — Wir werden darauf später zurückkommen.

5. Ebenso ist die R e u e , wie C a s p e r es trefflich nachweist, ein ganz werthloses, diagnostisches Hilfsmittel. Viele Verbrecher bereuen ihre That nicht, und verhalten sich in diesem Falle wie viele Geisteskranke. Viele Geisteskranke, wenn namentlich der Antrieb zur That mit dieser selbst erloschen ist, bereuen diese That um so aufrichtiger, als ihr Gemüth und ihr Charakter nicht durch schlechte Grundsätze verdorben sind.

6. Ganz unzuverlässig ist auch die E r i n n e r u n g des Angeschuldigten an die die That begleitenden Umstände. Weit wichtiger und schon mehr oder ganz in den Bereich des Arztes fallend ist der I n t e l l i g e n z - z u s t a n d des Angeklagten und die H a l l u c i n a t i o - n e n , namentlich des Gehörs. Der Arzt hat den Intelligenzgrad, die Schwäche des Verstandes, den Blödsinn u. s. w. nachzuweisen, die damit verbundenen Gemüths- und Charaktereigenthümlichkeiten anzugeben, namentlich in so weit sie mit der That zusammenhängen. — Er hat dem Richter wie immer das sorgfältigst zusammengetragene Material zu einem gerechten Urtheile zu liefern.

§. 61.

In Bezug auf die Gehörshallucinationen, die wir vor Hallucinationen. der Hand hier vorzüglich in Betracht ziehen, bedingen dieselben an und für sich noch keine Geisteskrankheit. Erst mit dem Glauben an die Wirklichkeit der gehörten Stimme, mit der Unfähigkeit das falsche Urtheil zu berichtigen, die Täuschung zu kontrolliren, hat die Hallucination den Charakter einer Geistesstörung; nur beim Geisteskranken tritt sie in dieser Weise auf, nur dann schreitet er von Stimmen getrieben zu Gewaltthaten. — Dann aber entspricht die Hallucination der Form seines Irrseins, und kann mit diesem in entschiedenen Zusammenhang gebracht werden.

Sinnestäuschungen sind im Schlafe häufig und kommen daher bei Schlaftrunkenen vor, aber der Schlaftrunkene ist so wenig wie der Geisteskranke im Stande, sie von der Wirklichkeit zu unterscheiden. — Dahin gehört der oft und auch von Casper zitirte Fall des Holzschlägers Schidmaidzig, der sein geliebtes Weib in der Schlaftrunkenheit erschlägt, weil er sie für ein weisses Gespenst hält, das auf ihn zuschreiten will.

Nur in den hier angedeuteten Fällen kann von einer vom Standpunkte der Sinnestäuschung verübten gesetzwidrigen Handlung die Rede sein.

In allen übrigen Fällen ist der angebliche Zuruf: „Du musst es thun!" eben nichts Anderes, als., wie Casper sagt, „die eigene Stimme des bösen Prinzips in der Brust des Thäters".

§. 62.

Angeborene und erworbene Seelenstörung; plötzliche Sinnesverwirrung.

Die bisher angeführten Momente verdienen immerhin erwogen zu werden; allein zum sicheren Urtheile über einen fraglichen Gemüths- und Geisteszustand ist die gründliche Kenntniss der psycho-pathologischen Erscheinungen unumgänglich nöthig. Aus ihrem Vorhandensein oder Fehlen zur Zeit einer That wird das forensische ärztliche Gutachten allein mit überzeugender Klarheit hervorgehen können.

Alle Seelenstörungen, welche dem Richter die Dispositions- oder Zurechnungsfähigkeit einer Person zweifelhaft machen können, sind entweder erworbene, d. h. solche, welche den bereits psychisch-normal entwickelten Menschen befallen, oder angeborene, d. h. solche, die sich als das Ergebniss eines krankhaften organischen Gehirnzustandes darstellen, sei es, dass er sich schon während des intrauterinen oder in den ersten Lebensjahren des extrauterinen Lebens gebildet habe, und mit dem Charakter des Defektes der Seelenthätigkeit einhergeht. (Infirmitas congenita — Imbecillitas.)

Die erworbenen Seelenstörungen, die eigentlichen Gemüths- und Geisteskrankheiten, zeigen ihrerseits wieder ein doppeltes Verhalten. Sie entwickeln sich in der bei weitem grössten Mehrzahl langsam, allmälig, zeigen eine gewisse Gruppirung und Reihenfolge in ihren Erscheinungen, und haben einen mehr weniger langsamen Verlauf; andere Male aber treten sie ent-

weder wirklich oder aber nur scheinbar plötzlich auf,
im ersteren Falle natürlich ohne durch einen allgemeinen Prozess eingeleitet worden zu sein, und können
nun von einer gewöhnlich verlaufenden Seelenstörung
gefolgt sein, oder plötzlich und vollkommen wieder verschwinden. Auch bei übermässig heftigem Affekte kann
ein solcher Zustand plötzlicher Tobsucht eintreten. Diesen plötzlich auftretenden oder auch nur plötzlich in
dieser Heftigkeit zu Tage tretenden psychischen Zuständen sind folgende Namen vindicirt worden: Mania
subita acutissima, Mania occulta oder Raptus melancholicus, Mania transitoria, Mania a potu, Manie instinctive der Franzosen.

Wir werden diese Benennungen und was darunter
verstanden worden ist und verstanden werden soll, später besprechen.

Im österr. allgem. Strafgesetzbuche bezeichnet man
diese Fälle als plötzliche Sinnenverwirrung.
Sinnenverwirrung ist der allgemeine Ausdruck jenes
Zustandes, wo sich der Thäter seiner Handlungen nicht
bewusst ist. — Ihre Beurtheilung bietet zuweilen grosse
Schwierigkeiten, auf die wir aufmerksam machen werden.

Die erworbenen psychischen Störungen der eben
angeführten ersten Reihe lassen sich in fünf grosse
Gruppen: Melancholie, Tobsucht, Wahnsinn, Verrücktheit und Blödsinn, theilen.

In jeder Gruppe können die bezüglichen Kranken
vom Standpunkte ihres psychischen Zustandes Gewaltthaten, gesetzwidrige Handlungen verüben.

§. 63.

Der Grundzug der Melancholie besteht in einer Melancholie,
Amentia occulta
spontanen (d. h. von einem krankhaften Gehirnzustande
abhängigen) schmerzlichen Verstimmung mit
vermindertem Selbstgefühle; in diesem Zustande kann
der Melancholische mehr weniger lange verharren, in
der Regel treten aber bald Angstanfälle geringeren
oder höheren Grades, und Wahnvorstellungen so
wie Sinnesdelirien, die der schmerzlichen Verstimmung entsprechen, auf.

Der Melancholiker verübt Gewaltthaten gegen sich
(Selbstverletzungen, Selbstmord), gegen Andere, ja selbst
gegen leblose Gegenstände (z. B. Brandstiftungen). —
Er verübt sie entweder aus schmerzlicher Verstimmung,
um dieser durch eine Gewaltthat zu entgehen; während
eines Angstanfalles, um sich des oft grässlichen Angst-
gefühles um jeden Preis zu entledigen; oder er verübt
sie, indem er im Sinne seiner Wahnvorstellungen und
seiner Sinnesdelirien handelt. — Die melancholische
schmerzliche Verstimmung kann einen hohen Grad erreichen, ohne dass es zu Wahnvorstellungen kommt;
man hat diese Form der Schwermuth daher auch Me-
lancholia sine delirio genannt; solche Kranke werden
oft noch für psychisch gesund gehalten. Wenn sie eine
Gewaltthat begehen, so s c h e i n t damit erst die Krankheit plötzlich ausgebrochen, auch ist nicht zu übersehen,
dass Schwermüthige ihre Empfindungen, ja oft auch
Wahnvorstellungen vor der Aussenwelt kunstvoll zu verbergen wissen, bis sie zur That, zur Gewaltthat schreiten. Die oberflächliche Beobachtung hat für solche Fälle
eine Amentia occulta aufgestellt. Bei eingehender Beobachtung wird man von einer so ganz unwissenschaft-
lichen, willkührlichen, für die forensische Praxis gefährlichen Bezeichnung immer Umgang nehmen können. —
Gewaltthaten, die während eines melancholischen Angstanfalles verübt werden, hat man auch Raptus melancholicus genannt. Diese Angstanfälle schliessen die grösste
Gefahr in sich für den Kranken wie für seine Umgebung. Ueberfällt ihn eine solche Angst, so gewährt
ihm die That eine um so schnellere und vollständi-
gere Erleichterung, je grässlicher sie ist, je mehr sie ihn
erschüttert. (S p i e l m a n n Geisteskrkh. 407.) Man hat
einen solchen Raptus melancholicus auch Mania brevis
genannt und als Tobsucht betrachtet. — Beruhen die
Gewaltthaten auf Wahnvorstellungen oder Sinnesdelirien,
so sind diese nachzuweisen und zu erforschen.

Aber selbst n a c h der That bietet der Schwermüthige beachtenswerthe Erscheinungen dar. Hat er sie
aus Anlass schmerzlicher Verstimmung vollzogen, so
fühlt er sich zwar nach wie vor verstimmt, doch in
geringerem Grade, und ist daher auf einige Zeit auch

ruhiger geworden; war die That das Erzeugniss eines
Angstanfalles, so fühlt er sich von der Angst befreit,
ja er kann sich auf einige Zeit gesund und wohl fühlen, oder an die Stelle der Angst tritt das Gefühl der
Reue, des tiefsten Schmerzes über das Geschene; er
legt ein rückhaltloses Geständniss ab.

Waren endlich Wahnideen und Sinnesdelirien die
Ursache der That, so werden diese nicht in ihrem Fortbestehen oder in der Fortentwicklung behindert, es erfolgt
kein Nachlass derselben; sie bleiben der ärztlichen Untersuchung ungeschmälert zugänglich.

§. 64.

Anders verhalten sich die Erscheinungen in der Tobsucht.
Tobsucht, anders verhält sich der Thäter, sowie überhaupt die That aus ganz anderen Motiven entspringt. —

Wir folgen in den Ansichten über die Tobsucht
der schon erwähnten trefflichen Arbeit Spielmann's.

Der Grundcharakter der Tobsucht besteht in einer
Reihe spontaner d. h. solcher Bewegungen, die weder
aus Gefühlen noch aus Vorstellungen hervorgehen. Diese
spontanen Bewegungen treten in Form gewollter Bewegungen auf, und sind von allgemeiner psychischer
Aufregung begleitet (Mania acuta). Die Stimmung, die
Wahnvorstellungen und die Sinnesdelirien sind in dem
Maasse heftiger, als die Heftigkeit des spontanen Be-
wegens bedeutender ist.

Die allgemeine psychische Aufregung kann aber
auch fehlen, und nur das spontane Bewegen unter der
Form eines gewollten auftreten.

Man kommt auf diese Weise zur Annahme einer
Tobsucht mit und einer ohne Aufregung. Die Aufregung
selbst ist einem steten Wechsel von Mehr und Minder
unterworfen. —

Die Erscheinungen der Tobsucht sind als bekannt
vorauszusetzen. — Die Tobsucht mit Aufregung wird
als solche leicht zu erkennen sein mit Ausnahme der
transitorischen Tobsucht (Mania acutissima), über
welche wir noch sprechen werden.

Die Tobsucht ohne Aufregung, wenn sie als Trieb
auftritt, namentlich wenn sie sich auf einzelne gesetz-

widrige Handlungen erstreckt (die hier vorzugsweise in Betracht kommen), ist schon von schwierigerer Beurtheilung.

Die Gewaltthaten der Tobsüchtigen gehen hervor entweder aus einem unabweislichen, heftigen Bewegungsdrange, wobei es zu den bekannten psychischen Störungen kommt, zu Sinnestäuschungen und Delirien mit Ideenflucht u. s. w., oder aus Sinnesdelirien und Wahnvorstellungen, endlich aus krankhaften Trieben.

In der Mania acutissima werden Gewaltthaten aus einfachem Bewegungsdrange verübt. — In diesen allerdings seltenen Fällen kann die Tobsucht bei einem psychisch bis dahin gesunden Menschen ganz plötzlich ausbrechen, und erschöpft sich in diesem einzigen Anfalle, mit dessen Ende auch die geistige Störung aufgehört hat (Mania acuta — transitoria). Diese akute Tobsucht hat man am häufigsten in der Schlaftrunkenheit (S. Jessen, Versuch einer wissenschaftlichen Begründung der Psychologie, Berlin 1850, p. 670—691) unter dem gleichzeitigen Einflusse heftiger Affekte und geistiger Getränke, und während des Gebäraktes beobachtet. — Wenn Casper sagt: diese akute Manie bricht auf Veranlassungen aus, die als solche von der Erfahrung genau bezeichnet sind, und später hinzufügt, dass vorübergehend durch körperliche Zustände, wie Schlaf, Darmreiz, Gebärakt, Sonnenstich und andere, plötzlich eine Gehirnreizung mit maniakalischen Symptomen entstehen kann, die mit Beseitigung der Ursachen wieder schwindet, so liegt darin ein doppelter Irrthum, und wird diese Meinung forensisch nur in einigen Fällen zu verwerthen sein. Die Erfahrung kann wohl einige wenige Veranlassungen, welche plötzlich Tobsuchtsausbrüche erzeugt haben, angeben; doch selbst diese müssen nicht, sondern können sie nur erzeugen; es ist auch anzunehmen, dass, wenn Casper diese Ursachen genau anzugeben vermöchte, er es im Interesse der Wissenschaft gethan hätte, und nicht mit dem Wörtchen „und andere" darüber hinweggegangen wäre. Ebensowenig ist bei einem so schnell ablaufenden Tobsuchtsanfalle zu glauben, dass immer die Beseitigung des Anfalles der vermeintlichen Ursache zuzuschreiben sei!

Die abnormen Gehirnzustände sind noch in vielfaches Dunkel gehüllt, unsere Einsicht in dieselben ist noch zu wenig klar und präcis, um derartige Erscheinungen erklären zu können. Man braucht sich nicht zu scheuen, die Unvollkommenheit unseres Wissens offen zu gestehen. Wir sind wohl überzeugt, dass Vieles zur Mania acutissima transitoria gezählt worden ist, was theils zur Melancholie, theils zur gewöhnlichen Form der Tobsucht, theils zur Zornwuth gehört, wir vermögen aber deshalb die Thatsache nicht zu läugnen, dass es eine sehr akut auftretende, mit der Vollziehung einer Gewaltthat wieder und oft auf immer verschwindende Tobsucht gebe. Wodurch sich eine solche Handlung von der im Raptus melancholichus begangenen unterscheidet, ergibt sich bei einiger Aufmerksamkeit aus dem, was bei der Melancholie hervorgehoben wurde.

Ob in der Annahme einer Mania transitoria, wie Casper meint, eine Gefahr liege, weil man auch den leidenschaftlichen Wuthausbruch eines vor wie nach der That geistesgesunden Menschen auf Rechnung einer die Zurechnung ausschiessenden Mania transitoria schreiben könnte, geht uns hier gar nichts an. — Wir geben gern zu, dass es selten Fälle geben mag, die vom ärztlichen Standpunkte nicht zu entscheiden sind, und zwar weil in der Regel der fragliche Zustand ein bereits vorübergegangener, der ärztlichen Untersuchung nicht mehr zugänglicher ist, weil oft die somatischen Störungen, sofern sie das Gehirn betreffen, durch kein Mittel mit irgend welcher Sicherheit nachgewiesen werden können, oder bereits faktisch schon ganz geschwunden sind, weil der Zusammenhang zwischen nachweisbaren Störungen anderer Organe und dem bezüglichen Gehirnzustande wohl vermuthet, aber nur in einzelnen Fällen festgestellt werden kann. Man ist somit nur noch auf die Ursachen und die psychischen Erscheinungen angewiesen. — Die Ursachen können aber oft nicht zu ermitteln sein, wie z. B. wenn eine idiopathische, vorübergehende Gehirnerkrankung den Tobsuchtsanfall erzeugt hat, oder die selbst nachweisbaren Ursachen sind zweifelhaft in Bezug auf ihre Wirksamkeit. — In solcher Lage, wir gestehen es offen, werden nur jene Momente

die richtige Beurtheilung der That möglich machen,
deren sich der Richter ebenso gut wie der Arzt, ja
gewiss mit mehr Sachkenntniss zu bedienen pflegt, mit
einem Worte, nicht das Gutachten eines sachverständigen Arztes, sondern die psychologische Deutung des
Falles wird entscheiden müssen. Der Arzt wird sich
darauf beschränken, die Erfahrungen der Wissenschaft,
die sich auf den fraglichen Fall beziehen, dem Richter mitzutheilen, und Alles aus eigener Beobachtung zusammenzustellen, was den speziellen Fall zu beleuchten
im Stande ist.

Die Schwierigkeit einer solchen Untersuchung wird
uns aber nie vermögen, dem Schlusssatze Casper's
beizustimmen, welcher ausruft: „Es gibt also keine
Species von Tobsucht, keine sogenannte Mania transitoria. Diese unwissenschaftliche, gefährliche Bezeichnung
darf in der Praxis gar nicht gebraucht werden."

Dass es eine Tobsucht gibt, welche gesunde Individuen plötzlich befällt und schnell vorübergeht, gesteht Casper selbst zu; woher nun dieses Eifern gegen
die ganz richtige und einfache Bezeichnung Mania acutissima, transitoria?

Oder soll man eine Thatsache läugnen, weil man
damit Missbrauch treiben, sie allenfalls zur Beschöni-
gung eines Verbrechens benützen kann? Diese Frage
bedarf keiner weiteren Beantwortung.

Was das Benehmen solcher Tobsüchtigen nach der
That anbelangt, so ist in der Mania acutissima die
Tobsucht nach wenigen Stunden beendet, der Kranke
ist sich seiner That nicht im mindesten bewusst, er
erwacht wie aus einem Traume.

§. 65.

Krankhafte Triebe.
Gewaltthaten aus Bewegungsdrang, die während einer
Tage und Wochen anhaltenden Tobsucht mit Aufregung
begangen werden, sind leicht zu begutachten und bedürfen keiner weiteren Erörterung. Es bleiben daher
nur noch die gesetzwidrigen Handlungen, welche in der
Tobsucht aus krankhaften Trieben begangen werden. Diese Krankheitsform gehört zur instinktiven Monomanie, zur Monomanie instinctive der Fran-

zosen. — Diese letztere Bezeichnung halten wir für
durchaus unpassend, weil wenigstens für uns Deutsche
Instinkt und Trieb nicht synonym sind, und weil wir
auch den Begriff der Monomanie ganz anders auffassen, und darunter höchstens den partiellen Wahnsinn,
den fixen Wahn verstehen. Trieb nennen wir den Zwang,
welchen die Verbindung eines starken Gefühls mit der
entsprechenden Bewegung in dem Bewusstsein ausübt.
Der Name Trieb ist nur auf die Verbindung eines
organischen Gefühls mit Bewegen zu beschränken
(Spielmann). Es gibt natürliche, normale (Selbsterhal-
tungs-, Nahrungstrieb) und krankhafte Triebe. —
Es können natürliche Triebe sich bis zum Abnormen
steigern oder krankhaft pervertirt sein, wie der Geschlechtstrieb, der Nahrungstrieb. — In solchen Fällen
findet der Richter zumeist im Gesetze, in den Bestimmungen über Affekte, Leidenschaften und über mil-
dernde Umstände einen Leitfaden für sein Urtheil. —
Es können aber ganz abnorme Triebe in der Tobsucht
entstehen; unter diesen oben an steht der Zerstörungstrieb, den Spielmann definirt als die Verbindung des obenerwähnten Bewegungsdranges mit dem
organischen Gefühle der Lust am Bewegen und Zerstören. —

Der Zerstörungstrieb ist ein häufiger Begleiter der
Tobsucht, kommt ihr aber nicht ausschliesslich zu. Er
richtet sich gegen Alles, was dem Kranken unterkommt,
gegen leblose Dinge, gegen lebende Wesen, gegen seinen Mitmenschen und wird zur Mordsucht. — Auch
Brandlegung aus Zerstörungstrieb ist vorgekommen.
Jessen sagt in seinem vortrefflichen Buche (die Brandstiftungen in Affekten und Geistesstörungen 1860) von
den Tobsüchtigen, dass sie den bei ihnen so häufigen
Zerstörungstrieb gelegentlich ebensowohl durch Brand-
stiften, wie durch andere Arten zerstörender Handlungen zu befriedigen suchen, und führt einen Fall als Beleg hierfür an.

Dem Zerstörungsdrange geht gewöhnlich eine mehr
weniger andauernde, melancholische Verstimmung voran.
Die Zerstörungswuth bricht dann plötzlich aus, so dass
solche Fälle mit der acuten Tobsucht übereinstimmen;

ja es kann, wie dort, der Anfall mit der Verübung der
Gewaltthat sein Ende erreichen.

Von den krankhaften Trieben Tobsüchtiger ist auch
der Stehltrieb erwähnenswerth. Man beobachtet ihn
zuweilen bei Epileptischen. Zerstörungssucht und andere
Erscheinungen der Tobsucht können sich zum Stehltrieb gesellen. Die Stehlsucht tritt periodisch anfalls-
weise auf. — Guislain hat sie bei einer Dame, die
jedes Mal, wenn sie schwanger war, Diebstähle
beging, beobachtet.

Die Beurtheilung der Stehlsucht kann zuweilen
schwierig sein, doch dürften folgende Merkmale zur
Richtschnur dienen: Die Kranken stehlen oft ohne Unterschied des Gegenstandes, sie stehlen nicht des Vor-
theils, sondern der Befriedigung ihres Triebes willen,
sie stehlen ihre eigenen Sachen; sie geben das Gestoh-
lene freiwillig zurück, wenn sie nicht aus Scham den
Gegenstand verbergen, sie stehlen mit Rücksichtslosigkeit, mit Gefahr ihres Lebens ganz werthlose Dinge.

Die Gründe, welche Casper anführt um den Stehltrieb als krankhaften Trieb, als spontane, von dunklem
Vorstellen begleitete Bewegung, die nur die Form einer
gewollten hat, zu läugnen, und ihn immer nur aus physiologischen Ursachen zu erklären, sind nicht beweis-
kräftig gegen die vielen Thatsachen, welche glaubwür-
dige Schriftsteller bekannt gemacht haben. — Der bemessene Raum für unsere Darstellung gestattet uns keine
eingehendere Erörterung dieses Gegenstandes.

Die Angriffe Casper's gegen die Theorie der
krankhaften Triebe können wir nicht auf unsere Anschauung derselben beziehen, indem wir letzteren einen
bestimmten, von der Natur der Beobachtung gebotenen
Begriff zu Grunde gelegt haben, und in erster Instanz
immer auf die Tobsucht, in zweiter auf die während
ihres Bestehens oder Auftretens sie begleitenden Triebe
unser Augenmerk gerichtet haben. —

Wir haben uns daher auch gehütet, den Brandstiftungstrieb und den Trieb, einen Mord zu begehen, die
Mordmonomanie (monomanie homicide) in die Kategorie der oben erwähnten Triebe unbedingt aufzunehmen,
obwohl wir angedeutet haben, dass die Brandlegung

wie die Mordthat aus dem bei Tobsüchtigen so häufig
vorkommenden Zerstörungstriebe hervorgehen könne.
Durch die eingehenden Arbeiten und Beobachtungen eines Flemming, Meyr, Brefeld, Richter,
Casper und Jessen ist die frühere Ansicht vom
Brandstiftungstriebe, von der Pyromanie, als einer
selbstständigen Störung bereits vollständig widerlegt worden. Die Brandlegung, wenn sie nicht aus Muthwille
oder in böser Absicht, mit einem Worte aus physiologisch-
psychologischen Gründen vollzogen wird, kann von den
Geisteskranken jedweder von uns aufgestellten Haupt-
form unternommen werden.
Die That kann erfolgen aus schmerzlicher
Verstimmung, man wird sie in diesem Falle mittelst
genauer Erhebung und Selbstbeobachtung nachweisen
können. — Bei unentwickelten, geistig und körperlich
unreifen Individuen kann eine verhältnissmässig geringe
melancholische Verstimmung die Ursache zur
That abgeben, umsomehr als dem schmerzlichen Affekte
keine gegliederte, festgeschlossene Vorstellungsreihe
entgegentritt, (aus eben diesem Grunde wird auch der
Selbstmord bei solchen Personen nicht selten beobachtet); andererseits die Brandlegung auf eine leichte
heimliche Weise bewerkstelliget werden kann. Darin
mag überhaupt der Grund ihrer Häufigkeit bei jugendlichen Individuen, namentlich weiblichen Geschlechtes
zu suchen sein. — Ausserdem kann die Brandlegung
aus all' den Motiven, die wir bereits bei den von
Melancholikern verübten Gewaltthaten kennen gelernt
haben, entstehen, und muss daher nach den dort angegebenen Grundsätzen geprüft und beurtheilt werden.
Dasselbe gilt, wenn die Brandstiftung im Verlaufe
der Tobsucht, wenn sie aus Zerstörungssucht vollzogen
wurde. Häufig liegt der Blödsinn der Brandstiftung zu
Grunde, dann gelten die Regeln, die wir in Bezug
auf die Begutachtung Blödsinniger angeben werden. —
Viele Schriftsteller legen auch auf die Feuerschau-
lust, welche Blödsinnige befallen soll, grosses Gewicht. —
Wer sich näher über die Brandstiftungen in
Affekten- nnd Geistesstörungen unterrichten will, wird

mit grossem Nutzen das öfter citirte Werk von Dr. W. Jessen lesen, in welchem fast alle bis jetzt bekannt gewordenen Fällen niedergelegt und erläutert sind.

Nicht anders als mit dem Brandstiftungstrieb verhält es sich mit dem Mordtriebe. Die Thatsache, dass Menschen in anscheinend ganz räthselhaftem Gemüthszustande die blutigsten Thaten vollführten, hat zu der Annahme eines krankhaften Triebes zu morden und Blut zu vergiessen geführt, und die französischen Irrenärzte haben daraus mit gewohnter Leichtfertigkeit und unläugbarem Geschicke eine eigene Species von Geistesstörung gemacht. — Betrachtet man diese Species genau, und beleuchtet man sie mit der Fackel der Wissenschaft und der genauen Beobachtung, so ergibt sich Folgendes:

1) Man hat ganz irrigerweise Fälle von offenbaren, nichtswürdigen Verbrechen in die Gattung der Mordsucht eingereiht.

2) Der Trieb zu tödten bestand wirklich, aber als Theilerscheinung einer psychischen Erkrankung. Der Melancholische verübt Mordthaten im Raptus melancholicus, in Folge einer Wahnvorstellung u. s. w.; der Tobsüchtige während der Mania acutissima oder aus Zerstörungstrieb; der Epileptiker wird durch Sinnesdelirien zur plötzlichen Mordthat veranlasst, ja selbst der Blödsinnige kann in einem Tobsuchtsanfalle Mordthaten verüben. In all' diesen Fällen ist die Mordwuth nur ein Symptom der psychischen Störung, und muss auf Grundlage dieser erforscht werden. —

3) Scheint es nach glaubwürdigen Berichten Fälle zu geben, welche Casper die reinen Fälle d. h. solche nennt, „in denen, ohne dass die Individuen an irgend einer Form von Wahnsinn litten oder ohne dass durch irgend ein körperliches Moment eine augenblickliche oder vorübergegangene geistige Störung eingetreten war, ein unerklärliches Etwas, ein instinktiver Trieb zu tödten vorhanden war." —

Zu diesen allerdings seltenen Fällen gehört der von Marc erzählte: M. R., ein ausgezeichneter Chemiker und liebenswürdiger Dichter, von sanftem und geselligem Charakter, meldete sich selbst als Gefangenen in einem Krankenhause des Faubourg St. Antoine. Von dem Antriebe zum Morden gequält, warf er sich oft vor den Altären nieder und flehte Gott um Befreiung von dieser scheusslichen Neigung an, über deren Ursprung er sich niemals Rechenschaft ablegen konnte.

Wenn der Kranke spürte, dass sein Wille auf dem Punkte stand, jenem Antriebe nachzugeben, eilte er zum Vorsteher der Anstalt, und liess sich beide Daumen mit einem Bande zusammenbinden. Dieses schwache Band reichte hin, den unglücklichen R. zu beruhigen, welcher dennoch zuletzt einen meuchelmörderischen Angriff auf seinen Wärter machte, und hierauf in einem Anfalle der heftigsten Wuth starb. —

Ein anderer Fall von Cazauvielh betrifft eine Frau, welche zu Zeiten Gedanken hatte, die sie antrieben, ihre vier Kinder zu tödten. Sie fürchtete eine böse That zu verüben, sie weinte, verzweifelte, hatte Lust sich aus dem Fenster zu stürzen. —

Diese Fälle gehören nach unserem Dafürhalten zur schmerzlichen Verstimmung der Melancholie, zum Angstgefühle der Melancholiker, welches solche Vorstellungen erzeugt und sie nährt. —

Wir kennen einen 22jährigen, kräftigen jungen Kaufmann, der in jeder Beziehung vernünftig spricht, aber unablässlich von dem Antriebe, sich fremden Eigenthums zu bemächtigen, verfolgt ist, er getraut sich kein Kaffee-, kein Gasthaus zu besuchen, weil er fürchtet, die silbernen Löffel zu entwenden; die Angst, diesem Antriebe zu unterliegen, ist so gross, dass der Kranke in die grösste Aufregung beim Anblicke eines werthvollen Gegenstandes verfällt, sein Gesichtsausdruck ist ängstlich, ein gewisses Bangigkeitsgefühl verlässt ihn fast nie, und Selbstmordgedanken, um diesem qualvollen Zustande zu entgehen, sind häufig. —

Solche wie die oben genannten Fälle, gehören, wie wir schon andeuteten, nach unserer Meinung den ersten Stadien der Melancholie an, die eben sich nicht weiter entwickelt, und keine deutlicher ausgesprochenen Wahnideen erzeugt. Sie haben das Eigenthümliche, dass die

gefürchtete That beinahe nie zur Ausführung kommt,
dass es bei der krankhaften Angst, sie begehen zu müssen, bleibt, dass der Geängstigte in sich noch moralische
Kraft genug besitzt, seinem Antriebe, wenn auch mit
grossem Kampfe, zu widerstehen. —
Wir glauben hiermit, das Grund- und Nutzlose einer
Mordmonomanie, eines specifischen Mordtriebes hinreichend erwiesen zu haben.
Aus unserer Darstellung wird sich, hoffen wir, die
Nothwendigkeit von selbst ergeben, jeden einzelnen Fall
nach den angegebenen Grundsätzen zu entwickeln. —

§. 66.

Wahnsinn.   Der Wahnsinn, welcher sich immer erst aus der
Melancholie oder aus der Tobsucht entwickelt, ist ein
Exaltationszustand mit anhaltender Selbstüber-
schätzung und damit zusammenhängenden, mehr weniger fixirten Wahnvorstellungen, welche den Menschen zu
einem ganz anderen machen, als er bis dahin gewesen
ist. — Sinnesdelirien und Sinnestäuschungen kommen
bei Wahnsinnigen häufig vor und befestigen die Wahnvorstellungen. Sind die Delirien, wie dies in der Mehrzahl der Fälle ist, ausgedehnterer Natur, so bietet die
Beurtheilung des Kranken keine Schwierigkeit. Es gibt
zwar Wahnsinnige, die man schwer zu Aeusserungen
ihrer Wahnvorstellungen bringt; doch bei einiger Aus-
dauer und Gewandheit gelingt es schliesslich dennoch.
Je ruhiger der Wahnsinnige ist, je systematischer er
seine Wahnvorstellungen zusammengefügt hat, um so
logischer ist er in der Vertheidigung derselben. — Doch
kann selbst der ruhigste Wahnsinnige in den heftigsten
Affect ausbrechen, sobald man ihm widerspricht, oder
sein krankhaft gesteigertes Selbstgefühl verletzt. In
solchem Affecte kann er sofort zu Gewaltthaten schreiten. Zu bemerken ist, dass der Wahnsinnige mit Selbstbewusstsein (wenn auch mit krankem Selbsbewusstsein)
handelt, und auch Gewaltthaten oder gesetzwidrige Handlungen begeht, um seine Pläne, die auf Wahnvorstellungen beruhen, zu verwirklichen. Er handelt sodann
mit Berechnung und kluger Benützung der ihm zu Gebote stehenden Mittel.

Er handelt nach langer Ueberlegung und Zurecht-
legung, ja mehr, er handelt mit Ueberzeugung, kennt
daher keine Reue, ja freut sich sogar seiner That, die
er ohne Scheu gesteht. — Er begeht daher Gewaltthaten im Affekte seines beleidigten Selbstgefühls oder
aus Wahnvorstellungen.

Es ist bei der Beurtheilung eines Wahnsinnigen
in unserem Sinne gleichgiltig, ob der Kreis seiner Wahnvorstellungen zur Zeit der That ein engerer oder weiterer war. Sobald die Charaktere des Wahnsinns, das
gehobene Selbstgefühl und das an die Stelle der zersetzten Persönlichkeit getretene neue Ich nachweisbar
sind, birgt der Kranke Elemente genug, um seine gesetzwidrigen Handlungen, wenn er welche begeht, aus
krankhaften Motiven abzuleiten.

Was man partiellen Wahnsinn, fixen Wahn genannt
hat, ist eben einfacher Wahnsinn mit einem beschränk-
ten Kreis von Wahnvorstellungen oder gehört der Verrücktheit an, oder ist überhaupt kein krankhafter, sondern höchstens nur ein absonderlicher Zustand. — Im
ersten Falle ist das beim Wahnsinne Gesagte massgebend; partiell Verrückte, bei denen bereits jede Ener-
gie des Wollens und des Affektes geschwunden ist,
schreiten selten zu Gewaltthaten, und wenn auch, immer
in der später anzugebenden Weise; im dritten Falle
endlich liegt gar keine psychische Störung vor; denn
eine fixe Idee genügt noch nicht zur Annahme einer
psychischen Krankheit, welche letztere einen Prozess
darstellt. — Menschen, die einfach e i n e fixe Idee haben,
sind daher auch dispositions- und zurechnungsfähig,
weil sie eben nach unserer Meinung gar nicht psychisch
krank sind; es ist daher auch ganz natürlich, dass sie,
wie Casper sagt „die Berührung ihrer fixen
Idee vertragen", was weder vom Wahnsinnigen, noch
selbst vom Verrückten gesagt werden kann. — Solche
Fälle kommen nicht so selten vor, und sind dann eben
in dem ausgesprochenen Sinne zu beurtheilen.

Die Verrücktheit kann wohl Gewaltthaten veranlassen, doch wird sich ein Zweifel über den Zustand
des Exploranden nicht leicht ergeben. —

§. 67.

Der Blödsinn ist angeboren oder erworben.

Der erworbene Blödsinn ist entweder, und zwar in der Regel, Folgezustand der bisher erwähnten Irrseinformen, oder er entwickelt sich in seltenen Fällen bei einem bis dahin geistesgesunden Individuum. Im ersten Falle wird er sekundärer, im zweiten Falle primärer Blödsinn genannt. — Der primär erworbene Blödsinn trägt beinahe immer sogleich die hochgradigsten Erscheinungen dieser Krankheitsform an sich, und kann daher nicht leicht Gegenstand eines zweifelhaften Geisteszustandes werden.

Der erworbene sekundäre Blödsinn aber kann zuweilen in so mässigem Grade auftreten, dass der Kranke von Denjenigen, die ihn nicht in seinen gesunden Tagen gekannt haben, für genesen angesehen wird, weil sein Gemüth ruhig, seine Gedanken richtig, das Gedächtniss nicht merklich geschwächt ist; doch im Vergleich zu seinem psychischen Werthe vor seiner Erkrankung ist er wesentlich ein anderer, jeder höheren geistigen Thätigkeit unfähiger, auf den Kreis seiner materiellen Bedürfnisse beschränkter Mensch geworden, über dessen Dispositions- und Zurechnungsfähigkeit Zweifel erhoben werden können.

In Betreff der Schwach- und Blödsinnigen kommt überhaupt vorzüglich die Dispositionsfähigkeit, weit seltener die Zurechnungsfähigkeit in Frage. —

Die verschiedenen Grade des Blödsinns, welche früher, namentlich von Henke und Hoffbauer aufgestellt wurden, als Dummheit, Stumpfsinn, Blödsinn, und welche in mehreren Ländern auch von der Rechtswissenschaft in der Gesetzgebung anerkannt wurden, hat man in neuerer Zeit mit Recht allgemein verworfen, und zwar nicht, weil sie in der Natur nicht wirklich vorkämen, sondern weil es nicht leicht möglich ist, sie scharf von einander abzugrenzen. Man begnügt sich daher zu sagen: der Blödsinn sei niederen, mittleren oder hohen Grades. —

Die charakteristischen psychischen Erscheinungen sind sich im angebornen und im erworbenen Blödsinn ähnlich — nur sichert im ersteren zuweilen das psychische Verhalten des Exploranden, die Form und Grösseverhältnisse des Schädels, die Form und Bildungsverhältnisse der Rückenwirbelsäule, im letztern Falle die anamnestische Erhebung die Diagnose. Was in gerichtlich-medizinischer Hinsicht vom erworbenen Blödsinn gilt, hat auch für den angeborenen Geltung.

In den höheren Graden des Blödsinns wird der Arzt leicht, auf unzweideutige psychopathologische Symptome gestützt, sein Gutachten mit Sicherheit abgeben können, aus welchem der Richter die Dispositions- und Zurechnungs-Fähigkeit des betreffenden Individuums ohne Schwierigkeit entnehmen kann. In den geringeren Graden des Blödsinns aber wird der deutliche Beweis hierfür oft sehr schwierig. — So eingehend man auch die Verhältnisse der organischen Entwicklung würdigen möge, bieten sie meistens eine nur dürftige Ausbeute. Wendet man sich an die körperlichen Funktionen, so sieht man sie in grösster Norm vor sich gehen, es bleiben daher nur noch die psychischen Erscheinungen über. — Ihre Würdigung ist aber um so schwieriger, je weniger sicher man den früheren Zustand des Exploranden zu ermitteln vermag, je mehr man auf eine genaue Anamnese verzichten muss. — Ausserdem ist die sogenannte psychologische Auffassung des geistigen Zustandes einer Person keine rein ärztliche, und steht dem Richter so wie jedem anderen vernünftigen Laien in der Medizin zu. — Der Arzt hat es nach unserer Meinung in solchen Fällen auch ausdrücklich zu betonen, dass er in Ermanglung psychopathologischer Zustände sein Gutachten auf psychologische Gründe zu stützen gezwungen ist. — In Bezug auf Dispositionsfähigkeit wird in solchen Fällen nur die Erfahrung und die Beobachtung, wie der Mensch seine Güter verwaltet, wie er seine Geschäfte führt u. s. w. einen Ausspruch gestatten. Dem Richter kann und wird die erwiesene geistige Schwäche niederen Grades einen Grund zur Milderung der Strafe abgeben. —

Gewaltthaten und gesetzwidrige Handlungen können von Blödsinnigen so gut, wie von jedem anderen

Geisteskranken verübt werden. Denn der Charakter
der Schwäche bezieht sich nur in den höchsten Graden
auf alle psychischen Vorgänge, in den weniger hohen
bemerkt man vielmehr, dass wohl die Verrichtungen
des Verstandes und der Vernunft kümmerlicher, das
Gefühlsvermögen aber, die Triebe und einige Affekte
sich in überwiegender, heftiger, ungezügelter Weise
kundgeben. Wo die Gewaltthaten nicht aus übrig-
gebliebenen Wahnvorstellungen hervorgehen, können
sie aus Tücke, Rachsucht, Erzürnbarkeit, gesteigertem
Geschlechtstriebe entstehen. — Tobsüchtige Anfälle und
melancholische Verstimmung kommen bei Blödsinnigen
vor. — Die Gefährdung der Umgebung durch solche
Kranke ist eine bedeutende. Die Beurtheilung weicht
von der für solche Zustände angegebenen in nichts ab.

Indem wir die Charaktere des Blödsinns in seinen
verschiedenen Graden als bekannt voraussetzen, machen
wir schliesslich nur noch auf die Wichtigkeit einer genauen Anamnese, einer genauen Erhebung der Entwicklung, der Gewohnheiten psychischer und physischer
Erscheinungen des Exploranden aufmerksam. Man hat
zwar allmälig die genaue Angabe der verschiedenen
Grade des Blödsinns als unmöglich verworfen, dagegen
aber zu einem anderen, nicht weniger verwerflichen
Auskunftsmittel gegriffen, indem man den Grad des
Blödsinns durch einen Vergleich mit der psychischen
Beschaffenheit von Kindern eines gewissen Lebensalters
zu bestimmen suchte. — Eine solche Bestimmung ist
aber fehlerhaft, weil man dann den Verstand, also
die Geistesfunktion des Blödsinnigen vorzugsweise zur
Gradbestimmung benützt, ohne seiner Gefühlsseite Rechnung zu tragen, und weil man überhaupt irrigerweise
das mittlere Maass der Verstandeskräfte von Kindern
jeden Alters als etwas Bekanntes voraussetzt.

§. 68.

Epilepsie.   Die Epilepsie ist eine Krankheit, welche sehr
häufig psychische Störungen, selbst ausserhalb der Anfälle, in ihrem Gefolge hat. Die Erfahrung lehrt, dass
Epileptische zornmüthig, rachsüchtig, misstrauisch, eifer-
süchtig erscheinen, dass sie bald in Melancholie, ge-

wöhnlich in der dem Anfalle vorausgehenden Zeit, bald
in Tobsucht mit mehr oder weniger Aufregung, häufig
einige Zeit nach dem Anfalle verfallen, dass sie plötzliche
Gewaltthaten in Folge von Hallucinationen verüben,
dass endlich auch der Blödsinn in seinen verschiedenen
Graden auftritt. —

Hält man diese Thatsachen fest, so wird der Gerichtsarzt den Epileptischen in den angedeuteten Richtungen erforschen. Andererseits gibt es Epileptische,
die ihr Vermögen gut verwalten, ihre Geschäfte vorzüglich besorgen, ja die Geschichte nennt Männer, die an
Epilepsie litten, ohne an ihrem Geiste, ihrem Muthe, an
ihrer Charakterstärke beeinträchtigt gewesen zu sein. —
Man erinnere sich nur an Julius Cäsar, Mohamed, Pe-
trarca, Fabianus Colonna. — Die Frage über die Dis-
positions- und Zurechnungsfähigkeit lässt sich daher nicht
im Allgemeinen, sondern immer nur in jedem einzelnen
Falle mit sorgfältiger Prüfung des Kranken lösen. —

Eine auf vielfache Thatsachen gestützte Annahme
ist es aber immerhin, dass die Epileptiker in weit überwiegender Mehrzahl theils psychisch verändert, theils
entschieden geisteskrank sind. — Die Epilepsie gibt, wie
schon Henke behauptet hat, immer Grund zur Vermuthung, dass der davon Befallene geisteskrank sei.
Es müsste daher in forensischer Hinsicht bezüglich eines
Epileptischen die Abwesenheit psychischer Störungen
mit der grössten Sorgfalt nachgewiesen sein, um sie anzunehmen.

Da die Epilepsie eine schwere, selten heilbare und
erbliche Krankheit ist, so sollte Epileptischen nicht gestattet sein, eine Ehe zu schliessen. —

§. 69.

Die gewöhnliche Trunkenheit und Trunkfälligkeit Trunkenheit.
können insoferne kaum als Objekte der gerichtlichen
Medizin angesehen werden, als ihre Erscheinungen und
Wirkungen auf die psychischen Funktionen allgemein
bekannt sind, weshalb auch die Richter sehr häufig ihr
Urtheil ohne Beiziehung eines Gerichtsarztes fällen. In
Oesterreich hat die Frage der Trunkenheit wohl noch
eine wichtige Bedeutung, weil das Gesetz einen Unter-

schied macht zwischen verschuldeter und unverschulde-
ter Trunkenheit. „Die Handlung wird nicht als
Verbrechen zugerechnet in einer ohne Absicht auf das Verbrechen zugezogenen Berauschung.“

Es wird auch in den meisten Fällen mehr Sache
des Richters als des Arztes sein, diese Absicht allenfalls oder ihr Nichtvorhandensein zu ermitteln.

Nur in einem Falle wird der Arzt im Stande
sein, von seinem Standpunkte die Absicht ganz bestimmt in Abrede zu stellen. — Wenn nämlich die
Trunksucht als Symptom einer gewöhnlich periodischen
Geisteskrankheit auftritt. — Die periodischen Säufer,
auch Quartalsäufer genannt, gehören sehr häufig der
periodischen Tobsucht, wenn sie als Trieb auftritt, oder
der allerdings selteneren, periodischen Melancholie an.

Die Behauptung, dass die periodische Trunksucht
(Dipsomanie) allemal eine Folge der habituellen Be-
trunkenheit oder der Trunkfälligkeit sei, ist irrig; ich
habe zwei Damen, welche an Melancholie litten, beobachtet, die niemals geistige Getränke genossen hatten,
und im Verlaufe ihres Leidens periodisch solche Getränke in grosser Quantität, die sie sich durch List
und allerlei Umtriebe zu verschaffen wussten, zu sich
nahmen, und als sie daran behindert wurden, sich mit
Köllner-Wasser berauschten.

§. 70.

Lichte Zwischen-
perioden, lucide
Intervalle.
Wir hätten nun die wesentlichsten Formen der
psychischen Krankheiten, insoweit sie Gegenstand ge-
richtsärztlicher Untersuchung werden können, besprochen. —

Von diesen Formen gibt es aber einige, welche
in Anfällen auftreten, während in der die Anfälle tren-
nenden Zeit der Kranke anscheinend gesund ist. —
Diese Zeitperiode hat man lichte Zwischenperiode,
luciden Intervall genannt. Sie unterscheidet sich
von dem Recivide dadurch, dass vor dem Recivide der
ganze Krankheitsprozess thatsächlich beendet
war, während im sogenannten freien Zwischenraume
nur eine Reihe von Krankheitserscheinungen schwieg,

indess die Krankheit selbst nicht behoben ist. — Geschieht es nun, dass der Kranke in einem solchen luciden Intervall eine gesetzwidrige Handlung begeht, so kann es dem Richter fraglich erscheinen, ob die Handlung dem Thäter zugerechnet werden solle oder nicht. —

Hier tritt uns sogleich eine grosse Schwierigkeit entgegen. Nach den soeben aufgestellten Unterscheidungsmerkmalen zwischen Recidive und lichten Zwischenperioden wirft sich die Frage auf, wann ein Geisteskranker als gründlich geheilt zu betrachten, wann er aufgehört habe, sich bloss in einem luciden Intervall zu befinden. — Dass sich darin schon die erfahrensten Irrenärzte getäuscht haben, wird Niemand in Abrede stellen. — So entliess Burrow's einen jungen Lord, der seit Monaten von seiner Tobsucht geheilt schien, sich auch zu Hause bei seiner Mutter längere Zeit vernünftig betrug, bis er eines Morgens in's Dorf lief, beschmutzt und mit zerrissenen Kleidern wieder zurückkehrte. Als seine Mutter ihm leichte Vorwürfe darüber machte, ergriff er die Zange des Kamins und schlug sie todt! (Casper.)

Es würde uns hier zu weit führen, wollten wir die Kennzeichen angeben, aus denen die vollständige Genesung eines Geisteskranken erschlossen werden kann, man muss sie bei jenen als bekannt voraussetzen, die ein forensisches Gutachen über psychische Zustände abzugeben haben. ′

Ebensowenig wollen wir die Erscheinungen hier aufführen, welche selbst in lichten Zwischenräumen die wohl theilweise ruhende, aber fortbestehende psychische Erkrankung kundgeben. —

Wir müssen uns begnügen, darauf aufmerksam zu machen, dass in solchen Fällen die anfallsfreie Zeit psychische Störungen darbietet, dass diese allerdings oft nur dem Erfahrenen und Aufmerksamen bemerkbar sind, daher leicht übersehen werden. — Diese psychischen Störungen bestehen am häufigsten in melancholischer Verstimmung, ja selbst in geringeren Graden von psychischer Schwäche, von Blödsinn. Wir wissen, dass wiederholte Tobsuchts-, sowie wiederholte epileptische Anfälle schliesslich zum Blödsinn führen. Ist der Blödsinn geringeren Grades, so kann der Kranke für gesund gehalten werden, ohne es zu sein. — Die eben erwähnten Störungen entgehen um so leichter einer nicht hinreichend scharfen Beobachtung, je weiter die Anfälle auseinander liegen, sie sind um so deutlicher, je näher diese aneinander rücken.

Werden die ebengenannten Verhältnisse genau beachtet, so wird mancher Tobsuchtsanfall, den man für Recidive hielt, sich als periodischer Anfall erweisen.

Es wird aber auch dem Arzte der vom Richter verlangte Ausspruch erleichtert, ob die That in einer von Geistesstörung völlig freien Zeit oder während einer solchen Störung verübt wurde.

Am häufigsten tritt die Tobsucht als periodische Störung auf. Sie beginnt mit einem oft nur sehr kurz andauernden Stadium melancholicum und geht nach dem Anfalle wieder in ein solches über. —

Aehnlich verhalten sich die Tobsuchtsanfälle bei Epileptischen.

Zunächst, obwohl sehr selten, wird die Melancholie in periodischen Anfällen beobachtet.

Anfälle von Tobsucht kommen bei Verrückten und Blödsinnigen öfter vor, doch bietet der Geisteszustand in den Zwischenperioden der Beurtheilung des Falles keine weiteren Schwierigkeiten.

§. 71.

Schwangere, Gebärende.

Bekanntlich kommen bei Schwangeren Geistesstörungen vor. Die Gelüste Schwangerer können sie zu verbrecherischen Handlungen treiben. Nur wenn der Arzt nachzuweisen im Stande ist, dass diese Gelüste Symptome einer Geistesstörung sind, wird der Richter auf Unzurechnungsfähigkeit antragen können. Dieser Nachweis muss daher mit grösster Umsicht nach den bereits ausgesprochenen Grundsätzen geliefert werden. Der umsichtige Arzt wird sich vor Simulation zu wahren wissen. —

Was den Gebärakt anbelangt, so sehen wir von den Zuständen, wie Ohnmacht, Schlafsucht, Erschöpfung

der Gebärenden, wodurch der Tod des Kindes herbei-
geführt werden kann, ganz ab, um nur die psychischen
Störungen im Auge zu behalten, welche während der
Geburt vorkommen.

Zahlreiche genaue Beobachtungen haben unbestreit-
bar dargethan, dass die gewaltige Aufregung des Gebäraktes, der Schmerz, die Gemüthsaffekte der Furcht, der
Verzweiflung, ja selbst der Freude, das Bewusstsein nicht
nur stören, trüben und vernichten können, sondern dass
heftige Tobsucht (Mania transitoria acutissima) auftreten kann, welche sich gegen das Leben des Kindes
richtet. Nur diese verlangt Umsicht und Erwägung aller
Umstände zur Beurtheilung. Der Hergang des Gebäraktes, die Todesart des Kindes, der Charakter der
Thäterin, ihr Verhalten und Benehmen nach der That
müssen erwogen werden.

Entwickeln sich länger andauernde geistige Störungen, so bietet die Erhebung des Falles ohnehin keine
besondere Schwierigkeit.

§. 72.

Die S c h l a f t r u n k e n h e i t stellt einen Mittelzustand Schlaftrunkenheit.
zwischen Schlaf und Wachen dar, in welchem ein deutliches Bewusstsein fehlt, und die Freiheit der Selbstbestimmung unmöglich ist. Man weiss, dass in dem
Zustande, der dem Einschlafen vorangeht, oder der das
Erwachen Anfangs begleitet, Sinnestäuschungen sehr
häufig zu Stande kommen.

Man weiss auch wie reale, im Schlafe percipirte
Sinnestäuschungen in ganz verfälschter Weise zum Bewusstsein gelangen, und mit in die Träume hineinver-
webt werden. Die günstigste Bedingung zur Erzeugung
der Schlaftrunkenheit ist, gegeben, wenn ein Mensch
aus einem tiefen Schlafe aufgescheucht wird, sei es
durch schreckhafte Träume oder durch äussere Veranlassungen. — Er ist aber nur halb erwacht, Traumvor-
stellungen umgaukeln noch sein undeutliches Bewusstsein, Sinnestäuschungen spiegeln ihm Dinge vor, die
in Wirklichkeit nicht existiren. Unter solchen Umständen können die gesetzwidrigsten Handlungen begangen
werden (S. C a s p e r l. c. 591). Jedes Handeln in die-

sem Zustande beruht auf einer wirklichen Sinnesverwirrung. — Die Frage der Schlaftrunkenheit kommt in
foro sehr selten vor. — Es wird in solchem Falle neben
der psychologischen Begründung der That noch zu
ermitteln sein, wie der Schlaf des Betreffenden überhaupt beschaffen ist, ob er vor demselben geistige Getränke genossen, und ob er schon ähnliche Zustände
dargeboten habe.

§. 73.

Affekte und Leidenschaften. Die Gemüthsaffekte und Leidenschaften
können in ihren höchsten Graden die psychische Frei-
heit, die freie Willensbestimmung beeinträchtigen und
aufheben. Diese Thatsache erkennt das Gesetz auch
vollständig an. Zwischen Affekt, Leidenschaft und Geisteskrankheit liegt aber eine nicht zu übersehende Kluft.
Der Geisteskranke kann nicht anders handeln, als ein
krankhafter Zustand es ihm vorschreibt; der vom Affekt Ergriffene konnte allenfalls über sich wachen, er
konnte sich der Ueberwältigung widersetzen. —

In wieweit der Einzelfall einen Milderungsgrund
abgebe, wird der Richter am besten ermitteln. —

Das ärztliche Gutachten hat vorzugsweise die körperlichen Störungen, das Temperament, die allgemeine,
auf irgend welchem Leiden beruhende Reizbarkeit, das
Vorhandensein der Epilepsie, Trunkenheit u. s. w., zu
ermitteln.

§. 74.

Simulation gei-stiger Störung. Nicht nur die bisher besprochenen psychischen
Abnormitäten und Erkrankungen können Gegenstand
der gerichtsärztlichen Praxis werden, es kommt nicht
selten auch die Simulation geistiger Störung vor.
Obwohl wir es mit Spielmann (l. c. 518) für unmöglich halten, eine psychische Störung willkührlich,
um zu täuschen, nachzuahmen, so haben es doch schon
viele Verbrecher versucht. Das Gelingen oder Miss-
lingen des Versuchs hängt wesentlich mit der Kenntniss und der Erfahrung des Arztes zusammen, der getäuscht werden soll. — Wir sind überzeugt, dass der
mit Geisteskranken vertraute Arzt nicht hintergangen
werden kann, wollen aber für den weniger erfahrenen

einige wesentliche Anhaltspunkte zur Richtschnur aufstellen.

1) Der Simulant kann kein einheitliches Bild einer
psychischen Krankheit darstellen, es gelingt ihm höchstens, abgerissene, nicht zusammengehörige Symptome
zur Anschauung zu bringen. — Welche Form von Irr-
sein er simuliren wollte, er widerspricht sich; er legt
eine Achtsamkeit in seinen Aeusserungen an den Tag,
die dem Kranken nicht eigen ist.

2) Er besitzt nicht die durchwegs schmerzliche
Verstimmung, das erniedrigte Selbstgefühl, die einer
solchen Stimmung entsprechenden Wahnvorstellungen des Melancholikers. — Er vermag nicht die
körperlichen Störungen, die gesunkene Hauttemperatur,
den meistens verlangsamten Puls, den schwachen Herzschlag u. s. w. an sich zu erzeugen.

Ahmt er die Tobsucht nach, so übertreibt er einerseits einige Erscheinungen, andere fehlen und müssen
fehlen.

Wie vermöchte er die Rücksichtslosigkeit, die Un-
empfindlichkeit, die Unermüdlichkeit, die hartnäckige
Schlaflosigkeit, die im Verhältniss mit der Heftigkeit
der Bewegungen stehende Ideenflucht, den schnellen
Puls, den auf gehobenes Selbstgefühl deutenden, mi-
mischen Ausdruck, die verengten oder ungleichen Pupillen nachzuahmen? Ebensowenig kann er die Verrücktheit oder den Blödsinn darstellen, abgesehen davon,
dass diese Formen sekundäre sind, und in ihrer Entwicklung nachgewiesen werden müssten.

3) Der Simulant hat bei all' seiner Uebertreibung
den Punkt der Freisprechung im Auge, er spielt den
Irren meist nur dann, wenn er beobachtet wird.

4) Während der Geisteskranke jede Zumuthung,
psychisch, ja selbst körperlich krank zu sein, nicht
selten mit Entrüstung zurückweist, kann der Simulant
nicht oft genug auf die Wirrheit in seinem Kopfe
zurückkommen.

5) Die Geisteskrankheit des Simulanten beginnt
immer erst nach der That oder mit der gerichtlichen
Untersuchung.

6) Endlich entspricht die That nicht dem Charakter der simulirten Geistesstörung.

Man vergesse bei All' dem aber nicht, dass eine Anfangs simulirte Geistesstörung in wirkliche übergehen könne. —

§. 75.

Schlusswort. Wir haben schon früher darauf aufmerksam gemacht, dass der Gerichtsarzt von der Justizbehörde befragt werden kann, ob ein Individuum rasend, wahn- oder blödsinnig, d. h. ob es im Sinne des Gesetzes dispositionsfähig sei oder ob es psychisch krank oder gesund d. h. ob es zurechnungsfähig sei oder nicht. — Ist auch die Terminologie des Gesetzes im ersten Falle ungenügend, so wird sich der Arzt derselben ohne Schwierigkeit adaptiren können.

Im zweiten Falle ist das österreichische Gesetz so umfassend, hat mit solcher Gewissenhaftigkeit alle psychischen Störungen in allgemeinen Ausdrücken berücksichtiget, die möglicherweise freie Selbstbestimmung aufheben können, dass der Gerichtsarzt, wenn er nur seiner Sache sicher ist, für jede Form und jeden Fall die gesetzliche Bestimmung leicht auffinden wird.

Was die Untersuchung des Exploranden anbelangt, so kann sie nur von solchen Aerzten mit Erfolg und Einsicht gepflogen werden, welche nebst den unumgänglichen psychiatrischen und medizinischen Kenntnissen, Scharfsinn, Menschenkenntniss, Lebenserfahrung, einen ruhigen und wohlwollenden Charakter besitzen. Solche Aerzte bedürfen aber keiner eingehenden Vorschrift, wie sie sich gegen den Exploranden zu benehmen, wie sie den Geisteskranken zu befragen und zu durchforschen haben. Worauf es bei der Fragestellung, bei Untersuchung auf psychische Krankheit wesentlich ankommt, sollte sich eben aus Allem, was wir bisher gesagt haben, ergeben.

Der Gerichtsarzt wird der Anamnese seine besondere Sorgfalt widmen, er wird die Mienen, Gesten und Geberden des Exploranden, sein physisches Verhalten aufmerksam beobachten; er wird immer grösseren Werth auf objektive, als auf subjektive Erschei-

nungen am Kranken legen; er wird nicht übersehen,
dass die Mienen und Gesten eine zuverlässigere Aus-
kunft über Empfindungen und Gefühle geben, als
Worte; — er wird das ganze Benehmen prüfen; er
wird endlich in strafrechtlichen Fällen die psychologischen Verhältnisse in Bezug auf die That erwägen,
und wo es ihm nöthig scheint, eine umsichtige Einsicht
in die Akten zu Hülfe nehmen.

Nur wenn er auf diese Weise zu einer festen
Ueberzeugung gelangt, wird er sie aussprechen, und wo
er selbst zweifelt, seinen Zweifel und die Gründe desselben unumwunden dem Richter darlegen, statt seinen
Zweifel mit hohlen, nichtssagenden, den ärztlichen Be-
ruf diskreditirenden Phrasen zu verdecken. —

Mordversuch; Hallucination und abwechselnde Sinnesverrückung.

Johann P., Häuslerssohn, zu J. in Steiermark ge- Fünfundzwan-
zigster Fall.
boren, 28 Jahre alt, unverheiratet, katholisch, stammt
von Eltern und hat Geschwister, die nie an einer Ge-
müthskrankheit litten. Er besuchte die Schule, galt als
schwachsinnig, daher er nur wenig Lesen, Schreiben und
Rechnen lernte, was er bald vergass. In seiner Jugend
litt er an einer chronischen Flechte. Vom 10. bis 12.
Jahre diente er als Schafhirt und gewann das einsame
und freie Leben auf den Bergen lieb, später arbeitete er
als Holzknecht, und lernte zuletzt bei seinem Vater das
Hafnergewerbe durch acht Jahre, gerieth aber dabei
häufig in Streit, weshalb er wieder in Bauerndienste
trat. Seiner Ungeschicklichkeit wegen konnte man ihn
nirgends brauchen, er war seines läppischen Benehmens
wegen die Zielscheibe des Spottes, insbesondere zog
man ihn wegen seiner Neigung zum weiblichen Geschlechte auf, und rieth ihm eine Bauerstochter, die
Vermögen zu erwarten hatte, zu heiraten und die Eltern
fortzujagen. Die wiederholt abschlägigen Bescheide nahm
er gleichgiltig hin, ohne von weiteren Versuchen ab-
zustehen. Des Bauerndienstes müde ging er nach ein
paar Jahren nach Hause, wollte jedoch nichts arbeiten,
schweifte Tagelang in Wäldern und auf Alpen herum,
wurde immer störrischer, trug häufig einen Stock oder

eine Hacke bei sich, wusch sich nakt am Tage beim
Brunnen, und drohte seine Eltern zu erschlagen, weshalb er durch vier Wochen in Ketten gelegt wurde. Er
glaubte nämlich Stimmen zu hören, die ihn aufforderten, seine Eltern zu erschlagen und jene Bauerndirne
zu heiraten; insbesondere beunruhigten ihn diese Stimmen zur Nachtzeit. Er wurde sofort in's Irrenhaus über-
stellt, als mit Geistesverwirrung behaftet erkannt, und
nach einem Aufenthalte von einem halben Jahre gebessert entlassen. Zu Hause verweilte er nur einige Wochen, setzte sein unstätes Leben daselbst fort und trat
wieder in Bauerndienste, wurde aber wegen Trägheit
und Zanksucht nirgends lange geduldet. Vor etwa 6
Wochen verliess er den letzten Dienst, weil man ihm
den Lohn verweigerte; seitdem trieb er sich in Wäldern herum, lebte von Erdäpfeln und Obst, und kam
wochenlang nicht unter Menschen. Auf dieser Wanderung kam er, ohne den Ort zu kennen, nach St. Gil-
gen. Daselbst will er, als er einen Gendarmen hinter
sich sah, sein Bündel mit Kleidungsstücken weggewor-
fen haben, um besser laufen zu können, er wurde
jedoch eingeholt, aufgegriffen und wegen Passlosigkeit
in seine Heimat gewiesen. Unterwegs gesellte sich, wie
er mit Bestimmtheit angab, ein abenteuerlich geklei-
deter Jäger zu ihm, mit welchem er Einbrüche in Häuser machte, wobei er von einer eisernen Thür einen
Schlüssel mit sich nahm, um sich dort gelegentlich etwas
holen zu können; diesen Jäger hielt er für einen bösen
Geist. Auf dieser seiner Wanderung wurde er von einem
andern Jäger ohne alle Ursache bedroht; aus Rache
nun und weil er weder Geld noch Kleider hatte, kam
ihm der Gedanke, einen Jäger zu erschlagen und dessen Kleider anzuziehen.

Er stellte sich hinter einem Strohschober auf die
Lauer, allein es kam kein Jäger; dagegen bemerkte er,
dass zwei Männer in dem nahen (erst jüngst versuchsweise
angelegten) Weinberge arbeiteten; in diesem befand
sich eine Warthütte. Da er nun schon lange nichts
gegessen hatte, fiel ihm ein, er könne diese zwei Männer erschlagen und von der Hütte Besitz nehmen, wo
er Lebensmittel und Unterstand finden würde. Er ging

nun, mit einer Stange bewaffnet, auf diese Männer los, und rief ihnen zu: „Meine lieben Leute, macht Reu' und Leid, es ist jetzt zum Sterben" und schlug sogleich den Nächsten auf den Kopf. Beide liefen nun davon, holten eine Flinte und machten, wie er gesehen haben will, Miene ihn zu erschiessen; er ergriff nun die Flucht und versteckte sich in einem nahe gelegenen Gebüsche, wurde von den herbeigeholten Gendarmen leicht aufgefunden, und ohne den geringsten Widerstand zur Haft gebracht. — Von den Gendarmen befragt, ob er bei einem in der Nähe eben vorgefallenen Einbruchsdiebstahle betheiligt sei, gesteht er dies gleich zu, weil er fürchtet, sonst — durchbohrt zu werden.

J. P. ist gross, mager, kräftig gebaut, sein Gesicht blass, der Blick bald finster, bald stechend, er lächelt häufig ohne Grund, sein Benehmen und seine Haltung verrathen Mangel an Erziehung und Bildung, eine eigensinnige Beschränktheit und Neigung zu heftigen Affekten und wilder Thatkraft. Er fasst die gestellten Fragen schwer auf und beantwortet sie langsam, unvollständig und theilweise unrichtig, wobei sich Schwäche des Gedächtnisses und der Urtheilskraft kundgibt. Er will nun das Verbrecherische des angegebenen Mordversuches einsehen, lächelt jedoch dabei und verspricht, es nicht mehr thun zu wollen, der Hunger habe ihn unwiderstehlich dazu angetrieben.

Gutachten.

Johann P. leidet an Hallucinationen und an abwechselnder Sinnesverrückung.

Er empfindet seinen eigenen, in seinem krankhaft alterirten Gehirne vorgehenden Zustand als einen durch die Thätigkeit äusserer Objekte angeregten; diese Sinnestrugbilder sind so lebhaft, dass das Gefühl der Täuschung fehlt, daher ein unterscheidender Verstand nicht anzunehmen ist.

Hierher gehören: das Hören der Stimmen, sein Umgang mit einem Jäger, der ein böser Geist war, dass er auf blosses Befragen aus Furcht einen Diebstahl bekannt, da er doch an dem Orte, wo der Einbruchsdiebstahl verübt wurde, nie war.

Er leidet an abwechselnder Sinnesverrückung, er fasst sich selbst und die Aussenwelt unrichtig auf, bestimmt sich demgemäss unrichtig, und diese unrichtige Auffassung ist so lebhaft, dass er im blinden Antriebe Handlungen verübt, die den Gesetzen der Erfahrung und Vernunft widersprechen.

Die Unsinnigkeit seiner Handlungsweise, der Zweck, die Triebfedern hierzu, der blinde Trieb zum Handeln, wird aus seinem Benehmen vor, während und nach dem Mordversuche erhellen.

Das Hirngespinnst der Beleidigung durch einen Jäger entbrannte sein Rachegefühl derart, dass er hierdurch zum Entschlusse eines Raubmordes getrieben wird! Bei lichtem Tage, in einer unbekannten Gegend, wartet er auf einen Jäger, um sich nach verübtem Morde dessen Kleider anzueignen, die ihm besonders gefielen, und weil keiner kommt und ihn hungert, so versucht er im unwiderstehlichen Drange wirklich einen Mord.

Ein derlei Gedankensprung und eine derlei Willensschwäche kommt nur bei Geisteskranken vor, hier zu Lande hat noch Niemand aus Hunger einen Mordversuch gemacht', denn ein Bettelumzug von nur einem Tag in der Woche reicht hin, um Mundvorrath und einiges Geld für die ganze Woche zu erhalten.

Mit einer schweren Stange bewaffnet, springt er in den Weingarten, um die zwei daselbst arbeitenden Männer zu erschlagen und sich der Warthütte zu bemächtigen, wo er Nahrungsmittel zu finden glaubt. Bevor er losschlägt, ist er um das Seelenheil seiner auserkorenen Opfer besorgt, er ruft sie warnend an. Jeder vernünftige Mensch weiss, dass in einer Warthütte keine Lebensmittel aufbewahrt werden, nur bei einem Geisteskranken kann Mordsucht mit Gemüthlichkeit gepaart sein.

Unmittelbar nach dem Attentate läuft er eilends davon, weil jener Mann, auf welchen er den Schlag führte, Miene machte, ihn zu erschiessen; dieser Mann aber weiss von einer Flinte nichts, es war keine da. Er flieht in das in der Nähe gelegene Gestrüpp, wartet, bis ihn der Gendarme arretirt, und lässt sich ohne Widerstand abführen.

Nicht weit von diesem Weinberge sind aber dich-
bewaldete Berge, die ihm ein sicheres Versteck geboten hätten.

Er erzählt diesen Mordversuch mit lächelnder Miene,
zeigt keine Reue, kümmert sich gar nicht darum, ob
und wie er die beiden Männer verletzt habe, er will
nicht irrsinnig sein.

Es muss bemerkt werden, dass Johann P. nach
den Erhebungen schon vor 5 Jahren mit Geistesverwirrung behaftet war, und seine Eltern zu erschlagen
drohte, weil ihn Stimmen hiezu aufforderten, dass daher dieser Mordversuch eine Recidive seiner früheren
Geisteskrankheit ist, und dass derlei Recidiven bei Geisteskrankheiten häufig vorkommen, weshalb Johann P.
als ein für die öffentliche Sicherheit gefährliches Individuum unter Aufsicht zu stellen ist.

Johann P. wurde als unzurechnungsfähig erkannt.

Kindesmord; Melancholie.

Am 1. Juni 1854 gegen 8 Uhr Morgens kam der Sechsundzwan-
Lehrjunge des Adalbert P., Schlossermeisters in N., zigster Fall.
mit einem Fässchen Frischbier nach Hause. Er fand
die Hausthüre verriegelt, klopfte, nach einigen Minuten
öffnete ihm die Schwester des Meisters, befahl ihm, das
Gefäss im Vorhause abzulegen, und hielt die Zimmer-
thüre vor ihm zu. Der Lehrjunge drang doch ins
Zimmer, und fand daselbst den 18 Monate alten Knaben des Meisters am Boden liegen, das Gesicht mit
Blut bedeckt. Erschrocken eilte er fort und sagte: „Ihr
werdet bekommen, Ihr habt den Karl getödtet." Anna
P. erwiederte: „Warte, warte, es ist arg, ich gehe fort,
ich verlasse euch, ich werde ein Hemd nehmen;" näherte
sich dann dem Lehrjungen, indem sie sagte: „Warte,
warte, ich werde dir etwas geben;" dieser lief jedoch
davon, und meldete das Geschehene dem anderwärts be-
schäftigten Meister. Zu Hause angelangt, sah dieser seine
Schwester neben dem Garten fortlaufen. Er setzte ihr
nach, und als er sie fing, sagte sie: „Um Gotteswillen,
verzeihe mir Bruder, es ist schade um den Knaben."

Ueber die That, bei der Niemand zugegen war, gab
die Thäterin Folgendes an: Ihr Bruder und ihre Schwä-

11

gerin waren ausgegangen und sie blieb mit den Kindern allein im Hause. Beim Anblick derselben kam ihr der Gedanke, den kleinen Karl umzubringen, und bemächtigte sich ihrer so, dass sie nicht wusste, was sie that. Sie nahm ein Messer aus der Tischlade, das ihr jedoch nicht scharf genug erschien, holte daher ein Rasirmesser aus dem Koffer, reinigte den mit Koth besudelten Karl, zog ihm die Kleider aus, nahm das Rasirmesser aus dem Futterale (der ältere Knabe war mittlerweile aus dem Zimmer gegangen), führte den Karl hinter den Ofen, und versetzte ihm am obern Theile des Halses 2 Schnitte. Als das Blut hervorquoll, und sie sah, dass er wanke und sterbe, legte sie ihn auf die Ziegel zwischen der Wand und dem Sparherde. Sie dachte hierauf nach Ch. zu gehen, um sich beim Gerichte anzugeben, damit sie entweder denselben Tod erlitte wie das Kind, oder was sonst das Gericht über sie verhängen würde. Sie nahm auch eine andere Schürze und ein Tuch, verriegelte aber früher die Hausthüre, an welche bald darauf der zurückgekehrte Lehrjunge klopfte. Ueber das Motiv zur That gibt Anna P. Folgendes an: Nach dem Tode ihrer Mutter, zu Anfang der Faste, bemächtigte sich ihrer der Gedanke, was aus ihr werden würde, sie dachte immer daran, sich umzubringen, doch sagte ihr keine Art der Selbstentleibung zu, da fiel ihr ein, dass, wenn sie den kleinen Karl aus der Welt schaffen könnte, sie mit derselben Todesart bestraft oder für immer eingekerkert würde. Anfangs wurde dieser Gedanke durch ein inbrünstiges Gebet wieder beseitigt, doch bemächtigte er sich ihrer so sehr, dass sie den Knaben tödtete.

Anna P., zur Zeit der That 38 Jahre alt, katholisch, ledig, schwächlich, brünett, ist Waise. Aus den Akten ist nicht ersichtlich, an welcher Krankheit die Eltern gestorben sind, oder ob Anna P. früher krank gewesen. Bruder und 4 Schwestern sind körperlich und geistig vollkommen gesund. Bis zum 12. Jahre besuchte sie die Schule und lernte Schreiben und Lesen. Aus der Schule ausgetreten, blieb sie bis zum 19. Jahre bei ihren Eltern; trat hierauf zu einem Beamten in Dienst, wo sie 2 Jahre, dann zu einem

andern, bei welchem sie mit bloss zweimaliger Unterbrechung 14 Jahre blieb. Der letztere setzte sie in
seinem Testamente zur Universalerbin ein, bezeichnete
sie aber in diesem Testamente als seine Nichte. Von
jeher zurückgezogen, einsilbig und gottesfürchtig, verfiel sie nach dem Tode ihres letzten Herrn in eine
heftige Traurigkeit und in ein anhaltendes Wehklagen
und Jammern, und begab sich hierauf über dessen
Aufforderung zu ihrem Bruder. Hier war sie verträg-
lich, aber ununterbrochen sehr traurig. Die Traurigkeit
nahm noch zu, als ihre Mutter einige Monate vor der
fraglichen That starb. Im Dezember 1853 besuchte sie
mit dem Bruder ihre in Prag dienende Schwester. Daselbst benahm sie sich auf solche Weise, dass die
Dienstfrau ihrer Schwester sie auf Anrathen ihres
Hausarztes in's allgemeine Krankenhaus schickte. Daselbst blieb sie 11 Monate lang in Behandlung, mit
dem Erfolge, dass die Melancholie so gemildert war,
dass kein Grund vorhanden schien, die Entlassung der
Anna P. zu verweigern. Zu Hause angekommen, soll
sie ganz wie früher sich benommen und öfter gesagt
haben, dass ihr kein Arzt von dem, was sie im Herzen
und Kopfe habe, helfen werde. — Den Charakter betreffend, wird Anna P. als wohlverhalten und gottesfürchtig geschildert. Gleich beim ersten Verhöre beobachtete der Untersuchungsrichter an der Inquisitin
etwas Unstätes; sie zeigte keine besondere Reue über
die begangene That. Auf die gestellten Fragen antwortete
sie sehr langsam, als wenn sie Mühe hätte, sich zu
erinnern, die Antworten waren aber folgerichtig.

Gutachten.

Die 38jährige Anna P. tödtete am 1. Juni 1854
den 18 Monate alten Knaben ihres Bruders, indem sie
ihm mit einem Rasirmesser 2 Schnittwunden am Halse
beibrachte. Forscht man nach dem Motive zu dieser
That, so ergibt sich, dass dies weder Hass, Rache,
noch Schadenfreude sein konnte, weil sichergestellt ist,
dass Anna P. sich mit ihrem Bruder und dessen Weibe
immer gut vertragen hat, und dass unter ihnen nie ein Miss-
verständniss oder Zwist vorgekommen ist. Dass Anna P.

gegen dieses Kind selbst Abneigung oder Hass gehegt
habe, findet sich in den Akten gleichfalls nirgends angedeutet. Ebensowenig kann die That aus einem Rausche,
aus Zorn oder irgend einem egoistischen Motive erklärt
werden, weil die Inquisitin unmittelbar vor und nach
der That nicht in einem solchen Zustande betroffen
wurde, und weil sie von dem Tode dieses Kindes vernünftigerweise keinen Vortheil erwarten konnte.
Auch ist die That nicht als Manifestation einer der
Thäterin eigenen Rohheit anzusehen, indem nirgends
Spuren eines solchen Charakters der Inquisitin angetroffen werden, dieselbe im Gegentheil überall als ver-
träglich, gutmüthig geschildert wird, Niemanden je
verletzt oder beleidigt hat, und Bruder und Schwägerin
ihr die Ueberwachung der zwei Kinder immer mit Beruhigung anvertraut hatten. Es erscheint somit erwiesen,
dass keines jener Motive, die einen Geistesgesunden zu
einer solchen That zu veranlassen vermögen, dem fraglichen Falle zu Grunde liegen könne. Da endlich die
Tödtung des Kindes durch Anna P. auch nicht aus
einem blossen Zufalle hervorging, so ist man berechtigt und genöthigt, das von der Thäterin selbst angegebene Motiv als solches anzunehmen, und zu untersuchen, inwiefern sich die That daraus erklären lasse.
Gleich beim 1. Verhöre, 2 Tage nach der That, äusserte sich Inquisitin über das Motiv zur That dahin,
dass sie das Kind tödtete, um dadurch das
ihr verhasste Leben oder die Freiheit für
immer zu verlieren. In diesem Ergebnisse sind die
Momente zur psychisch-gerichtlichen Beurtheilung der
Inquisitin enthalten, indem darin jedenfalls ein abnor-
mer Zustand des Fühlens, des Denkens und Wollens
zu erkennen ist.

Die erste und wichtigste Abnormität ist im fraglichen Falle die des Fühlens oder des Gemüthes. Dasselbe erscheint konstant deprimirt, und zwar im auffallenden Grade schon seit dem Tode des Herrn, bei
dem sie 14 Jahre gedient, und in Folge ihres wahrscheinlich engeren Verhältnisses eine eheliche Verbindung erwartet hatte. Hierüber finden sich in den Akten
folgende Daten. Nach dem Tode ihres Dienstherrn ver-

fiel Anna P. in ein heftiges Weinen, das Tag und
Nacht 4 Wochen andauerte und das ihre Hausfrau be-
wog, mit ihr in einem Zimmer zu schlafen, weil sie
meinte, die P. „rapple, und könne sich etwas anthun,
da sie unaufhörlich um ihren Herrn jammerte und nicht
mehr leben wollte." Sie klagte, dass der Herr, der sie
öfters gehindert haben soll, eine annehmbare Parthie
zu machen, sie als Dienstboten zurückgelassen habe,
dass er nicht wenigstens noch 4 Wochen gelebt habe,
da er sich am Krankenbette mit ihr doch hätte trauen
lassen können. Sie besuchte täglich sein Grab, wollte
an seiner Seite begraben sein, arbeitete nichts mehr,
ass und schlief sehr wenig. Auch später, bei ihrem
Bruder wohnend, blieb sie eingezogen, traurig, und
klagte oft über den Tod des Dienstherrn und Kopfschmerzen. Es konnte sie Niemand aufheitern, nur das
Gebet erleichterte sie, wesshalb sie fleissig in die Kirche
ging. Die Traurigkeit und der Lebensüberdruss bildeten
das auffallendste Symptom bei Anna P., als sie im Dezember 1853 auf Besuch bei ihrer Schwester in Prag war,
und auf ärztliches Anrathen in das k. k. allgem. Krankenhaus versetzt wurde. Die Traurigkeit blieb selbst nach
ihrer Entlassung aus demselben, und steigerte sich nach
dem Tode ihrer Mutter, ohne sie je wieder, so weit die
Beobachtung reicht, verlassen zu haben. Diese Depression des Gemüthes ist eine krankhafte, dies beweist
die grosse Intensität und die lange Dauer derselben.

Diese Depression konnte aber nicht lange bestehen, ohne dass auch das Denken alterirt worden wäre. Während Inquisitin Anfangs nur über das
erfahrene Unglück, das ihr der Tod des E. H. brachte,
klagte, tauchte später die widersinnige Idee auf, sie
könne nicht mehr leben, da ihr die Existenzmittel fehlen, was in der That nicht der Fall war, indem ihr
dieselben durch die Erbschaft nach ihrem Dienstherrn
geboten waren. Da sie ihrer krankhaften Ansicht nach
nicht länger leben konnte, so musste sie an Selbstmord
denken, und während sie noch in Betreff der Wahl
desselben ungewiss war, entstand in ihr plötzlich die
Idee, dass, wenn sie ihren jüngsten Neffen auf irgend
eine Art aus der Welt schaffen könnte, sie mit der-

selben Todesart bestraft oder für immer eingekerkert
würde. So widersinnig dieses Raisonnement auch ist, so
fand es dennoch keinen Widerspruch von Seite ihres
Verstandes, sondern nur von Seite einiger unklarer Gefühle, die sie Anfangs zum Beten veranlassten, wodurch
sich diese krankhaften Ideen auch in den Hintergrund
drängen liessen. Die contrastirenden Gefühle wurden
aber immer schwächer, die Wahnideen stärker, so dass
sie endlich mit einer Heftigkeit auftraten, die ihre Rea-
lisirung gebieterisch forderten, und die Unglückliche
zur Vollführung der That unwiderstehlich drängten.
Diesen psychologischen Vorgang deutet Inquisitin durch
die immer wiederholten Worte an: „Ich weiss nicht,
warum ich die That beging, ich konnte mir nicht helfen, es ist so über mich gekommen." Die That selbst
ist endlich das Ergebniss eines krankhaften Wollens.
Das krankhafte Wollen manifestirte sich während der
ganzen Beobachtungszeit der Inquisitin vielfach; denn
gleich nach dem Tode ihres Dienstherrn hörte sie auf
zu arbeiten, Ruhe wechselte ohne entsprechende Veranlassung mit Unstätigkeit, in der Haft war sie zu keiner Arbeit zu bewegen, zerzupfte oder zerriss die Bett-
decke, fiel zur Nachtzeit eine Mitinhaftirte an, würgte
sie u. dgl. mehr; ihre Aktivität äusserte sich überhaupt
nur im Zerstören.

Geht nun aus dieser ganzen Untersuchung hervor,
dass sämmtliche Seelenthätigkeiten der Anna P. vor,
während und nach der That von der Norm abweichend
waren, so folgt daraus mit logischer Nothwendigkeit,
dass Anna P. schon vor, während und nach der That
als an einer Seelenstörung (Sinnesverwirrung) leidend
anzusehen ist. Diese Seelenstörung stellt jene Form von
Sinnesverwirrung dar, die man mit dem technischen
Namen Melancholie belegt. Sie macht schon ihrer Natur nach und besonders in dem Grade, wie sie sich bei
der Inquisitin herausstellte, den Betroffenen unfähig,
naturgemäss zu denken und zu handeln, und hält somit das Selbstbewusstsein und die freie Selbstbestimmung, den freien Vernunftgebrauch auf. Trotz der nur
sehr spärlich anamnestischen Daten lässt sich doch deutlich erkennen, dass Anna P. zu einer Sinnesstörung

überhaupt und zum Wahnsinn mit Depression (Melancholie) insbesondere in hohem Grade disponirt war. Schon in ihren Jugendjahren fiel sie durch ihre Zurückgezogenheit, ihr stilles Wesen und ihre Abneigung gegen jede gesellige Unterhaltung allgemein auf. Diese Disposition überging in Folge mannigfacher ungünstiger Erlebnisse und bitterer Enttäuschungen in wirkliche Sinnesverwirrung, zumal als körperliche Störungen sich eingestellt hatten, wie Kopfschmerz, Schlaflosigkeit, Appetitmangel, Zuckungen und Mangel des Monatflusses. Anna P. verübte die That um 8 Uhr Morgens, also zu einer Zeit, wo sie leicht hätte überrascht werden können; sie reinigte das erkorene Opfer vom Schmutze, entkleidete es bis auf's Hemd, und hatte noch kein geeignetes Werkzeug zur Verübung der That. So unvorbereitet wurde sie zur That getrieben. Sie nahm nun erst ein Messer aus der Tischlade, und als ihr dieses zu stumpf erschien, holte sie ein im Koffer befindliches Rasirmesser aus der zweiten Stube, führte das Kind hinter den Ofen, durchschnitt ihm den Hals zweimal, legte es, als das Blut hervorquoll und das Kind wankte, auf die Erde hin, reinigte das Messer und legte es weg. Das ist nicht das Benehmen eines geistesgesunden Verbrechers, sondern eines Irrsinnigen, der durch eine mächtige Wahnvorstellung zur That fortgetrieben wird, die er nothwendig begehen muss, da es ihm unmöglich ist, die Folgen dieser Handlung einzusehen, und sein Handeln vernünftigen Prinzipien gemäss einzurichten. Auch suchte Inquisitin nicht ihre That zu läugnen oder deren Schwere geringer darzustellen, und es ist ihre Aussage, dass sie im Begriff war, sich selbst anzugeben, nicht unwahrscheinlich, weil dies, wie die Erfahrung lehrt, bei geisteskranken Verbrechern in der Regel geschieht, und weil im concreten Falle dieser Schritt nur ein weiteres Gebot ihrer Wahnvorstellung war. Dass Inquisitin die schauerliche That so ruhig ausführte, und dass sie sich zwei Tage nach derselben noch aller Details so genau erinnerte, spricht auch für eine Geisteszerrüttung der Thäterin, da sie einerseits, unbeirrt durch jede Rücksicht auf das Sträfliche und Nachtheilige ihrer Handlung, ihren Zweck zu erreichen strebte, und andererseits Theorie und Erfahrung zeigen, dass bei Irrsinnigen, namentlich Melancholikern, das Gedächtniss nicht nothwendig leiden müsse, besonders in Betreff solcher Objekte, die mit den Wahnvorstellungen in Beziehung stehen, wie dies in Concreto der Fall ist.

Fasst man das Gesagte zusammen, so ergibt sich daraus der unzweifelhafte Schluss, dass 1. Anna P. den 18 Monate alten Sohn ihres Bruders während und in Folge einer andauernden Sinnesverwirrung getödtet hat; 2. dass diese Sinnesverwirrung schon eine längere Zeit vor der That entwickelt war, und noch nach derselben, so weit die ärztliche Beobachtung reicht, angedauert habe. Die Aussage der Mitinhaftirten, dass P. wiederholt gegen sie geäussert, sie werde bei ihren Verhören eine Geisteskrankheit geltend machen, kann bei den geschilderten Verhältnissen dieser Folgerung nicht hemmend entgegenstehen, noch auch den Beweis dafür, dass sie eine Geistesstörung bloss vorgeschützt habe, herstellen, nachdem Spuren der letzteren schon vor und während ihrer That unwiderlegbar vorhanden waren.

Religionsstörung; Tobsucht mit consecutiver Verrücktheit.

F. Z., ein 55jähriger Binder, von dessen Jugend nur so viel bekannt ist, dass er die Schule besuchte, lesen und schreiben lernte, und hierauf sich dem Binderhandwerke widmete, wird in den früheren Jahren u. z. bis zum Jahre 1850 als ein ordentlicher, fleissiger, wohlverhaltener und religiöser Mann geschildert, welcher auch seine Kinder anhielt, die Kirche und Schule zu besuchen. Im Jahre 1851 erkrankte Z. ohne bekannte Ursache in einer Art, die mit Tobsucht bezeichnet werden muss. Er misshandelte und schimpfte sein Weib und seine Kinder, zerstörte in seinem Wohnzimmer den Ofen und mehrere Einrichtungsstücke, fluchte auf die Mutter Gottes, die Heiligen und die Religion überhaupt, schrie, dass ihn der Teufel holen werde, und artete dermassen aus, dass man gezwungen war, ihn zu wiederholten Malen gewaltsam zu bändigen. Nach einigen Aderlässen und dem Gebrauche ableitender

Mittel, welche Wundarzt S. anwendete, milderte sich
dieser krankhafte Zustand binnen kurzer Zeit. Nach
einigen Wochen wurde der genannte Wundarzt zu Z.
geholt, und fand denselben abermals in einer ähnlichen
Weise erkrankt, so zwar, dass er gleichfalls allgemeine
Blutentziehungen in Anwendung zu ziehen für nöthig
erachtete. Nach etwas längerer Zeit fand er denselben
zwar mit seiner Binderarbeit beschäftigt, aber noch
immer in einem etwas aufgeregten Zustande. Eine auffallende Verschlimmerung des Zustandes wurde zwar
weiterhin nicht bemerkt, doch wurde derselbe allgemein
für verrückt gehalten, ohne dass aber aus den Zeugenaussagen besondere Andeutungen über sein Benehmen
während dieser Zeit zu entnehmen wären.

Nachdem nun Z. in der Zeit zwischen dem 10. und
15. Juni 1852 einen unbedeutenden Holzdiebstahl begangen hatte, ging er am 17. Juli in den benachbarten Wald, und zertrümmerte daselbst ohne alle Veranlassung zwei Bilder, das eine Christus, das andere die
h. Maria vorstellend, zertrat alle ringsherum wachsen-
den Blumen, riss dieselben auch theilweise aus, und
schleuderte sie unter Schmähungen auf diese Bilder.
Zu bemerken ist, dass während dieser That Leute ganz
in der Nähe sich befanden, die er aber gar nicht be-
rücksichtigte, und durch deren Gegenwart er sich nicht
im Geringsten stören liess. Hierauf eingezogen und vor
Gericht befragt, suchte Z. seine That durchaus nicht
zu leugnen oder zu beschönigen, sondern er gestand
dieselbe augenblicklich ein; er gab an, der Geist Gottes
habe ihn zu dieser Handlung angetrieben und er habe
dieselbe deshalb unternommen, weil die alte Ordnung
aufhören und eine neue beginnen müsse, deshalb sei
uns auch die heilige Konstitution verliehen worden,
und mit ihr sei auch Christus geboren. Auf die Frage
ob er nicht die Leute, die bei der Zerstörung der Bilder anwesend waren, gefürchtet habe, antwortete er:
er habe Niemanden zu fürchten, da er nach dem Willen Gottes gehandelt habe, übrigens hätte er so handeln müssen, und wenn ihn auch der Tod hätte treffen
sollen. Auf den Einwurf, dass er durch diese That
Gott und die Religion verletzt habe, erwiderte er: ja

aber nur die herrschaftliche, falsche und unrechte Religion, nicht aber die wahre, welche seit der Konstitution durch die Hilfe Gottes wird verbreitet werden; übrigens habe Gott diese Schandthaten und Unrechtlichkeiten nicht mehr ansehen können, und es musste die Hand Gottes fühlbar werden.

Dr. S. und Dr. W., welche den Auftrag erhalten hatten, Z. zu beobachten, schildern ihn auf nachstehende Weise: Z. ist mittelgross, hager, lächelt bei jeder Frage, sein Benehmen ist possirlich, unstät, seine Gemüthsstimmung heiter, und er mit seiner Lage vollkommen zufrieden. Er versichert bei gesunder Vernunft zu sein, und jene Bilder deshalb zerstört zu haben, weil sie aus der Vorzeit herrühren, da doch mit der Konstitution, welcher er übrigens stets eine religiöse Bedeutung beilegt, eine neue Ordnung eintreten müsse. Ueber Gegenstände, welche seine Lebensverhältnisse betreffen, spricht und urtheilt er richtig, wird jedoch die Religion zum Gegenstande des Gespräches gewählt, so wiederholt er stets dieselben Worte, die er schon, bei Gericht befragt, geäussert hatte, und nennt alle jene Leute dumm, denen es nicht früher eingefallen ist, diese Bilder zu zerstören. Der Puls ist zeitweilig frequent, er gibt an, häufig, besonders zur Nachtzeit, an Kopfschmerz zu leiden, sein Schlaf ist kurz und unterbrochen, Esslust gering. Der Gefangenaufseher bestätigt, dass Z. für gewöhnlich ruhig sei und ordentlich spreche, sobald aber das Gespräch auf die Religion und die von ihm zerstörten Bilder geleitet wird, beginne er Verschiedenes von der Konstitution zu sprechen; ausserdem habe er sich geäussert, es gäbe so viele Glauben auf der Welt, da doch Christus nur einen Glauben gestiftet hat, und es werde nicht besser werden, bis Alles zusammenschossen werden wird.

Gutachten.

Die im Jahre 1851 an F. Z. beobachteten, seinem als friedlich und religiös geschilderten Charakter ganz entgegengesetzten Erscheinungen und namentlich die zu jener Zeit bei ihm aufgetretenen, mit Schmähungen gegen die Religion verbundene Zerstörungssucht, welche derart

ausartete, dass man zu den strengsten Massregeln die Zuflucht zu nehmen gezwungen war, lassen es nicht bezweifeln, dass Z. zu jener Zeit von einem tobsüchtigen Anfalle
(Mania acuta) ergriffen worden war, der sich auch zufolge der Aussage des Wundarztes H. binnen Kurzem
wiederholte, und noch durch längere Zeit einen aufgeregten Zustand zurückliess. Wenn nun auch in dem Zeitraume vor dieser Erkrankung bis zum Monate Juli 1852
als dem Zeitpunkte, wo sich Z. jene gesetzwidrigen Handlungen zu Schulden kommen liess, kein neuerlicher derartiger Anfall aufgetreten war, so musste doch das Benehmen desselben diese ganze Zeit hindurch jedenfalls ein
auffallendes gewesen sein, da ihn fast die ganze Gemeinde für verrückt hielt, die Gemeinschaft mit ihm
mied, und seine eigene Tochter ihn als einen Abtrünnigen
von seinem Glauben und seiner Religion bezeichnete.
Nicht unbegründet erscheint somit die Befürchtung, dass
jener tobsüchtige Anfall nicht ohne Spuren vorübergegangen war, sondern wie es der Erfahrung gemäss nicht selten
zu geschehen pflegt, den Anfang einer beginnenden Geistesstörung bezeichnete, welche Vermuthung in der That
durch den weitern Verlauf auch bestätigt wird.

Nach Verlauf von fast zwei Jahren änderte Z. sein,
wenn auch eigenthümliches, doch ruhiges Benehmen und
zertrümmerte ohne alle Veranlassung und ohne sich um
die in der Nähe befindlichen Personen im Geringsten zu
kümmern, ein Christusbild, stösst die gröbsten Schmäh-
worte gegen dasselbe aus, und zertritt und vertilgt alle
Blumen und Gräser, die in der Umgebung desselben befindlich waren. Kaum dass er hier sein Zerstörungswerk
vollendet hatte, eilt er zu einem anderen, die h. Maria
darstellenden Bilde und beginnt dasselbe Treiben, indem
er auch dieses gänzlich zerstörte.

Erweckt schon diese gänzlich zwecklose, dem Benehmen eines jeden Vernünftigen und insbesondere den
früheren Gesinnungen des Thäters widersprechende, der
ersten Erkrankung aber in vielen Punkten analoge Handlungsweise den Verdacht, dass bei Z., wie es im Verlaufe
der Manie häufig der Fall ist, ein neuer tobsüchtiger Anfall ausgebrochen war, und dass die bisher weniger auffallende Sinnesverwirrung ein weiteres Feld gewonnen

haben dürfte, so wird diese Vermuthung durch das Benehmen des Z. nach der That zur vollen Gewissheit.

Je öfter sich nämlich tobsüchtige Anfälle bei einem
Individuum wiederholen, desto nachtheiliger sind in der
Regel, der Erfahrung gemäss, die Folgen, desto auffallender auch der nachtheilige Einfluss, den dieselben auf die
Geisteskräfte ausüben. Ein Aehnliches finden wir auch bei
Z. bestätigt. War nach den ersten tobsüchtigen Anfällen
ein Zeitraum von zwei Jahren verflossen, während dessen
Z. seine Geschäfte verrichtete, und wenigstens kein ex-
zessives und auffallend anstössiges Benehmen darbot, so
zeigte sich nach dieser zweiten Erkrankung kein so bedeutender Rückschritt der Krankheitserscheinungen mehr,
sondern dieselben hatten im Gegentheile zugenommen.
Bei Gerichte einvernommen, behauptete er nämlich, diese
That in Folge der Eingebung Gottes vollbracht zu haben,
und gab mancherlei verwirrte und sinnlose Antworten, in
denen er die Konstitution mit der Geburt Christi in Verbindung brachte, der ersteren eine religiöse Bedeutung
beilegte, und dieselbe als heilig betrachtete, durch welche
die alte Ordnung aufhören und eine neue beginnen muss,
welche Aeusserungen er auch gegen die ihn untersuchenden Aerzte wiederholte, sobald die Religion oder die von
ihm verübte That zum Gegenstande des Gesprächs gewählt wurden. Zufolge der Angaben des Gemeindevorstehers gab Z. auch fernerhin durch sein unanständiges
Benehmen und die Schmähungen gegen die Religion fortwährend es Aergerniss, erlaubte sich bei seiner Wohnung
vorübergehende Menschen ohne alle Ursache zu beschimpfen, und stiess Drohungen gegen die ganze Gemeinde
aus. —

Fasst man nun aufmerksam sämmtliche erwähnten,
aus den Erhebungsakten sich ergebenden Momente zusammen; erwägt man das plötzliche, anfänglich durch
einen längeren, scheinbaren Stillstand unterbrochene, dann
aber rasch aufeinander folgende Auftreten der durch eine
besondere Zerstörungswuth sich charakterisirenden Anfälle; berücksichtigt man gleichzeitig die nach dem letzten Erscheinen derselben zurückgebliebene, durch verwirrte Antworten und ein der früheren Handlungsweise
entgegengesetztes, unvernünftiges und zweckloses Beneh-

men sich deutlich kundgebende Geisteszerrüttung: so
unterliegt es keinem Zweifel, dass F. Z. an Tobsucht
(Mania acuta) gelitten hat, welche Form von Geisteskrankheit gegenwärtig in jene der Verrücktheit übergegangen ist, in Folge welcher Sinnesverwirrung der Inkul-
pat sich dessen, was er that und sprach, zumal als einer
nach den Gesetzen strafbaren Handlung völlig unbewusst
war. —

**Majestätsbeleidigung und Religionsstörung.
Wahnsinn mit intercurrirenden tobsüchtigen
Anfällen.**

A. M., 37 Jahre alt, besuchte von seinem 6. bis Achtundzwan-
zum 12. Jahre mit gutem Erfolge die Schule, lernte zigster Fall.
sodann das Schmiedhandwerk, und ging im Jahre 1831
auf die Wanderschaft, wo er bis zum Jahre 1838 ver-
blieb. Während dieser Zeit wird er als ein ordentlicher
Mensch geschildert, der sich so viel verdiente, dass er
in den zwei folgenden Jahren in Wien den Kurs über
Thierheilkunde hören konnte und absolvirte. Hierauf
kam er als Thierarzt in die Dienste des Fürsten F.,
welchen er aber bald angeblich wegen Unkenntniss der
böhmischen Sprache, nach der Angabe Anderer aber
deswegen kündigte, weil er durch sein Benehmen auffallend und anstössig geworden war. Hierauf ging er
nach Hause und liess sich zur Finanzwache aufnehmen, welchen Posten er ebenfalls nach einem Jahre
verliess. Abermals ging er auf die Wanderschaft; da
er jedoch keine Arbeit bekam, liess er sich neuerlich
zur Finanzwache aufnehmem, wurde jedoch nach $\frac{1}{2}$jäh-
riger Dienstzeit wegen Trunkenheit entlassen. Neuerdings auf die Wanderschaft gegangen, arbeitete er an
verschiedenen Orten, bis er im Mai 1852 von der Bezirkshauptmannschaft zu W. wegen liederlichen Herum-
vagirens aufgegriffen und in seine Heimat mit dem
Bemerken abgeschoben wurde, dass er beim Verhöre ganz
verwirrt gesprochen und auf gestellte Fragen stets ver-
kehrt geantwortet habe.

Zu Hause angekommen, will M. an bedeutenden
Congestionen gegen den Kopf gelitten haben, so zwar,
dass ihm blau vor den Augen wurde, und er beim

Gehen schwankte, weshalb er sich von einem Wundarzte zu K. einen Aderlass machen liess, worauf sich sein Zustand gebessert haben soll. In Folge der Angabe dieses Wundarztes geberdete sich M. bei diesem Besuche wie ein Verrückter, sprach in Einem fort, jedoch unzusammenhängend und verwirrt, erzählte auch, dass der Teufel ihn schon habe, und sein ganzer Körper war dabei in beständiger Bewegung. Kaum dass er einige Zeit zu Hause, wo er übrigens in ganz vernachlässigtem Zustande voll Ungeziefer und mit zerrissenen Kleidern ankam, verweilt hatte, wollte er schon wieder auf die Wanderschaft, welches Begehren ihm jedoch von Seite des Gemeindevorstehers verweigert, und ihm auch weder Wanderbuch noch Heimatschein ausgefolgt wurde, so dass er gezwungen war, sich vom Tagelohn zu ernähren. Sämmtliche Zeugen, die seit dieser Zeit mit ihm in Berührung gekommen waren, geben an, dass er sehr häufig von Geistern, Teufeln, Engeln spricht, mit denen er im beständigen Kampfe ist, und welche er zusammenschlagen muss. So hält er mitunter lange Reden, worin er angibt, viel für die katholische Kirche leiden zu müssen, und sich äussert, er habe die Verpflich‑ tung, die Geistlichen und alle Leute vor Verführung zu warnen, und wenn sie ihm nicht folgen würden, so wären sie alle dem Teufel verfallen. Häufig sah man ihn auch allein mit sich selbst laut redend, ja auch schimpfend und mit den Händen in der Luft herumfechtend umhergehen, vor jeder Statue stehen bleiben und niederknien. Nicht selten hungerte er zwei bis drei Tage, während er sich zu anderen Zeiten sehr dem Trunke ergab, und dann im trunkenen Zustande fortwährend über Alle, besonders aber über die verweigerte Verabfolgung seines Heimatscheines schimpfte. Bei seinem Bruder, wo er sich einige Zeit aufhielt, benahm er sich übrigens derart, dass dieser schon um seine Unterbringung im Irrenhause ansuchen wollte, was jedoch auf Bitten der Mutter unterblieb. Zufolge dieses Benehmens wurde M. im ganzen Orte und in der ganzen Umgebung für sinnesverwirrt gehalten.

Zu Anfang des Monates Juli hatte M. einen Streit wegen 1 Gulden C. M., der ihm als Taglohn gebührte, und den man ihm vorenthalten wollte, trank hierauf um vier bis fünf Groschen Schnaps, fünf Halbe Bier und ass Brod und Käse. Während er er dieses verzehrte, fing er ohne alle Veranlassung an, den Wirth und die übrigen Gäste zu schimpfen, und nannte die letzteren Lumpen und Flegel. Als ihm wegen dieses Benehmens der Wirth kein Bier mehr einschenken wollte, fing er noch heftiger an zu schimpfen, schmähte die Geistlichkeit und die Person des Kaisers. Nebst anderen beleidigenden Worten meinte er, er müsse erst die Teufel überwältigen, und dann könne der Kaiser gekrönt werden; hierzu fügte er, er sei Petrus der Felsen, der die Macht habe, die Teufel zu überwältigen, und wenn ihm die Anwesenden nicht folgen würden, so seien sie alle verloren. In Betreff der Geistlichen meinte er, es sei keiner etwas werth, sie unterrichten die Leute schlecht, und auch der Papst sei nichts nütz. Dergleichen Aeusserungen wiederholte M. öfters und fing in der Zwischenzeit an, mit andern anwesenden Personen ohne Ursache zu zanken, bis ihn endlich der Wirth zur Thüre hinausschob. Bei seinem Verhör benahm sich M. ruhig und anständig, folgte der Verhandlung mit Aufmerksamkeit, erzählte seine Lebensverhältnisse ganz richtig, antwortete meistentheils auch richtig, wich jedoch bisweilen in der Antwort vom Gegenstande ab, und sprach unzusammenhängende Sachen von Geistern und Teufeln, von der heiligen Beichte, dem gekreuzigten Heilande, und endlich von einer geistigen Pest, die unter den Menschen herrscht, und von der viele befallen sein sollen; doch behauptete er nichts davon zu wissen, dass er Schmähungen gegen den Kaiser und die Geistlichkeit ausgestossen habe.

Gutachten.

Ergibt sich auch aus dem früheren Leben des M. kein Zeichen einer Sinnesverwirrung, sehen wir denselben vielmehr von allen Seiten als einen ordentlichen und fleissigen Menschen geschildert, so finden wir doch bei genauer Betrachtung in seiner Handlungsweise eine grosse Unstätigkeit, ein beständiges, meistentheils selbst hervorgerufenes Wechseln seiner Verhältnisse und seines Geschäftskreises, welches bei dem geschilderten Charakter desselben jedenfalls auffallend erscheinen muss.

M. war ein fleissiger Schmiedgeselle, dessen Streben dahin gerichtet war, sich eine bessere Existenz zu sichern, weshalb er auch mit Hilfe seiner Ersparnisse den Kurs der Thierarzneikunde hörte, und mit gutem Erfolge absolvirte. Sehr auffallen muss es somit, dass derselbe, als er kaum einen seinen Wünschen entsprechenden Dienstposten erhalten hatte, denselben nach nicht langer Zeit ohne genügende Ursache verliess, um eine von seinem Berufe gänzlich abweichende Beschäftigung, nämlich die eines Finanzwächters zu ergreifen, dieser abermals entsagte, um nach planlosem Herumvagiren denselben Weg wieder einzuschlagen. Noch mehr überraschen muss es aber, wenn wir den als fleissig und ordentlich geschilderten M. als Trunkenbold bezeichnet, mit zerrissenen Kleidern, voll Ungeziefer und ohne Arbeit in der Welt herumschweifend wiederfinden.

Drängt sich bei diesem Sachverhalte unwillkürlich die Vermuthung auf, dass in M.'s Geistesthätigkeiten eine Veränderung vorgegangen sein dürfte, so finden wir diesen Verdacht dadurch bestätigt, dass derselbe von der Bezirkshauptmannschaft zu W. aufgegriffen, beim Verhöre sinnesverwirrte Reden führte, und mit der Bemerkung, dass er geisteskrank sei, in die Heimat abgeschoben wurde. Daselbst angelangt, scheint sich sein Zustand keineswegs gebessert, sondern vielmehr verschlimmert zu haben; denn zufolge der Angabe des Wundarztes zu K., dessen Hilfe M. wegen angeblicher Congestionen gegen den Kopf in Anspruch nahm, geberdete sich der Letztere wie ein Verrückter, sprach unzusammenhängend und verwirrt, und behauptete schon in des Teufels Gewalt zu sein.

Erwägen wir dieses Verhalten, bedenken wir, dass M. zu jener Zeit nicht die geringste Veranlassung zu einer etwaigen Verstellung hatte, indem ihm diese in der Erfüllung seines Wunsches, den verweigerten Heimatschein zu erlangen, nur hinderlich gewesen wäre, so drängt sich die Ueberzeugung auf, dass M. schon damals an einer G e i s t e s k r a n k h e i t gelitten hat. Noch mehr Anhaltspunkte für diese Behauptung bietet aber das fernere Benehmen des Angeklagten. Sämmtliche Zeugen, die mit ihm in Berührung gekommen waren, bestätigen,

·dass er sehr häufig von Engeln und Teufeln spricht, mit
denen er im beständigen Kampfe ist, und die er des katholischen Glaubens wegen überwältigen muss; er führt lange
und laute Reden, in denen er die Leute vor Verführung
durch den Teufel warnt, und sich Petrus den Fels nennt;
er spricht oft laut mit sich selbst, und geht schimpfend
und mit den Händen herumfechtend in den Strassen
umher, ja während des Aufenthalts bei seinem Bruder
wurde sein Betragen so exzessiv, dass dieser schon um
die Aufnahme des M. in die Irrenanstalt ansuchen wollte;
genug der Beweise, um die Behauptung aufzustellen, dass
M. in der That geisteskrank ist, und zwar zufolge der
religiösen Ideen, die ihn vorzugsweise beschäftigen, an re-
ligiösem Wahnsinne, der sogenannten Dämonomanie leidet.

Dass derartige Kranke, wenn sie sich auch für ge·
wöhnlich ruhig und nicht gemeinschädlich benehmen, bisweilen in Worten und Thaten ausarten, namentlich wenn
irgend ein exzitirendes Moment einwirkt, lehrt die Erfahrung. Solche Momente waren aber bei M. hinreichend
vorhanden. Der verweigerte Taglohn, der übermässige
Genuss geistiger Getränke, regten den ohnehin seiner
Sinne nicht Mächtigen auf, er fing an, die Anwesenden
zu beschimpfen, und ging endlich so weit, auf die Geistlichkeit und die Person des Kaisers zu schmähen, ohne
sich jedoch dessen, was er that, bewusst zu sein. Dass
dem auch wirklich so war, beweisen die Beschaffenheit
seiner Schmähungen und die Art seines damaligen ex-
zessiven Benehmens. Ohne alle Ursache beschimpfte
es zuvörderst die anwesenden Gäste, die er gar nicht
kannte, und die ihm auch zufolge der Erhebungen
keine Veranlassung geboten hatten; als er aber durch
die Verweigerung der Getränke noch mehr erregt wurde,
da dehnte er seine Schmähungen in der früher angegebenen Weise wohl weiter aus, vermengte und ver-
webte jedoch mit denselben seine durch die Geisteskrankheit erzeugten Ideen; denn inmitten der ausge-
stossenen Schimpfworte erwähnte er der Teufel, die er
überwältigen muss, weil sie des Kaisers Krönung verhindern, nennt sich abermals Petrus, warnt die Menschen vor Verführung und endet nicht früher, als bis
man ihn gewaltsam aus der Stube entfernte.

Erwägt man diese ganze Handlungsweise des M., und berücksichtigt man auch dessen Benehmen bei seiner Einvernahme, wo er gleichfalls die ihn beschäftigenden Ideen stets in seine Antworten einwebte, so ergibt sich: dass der Angeklagte die früher berührten Schmähungen in einem während seiner Geisteskrankheit intercurrirenden tobsüchtigen Anfalle gelinderen Grades ausgestossen hat, und somit dessen, was er sprach und that, gänzlich unbewusst war.

Zurechnungsfähigkeit eines epileptischen Stumpfsinnigen.

Neunundzwanzigster Fall. In der Nacht vom 6. zum 7. Dezember hatte sich der Schneider M. mehreren Wachtmannschaften thätlich widersetzt und sie beleidigt. Die ärztlichen Zeugnisse über ihn veranlassten eine gerichtsärztliche Exploration. Es wurde die Frage vorgelegt, ob und in welchem Grade M. für zurechnungsfähig zu erachten. Es hiess in dem

Gutachten.

M. stellt sich auf den ersten Blick sogleich höchst auffallend dar. Seine Stirn ist hoch, aber flach, sein Blick leblos, sein Gang schwankend, seine Haltung unsicher. Am rechten Scheitelbein hat er eine alte, einen Zoll lange Narbe und darüber einen noch frischen Schorf, angeblich und auch sehr wahrscheinlich von einem kürzlich erlittenen Fall. Ein beständiges albernes Lächeln in der Unterhaltung, mehr aber noch die Art, wie M. sich ausdrückt, lassen, in Verbindung mit dem Ursprunge seines Leidens, keinen Zweifel über die noch näher zu bezeichnende Beschaffenheit seiner Intelligenz. Derselbe gibt nämlich an, schon seit seiner Kindheit an epileptischen Krämpfen gelitten zu haben und schwerhörig zu sein. Letzteres bestätigt die Unterhaltung mit ihm, und ist er namentlich auf dem rechten Ohr ganz taub, auf dem linken sehr schwerhörig. Ueber die lange Dauer seiner Epilepsie und den hohen Grad derselben bei ihm kann ein Zweifel nach den vorliegenden ärztlichen Zeugnissen nicht obwalten. Namentlich bezeugt der Hausarzt des Arbeitshauses, dass M. täglich von epileptischen Krämpfen befallen werde, besonders zur

Nachtzeit. Wenn es nun bekannt ist, wie leicht viele
Jahre bestandene Epilepsie, und besonders ihre höheren
Grade, wozu ein Fall gerechnet werden muss, in welchem sich die Krämpfe täglich und besonders zur Nachtzeit einstellen, die damit Behafteten zu Geistesschwäche
und wirklichem Blödsinn führt, so bestätigt sich diese
Erfahrung auch an dem Exploraten. Derselbe war nicht
im Stande, genau sein Alter anzugeben, das er nur auf
42 Jahre schätzte, obgleich er angibt, 1798 geboren
zu sein, und die laufende Jahreszahl (1842) kennt.
Auf das Vorhalten, dass die Rechnung nicht stimme,
erwiderte er mit seinem gewohnten Lächeln und jedesmal (wie es alle derartigen Menschen zu thun pflegen)
die ihm vorgelegten Fragen wiederholend, „das sei
nicht seine Schuld, er vermöge dies nicht auszurech-
nen". Es hält überhaupt schwer, die einfachsten Fragen dem M. verständlich zu machen, wie es auch nicht
leicht ist, seine unklaren, hervorgestotterten Antworten
zu verstehen. Es war nicht zu ermitteln, wie alt seine
beiden gestorbenen Kinder geworden seien, und ver-
wickelte er sich hier, nach der Dauer seiner Ehe
und dem Geburtsjahr der Kinder befragt, in die
seltsamsten Widersprüche, sich zuletzt immer wieder
sehr charakterisch und gewöhnlich darauf beziehend,
dass seine Frau dies Alles sagen könne. Auf die Frage
nach dem Geschlecht seiner Kinder antwortete er zuerst: es wären nur ganz kleine Kinder gewesen, und erst
als man ihn noch deutlicher fragte, ob es Knaben oder
Mädchen gewesen, beantwortete er die Frage nach einigem Besinnen. Auch den Vaternamen seiner Frau vermochte er nicht anzugeben und meinte, wenn diese
nur anwesend wäre, sie würde ihn wohl wissen. Befragt,
wie er dazu gekommen, sich einer Wache zu widersetzen,
äusserte er: wer ihm etwas anhaben wolle, den griffe
er wieder an, über die näheren Vorgänge der inkrimi-
nirten That vermochte er aber gar nichts anzugeben,
so wenig als er im Stande war, etwas Gesetzwidriges
darin zu erkennen. Es unterliegt nach allem Diesem
keinem Zweifel, dass M. ein vollkommen hülfloser, höchst
geistesschwacher, stumpfsinniger Mensch ist, der bei
noch fernerer jahrelanger Dauer seiner Epilepsie höchst

wahrscheinlich in den höchsten Grad geistiger Schwäche, in den wahren Blödsinn, verfallen dürfte, und der schon jetzt, und höchst wahrscheinlich demnach seit längerer Zeit nicht mehr fähig ist, die Folgen seiner Handlungen zu überlegen, und es wurde demnach die vorgelegte Frage dahin beantwortet, dass M. für unzurechnungsfähig zu erachten sei, und wahrscheinlich schon zur Zeit der That sich in einem unzurechnungsfähigen Zustande befunden habe.

Anklage wegen Mordversuch und Brandlegung; Sinnesverwirrung mit intercurrirenden tobsüchtigen Anfällen.

Dreissigster Fall. Anton K., 30 Jahre alt, cholerischen Temperaments, schwächlich gebaut, stammt von gesunden Eltern, von denen der Vater Bergmann ist. In der ganzen Familie nicht die geringste Spur einer Geistesstörung. In früher Jugend litt K. an einem Augenübel, von welchem seine jetzige Kurzsichtigkeit stammt; durch sieben Jahre lernte er in der Schule lesen, schreiben und rechnen; er wurde als Schulknabe oft wegen Baumbeschädigung abgestraft; er ging auf alle Begräbnisse; seine Lieblingsbeschäftigung war Läuten auf dem Glockenthurme. Im fünfzehnten Jahre wurde er zu einem Töpfer in die Lehre gegeben, von wo er nach einigen Wochen als arbeitsscheu und boshaft weggejagt wurde. Nun kam er zu einem Tischler, von wo er wegen zu grosser Esslusst entlassen wurde, worauf er sich zu Botendiensten und leichten häuslichen Beschäftigungen verwenden liess.

So hatte er Musse gewonnen, viele Bücher, namentlich geographischen und geschichtlichen Inhalts, die er sich auf alle mögliche Weise zu verschaffen suchte, zu lesen, und da er ein sehr gutes Gedächtniss besitzt, hat er auch viel vom Gelesenen behalten. So merkte er sich eine Menge Spottgedichte, gewann selbst eine Fertigkeit, Gesänge und Spottlieder zu ersinnen, und ward oft aufgefordert, über Das oder Jenes ein Lied zu machen. Trotzdem hielt man ihn, da er ein sehr kindisches Benehmen hatte, allgemein für blödsinnig, und er hatte von Kindern und Erwachsenen viele Neckereien zu erdulden.

Durch das Lesen der Bücher wurde in ihm der
Wunsch rege, Städte und Länder zu sehen, welches Verlangen nach und nach so zunahm, dass er demselben
nicht widerstehen konnte. Seinen ersten Ausflug machte
er 1840, ohne Jemanden etwas zu sagen, nach P., als
die neuen Glocken dort aufgezogen wurden, kam aber
wieder zurück. Hierauf reiste er nach Prag, von wo er
als passslos abgeschoben wurde. 1845 ging er nach Salz-
burg, wo er ebenfalls aufgegriffen und nach M. abgeschoben wurde. Auf dem Transporte stiess er die Drohung
aus, seine Vaterstadt an sieben Punkten anzünden zu
wollen, da sie die Veranlassung sei, dass er nicht reisen
dürfe. Beim Verhör darüber sagte er: „Ich habe es gesagt,
weil ich im Zorne war, ich weiss aber, dass es eine
Sünde und verboten ist, ich werde es nicht thun."

In M. angelangt, wollte er das Haus der M.'schen
Eheleute, die ihn einmal Vieh gescholten hatten, am
1. April 1845 anzünden. Er ging in das Zimmer, wo
die zwölfjährige Tochter war, und als diese ihn ersuchte, er möge ihr etwas vorsingen, sagte er: „Lass
mich, ich habe etwas Anderes im Kopfe, das Haus muss
brennen, warum hat man mich auf den Schub geschickt";
— zog ein Päckchen Zündhölzchen aus der Tasche und
zündete eine Lampe an. Von den herbeigeholten Leuten
aus dem Hause geschafft, verschenkte er die mitgebrach-
ten Zündhölzchen, und versteckte das gleichfalls mit-
gebrachte Kienholz in das Kellerloch des Posthauses.

Beim Verhör äusserte er sich: „Ich habe den Gedanken gehabt anzuzünden, weil der Schustermichl auf
mich böse ist; dann ist mir aber in Gedanken gekommen, es nicht zu thun, und so habe ich es auch nicht
gethan, und weil ich mich gefürchtet habe, sie könnten
es ausplaudern und mich visitiren, so habe ich das Kienholz versteckt und dieZündhölzchen verschenkt." Auf die
Frage, ob er Freude an dem Feuer habe, erwiderte er:
„Ich spiele gerne mit Zündhölzchen, und zündete gerne,
so wie ich das Feuer von der Stadt Hamburg aufgemalt
gesehen habe und wie ich es in K. brennen sah, und weil
ich dann einsah, dass es auch in M. so werden könnte, so
ist es mir beigefallen, dass ich nicht anzünden darf. Ein
solcher Gedanke, dass ich anzünden soll, wird mir nicht

wieder kommen, und wenn es mir beifällt, so werde ich denken, ich darf es nicht thun, denn ich weiss, dass man so Etwas nicht thun darf."

Bei dieser Untersuchung ergab es sich auch, dass Anton K. schon im November 1844 ein an das Haus seiner Eltern angrenzendes Lusthäuschen anzünden wollte, und schon Zündhölzchen und Kienholz zubereitet hatte, wobei er immer ausrief: „Sakerment, das wird brennen". Er wurde aber ertappt und von seiner Mutter bestraft. Hierüber sagte er: „Ja, ich wollte es aus Spass anzünden, weil viel Stroh auf dem Dache war, ich werde aber nicht mehr anzünden, da ich weiss, dass es verboten ist; wenn mich aber Einer zornig machen wollte, so werde ich es doch thun." Als man ihm hierauf die Vorstellung machte, das er ja dadurch auch Andere, die ihm nichts gethan haben, unglücklich machen würde, meinte er: „Ich denk' halt, dass, wenn es windstill ist, nur ein oder ein paar Häuser abbrennen und nicht alle. Dann habe ich nur gehört, dass Fluchen eine Sünde ist; dass Feuersgefahr auch eine Sünde ist, habe ich nie gehört, aber jetzt begreife ich es, dass ich so Etwas auch nicht thun darf. Ich möchte nur in die Welt, das wäre meine Freude, dann möchte ich nichts anstellen."

Er soll sich später noch mehrere Branddrohungen erlaubt haben, und stand auch im Verdacht der Ausführung, doch sichergestellt wurde hierüber nichts. Im Jahre 1851 drohte er abermals das Haus des Bindermeisters B. anzuzünden, welche Absicht er laut äusserte. Arretirt, sagte er zu dem ihn festnehmenden Gendarmen, dass er das Haus des B. anzünden müsse, weil ihn dieser am Reisen verhindert habe. Bei dieser Gelegenheit wurden auch wirklich Zündhölzchen bei ihm gefunden und ihm abgenommen. Nach zehnwöchentlicher Untersuchung wurde er aus dem Verhafte entlassen.

Aus der Untersuchungshaft herausgekommen, war er Willens, nach M. zu gehen, hielt sich jedoch noch zuvor in einem Wirthshause zu P. auf, um ein Glas Bier zu trinken. An dem Tische, wo er sass, waren noch zwei andere Personen. Diese sollen nun davon gesprochen haben, dass K. schon mehrere Male M. anzünden wollte, weil man ihn nicht in die Welt hinauslasse, welches Gespräch übrigens von allen Zeugen in Abrede gestellt wird, welche darin übereinstimmen, dass sich gar Niemand um den K. gekümmert, ja dass ihn selbst Niemand gekannt habe.

Ueber diese angeblichen Reden und Sticheleien gerieth K. seiner Angabe nach in einen solchen Zorn, dass er ein Messer, welches er sich von seinem Tischnachbar ausgeliehen hatte, ergriff, mit Zurücklassung seiner Mütze auf die Gasse hinausstürzte, und mit dem Rufe: „Es muss eine Mordthat geschehen!" die Strasse entlang lief, und eine daherkommende Frau durch einen Stich mit dem Messer in die Schläfegegend, jedoch glücklicherweise nur leicht verletzte, da diese eine ausweichende Bewegung gemacht hatte. Von einigen auf der Strasse befindlichen Männern angehalten, schrie er in Einem fort: „Ich muss M. anzünden; wenn sie mich nicht in's Narrenhaus geben, muss ich ihnen ihre Stadt anzünden." Dabei wühlte er in den Haaren, knirschte mit den Zähnen und focht mit ausgebreiteten Armen und geballten Fäusten in der Luft herum. In das Gefängniss abgeführt, sagte er: „Die Stadt M. habe ihn einsperren lassen, und er sei deshalb so in Wuth gerathen, dass es ihm vorgekommen sei, er müsste den ersten Besten erstechen, der ihm in Wurf kommt, und bemerkte auch weiter, dass, wenn er nach M. zurückkömmt, er doch die Stadt wieder anzünden werde."

Beim Bezirksgerichte wiederholte er diese Aussagen und antwortete auf die Frage, ob er die Frau todtschlagen wollte, mit Ja. Später gab er an, nicht die Absicht gehabt zu haben, Jemanden zu ermorden, er habe nur im Zorne mit den Händen herumgeschlagen, und auf diese Art die Frau mehr zufällig getroffen; beim Bezirksgerichte hätte er nur deshalb angegeben, er habe die Absicht gehabt, die Frau zu erstechen, weil er sich vor ihr fürchtete, und ihrer Aussage, dass er sie wirklich habe erstechen wollen, nicht widersprechen mochte. In einem noch späteren Verhöre gab er wieder an, dass er, um die reine Wahrheit zu gestehen, die Absicht gehabt habe, den ersten besten Menschen zu erstechen, möge er todt bleiben oder nicht. Ferner gesteht er auch zu, dass, falls er nach Hause gekommen wäre, er

die Stadt M. jedenfalls angezündet hätte, da er auf dieselbe sehr erbost sei.

Gutachten.

Fasst man die aus dem Leben und dem Handeln des
A. K. sich ergebenden Momente näher in's Auge, und verfolgt man seinen Lebenslauf bis zu dessen ersten Aeusserungen, so sieht man den Inkulpaten durch einen bei
derartigen Leuten ungewöhnlich langen Zeitraum von
sieben Jahren die Schule besuchen; findet, dass er dieselbe mit Liebe und Fleiss besucht haben musste, da er
sich nicht nur genaue Kenntnisse des Lesens, Schreibens
und Rechnens angeeignet hatte, sondern zufolge des
Zeugnisses des Dechantes auch im Religionsunterrichte
gut bewandert war, und nur stets Zeichen eines heftigen,
zornigen Gemüthes gegeben hatte.

Der Schule entwachsen kam er zu einem Töpfer,
dann zu einem Tischler in die Lehre, von denen er aber
bald wegen angeblicher Arbeitsscheu entlassen wurde.
Was ihn aber zur Erlernung des Gewerbes untauglich
erschienen liess, und ihm die Zufriedenheit seiner Lehr-
herrn verscherzte, mag nicht so sehr Arbeitsscheu, als
Unzufriedenheit und Unlust zu der betreffenden Art der
Arbeit, namentlich der eines Töpfers und Tischlers gewesen sein. Sein Streben und Trachten war auf eine andere
Art von Beschäftigung gerichtet, dies beweist sein Bemü-
hen, sich Bücher zu verschaffen und dieselben eifrig zu
lesen; dass er dieselben nicht mechanisch durchblätterte,
sondern dass er den Inhalt aufmerksam gelesen haben
musste, dafür spricht das Imgedächtnissbehalten des Gelesenen, das Memoriren ganzer Lieder und Gesänge, und
die Aussage der untersuchenden Aerzte, dass er bemerkenswerthe Kenntnisse in der Geographie, der Geschichte
und im Rechnen dargeboten habe. Doch mögen manche
dieser Bücher, die er so eifrig las, seinen Vorkenntnissen
und seinen Anlagen nicht entsprechend gewesen, von
ihm nicht gehörig begriffen und verstanden worden sein.
Statt ihn zu belehren und seinen Verstand aufzuklären,
mögen dieselben vielmehr seinen Geist in mancher Beziehung verwirrt, ihm eine von der normalen abweichende
Richtung gegeben haben, und dadurch auch die Veran-

lassung geworden sein, dass K. ein von dem Benehmen anderer Menschen abweichendes und auffallendes Betragen annahm, wodurch er sonderbar und vielleicht auch lächerlich erschien. Dass dies der Fall war, beweisen die vielen Neckereien, die er von Gross und Klein zu erdulden hatte, und auch der Umstand, dass er schon in seiner früheren Jugend von seiner Umgebung für verrückt gehalten wurde.

Mit besonderer Vorliebe las K. Bücher geschichtlichen und geographischen Inhalts; leicht erklärlich ist es, dass bei seinem regen Temperamente, bei den ungewöhnlichen Vorstellungen, die er sich vermöge seiner einseitigen Ausbildung von fremden Städten und Ländern gemacht haben mochte, seine Neugierde gestachelt wurde, dass das Verlangen in ihm rege wurde, die gelesenen Wunderdinge selbst zu schauen, sich durch eigenen Augenschein hiervon zu überzeugen. Dieses Verlangen, welches durch seine sonstige Beschäftigungslosigkeit, durch das lieblose Benehmen und die Neckereien seiner Umgebung noch mehr Nahrung erhielt, gewann, wie es erfahrungsgemäss nicht selten geschieht, auch bei K. eine solche Macht und Stärke, dass er demselben nicht widerstehen konnte, und mit mächtigen Banden hinausgezogen wurde.

Wir sehen ihn im Jahre 1840, in einem Alter von 19 Jahren, ohne dass er gegen Jemand etwas hiervon geäussert hätte, heimlich eine Reise nach P. machen, von der er aber zurückkehrte. Als ihm dies gelungen war, dehnte er seinen Plan weiter aus, und reiste nach Prag, wurde jedoch als passlos aufgegriffen und mit Schub zurückbefördert.

Zufolge des bekannten Erfahrungssatzes, dass ein schon an und für sich lebhaftes Begehren durch entgegengestellte Schwierigkeiten und Hindernisse nur noch mächtiger und reger wird, gewann auch die Reiselust des K. in Folge dieser abermaligen Verhinderung an Stärke und Gewalt. Es wurde dieses Verlangen nach und nach über alle anderen Vorstellungen und Gefühle so überwiegend, dass sich sein ganzer Ideenkreis in demselben conzentrirte, dass er Alles, was ihm in dieser Beziehung ein Hinderniss in den Weg stellte, hasste und wegzuräumen trachtete. Es wurde durch die Mächtigkeit derselben jede andere unbefangene Anschauungsweise verdrängt, sowie auch die darauf bezüglichen Urtheile und Schlüsse in ihrer Klarheit getrübt, mit einem Worte, es zeigten sich die ersten Anzeichen einer auftretenden Geisteskrankheit.

Dass dem auch so war, beweist der Umstand, dass wir bei dieser Gelegenheit bei K. auf die erste auffallend fehlerhafte Vorstellung, auf das erste irrige Urtheil stossen.

Um sich wegen seiner Reiseverhinderung zu rächen, will er die Stadt M. anzünden, da er doch wissen konnte, dass nur die Salzburger und nicht die M . . . Behörde seine Verhaftung und Abschiebung veranlasst hatte, und die letztere von seinem Aufenthalte gar nicht in Kenntniss war.

Durch eine derartige Branddrohung und vielleicht auch Brandanlegung glaubte er seinen Wunsch, in die Welt zu gehen, erreichen zu können, nicht einsehend, dass die Folgen dieser Handlungsweise ihn daran noch mehr hindern mussten. Nach M. zurückgebracht, von mehreren Seiten geneckt, verspottet und verhöhnt, entsteht in ihm der Gedanke, das Haus der E.'schen Eheleute, von denen er sich gleichfalls beschimpft wähnt, anzuzünden. Er geht, wie wohl kein Vernünftiger in ähnlicher Absicht gehandelt haben würde, in das Haus, und gesteht der zwölfjährigen Tochter offen und frei, dass er dasselbe anzünden müsse, weil man ihn auf den Schub geschickt habe, und vor Gericht gesteht er auch augenblicklich zu, dass er die Absicht gehabt habe, Feuer anzulegen.

Doch war trotz dieses bereits auffallenden Benehmens das Bewusstsein seiner Handlungsweise und das Erkennen der Folgen derselben in ihm noch nicht völlig untergegangen, noch tauchte der Gedanke, dass er unrecht handeln würde, in ihm auf, und hielt ihn von seinem Vorhaben zurück; daher sagte er auch: „Ich habe den Gedanken gehabt, anzuzünden, weil der Schustermichl auf mich böse ist; dann ist mir aber der Gedanke gekommen, es nicht zu thun, und so habe ich es auch nicht gethan. Ich weiss, dass es eine Sünde ist, und werde

es nicht thun;" und weiters: „Ein solcher Gedanke,
dass ich anzünden soll, wird mir nicht mehr kommen,
und wenn es mir beifällt, so werde ich denken, ich
darf's nicht thun." Ein klarer Beweis, dass das Verlangen sich zu rächen, schon mit Mächtigkeit rege,
dass er aber mit sich selbst im Kampfe war, und dass
das Gefühl und das Erkennen des Unrechthandelns für
diesmal noch den Sieg davontrug.

Doch auch diese geringe Willensfreiheit, die K.
noch besass, ging bald gänzlich verloren. Nachdem er
abermals seinem Drange zu reisen nachgegeben, fasste
er neuerdings, in der Meinung, der Bindermeister B.
stellte ihm gleichfalls bezüglich der Erreichung seines
Wunsches Hindernisse in den Weg, den Entschluss,
das Haus desselben anzuzünden, gab aber diesen Vor-
satz, wie es wohl kein Vernünftiger gethan hätte, der
mit einer ähnlichen Absicht umgegangen wäre, laut
kund.

Als er wegen dieser neuerlichen Branddrohung
eingezogen und in das Gefängniss abgeführt wurde, da
sah er das Unrecht seines Handelns und die Folgen
desselben nicht mehr ein, da war keine innere Stimme
mehr vorhanden, die ihn von der Ausführung seines
Planes zurückgehalten hätte, er sagte geradezu, er müsse
das Haus des B. anzünden, da dieser ihn am Reisen
hindere; ein Beweis, dass seine Vorstellungen und Gefühle, seine Urtheile und Schlüsse an Fehlerhaftigkeit
zugenommen hatten, dass seine physische Willensfreiheit
aufgehoben und die Sinnesverwirrung demnach bereits
zu einem bedeutenden Grade gediehen war.

Nun kam er in das Gefängniss und war durch
zehn Wochen verhaftet, wodurch seine schon zerrütte-
ten Geisteskräfte noch mehr ergriffen, seine Sinne noch
mehr verwirrt wurden. Der Gedanke, sich an denen
zu rächen, die ihn zur Haft gebracht, und an der Erreichung seines sehnlichsten Wunsches gehindert hatten, gewann durch die Einsamkeit und völlige Beschäftigungslosigkeit im Verhafte an Stärke, und beschäftigte
ihn nun ausschliesslich.

Von da entlassen geht er, bevor er sich nach Hause
begibt, in ein Gasthaus. Obgleich durch die Zeugen-

aussagen sichergesellt ist, dass Niemand von den daselbst anwesenden Personen eine ihn betreffende Aeusserung gethan hatte, dass sich Niemand um ihn kümmerte, ja, dass man ihn nicht einmal kannte, wähnte er dennoch zu hörēn, wie sich die Leute über ihn lustig machten, wie sie erzählten, dass er schon mehrere Male die Stadt M. aus dem Grunde habe anzünden wollen, weil ihn sein Vater nicht reisen lasse. Offenbar war dies eine Gehörstäuschung, wie sie bei Geisteskranken und namentlich bei solchen, die eine bestimmte Idee vorzugsweise beschäftigt, häufig beobachtet wird. Durch dieselbe, seinem eigenen Ausdrucke nach, in Wuth gebracht, stürzt er bewaffnet mit einem Messer und mit dem Ausrufe: „Eine Mordthat muss geschehen!" auf die Strasse hinaus, und verwundet eine zufällig daherkommende, ihm ganz unbekannte Frau. Aufgehalten schreit er: „M. muss brennen", wühlt mit den Händen in den Haaren, knirscht mit den Zähnen und schlägt wild in der Luft herum; genug der Zeichen, um zu erkennen, dass dies ein maniakischer Anfall war, wie er bei allen Formen von Geisteskrankheiten häufig genug intercurrirt.

Wie es in der Regel zu geschehen pflegt, ward auch K. nach dem heftigen tobsüchtigen Anfalle wieder ruhig und gelassen, doch deutet auch noch sein ferneres Benehmen auf einen bedeutenden Grad der Sinnesverwirrung.

Vor Gericht einvernommen, gibt er anfänglich zu, die Absicht gehabt zu haben, Jemanden zu erstechen, dann läugnet er es, und gibt als Entschuldigung seiner früheren Angabe den nichtigen Grund, dass er der Aussage der verwundeten Frau nicht widersprechen wollte; in einem dritten Verhöre gesteht er aber wieder zu, den Entschluss gefasst zu haben, Jemanden zu tödten, antwortet auf alle Fragen, auch auf solche, die er gar nicht verstehen und begreifen konnte, z. B. ob er wisse, dass ein Stich in die Schläfegegend unter Umständen tödtlich werden könne, mit Ja, und versicherte noch beim Verhöre, dass er, wenn er nach M. gekommen wäre, die Stadt jedenfalls angezündet hätte, da er auf dieselbe sehr erbost sei.

Fasst man den ganzen Thatbestand zusammen, unterzieht man alle aus dem Angeführten sich ergebenden Momente einer genauen, sorgfältigen Würdigung, so ist wohl kein Zweifel vorhanden, dass Anton K. an Sinnesverwirrung mit intercurrirenden tobsüchtigen Anfällen leidet, und dass seine ganze Handlungsweise nur der Ausdruck dieser Geisteskrankheit gewesen ist. Nicht zu übersehen ist es jedoch, dass K. zufolge der Beschaffenheit seiner Krankheitsform und seines gefährlichen Hanges, Brand zu legen, welchem er auch bei der ersten sich darbietenden Gelegenheit die Ausführung folgen liesse, ein für die menschliche Gesellschaft äusserst gefährliches Individuum, demnach stets unter genauer Aufsicht zu halten ist, und am zweckmässigsten in einer Irrenanstalt untergebracht werden dürfte.

Kindesmord, begangen im Delirium während des Puerperiums.

A. N., 25 Jahre alt, ledig, Taglöhnerin, genoss eine mangelhafte Erziehung, besuchte die Schule unordentlich und machte nur geringe Fortschritte. In der Familie keine Spur von Geisteskrankheit. Die Menstruation trat im fünfzehnten Jahre ein, und war stets von Kopfschmerzen und einer Reizbarkeit des Gemüthes begleitet, in welchem Zustande die N. zerstreut und eigensinnig erschien. Im 25. Jahre wurde sie zum ersten Male schwanger, verheimlichte ihren Zustand gegen Niemand, sondern traf Vorbereitungen zum Empfange des Kindes. Am 25. Mai, zu einer Zeit, wo in der Umgebung und dem Wohnorte selbst Typhus und Puerperalkrankheiten herrschten, gebar A. N. ein Mädchen. Die Geburt war langwierig, schwer, regelmässig, und veranlasste einen $1/_2$ Zoll langen Dammriss. Acht Tage nach der Entbindung bekam die Wöchnerin Kopfschmerzen, verlor den Appetit und hatte wenig Milch. Dieser Zustand wurde ihr in der unruhigen, mit Menschen überfüllten Wohnung ihrer Tante lästig, dass sie bei ihrem in demselben Orte wohnenden Onkel eine andere Unterkunft suchte. Man räumte ihr eine abgesonderte, niedrige, dunkle, kalte, schlecht verwahrte Kammer ein, wo sie besonders Nachts viel Kälte er-

Einunddreissigster Fall.

duldete. So nahmen Kopfschmerzen, Appetitlosigkeit, Schwäche zu, es traten Ohrensausen, Durst, Eingenommenheit des Kopfes ein, ohne dass sie jedoch Hilfe nachgesucht hätte. Von allen Zeugen wird bestätigt, dass sie ihrem Kinde sehr zugethan war, und dass sie dasselbe mit Aufopferung pflegte.

Unter diesen Verhältnissen kam der 6. Juni heran, an welchem Tage Nachmittag die Zeugin A. Z. die A. N. am Bette sitzend, ungewöhnlich geröthet, sonst jedoch ruhig vorfand. Am 7. Juni früh hörte der in der Nebenstube schlafende J. N. die A. N. mit voller Kraft singen, schreien, an den Fenstern trommeln. Er ging in ihre Kammer, wo sie hastig hin und her schritt, und ermahnte sie ruhig zu sein. Der Zustand kam dem J. N. auch sonst bedenklich vor, er begab sich in die frühere Wohnung der A. N., und ersuchte die Leute, sie möchten selbe wieder zurücknehmen, da er eine hitzige Krankheit bei ihr befürchte. Als er gegen sieben Uhr nach Hause kam, trat ihm A. N. mit rollenden Augen und geröthetem Gesichte entgegen und sagte: „Ich habe mein Kind umgebracht", fing wieder an zu singen, im Zimmer herumzugehen, ohne auf gestellte Fragen zu antworten, dabei sah J. N. das Kind mit fest um den Hals gelegtem Wickelbande todt am Bette liegen.

Die herbeigeholten Aerzte fanden die Thäterin unruhig auf- und abgehen, das Gesicht sehr geröthet, die Augäpfel glänzend, aus den Höhlen hervortretend, die Bindehäute injicirt, Blick stier und unstät; sie sang oder schrie vielmehr Bruchstücke der verschiedensten Lieder und sinnlose Worte durcheinander, ahmte die Töne einer Trommel nach, wobei sie mit den Händen heftig gestikulirte. An sie gestellte Fragen beantwortete sie nur theilweise und unvollkommen, aber ziemlich richtig. Zunge belegt, an der Spitze trocken, Athem beschleunigt, Puls 130, Unterleib gespannt, über der Symphyse und in den Leisten beim Drucke empfindlich, Haut heiss, seit zwei Tagen kein Stuhl. A. N. wurde gleich in's Gefängnissspital aufgenommen, kalte Umschläge auf den Kopf, Einreibungen von Ungu. ciner. in die untere Bauchgegend, innerlich Infus. Sennæ c. Sal. amar. ordinirt. Am 8. Juni war die Kranke ruhi-

ger, Fieber mässig, Kopfeingenommenheit und Ohrensausen dauern fort. Am 9. und 10. steigerten sich alle
Symptome, in der unteren Bauchgegend undeutliche
Fluctuation, bis drei Querfinger unterhalb des Nabels
gedämpfter Perkussionsschall. Vom 13. Juni an Besserung. Am 23. Juni erstes Verhör.

A. N. gibt an, sich weder der Ereignisse jener Nacht,
noch der Handanlegung an ihr Kind, noch sonst eines
Umstandes zu erinnern, und behauptet, erst dann zur
Erkenntniss ihrer Lage und Umgebung gekommen zu
sein, als sie sich bereits im Spitale befand; wie lange
sie aber daselbst untergebracht gewesen, ehe sie zur
Besinnung kam, gibt sie gleichfalls an nicht zu wissen.

Obduction des Kindes: Hautaufschürfung an der linken Wange und Oberlippe, der Mitte des linken Schei-
telbeins entsprechend eine hühnereigrosse, teigige, fluc-
tuirende Geschwulst; am Halse und am Nacken eine
zirkelförmige, pergamentartige, vertrocknete, blutroth-
gefärbte Blutunterlaufung; das linke Scheitelbein an
seinem obern und hintern Theile in der Länge von
2 Zoll gebrochen, auf und unterhalb desselben viel geronnenes Blut angesammelt; Zeichen des Stickflusses.

Gutachten.

Unterwirft man alle aus den vorliegenden Erhebungen hervorgerufenen Momente einer genauen Würdigung, so unterliegt es keinem Zweifel, dass A. N.
sowohl vor, als auch während und nach der Tödtung
ihres Kindes an einer, im Verlaufe des Wochenbettes
aufgetretenen Entzündung der Unterleibsorgane, d. h.
am sogenannten Kindbett- oder Puerperalfieber erkrankt
war. Obgleich es sich aus der etwas mangelhaften Beschreibung der Aerzte nicht entscheiden lässt, ob eine
Entzündung des Bauchfells oder der Gebärmutter oder
aber beider Organe vorhanden war, so wird doch das
Vorhandensein einer Puerperal-Erkrankung durch die
schon einige Tage nach der Entbindung aufgetretenen
Erscheinungen, als: Abgeschlagenheit, Kopfschmerz,
Appetitmangel bei vermehrtem Durst, Verlust der Milch,
ungewöhnliche Röthe des sonst bleichen Gesichtes, namentlich aber durch das von den untersuchenden Aerzten

wahrgenommene bedeutende Fieber, die Empfindlichkeit im Unterleibe und die bei der Perkussion beobachtete Dämpfung des Tones in der unteren Bauchgegend erhärtet.

Im Verlaufe eines Puerperalfiebers gehört es keineswegs zu den Seltenheiten, dass das Gehirn, wenn es auch ursprünglich nicht an der Erkrankung partizipirt, dennoch beim weiteren Vorschreiten des Krankheitsprozesses in Mitleidenschaft gezogen wird, die sich sodann durch Störungen der Seelenthätigkeit der verschiedensten Art und durch Delirien kundgibt. Auch im gegenwärtigen Falle unterliegt es keinem Zweifel, dass bei der A. N. im Verlaufe des Puerperalfiebers ein derartiges Delirium aufgetreten war, welches sich durch ein ganz ungewöhnliches Benehmen dieser sonst ruhigen Person, nämlich durch Schreien, Singen, Trommeln, vermehrte Hitze, rollende, injicirte Augen, hastige Bewegungen, verbunden mit einer heftigen Aufregung des gesammten Gefässsystems charakterisirte, nach Mitternacht am 7. Juni beginnend, den ganzen Tag andauerte, und erst den nächsten Tag nach eingeleiteter, entsprechender Behandlung nachliess.

Delirien, welche im Verlaufe einer körperlichen Krankheit auftreten, haben ganz dieselbe Bedeutung und Wirkung, wie eine Geisteskrankheit, indem sie gleich dieser den Gebrauch der Vernunft und die Freiheit des Willens aufheben; und alle Handlungen, die in einem solchen Zustande verübt werden, sind somit ebenso wie bei einem Geisteskranken von dem Gebiete der Zurechnungsfähigkeit ausgeschlossen. Da es nun sichergestellt ist, dass dieses zufolge des früher Erwähnten wirklich vorhanden gewesene Delirium bei der A. N. schon vor Tödtung ihres Kindes aufgetreten war, da sie schon nach Mitternacht zu toben und zu lärmen anfing, die Zeichen desselben auch unmittelbar nach verübter That in den rollenden, injicirten Augen, dem verstörten Wesen, unzusammenhängenden Singen und der Aufregung des gesammten Gefäss- und Nervensystems deutlich zu erkennen sind, so unterliegt es keinem Zweifel, dass A. N. ihr Kind im Delirium, somit in einem geistesunfreien und unzurechnungsfähigen Zustande getödtet hat.

Viertes Kapitel.

Untersuchung an Todten.

(Gerichtliche Thanatologie.)

§. 76.

Gesetzliche Bestimmungen.

Allg. Strafgesetz. §. 85. Andere boshafte Beschädigungen eines fremden Eigenthumes sind als Verbrechen der öffentlichen Gewaltthätigkeit anzusehen, wenn entweder: — — — *b)* daraus eine Gefahr für das Leben, die Gesundheit, körperliche Sicherheit von Menschen oder in grösserer Ausdehnung für fremdes Eigenthum entstehen kann.

§. 86. — — — Hatte endlich eine solche Beschädigung den Tod eines Menschen zur Folge, und konnte dieses von dem Thäter vorhergesehen werden, so soll derselbe mit dem Tode bestraft werden.

§. 126. Hat das Verbrechen (Nothzucht) den Tod der Beleidigten verursacht, so tritt lebenslänglicher schwerer Kerker ein.

§. 134. Wer gegen einen Menschen, in der Absicht, ihn zu tödten, auf eine solche Art handelt, dass daraus dessen oder eines anderen Menschen Tod erfolgte, macht sich des Verbrechens des Mordes schuldig; wenn auch dieser Erfolg nur vermöge der persönlichen Beschaffenheit des Verletzten oder bloss vermöge der zufälligen Umstände, unter welchen die Handlung verübt wurde, oder nur vermöge der zufällig hinzugekommenen Zwischenursachen eingetreten ist, insofern diese letzteren durch die Handlung selbst veranlasst wurden.

§. 139. Gegen eine Mutter, die ihr Kind bei der Geburt tödtet, oder durch absichtliche Unterlassung des bei der Geburt nöthigen Beistandes umkommen lässt, ist, wenn der Mord an einem ehelichen Kinde geschehen, lebenslanger schwerer Kerker zu verhängen. War das Kind unehelich, so hat im Falle der Tödtung zehn- bis zwanzigjährige, wenn aber das Kind durch Unterlassung des nöthigen Beistandes umkam, fünf- bis zehnjährige Kerkerstrafe statt.

§. 140. Wird die Handlung, wodurch ein Mensch um das Leben kommt (§. 134), zwar nicht in der Absicht, ihn zu tödten,

13

aber doch in anderer feindseliger Absicht ausgeübt, so ist das Verbrechen ein Todtschlag.

§. 141. Wenn bei der Unternehmung eines Raubes ein Mensch auf so gewaltsame Art behandelt worden, dass daraus dessen Tod erfolgt ist, soll der Todschlag an allen Denjenigen, welche zur Tödtung mitgewirkt haben, mit dem Tode bestraft werden.

§. 143. Wenn bei einer zwischen mehreren Leuten entstandenen Schlägerei oder bei einer gegen eine oder mehrere Personen unternommenen Misshandlung Jemand getödtet wurde, so ist Jeder, der ihm eine tödtliche Verletzung zugefügt hat, des Todtschlages schuldig. Ist aber der Tod nur durch alle Verletzungen oder Misshandlungen zusammen verursacht worden, oder lässt sich nicht bestimmen, wer die tödtliche Verletzung zugefügt habe, so ist zwar Keiner des Todtschlages, wohl aber sind Alle, welche an den Getödteten Hand angelegt haben, des Verbrechens der schweren körperlichen Beschädigung schuldig, und zu schwerem Kerker von Einem bis zu fünf Jahren zu verurtheilen.

§. 144. Eine Frauensperson, welche absichtlich was immer für eine Handlung unternimmt, wodurch die Abtreibung ihrer Leibesfrucht verursacht oder ihre Entbindung auf solche Art, dass das Kind todt zur Welt kommt, bewirkt wird, macht sich eines Verbrechens schuldig.

§. 145. Ist die Abtreibung versucht, aber nicht erfolgt, so soll die Strafe auf Kerker zwischen sechs Monaten und einem Jahre ausgemessen, die zu Stand gebrachte Abtreibung mit schwerem Kerker zwischen Einem und fünf Jahren bestraft werden.

§. 146. Zu eben dieser Strafe, jedoch mit Verschärfung, ist der Vater des abgetriebenen Kindes zu verurtheilen, wenn er mit an dem Verbrechen Schuld trägt.

§. 147. Dieses Verbrechens macht sich auch Derjenige schuldig, der aus was immer für einer Absicht, wider Wissen und Willen der Mutter die Abtreibung ihrer Leibesfsucht bewirkt oder zu bewirken versucht.

§. 149. Wer ein Kind in einem Alter, da es zur Rettung seines Lebens sich selbst Hilfe zu verschaffen unvermögend ist, weglegt, um dasselbe der Gefahr des Todes auszusetzen, oder auch nur um seine Rettung dem Zufalle zu überlassen, begeht ein Verbrechen, was immer für eine Ursache ihn dazu bewogen habe.

§. 161. Ist aus dem Zweikampfe der Tod eines der Streitenden erfolgt, so soll der Todschläger mit zehn- bis zwanzigjährigem schwerem Kerker gestraft werden.

§. 335. Jede Handlung oder Unterlassung, von welcher der Handelnde schon nach ihren natürlichen, für Jedermann leicht erkennbaren Folgen, oder vermöge besonders bekannt gemachter Vorschriften, oder nach seinem Stande, Amte, Berufe, Gewerbe, seiner Beschäftigung oder überhaupt nach seinen besonderen Verhältnissen einzusehen vermag, dass sie eine Gefahr für das Leben,

die Gesundheit oder körperliche Sicherheit von Menschen herbeizuführen, oder zu vergrössern geeignet sei, soll, — — — — — —
wenn hieraus der Tod eines Menschen erfolgte, als Vergehen mit
strengem Arreste von 6 Monaten bis zu einem Jahre geahndet
werden.

§. 356. Ein Heilarzt, der bei Behandlung eines Kranken,
solche Fehler begangen hat, aus welchen Unwissenheit am Tage
liegt, macht sich, — — — — — — wenn der Tod des Kranken
erfolgte, eines Vergehens schuldig, — — — — —

§. 357. Dieselbe Bestrafung soll auch gegen einen Wundarzt Anwendung finden, der die im vorhergehenden Paragraphe erwähnten Folgen durch ungeschickte Operationen eines Kranken
herbeigeführt hat.

§. 358. Wenn ein Heil- oder Wundarzt einen Kranken übernommen hat und nach der Hand denselben zum wirklichen Nachtheile seiner Gesundheit wesentlich vernachlässigt zu haben über-
führt werden kann, so ist ihm für diese Uebertretung eine Geldstrafe von 50 bis 200 fl. aufzuerlegen. Ist daraus eine schwere Verletzung oder gar der Tod des Kranken erfolgt, der §. 335 in Anwendung zu bringen.

Hierher gehören auch die übrigen §§. von 359 bis 392, von
den Vergehen und Uebertretungen gegen die Sicherheit des Lebens.
(Siehe die weiter folgende „Vorschrift", Seite 199; §. 3, Punkt 8.)

Allg. Strafprozess-Ordnung. §. 78. Setzt die Erforschung eines zu untersuchenden Gegenstandes besondere Kenntnisse oder Fertigkeiten voraus, so sind bei der Erhebung der That
Sachverständige und zwar in der Regel zwei beizuziehen. Ist
Gefahr am Verzuge, oder handelt es sich um einen Fall von geringerer Wichtigkeit, so genügt auch die Beiziehung Eines Sachverständigen.

§. 81. Diejenigen Sachverständigen, welche vermöge ihrer
bleibenden Anstellung schon im Allgemeinen beeidigt sind, hat
der Untersuchungsrichter vor dem Beginne der Amtshandlung an
die Heiligkeit des von ihnen abgelegten Eides zu erinnern. Andere Sachverständige müssen vor der Vornahme des Augenscheines eidlich verpflichtet werden, dass sie den Gegenstand desselben sorgfältig untersuchen, die gemachten Wahrnehmungen treu
und vollständig angeben und ihr Gutachten nach bestem Wissen
und Gewissen und nach den Regeln ihrer Wissenschaft oder Kunst
abgeben wollen.

§. 82. Die Gegenstände des Augenscheins sind von den
Sachverständigen in der Gegenwart der Gerichtspersonen zu besichtigen und zu untersuchen, ausser wenn letztere aus Rücksichten des sittlichen Anstandes sich entfernen für angemessen erachten, oder wenn die erforderlichen Wahrnehmungen, wie
z. B. bei der Untersuchung von Giften, nur durch fortgesetzte
Beobachtung oder länger dauernde Versuche gemacht werden
können.

§. 83. Der Untersuchungsrichter leitet den Augenschein durch
Sachverständige. Er bezeichnet die Gegenstände, auf welche sie

13 *

ihre Beobachtung zu richten haben, und stellt die Fragen, deren
Beantwortung er für erforderlich hält. Die Sachverständigen können
verlangen, dass ihnen aus den Akten oder durch Vernehmung
von Zeugen jene Aufklärungen über von ihnen bestimmt zu bezeichnende Punkte gegeben werden, welche sie für das abzu-
gebende Gutachten für erforderlich halten. In jenen Fällen,
wo den Sachverständigen zur Abgabe eines gründlichen Gutachtens die eigene Einsicht der Untersuchungsakten unerlässlich
erscheint, können ihnen, wenn nicht besondere Bedenken dagegen
obwalten, auch die Akten selbst mitgetheilt werden.

§. 84. Die von den Sachverständigen gemachten Wahrnehmungen sind von dem Protokollführer sogleich aufzuzeichnen.
Das Gutachten sammt dessen Gründen können sie entweder sogleich zu Protokoll geben, oder sich die Abgabe eines schriftlichen Gutachtens vorbehalten, wozu ihnen eine angemessene Frist
zu bestimmen ist.

§. 85. Finden der Untersuchungsrichter, der Staatsanwalt
oder der Gerichtshof, dass das Gutachten der Sachverständigen
dunkel, unvollständig, unbestimmt, dass es im Widerspruche mit
sich selbst oder mit erhobenen Thatumständen sei, oder dass die
aus den angegebenen Vordersätzen gezogenen Schlüsse nicht folgerichtig seien, oder weichen die Angaben der Sachverständigen in
Beziehung auf die von ihnen wahrgenommenen Thatsachen erheblich von einander ab, so sind dieselben von dem Untersuchungsrichter darüber zu vernehmen, und wenn sich dadurch die Zweifel
nicht beheben, ist der Augenschein, so weit es möglich ist, mit
Zuziehung derselben oder anderer Sachverständiger zu wiederholen. Sind aber die Sachverständigen in Bezug auf das Gutachten verschiedener Meinung, so kann der Untersuchungsrichter
nach Umständen sie entweder nochmals vernehmen, oder einen
dritten Sachverständigen beiziehen, oder ein Gutachten von anderen Sachverständigen einholen. Sind die Sachverständigen Aerzte
oder Chemiker, so ist in solchen Fällen das Gutachten der medizinischen Fakultät der nächst gelegenen Universität einzuholen.
Letzteres kann auch dann geschehen, wenn der Gerichtshof wegen
der Wichtigkeit des Verbrechens die Einholung eines Facultäts-
gutachtens für die Erforschung der Wahrheit für nöthig findet.

§. 86. Wenn sich bei einem Todesfalle Verdacht ergibt,
dass derselbe durch ein Verbrechen oder Vergehen verursacht
worden sei, so muss vor der Beerdigung die Leichenschau und
Leichenöffnung vorgenommen werden. Ist die Leiche bereits
beerdigt, so muss sie zu diesem Behufe wieder ausgegraben werden, wenn nach den Umständen noch ein erhebliches Ergebniss
davon erwartet werden kann.

§. 87. Ehe zur Oeffnung der Leiche geschritten wird, ist
dieselbe genau zu beschreiben, und deren Identität durch Vernehmung von Personen, die den Verstorbenen gekannt haben, und
des etwa schon bekannten Beschuldigten ausser Zweifel zu setzen.
— — Ist aber der Verstorbene ganz unbekannt, so ist eine genaue Beschreibung der Leiche durch öffentliche Blätter bekannt
zu machen.

§. 88. Die Leichenschau und Leichenöffnung ist durch zwei Aerzte, wovon der eine auch bloss ein Wundarzt sein kann, nach den dafür gegebenen besonderen Vorschriften vorzunehmen. Der Arzt, welcher den Verstorbenen in der seinem Tode allenfalls vorhergegangenen Krankheit behandelt hat, ist, wenn es ohne Verzögerung geschehen kann, zur Gegenwart bei der Leichenschau aufzufordern.

§. 89. Das Gutachten hat sich darüber auszusprechen, was in dem vorliegenden Falle die den eingetretenen Tod zunächst bewirkende Ursache gewesen, und wodurch dieselbe erzeugt worden ist.

Nach Beschaffenheit des Falles ist daher insbesondere zu erörtern:

1. Ob nach den vorhandenen Umständen als gewiss oder wahrscheinlich anzunehmen sei, dass der Tod

a) in Folge der wahrgenommenen Verletzungen, oder

b) schon vor diesen Verletzungen, oder

c) in Folge oder durch Mitwirkung einer zu der Verletzung hinzugekommenen und von ihr unabhängigen Ursache eingetreten sei.

Wenn die wahrgenommenen Verletzungen als die Todesursache erklärt werden, so ist weiter zu bestimmen, ob

2. die dem Beschuldigten zur Last gelegte Handlung schon ihrer allgemeinen Natur nach, oder wegen der eigenthümlichen Leibesbeschaffenheit oder eines besonderen Zustandes des Verletzten, oder wegen zufälliger äusserer Umstände die Todesursache geworden sei.

Insofern sich das Gutachten nicht über alle für die Entscheidung erheblichen Umstände verbreitet, sind hierüber von dem Untersuchungsrichter besondere Fragen an die Sachverständigen zu stellen.

§. 90. Bei Verdacht einer Kindestödtung ist nebst den nach den vorstehenden Vorschriften zu pflegenden Erhebungen auch zu erforschen, ob das Kind lebendig geboren, und sein Leben ausserhalb der Mutter fortzusetzen fähig gewesen.

§. 91. Liegt der Verdacht einer Vergiftung vor, so sind der Erhebung des Thatbestandes nebst den Aerzten (§. 88) nach Thunlichkeit noch zwei Chemiker beizuziehen. Die Untersuchung der Gifte selbst aber kann nach Umständen auch von den Chemikern allein in einem hierzu insbesondere geeigneten Lokale vorgenommen werden.

§. 139. B. Bei dem Verbrechen des Kindesmordes, der Weglegung eines Kindes, oder der Abtreibung der Leibesfrucht entsteht ein näherer rechtlicher Verdachtsgrund gegen diejenige Frauensperson, gegen welche entweder ein rechtlicher Beweis hergestellt, oder an welcher nach dem Ausspruche der Sachverständigen sichere Merkmale entdeckt werden, dass sie kurz vorher eine Geburt oder Fehlgeburt gemacht habe, wenn ihre Leibesfrucht vermisst wird.

Vorschrift

für die Vornahme der gerichtlichen Todtenbeschau
vom 28. Jänner 1855.

(Reichsgesetzblatt 1855, VIII. Stück.)

Erstes Hauptstück.

Von der gerichtlichen Todtenbeschau überhaupt.

§. 1. Die gerichtliche Todtenbeschau ist, weil von ihr sehr
häufig Ehre, Freiheit, Eigenthum und Leben der einer strafbaren Handlung beschuldigten Person und die Sicherheit der
Gerechtigkeitspflege abhängen, von der grössten Wichtigkeit, daher es auch die unerlässliche Pflicht der zur Vornahme derselben berufenen Sachverständigen ist, hierbei mit der gewissenhaf-
testen Genauigkeit vorzugehen.

§. 2. Die gerichtliche Todtenbeschau, d. i. die Leichenschau
und Leichenöffnung ist vor der Beerdigung eines Verstorbenen
bei jedem unnatürlichen Todesfalle vorzunehmen, wenn nicht schon
aus den Umständen mit Gewissheit erhellt, dass derselbe durch
keine strafbare Handlung, sondern durch Zufall oder Selbstentleibung herbeigeführt wurde.

Ist die Leiche bereits beerdigt, so muss sie zu diesem Behufe
unter den, für die Gesundheit der an der gerichtlichen Todtenbeschau theilnehmenden Personen erforderlichen Vorsichten (§. 86
der Strafprozess-Ordnung) ausgegraben werden, vorausgesetzt,
dass nach den Umständen noch ein erhebliches Ergebniss davon
erwartet werden kann.

§. 3. Unter der oben angeführten Voraussetzung ist daher
die Vornahme der gerichtlichen Todtenbeschau insbesondere in
folgenden Fällen nothwendig:

1. Wenn Jemand kürzere oder längere Zeit nach einer vor-
auserlittenen äusseren Gewaltthätigkeit, als z. B. durch Stossen,
Hauen, Schlagen u. s. w. mit stumpfen, scharfen, schneidenden,
stechenden, oder durch Gebrauch von Schuss-Werkzeugen oder
durch Fallen von einer beträchtlichen Höhe u. dgl. gestorben ist.

2. Wenn Jemand nach dem Genusse einer Speise, eines
Getränkes, einer Arznei oder auch nur auf den äusserlichen Gebrauch von Salben, Bädern, Waschwässern, Haarpuder u. dgl.
unter plötzlich darauf erfolgten, der Vermuthung einer Vergiftung
Raum gebenden Zufällen gestorben ist.

3. Bei allen todtgefundenen Personen, welche schon äusserlich solche Merkmale an sich haben, oder unter solchen Um-

ständen todt gefunden worden, dass daraus wahrscheinlich wird, dass sie keines natürlichen Todes gestorben sind.

4. Bei wo immer aufgefundenen einzelnen menschlichen Körpertheilen.

5. Bei allen todt gefundenen neugebornen Kindern, und solchen todten Kindern, bei welchen die Vermuthung nicht unbegründet ist, dass eine gewaltsame Fruchtabtreibung oder eine gewaltsam tödtende Handlung stattgefunden habe.

6. Wenn der Tod nach der Behandlung durch Quacksalber und Afterärzte erfolgte.

7. Wenn der Verdacht einer vorhergegangenen fehlerhaften ärztlichen, wund- oder geburtsärztlichen Behandlung hervorkommt.

8. Bei allen Todesfällen, welche aus Handlungen oder Unterlassungen hervorgehen, von denen der Handelnde schon nach ihren natürlichen, für Jedermann leicht erkennbaren Folgen, oder vermöge besonders bekannt gemachten Vorschriften, oder nach seinem Stande, Amte, Berufe, Gewerbe seiner Beschäftigung oder überhaupt nach seinen besonderen Verhältnissen einzusehen vermag, dass sie eine Gefahr für das Leben, die Gesundheit oder körperliche Sicherheit von Menschen herbeizuführen oder zu vergrössern geeignet seien.

Solche Fälle sind, insbesondere wenn der Tod aus einem der nachstehenden Verschulden eingetreten ist

a) durch unterlassene Verwahrung geladener Schusswaffen;

b) durch unvorsichtiges Unterhalten von brennenden Kohlen in verschlossenen Räumen;

c) durch Unvorsichtigkeit bei Schwefelräucherungen und Anwendung von Narkotisirungs- (Anästhesirungs-) Mitteln;

d) durch Ausserachtlassung der besonderen Vorschriften über Erzeugung, Aufbewahrung, Verschleiss, Transport und Gebrauch von Feuerwerkskörpern, Knallpräparaten, Zündhütchen, Reib- und Zündhölzchen, und allen durch Reibung leicht entzündbaren Stoffen, Schiesspulver und explodirenden Stoffen (Schiessbaumwolle);

e) durch Nichtbeobachtung der bei dem Betriebe von Bergwerken, Fabriken, Gewerben und anderen Unternehmungen vorgeschriebenen Vorsichten;

f) durch Unterlassung der Anstellung der vorgeschriebenen Warnungszeichen;

g) durch den Einsturz eines Gebäudes oder Gerüstes;

h) durch unterlassene oder schlechte Verwahrung eines schädlichen oder bösartigen Thieres;

i) durch den Genuss eines ungesunden, absichtlich verfälschten oder in gesundheitsschädlichen Geschirren bereiteten oder aufbewahrten Nahrungsmittels oder Getränkes;

k) durch Misshandlung bei der häuslichen Zucht;

l) durch Unterlassung der schuldigen Aufsicht bei Kindern oder solchen Personen, die gegen Gefahren sich selbst zu schützen unvermögend sind;

m) durch unvorsichtiges oder schnelles Reiten oder Fahren;

n) durch das Herabfallen von Gegenständen aus Wohnungen, Fenstern, Erkern u. dgl., oder durch Unterlassung der Befestigung dahin gestellter oder gehängter Gegenstände. Dasselbe gilt von solchen Fällen, wo Menschen aus den bisher angeführten Ursachen einen Nachtheil an ihrer Gesundheit erlitten haben, und in einiger, bald kürzerer, bald längerer Zeit darauf sterben; ferner, wenn rücksichtlich eines Verstorbenen Gründe bestehen, zu vermuthen, dass jene Personen, denen aus natürlicher oder übernommener Pflicht die Pflege des krank Gewesenen oblag, es ihm während seiner Krankheit an dem nothwendigen ärztlichen Beistande, wo solcher zu verschaffen war, gänzlich haben mangeln lassen, endlich bei allen angeblich selbst Entleibten, wenn durch die vorhergegangenen polizeilichen Erhebungen und durch die vorgenommene äussere Beschau der Leiche nicht mit Sicherheit festgestellt werden kann, dass der Tod durch Selbstentleibung erfolgte.

§. 4. Eine gerichtliche Todtenbeschau kann in der Regel nur auf Anordnung des zuständigen Untersuchungsgerichtes vorgenommen werden.

Wegen der hierbei oft nothwendigen Beschleunigung der Vornahme in derlei Fällen ist aber auch jedes Bezirks- (Stuhlrichter-) Amt als Bezirksgericht ermächtiget, bei allen in seinem Bezirke vorkommenden Todesfällen der in den §§. 2 und 3 erwähnten Arten gerichtliche Beschauen zu veranlassen. Nur hat es, in soferne es nicht selber Untersuchungsgericht ist, das zuständige Untersuchungsgericht ungesäumt hiervon zu benachrichtigen.

§. 5. Jede gerichtliche Todtenbeschau ist von zwei Sanitätspersonen vorzunehmen. Ausnahmen hiervon, z. B. wenn bei bereits weit vorgeschrittener Fäulniss der Leiche ein Arzt wegen zu grosser Entfernung nicht schnell genug herbeigeholt werden könnte, oder eine der Sanitätspersonen zur bestimmten Stunde nicht erscheint, oder der Augenschein nur aus Anlass einer Uebertretung vorgenommen wird u. dgl., sowie die Unterlassung der Beiziehung einer zweiten Sanitätsperson, müssen in dem Protokolle jedesmal besonders angeführt und begründet werden.

§. 6. Diese zwei Sanitätspersonen sind in der Regel:

a) entweder der, von der Gerichtsbehörde eigens aufgestellte Gerichtsarzt oder der, der politischen Behörde beigegebene Amtsarzt;

b) der beeidete Todtenbeschauer jener Gemeinde, in welcher eine solche Beschau stattzufinden hat, wenn er zugleich Arzt oder Wundarzt ist; ausser diesem Falle aber ein anderer Arzt oder Wundarzt.

Anderen ärztlichen Sachverständigen als den genannten soll die Vornahme der Beschau nur dann übertragen werden, wenn Gefahr am Verzuge haftet, einer der Genannten durch besondere Verhältnisse zu erscheinen abgehalten ist, oder im gegebenen Falle als bedenklich erscheint.

Nicht bleibend angestellte oder nicht bereits im Allgemeinen beeidete ärztliche Personen müssen noch vor dem Beginne der Beschau beeidet werden.

§. 7. Auch der Arzt oder Wundarzt, welcher den Verstorbenen in der, seinem Tode allenfalls vorhergegangenen Krankheit behandelt hat, ist, wenn es ohne Verzögerung geschehen kann, zur Gegenwart bei der Beschau aufzufordern, und über die vorausgegangenen Umstände zu vernehmen. In wichtigeren Fällen ist von ihm darüber eine Krankheitsgeschichte abzufordern.

Der Unparteilichkeit des Urtheiles wegen ist jedoch der behandelnde Arzt des Verstorbenen, wo es nur immer möglich ist, als beschauender Arzt nicht zu verwenden.

§. 8. Die zur Vornahme der Beschau bestimmten Aerzte sind schriftlich einzuladen. Diese Zuschriften haben den untersuchenden Gegenstand, den Ort, wo, die Zeit, wann die Untersuchung vorgenommen werden wird, sowie die Benennung der Gerichtspersonen, in deren Gegenwart, und der Sachverständigen, von welchen sie vorgenommen wird, zu enthalten.

§. 9. Jeder Gemeindevorsteher ist für die sichere Verwahrung derjenigen Leichen verantwortlich, rücksichtlich welcher nach Vorschrift der §§. 2 und 3 eine gerichtliche Todtenschau nothwendig werden dürfte, und hat in dem Falle, als die Leiche an ihrem Fundorte nicht belassen werden kann, für einen andern zur Unterbringung derselben tauglichen Ort zu sorgen, wenn letzterer zur Vornahme der gerichtlichen Beschau nicht geeignet wäre, hierzu ein anderes, lichtes, geräumiges, bei strenger Kälte heizbares Lokale noch vor der Ankunft der Kommission zu ermitteln, und nebst den Gerichtszeugen ein, zur Hilfeleistung bei der Beschau verwendbares Individuum zu bestellen, sowie überhaupt die hierzu erforderlichen Vorbereitungen zu veranlassen.

§. 10. Die Beschau selbst ist in Gegenwart der Gerichtspersonen und Gerichtszeugen vorzunehmen. Der Untersuchungsrichter oder sein Stellvertreter hat die Beschau zu leiten, jene Gegenstände, auf welche die Beobachtung vorzüglich zu richten ist, zu bezeichnen, und die Fragen, deren Beantwortung er für erforderlich hält, zu stellen.

Die Gerichtszeugen aber hat er mittelst Handschlages zu verpflichten, dass sie, um möglicherweise Zeugniss vor Gericht ablegen zu können, auf Alles, was vor ihnen vorgenommen oder ausgesagt wird, volle Aufmerksamkeit verwenden, über die getreue Protokollirung desselben wachen, und bis zur Schlussverhandlung über Alles, was ihnen im Laufe der Untersuchung bekannt worden ist, Stillschweigen beobachten. Derselbe hat zu sehen, dass die Beschau mit voller Musse mit Hintanhaltung aller müssigen Zuseher an einem hierzu geeigneten Orte vorgenommen, und den Untersuchenden volle Freiheit des Handelns verschafft werde. Uebrigens steht auch dem Staatsanwalte das Recht zu, bei dem Augenscheine die Gegenstände zu bezeichnen, auf welche die Untersuchungshandlungen auszudehnen sind.

§. 11. Ehe zur Eröffnung der Leiche geschritten wird, ist, um deren Identität ausser Zweifel zu setzen, die Besichtigung

der Leiche durch Personen, welche den Verstorbenen gekannt
haben, sowie durch den etwa schon bekannten Beschuldigten zu
veranlassen. Ist der Verstorbene ganz unbekannt, und noch keine
Beschreibung der Person, der Kleidungsstücke und der vorgefundenen Effekten vorhanden, so ist eine solche noch vor der Leichenöffnung zu verfassen, eine etwa von dem Todtenbeschauer bereits
vorgelegte Beschreibung zu prüfen und das in ihr Fehlende, wo
es nöthig ist, zu ergänzen.

§. 12. Die zur Aufnahme des Augenscheines beigezogenen
Sanitätspersonen sind verpflichtet, die Untersuchung mit aller
Vorsicht und Behutsamkeit, Aufmerksamkeit, Ordnung und mit
der strengsten Gewissenhaftigkeit genau nach den Grundsätzen
und Regeln der Wissenschaft vorzunehmen, dabei keinen Umstand, der nur irgend zur Aufklärung des Thatbestandes beitragen kann, unberücksichtiget zu lassen.

Daher können zu diesem Zwecke die Sachverständigen verlangen, dass ihnen aus den Akten oder durch Vernehmung von
Zeugen die nöthigen Aufklärungen über von ihnen bestimmt zu
bezeichnende Punkte gegeben werden. Insbesondere sind Wunden
und andere äussere Spuren erlittener Gewaltthätigkeit nach ihrer
Zahl und Beschaffenheit genau zu verzeichnen, die Mittel und
Werkzeuge, durch welche sie veranlasst wurden oder werden
konnten, anzugeben und die etwa vorgefundenen, möglicherweise
gebrauchten Werkzeuge mit den vorhandenen Verletzungen zu
vergleichen.

§. 13. Von den, die gerichtliche Todtenbeschau vornehmen-
den Aerzten hat der Gerichts- oder Amtsarzt, und wenn nur
zwei andere Aerzte beigezogen werden, der ältere von beiden,
und wenn die Beschau von einem Arzte und einem Wundarzte
vorgenommen wird, jener die Untersuchung in medizinischer Hinsicht zu ordnen und zu leiten, und zunächst den aufgenommenen
Thatbefund, und zwar während der Untersuchung und in keinem
Falle erst nach bereits vorgenommenem Augenscheine in derselben Ordnung, in welcher jener sich ergibt, zu Protokoll zu diktiren; der zweite Sachverständige dagegen hat für die Herbeischaffung der nöthigen Instrumente zu sorgen, die Eröffnung der
Leiche selbst vorzunehmen, und nach deren Beendigung den Leichnam wieder in Ordnung zu bringen, dann aber auch den Thatbefund mit zu bestätigen, und in dem Falle, als er die wahrgenommenen Thatsachen anders angeben zu müssen vermeint als
der erste Sachverständige, seinen abweichenden Befund zu Protokoll zu geben.

In dem Falle, als die beiden Sachverständigen die von ihnen
wahrgenommenen Thatsachen abweichend darstellen zu müssen
glauben, ist nach Thunlichkeit schon bei der Aufnahme des That-
befundes ein dritter Arzt oder Wundarzt beizuziehen, oder nach
§. 21 vorzugehen.

§. 14. Bei jeder gerichtlichen Todtenbeschau muss während
der Untersuchung und mit ihr gleichen Schritt haltend mit Sorgfalt, Umsicht und in der gehörigen Form ein umständliches Protokoll geführt werden, welches die Zeit, den Ort, den Gegenstand

und den Zweck der Untersuchung, die dabei gegenwärtigen Personen und eine möglichst genaue Beschreibung aller auf die Ausmittlung des Thatbestandes Einfluss nehmenden Erhebungen zu enthalten hat.

§. 15. Die vorschriftmässige Form des Protokolles ist folgende: Die in die Mitte der Länge nach gebrochenen Bogens Papier zu setzende Ueberschrift hat aus dem Worte „Sektions-Protokoll", unter welchem der Tag der Untersuchung bemerkt wird, zu bestehen.

Hierauf wird nach der ganzen Breite des Papieres der Eingang geschrieben, welcher zuerst zu erwähnen hat, auf wessen Anordnung die gerichtliche Todtenbeschau erfolgt, wann und unter welcher Geschäftszahl der schriftliche Auftrag hierzu ausgefertiget und zugestellt wurde, ferner nebst der Bezeichnung des Ortes, wo, der Zeit, wann die Beschau vorgenommen wurde, auch jene der Leiche, der Umstände, unter welchen sie gefunden wurde, oder welche zur Vornahme der gerichtlichen Beschau Veranlassung gegeben haben, dann auch die übrigen, den obducirenden Aerzten bekannt gemachten Erhebungen, die Anerkennung der Identität der Leiche, die Bemerkung der vorschriftmässigen Beeidigung oder Eiderinnerung der Sachverständigen, sowie der Verpflichtung der Gerichtszeugen, zu enthalten hat. Sodann werden unter den in die Mitte der Bogenseite gesetzten Worten: „In Gegenwart" die anwesenden Kommissionsglieder mit ihren vollen Namen und Qualifikationen angeführt.

Der eigentliche Hauptbestandtheil des Protokolls wird auf die zur rechten Hand des Protokollführers gelegene Papierspalte geschrieben, und ist nach den einzelnen Theilen seines Inhaltes, nämlich Beschreibung der Person, der Kleidungsstücke und Effekten, der allenfalls vorgewiesenen, bei der Verwundung gebrauchten Werkzeuge, Krankheitsgeschichte u. dgl., dann Befund der äusseren und inneren Untersuchung in besondere, durch grosse Buchstaben oder römische Ziffern bezeichnete Unterabtheilungen zu bringen, und diese sind wieder durch kleine Buchstaben oder arabische Ziffern ihrer Reihe nach fortlaufend in noch kürzere Absätze zu theilen, um in dem Gutachten sich auf die bezüglichen Punkte berufen und die Richtigkeit der aus dem Protokolle angezogenen Stellen leicht ersichtlich machen zu können. Den Schluss des Protokolles bildet, nachdem es von dem Protokollführer vorgelesen wurde, die, wieder nach der ganzen Breite der Bogenseite geschriebene Bemerkung: „den sämmtlichen Anwesenden vorgelesen und, da Niemand Etwas beizufügen hatte, um so und so viel Uhr geschlossen".

Hierauf haben die Unterschriften in der Art zu folgen, dass die anwesenden Gerichtspersonen und Gerichtszeugen auf der linken, die obducirenden Aerzte und die anderen etwa noch beigezogenen Sanitätspersonen aber auf der entgegengesetzten Papierspalte sich unterzeichnen.

§. 16. Als weitere Vorschriften für das Protokoll haben zu gelten, dass der Protokollführer gehörig beeidet sei, in dem Niedergeschriebenen nichts Erhebliches ausgelöscht, zugesetzt oder verändert werde, durchstrichene Stellen noch lesbar bleiben, erheblche Aenderungen und Berichtigungen von Seite der Aerzte ausdrücklich aufgenommen, am Rande oder im Nachhange bemerkt und von den Kommissionsgliedern vorschriftmässig unterschrieben werden.

Besteht das Protokoll aus mehreren Bogen, so müssen diese mit einem Faden zusammengeheftet und die Enden des letzteren mit dem Gerichtssiegel so befestigt werden, dass ohne dessen Verletzung kein Bogen herausgenommen werden kann.

§. 17. Nach Beendigung der Untersuchung ist von den Sachverständigen über gegenseitige Besprechung auf Grundlage des, während der Untersuchung gewonnenen Resultates und mit steter Beziehung auf die einzelnen Punkte des Befundes das Gutachten zu verfassen. Es kann sammt seinen Gründen entweder sogleich zu Protokoll gegeben werden, wodann es unter das, in die Mitte der Bogenseite zu setzende Wort „Gutachten" der ganzen Ausdehnung des Papieres nach geschrieben wird, oder aber, besonders in schwierigen Fällen, schriftlich ausgearbeitet nachträglich abgegeben werden, wozu eine angemessene Frist zu bestimmen ist.

§. 18. Das nachträglich ausgearbeitete schriftliche Gutachten hat in seinem Eingange aus der Anführung des ergangenen schriftlichen Auftrages von Seite des Untersuchungsrichters oder seines Stellvertreters, welcher die gerichtliche Beschau angeordnet hat, aus der Angabe des Ortes, wo, der Zeit, wann die Untersuchung vorgenommen wurde, und der im Eingange des Protokolls enthaltenen Daten, insofern sie sich auf die Abgabe des Gutachtens beziehen, zu bestehen. Hierauf folgt dann das eigentliche Gutachten.

§. 19. Sind die Sachverständigen verschiedener Meinung, so hat jeder für sich ein gehörig begründetes Gutachten der Gerichtsbehörde zu übergeben, oder aber dasselbe dem Protokolle am Schlusse schriftlich beizusetzen.

§. 20. In jenen Fällen, wo den Sachverständigen zur Abgabe eines gründlichen Gutachtens die eigene Einsicht der Untersuchungsakten unerlässlich erscheint, können ihnen, wenn nicht besondere Bedenken dagegen obwalten, auch die Akten selbst mitgetheilt werden.

§. 21. Wird gefunden, dass das Gutachten der Sachverständigen dunkel, unvollständig, unbestimmt, dass es im Widerspruche mit sich selbst oder mit erhobenen Thatumständen ist, oder dass die, aus den angegebenen Vordersätzen gezogenen Schlüsse nicht folgerichtig sind, oder dass die Angaben der Sachverständigen in Beziehung auf die von ihnen wahrgenommenen Thatsachen erheblich von einander abweichen, so sind dieselben von dem Untersuchungsrichter darüber zu vernehmen, und wenn sich dadurch die Zweifel nicht beheben, ist der Augenschein, soweit es möglich ist, mit Zuziehung derselben oder anderer Sachverständigen zu wiederholen.

§. 22. Das eigentliche Gutachten hat sich jedesmal darüber auszusprechen, was in dem vorliegenden Falle die, den eingetretenen Tod zunächst bewirkende Ursache gewesen und wodurch dieselbe erzeugt worden ist.

Nach Beschaffenheit des Falles ist daher insbesondere zu erörtern:

1. ob nach den vorhandenen Umständen als gewiss oder wahrscheinlich anzunehmen sei, dass der Tod

   a) in Folge der wahrgenommenen Verletzungen, oder

   b) schon vor diesen Verletzungen, oder

   c) in Folge oder durch Mitwirkung einer zu der Verletzung hinzugekommenen und von ihr unabhängigen Ursache eingetreten sei.

Wenn die wahrgenommenen Verletzungen als die Todesursache erklärt werden, so ist weiter zu bestimmen, ob

2. die dem Beschuldigten zur Last gelegte Handlung schon ihrer allgemeinen Natur nach, oder wegen der eigenthümlichen Leibesbeschaffenheit oder eines besonderen Zustandes des Verletzten, oder wegen zufälliger äusserer Umstände die Todesursache geworden sei.

Insoferne sich das Gutachten nicht über alle, für die Entscheidung erheblichen Umstände verbreitet, sind hierüber von dem Untersuchungsrichter besondere Fragen an die Sachverständigen zu stellen.

§. 23. Bei der Begründung des Gutachtens müssen die, während der Untersuchung gewonnenen Resultate durch richtige, der Anatomie, Physiologie und Pathologie entnommene Grundsätze erklärt, durch aus der Natur der Sache gezogene Schlüsse erläutert, und durch zuverlässige Beobachtungen und anerkannte Erfahrungen bestätiget werden.

Eigene oder fremde Hypothesen und Meinungen liefern keinen Beweis; desgleichen dürfen Autoritäten nur zur Bekräftigung einer, auf die vorerwähnte Art geführten Begründung angezogen werden.

§. 24. Da durch jede gerichtliche Erhebung die Wahrheit ausgemittelt werden soll, so ist auch in dem Gutachten über eine vorgenommene gerichtliche Leichenbeschau das, was aus medizinisch-physischen Gründen mit Gewissheit zu entscheiden ist, von dem, was nur muthmasslich angegeben werden kann, genau zu unterscheiden. Der Arzt ist daher in Fällen, die ihm zweifelhaft sind und wegen Mangel von aufklärenden Umständen auch zweifelhaft bleiben, verpflichtet, sein Unvermögen, ein entschiedenes Urtheil zu fällen, offen einzugestehen, und der Sachlage nach entweder sich nur theilweise mit Bestimmtheit auszusprechen, oder auch, wenn es nicht anders sein kann, ein ganz zweifelhaftes Gutachten abzugeben.

§. 25. Den Schluss des Gutachtens hat die Formel zu bilden:

„Welches wir nach genau gepflogener Untersuchung und
„nach reifer Ueberlegung, den Grundsätzen der medizini-
„schen Wissenschaft entsprechend, zur richterlichen Kennt-
„niss bringen und durch unsere Namensunterschriften als
„glaubwürdig bestätigen."

Hierauf folgen, nachdem noch der Rückschluss der etwa übernommenen Akten angeführt worden ist, die Datirung und die Namensunterschriften der das Gutachten ausstellenden Sanitätspersonen. Endlich wird die gehörig zusammengefaltete Schrift von Aussen mit dem Titel der Gerichtsbehörde, an welche das Gutachten eingesendet werden muss, mit den Namen und dem Stande der Aussteller, dann mit einer kurzen Anzeige des Gegenstandes, welchen es betrifft, überschrieben.

§. 26. Die bei einer gerichtlichen Todtenbeschau verwendeten Aerzte sind verpflichtet, auf geschehene vorschriftmässige Vorladung bei der mündlichen Schlussverhandlung des Strafgerichtes zu erscheinen, nach ihrer Vernehmung so lange in der Sitzung anwesend zu bleiben, bis der Vorsitzende sie entweder entlässt oder abzutreten ersucht. Sie haben ferner sowohl diesem als auch dem Staatsanwalte und den übrigen Gerichtsmitgliedern, sowie dem Privatankläger, dem Angeklagten, dem Beschädigten und deren Vertretern, nachdem sie hierzu von dem Vorsitzenden das Wort erhalten haben, auf gestellte Fragen, insoferne nicht etwa der Vorsitzende eine gestellte Frage als unpassend zurückweiset, nach ihrem besten Wissen und Gewissen Antwort zu geben.

Die Nichtbeachtung einer derartigen Vorladung von Seite der Sachverständigen würde ihre allsogleiche Vorführung und, wenn diese nicht möglich ist, eine Geldstrafe von fünf bis fünfzig Gulden, nebst dem Ersatze der Kosten der vereitelten Sitzung und einen Vorführungsbefehl für ihr sicheres nächstes Erscheinen zur Folge haben.

Gegen derlei Verurtheilungen können sie binnen acht Tagen nach der an sie erfolgten Zustellung des diessfälligen Erkenntnisses bei dem verurtheilenden Gerichte Einspruch erheben. Wenn nachgewiesen werden kann, dass dem Arzte die Vorladung nicht gehörig behändigt worden ist, oder dass ihn ein unvorhergesehenes und unabwendbares Hinderniss vom Erscheinen abgehalten habe, kann er von der wider ihn ausgesprochenen Strafe gänzlich losgezählt werden.

Eine Mässigung der verhängten Strafe oder des ihm auferlegten Kostenersatzes kann stattfinden, wenn er darzuthun vermag, dass diese Strafe oder Kostenverurtheilung nicht im Verhältnisse zu seiner Versäumniss steht.

Gegen diese Erkenntnisse des Gerichtes ist kein weiteres Rechtsmittel zulässig.

§. 27. Um unnöthige Verzögerungen bei einem solchen kommissionellen Akte zu vermeiden, ist es Sache des hierzu berufenen Obducenten, besonders an Orten, wo keine bleibenden Anstalten für gerichtliches Beschauen von Leichen vorhanden sind, sich wo möglich noch vor der festgesetzten Zeit an den zur Vornahme der Obduction bestimmten Platz zu begeben und sich zu überzeugen, ob von dem Gemeindevorsteher für die Herbeischaffung eines Tisches oder einer anderen geeigneten Vorrichtung zur Sektion, der nöthigen aus Holzpflöcken, Ziegeln oder geeigneten Steinen bestehenden Unterlagen für den Kopf der Leiche, mehrerer mit Wasser gefüllter Gefässe, einiger Handtücher, dann wegen eines Tisches für den Schriftführer mit den erforderlichen Schreibrequisiten versehenen Platzes gehörig vorgesorgt worden ist. Es ist die Pflicht des Obducenten mit einem vollständigen Sektionsetui oder doch wenigstens mit einem nicht mangelhaften Taschen-Sectionsetui, im letzteren Falle aber auch noch mit einer Bogensäge und dem dazu gehörigen Reserveblatte, sowie mit Schwämmen versehen zu sein. Die übrigen allenfalls noch nöthig werdenden Requisiten, als: Hammer, Meissel, grössere und kleinere Waagen sammt den dazu gehörigen Gewichten u. dgl., haben grössere Stadtgemeinden, in welchen derartige Untersuchungen häufiger vorkommen, bleibend anzuschaffen, sonst können selbe von Gewerbsleuten oder aus Haus- und öffentlichen Apotheken ausgeliehen werden.

Dagegen hat jeder Gerichtsarzt mit einem 4 Schuh langen, zusammenlegbaren Zollstabe, dessen Zolle nach dem Decimalsysteme in Linien abgetheilt sind, einem Tasterzirkel und einer guten Loupe versehen zu sein.

§. 28. Da die für eine gerichtliche Beschau bestimmten Leichen in der Regel nicht an dem Fundorte belassen werden können, in grösseren Städten in die hierzu eigens bestimmten Lokale gebracht werden müssen, so wird sich der Fall nur selten ergeben, dass die Obduction am Fundorte selbst vorgenommen, oder die Uebertragung der Leiche an einen zur Obduction geeigneten Platz von der Beschaukommission erst angeordnet werden müsste. Demnach muss den Gerichtsärzten der Ort, der Zustand und die Lage der Leiche, wo und wie sie angetroffen, sowie die Art und Weise, in welcher die Uebertragung stattgefunden hatte, mit Bezeichnung jener Vorsichten, die hierbei beobachtet wurden, auf die bereits angedeutete Art (§. 11) bekannt gegeben werden, wobei es sich von selbst versteht, dass Gemeindevorsteher oder jene, die zur Anordnung einer solchen Uebertragung berufen sind, die Anstalt zu treffen haben, dass die Leiche mit aller Behutsamkeit auf eine Bahre oder eine ähnliche, vor Auseinanderfallen gesicherte Vorrichtung gelegt, vor dem Herabstürzen geschützt, mit einem Deckel oder genügend grossen Tuche bedeckt, und von der nöthigen Zahl Träger, bei grösseren Entfernungen mit gleicher Vorsicht auf einem Wagen, an ihren Bestimmungsort gebracht werde. Jede anderweitige Uebertragungsart darf nicht gestattet werden.

§. 29. Den Gerichtsärzten ist noch vor dem Beginne der Beschau, wenn es nicht bereits in der an sie gelangten Zuschrift geschehen wäre, der Name, das Alter, das Gewerbe und die Lebensweise des zu Untersuchenden, nebst der allenfalls bekannt gewordenen Todesveranlassung, die Zeit ihrer Einwirkung und des darauf erfolgten Todes, sowie Alles, was sich in diesem Zeiraume zugetragen hat, mitzutheilen, das bei einer Verwundung gebrauchte oder dieselbe veranlassende Werkzeug, die Art und Weise seiner Anwendung oder Einwirkung, sowie die Lage und Stellung der hierbei betheiligten Personen bekannt zu geben; sie sind ferner in Kenntniss zu setzen, ob der Verstorbene bis zu seinem letzten Augenblicke auf dem Orte der That oder des Vorfalles

verblieben ist, ob er sich wo anders hin selbst begeben habe, oder
unter fremder und welcher Beihilfe dahin gebracht wurde, oder
erst nach seinem Tode an den Fundort gelangte, auf welche Art
und Weise dieses letztere geschehen sei, und was sich sonst noch
hierbei ereignet habe; ob dem noch lebenden Verunglückten Hilfe,
von wem, und wann geleistet wurde, worin diese Hilfe bestanden
habe, welche Kraankheitserscheinungen vorhanden gewesen sind;
ob mit dem Gestorbenen oder bereits todt Vorgefundenen Wiederbelebungsversuche, welche, von wem, und durch wie viel Zeit
vorgenommen worden sind.

§. 30. Alle diese in Erfahrung gebrachten, den Thatbestand
aufklärenden Nebenumstände hat der Arzt mit der Bemerkung,
auf welche Weise er zu ihrer Kenntniss gelangte, zu Protokoll
zu diktiren; dasselbe hat mit den Angaben des allenfalls anwesenden, den Verstorbenen in seiner letzten Krankheit behandelnden Arztes zu geschehen, oder es ist eine von ihm beigebrachte
Krankheitsgeschichte noch vor der eigentlichen Beschau vorzulesen,
und sodann dem Protokolle, in welchem sich aber darauf zu berufen ist, beizuschliessen.

§. 31. Hierauf wird zur Untersuchung und Beschreibung der
Kleidungsstücke geschritten, welche schon deshalb von besonderer
Wichtigkeit ist, weil sie nebst der, der übrigen vorgefundenen
Effekten bei Unbekannten zur Konstatirung der Identität der
Person Aufschlüsse gibt, und weil bei Verletzungen, welche die
Kleider durchdrungen haben, aus der Art der an diesen wahr-
nehmbaren Oeffnungen, welche unverändert zu lassen sind, ein
zuverlässigerer Schluss auf die gebrauchten Werkzeuge möglich
ist, als aus der Beschaffenheit der während des Lebens mehrfa-
chen Veränderungen unterliegenden Wunden selbst.

Die Entkleidung der Leiche hat mit Vorsicht und ohne Anwendung von Gewalt zu geschehen, Kleidungsstücke, die nicht
leicht abgezogen werden können, sind an Nähten, die für die Beschreibung nicht wichtig sind, mittelst eines Skalpells, unter Vermeidung jeder Verletzung der Leiche, zu trennen, und sodann
zu entfernen.

§. 32. Die Beschreibung der Kleidungsstücke kann in derselben Ordnung, wie sie am Leibe getragen werden, geschehen,
und es müssen der Stoff, seine Färbung, der Schnitt, das Futter,
die vorhandenen Taschen und ihr Inhalt, die alte und abgenützte,
oder neue und noch brauchbare Beschaffenheit derselben berücksichtiget werden. Bei Stücken, die gewöhnlich mit Merkzeichen
versehen sind, ist diesen nachzuforschen, die vorgefundenen so
viel als möglich ähnlich, mit Bemerkung ihrer Farbe und Art
im Protokolle anzugeben, wo sie aber fehlen, ist auch dieser Umstand anzuführen. Sind die Kleidungsstücke mit Blut, Erde, Sand,
Schlamm, Mist u. dgl. verunreiniget, so ist auch dieses und die
Stelle, an welcher sie verunreiniget sind, zu beschreiben. Zeigen
sich an denselben Risse oder anderweitige Beschädigungen, so ist
zu beurtheilen, ob selbe nicht allenfalls durch Gegenwehr veranlasst worden sind. Eine besonders sorgfältige Untersuchung
erheischen die in selben vorgefundenen Löcher, welche durch die

bei der Verwundung gebrauchten Werkzeuge verursacht wurden. Ihr Sitz, mit Benennung des betreffenden Kleidungstheiles und ihre Richtung sind genau zu erforschen, ihre Länge und Breite mit dem Zollstabe zu bemessen, die scharfen oder zackigen Ränder, und die stumpfen, spitzigen oder sonst geformten Winkel genau zu betrachten und mit Benennung des betreffenden Kleidungstheiles anzuführen; findet sich in den verschiedenen über einander gelegenen Kleidungsstücken, die auf einmal durchlöchert worden sein müssten, ein Widerspruch bezüglich der Zahl und Grösse der Oeffnungen, so ist zu beurtheilen, ob dieser nicht durch eine vorhanden gewesene Faltung erklärt werden könne.

§. 33. Vorgewiesene, angeblich bei der Verwundung gebrauchte Werkzeuge sind ihrer Art und Gestalt nach, mit Berücksichtigung eines vorhandenen Fabrikszeichens, sorgfältig zu beschreiben, und ihre Länge und Breite mit dem Zollstabe zu bemessen. Wenn die Breite eines Werkzeuges im Verlaufe abnimmt, ist sie an der schmälsten, mittleren und breitesten Stelle mit genauer Angabe der Entfernung derselben von der Spitze oder dem Griffe besonders zu bestimmen, ebenso ist die Stärke des Rückens eines Instrumentes bei verschiedener Dicke anzugeben, die Schwere aber mittelst der Wage zu erheben; ferner ist die scharfe oder stumpfe Beschaffenheit der Schneide oder Spitze zu beobachten, vorhandene Scharten genau aufzuzählen, und ersichtliche Blutflecken, wenn über ihre Natur kein Zweifel obwaltet, zu beschreiben; wo solche Flecken zweifelhaft sind, muss dieses gleichfalls bemerkt, das Wegwischen derselben aber immer vermieden und für Erhaltung ihrer ursprünglichen Form vorgesorgt werden.

§. 34. Mit erfroren gefundenen Leichen müssen gleich nach ihrer Auffindung die vorgeschriebenen Wiederbelebungsversuche vorgenommen werden. Wo ihr Zustand die Fruchtlosigkeit dieser Versuche erkennen lässt, hat der Todtenbeschauer das allmälige Aufthauen derselben, wenn er sie zur Vornahme einer gerichtlichen Beschau für geeignet hält, zu veranlassen. Werden die Leichen bei ihrer Aufbewahrung, wie es die Vorschrift gebietet, vor dem Einflusse der Kälte geschützt, so wird eine gefrorne Leiche der Beschaukommission in den gewiss nur seltenen Fällen vorliegen, wo durch einen unerwartet eingetretenen heftigen Frost das Frieren über Nacht veranlasst wurde. In geringeren Graden, wo die Haut noch einen Fingereindruck annimmt, ist eine solche Leiche bei Beobachtung der nöthigen Vorsicht noch zur Sektion geeignet, nicht mehr aber bei vollkommener Starre. In letzterem Falle muss daher natürlicherweise bis zur erfolgten allmäligen Aufthauung abgewartet werden.

§. 35. Noch weniger wird bei Befolgung der bestehenden Vorschriften der Fall sich ereignen, dass die zur Vornahme der gerichtlichen Sektion berufenen Aerzte in die Lage kommen, Wiederbelebungsversuche vornehmen zu müssen; sie sind jedoch, wo es demungeachtet nöthig werden sollte, hierzu verpflichtet, und es bleibt ihnen die Vornahme der Obduction einer Leiche, an der sich nicht die deutlichen Spuren des Todes zeigen, strengstens untersagt, daher auch in jedem Protokolle die vorgefundenen ver-

lässlichen Symptome des Todes anzugeben sind. Selbst bei Verletzungen, die keinen Zweifel über den vorhandenen Tod zulassen, darf vor vollständiger Erkaltung auch der inneren Theile,
somit niemals vor Ablauf von 24 Stunden, eine Sektion vorgenommen werden.

§. 36. Die Beobachtung und Anführung der vorhandenen
Zeichen der Fäulniss ist aber auch zur Begutachtung der Verlässlichkeit der gewonnenen Resultate erforderlich. Denn nur im
Beginne derselben lässt sich ein sicheres und richtig begründetes
Urtheil fällen, je weiter aber die Fäulniss vorgeschritten ist, desto
schwieriger wird die Beurtheilung, ob die in den Organen vorgefundenen Veränderungen vorausgegangenen pathologischen Prozessen oder einer Verletzung oder der bereits auf sie einwirken-
den Fäulniss oder wohl gar der letzteren allein zuzuschreiben sind.

Indessen lassen sich hier Verletzungen, auch wenn sie bis
zu den inneren Theilen gedrungen sind, mit ziemlicher Sicherheit
beurtheilen, wenn die Beschaffenheit des Wundkanales und seiner
nächsten Umgebung mit jener der übrigen Theile des verletzten
Organes verglichen, und bei vorgefundenen Blutergüssen auf vorhandene Gerinnungen und den Umstand Bedacht genommen wird,
dass bei höheren Graden der Fäulniss leicht Ausschwitzungen von
blutig gefärbter Flüssigkeit auch ohne vorausgegangene Verletzung stattfinden können.

Desgleichen lassen sich Vergiftungen mit mineralischen
Stoffen oft bei weit vorgeschrittener Fäulniss nachweisen, und
Knochenbrüche zu jeder Zeit erkennen.

§. 37. Ist die Untersuchung einer bereits eingegrabenen und
im hohen Grade faulen Leiche vorzunehmen, so ist zur Verminderung der Belästigung der Kommissionsmitglieder das Grab einige
Stunden noch vor Herausnahme derselben zu eröffnen, der aus-
gehobene Sarg nach abgehobenem Deckel einige Zeit der freien
Luft auszusetzen, und wo ohne Störung der Untersuchung Stiche
in den Unterleib und die Brust vorgenommen werden können, den
in diesen Höhlen angesammelten Gasen der Ausgang zu verschaffen. Wenn sich diese zum grössten Theile verflüchtiget haben,
ist die Leiche mit einer Auflösung von Chlorkalk zu übergiessen,
aus dem Sarge auf den hierzu bestimmten Platz, den man früher
gleichfalls mit Chlorwasser befeuchtet, zu bringen, die Kleidungsstücke auf dem kürzesten Wege zu entfernen, und sodann die
Besichtigung und Untersuchung unter wiederholter Begiessung mit
Chlorwasser vorzunehmen.

§. 38. Die Obduktion der Leiche selbst zerfällt in die äussere Besichtigung und in die innere Untersuchung. Bei der ersteren sind nach vorausgegangener Beschreibung der allgemeinen
Merkmale, die einzelnen Theile des Körpers, Kopf, Hals, Brust,
Unterleib, die oberen und unteren Extremitäten und schliesslich
die Rückenfläche zu besichtigen und alles an ihnen Bemerkenswerthe anzuführen. Verletzungen, wenn sie sich auf einzelne
Theile beschränken, sind bei Beschreibung dieser, wenn sie sich
aber über eine grössere Fläche des Körpers erstrecken, gleich
nach aufgenommenem allgemeinen Befunde zu untersuchen. Ins-

besondere sind aber jene Stellen des menschlichen Körpers genau
zu besichtigen, an welchen vorzugsweise leicht übersehbare und
schwer zu entdeckende Verletzungen angebracht werden, oder
sonst die Merkmale einer von aussen her stattgehabten Gewaltthätigkeit verborgen bleiben können, als die Augen-, Nasen-,
Mund- und Rachenhöhle, der äussere Gehörgang, die Gegend des
Nackens, die Achselgruben, der After, bei Weibern mit hängenden Brüsten die Stellen, welche von diesen, besonders linker Seits,
bedeckt werden, die äusseren Geschlechtstheile, bei Kindern überdies noch die Fontanellen und die ganze Rückgratsgegend. Die
gerichtliche Beschau darf sich jedoch nur dann auf die äussere
Besichtigung beschränken, wenn der vorhandene hohe Grad der
Fäulniss kein erhebliches weiteres Ergebniss aus der inneren Untersuchung gewärtigen lässt, und bei solchen Leichen kein Verdacht einer Vergiftung mit mineralischen Stoffen oder einer Knochenverletzung vorhanden ist.

§. 39. Bei der inneren Untersuchung ist die Oeffnung des
Kopfes, des Halses, der Brust- und Unterleibshöhle und zwar auch
dann noch vorzunehmen, wenn eine Ursache des Todes bereits in
einem oder dem anderen dieser Theile des Körpers aufgefunden
worden wäre. Im Allgemeinen hat man sich bei der Section an
die anatomische Ordnung zu halten, sie bei dem Kopfe zu beginnen, und in derselben Reihenfolge wie bei der äusseren Besichtigung fortzusetzen.

Jeder Schnitt ist behutsam und in der Art zu führen, dass
durch denselben nicht mehr Theile, als man beabsichtiget, getrennt werden. Insbesondere sind die Verletzungen der Venen, als:
der Schilddrüsen-, der äussern und inneren Drossel-, der Schlüs-
selbeinblutadern, der Hohladern, sowie überhaupt aller grösseren
Venen zu vermeiden. Nie darf ein Schnitt durch eine vorhandene
Verletzung geführt werden, und wo eine solche in der sonst
üblichen Schnittlinie liegt, ist von dieser abzuweichen, und jene
gänzlich zu umgehen. Ist eine Verletzung an einer mit den Haupt-
höhlen des Körpers in keiner Verbindung stehenden Stelle vorhanden, so muss auch dieser Theil nach den Regeln der Kunst
eröffnet, und alle Gebilde, insoweit sie von der Verletzung betroffen worden sind, näher untersucht werden. Es kann demnach
die Eröffnung der Augen-, der Nasenhöhlen, des äusseren oder
inneren Gehörganges, des Rückenmarkkanales, des Hodensackes,
des Mastdarmes, eines oder mehrerer Gelenke, oder die Präpa-
rirung der einen oder der anderen Extremität u. s. w. erforderlich
werden.

§. 40. Bei einer jeden Verletzung muss ihr Sitz durch die
anatomische Benennung des verletzten Theiles angegeben, und
wo dieses ungenügend wäre, die nach Zollen bemessene Entfernung
von einer oder der anderen Gegend desselben Theiles, des nächsten Gliedes oder Organes näher bestimmt werden. Es ist die
Form und Gestalt wo möglich mit geometrischen Namen oder
nach allgemein bekannten ähnlichen Dingen zu beschreiben; die
Länge und Breite mittelst des Zollstabes genau zu bemessen, die
Richtung anzuführen und zu erklären, ob die Verletzung eine

Hieb-, Stich-, Schnitt- oder Schusswunde, eine Quetschung, Verbrennung u. s. w. ist; die Tiefe einer Verletzung kann ausser
der Bemerkung, dass selbe seicht, tief oder durchdringend ist, durch
die äussere Besichtigung niemals genau angegeben werden, weil
es unter keiner Voraussetzung gestattet ist, dieselbe durch Son-
diren oder auf eine andere Art zu untersuchen. Erst nach Beendigung der Sektion und Ermittlung aller verletzten Theile kann
die Tiefe einer Verletzung mit Sicherheit beurtheilt werden. Dess-
halb müssen nach Beschreibung der äusseren Beschaffenheit der
Verletzung die tiefer von ihr betroffenen Organe, wenn der Ob-
ducent im weiteren Verlaufe der Untersuchung zu ihnen gelangt,
in anatomischer Ordnung schichtweise präparirt, bei jeder Schichte
die betroffenen Theile benannt, und die Durchmesser der Verletzung nach Zoll und Linien angegeben werden. Durch die zu-
sammengehaltene Beschreibung der einzelnen Schichten erlangt man
die genaueste Ansicht über den Wundkanal und die Richtung
desselben, sowie über die verletzten Gebilde. Sind mehrere Verletzungen vorhanden, so muss jede derselben auf die gleiche
Weise beschrieben werden, wobei auch das Werkzeug, womit selbe
beigebracht wurden, und die Art, auf welche letzteres angewendet worden sein dürfte, sodann ob nicht eine oder die andere
Verletzung als Merkmal geleisteter Gegenwehr betrachtet werden
müsse, zu begutachten ist.

Ferner sind die etwa vorgefundenen und möglicherweise
gebrauchten Werkzeuge mit den vorhandenen Verletzungen selbst
zu vergleichen. Nie dürfen dieselben aber in die Verwundungen,
oder in die in Kleidungsstücken befindlichen Oeffnungen, wodurch
ihre ursprüngliche Form nur verändert würde, gebracht werden;
sondern die hier erforderlichen Schlüsse sind aus der Form, Gestalt, Breite und Tiefe der Wunde, aus der Beschaffenheit ihrer
Ränder und Winkel, und dem ähnlichen Zustande der Löcher in
den Kleidungsstücken im Vergleiche mit der Form, Gestalt, Länge,
Breite und Schwere des Werkzeuges, mit der Schärfe und Länge
seiner Schneide, der Spitze, der Dicke des Rückens, der vorhandenen Scharten und Blutspuren u. s. w. herzuleiten.

§. 41. Insbesondere ist aber bei eigentlichen Wunden, die
an einer Leiche vorgefunden werden, ihre Form und Gestalt, ihre
Grösse nach der Länge und Breite, ihre Richtung, die scharfen,
zackigen, lappigen, geschwollenen, glatten, mit Blut unterlaufenen
oder nicht unterlaufenen, nach ein- oder auswärts gerichteten Ränder, die spitzigen, stumpfen, abgerundeten, oder sonst wie gearteten Winkel zu beschreiben; der Ausfluss von Blut, Galle, Speise-
brei, Darminhalt u. dgl., sowie ein allenfalls vorhandener Vorfall
eines Eingeweides zu bemerken; die Beschaffenheit ihrer Umgebung zu beobachten; eine bei Hieb-, Schnitt- und Stichwunden
allenfalls mit vorhandene Quetschung zu berücksichtigen. Es
müssen alle durch eine Verwundung verletzten Theile, und die
Art und Weise dieser Verletzung, die hierdurch veranlassten Folgen, wie sie in der Leiche vorzufinden sind, als: Ergiessungen
von Blut, Absonderungssäften und des Inhaltes hohler Organe in
das Parenchym eines Eingeweides oder in eine Höhle ausgeforscht.

in der Wunde enthaltene fremde Körper, als: Bruckstücke der gebrauchten Werkzeuge, Kugeln, Kleidungsstücke, Knochensplitter u. dgl. bezeichnet werden. Es ist zu sehen, ob nicht Röthung, Schwellung, Verdichtung des Gewebes an der Wunde und ihrer Umgebung, blutige Infiltrationen, seröse, faserstoffige, eiterige etc. Exsudate, sphacelöse oder jauchige Umwandlung derselben und der Gewebe, somit die Zeichen einer schon eingetretenen Entzündung vorhanden seien, und ob eine Verunreinigung oder ganz ungewöhnliche Beschaffenheit der Wunde und des Wundkanals den Verdacht einer Vergiftung errege.

§. 42. Bei reinen Quetschwunden, die sich durch eine mehr oder weniger dunkelrothe Färbung der Haut zu erkennen geben, hat man vor Allem darauf zu sehen, ob auf diese Art gefärbte Stellen nicht durch Todtenflecke, Ecchymosen, Petechien oder durch andere Krankheitsprozesse, wie Typhus, Pyämie, Skorbut u. dgl. bedingte Blutunterlaufungen, durch heftige Muskelanstrengungen, wie Krämpfe, Erbrechen, Husten, Springen, Laufen u. dgl. verursachte Blutaustretungen, oder wohl gar nur durch Muttermäler, Gefässerweiterungen etc. bedingt worden sind. Jedesmal muss durch Einschnitte die Natur dieser Flecken genau erforscht werden. Die Quetschwunden werden mit Rücksicht auf ihre Form, ihren Umfang etc., an den Blutunterlaufungen der ganzen Haut und des unterliegenden Bindegewebes, sowie an der mehr oder weniger beträchtlichen Zerstörung dieser Gewebe erkannt, und von den anderweitigen ähnlichen Färbungen der Haut nach den Grundsätzen der pathologischen Anatomie unterschieden.

Wenn sich diese dunkler gefärbten Stellen als Verletzungen beurkunden, so muss ihr Sitz, ihre Ausdehnung, die Form und der Grad der Zerstörung des Gewebes bezeichnet, die Gebilde, auf welche sie sich fortsetzen, als: Muskeln, grössere Gefässe und Nervenstämme, Eingeweide, angeführt, auf allenfalls zerbrochene oder zerquetschte Knochen Bedacht genommen, ferner bei Eingeweiden und Muskeln gesehen werden, ob selbe nicht stellenweise und in welcher Ausdehnung geborsten sind, ob hierdurch nicht der Austritt von Blut oder anderen Flüssigkeiten, und in welcher Menge veranlasst wurde. Es ist überdies zu untersuchen, ob die gequetschten Stellen und ihre Umgebung die bereits im vorigen Paragraph angeführten Zeichen von Entzündung, Jauchung etc. erkennen lassen, und endlich ob nicht, von der ursprünglich verletzten Stelle entfernt, besonders entgegengesetzte Organe gleichfalls und in welcher Art verletzt worden sind.

§. 43. Bei Schusswunden ist darauf zu sehen, ob nicht schon die Kleidungsstücke, sowie der getroffene Körpertheil und dessen Umgebung von Pulver geschwärzt oder verbrannt sein, ob die Schusswunde denselben durchdringe oder nicht, wobei die Ein- und Austrittsöffnung im Allgemeinen dadurch beurtheilt, dass erstere eine kleinere, mit einwärts gekehrten Rändern versehene, oft mit einem Brandschorfe bezeichnete Wunde; letztere eine solche von grösserem Umfange, mit auswärts gestülpten, mehr zerrissenen Rändern darstellt. Es sind die Richtung des Schusskanales und die hierbei verletzten Theile nach den bereits angegebenen Andeutungen (§. 40) zu erforschen. War der Schuss ein zusammengesetzter, das ist, durch mehrere Kugeln, Pfosten, Schrotkörner verursachter, so ist die Zahl der Wunden, ihre Entfernung von einander, sowie die Richtung und Verbindung der so gebildeten einzelnen Schusskanäle unter einander zu beobachten; fremde mit dem Schussmateriale eingedrungene Körper, als Kleiderfetzen, Schiesspfropfe, Knochensplitter u. dgl. sind aufzusuchen, und auch bei Kugeln, die nicht oder nur seicht eingedrungen sind, die durch sie veranlassten Veränderungen anzugeben.

§. 44. Knochenbrüche und Verrenkungen sind vorerst, insoweit sich dieselben durch die äussere Besichtigung erkennen lassen, zu bestimmen, somit der zerbrochene Knochen, die verletzten Knochenverbindungen und Gelenke zu benennen, die dadurch veranlassten Veränderungen in der Lage, Form, Länge, Beweglichkeit hervorzuheben, und die an den allgemeinen Decken ersichtlichen Erscheinungen zu beschreiben; nämlich: ob selbe unverändert oder mit Blut unterlaufen, sonst geröthet oder geschwollen sind, ob gleichzeitig eine Wunde und welcher Art vorhanden ist, ob sich in dieser Knochensplitter oder das eine oder andere Ende des zerbrochenen Knochens zeige. Bei der inneren Untersuchung von Knochenverletzungen müssen ausgiebige, jedoch nie eine vorhandene Wunde durchkreuzende Schnitte gemacht, die Beschaffenheit der inneren Fläche der Haut beschrieben, die gesammte Muskulatur bis auf den Knochen oder das verletzte Gelenk präparirt, auf Infiltrationen derselben mit Blut, auf theilweise oder gänzliche Zerreissung, auf vorhandene Verletzungen grösserer Gefässe und Nerven Rücksicht genommen werden.

An den zerbrochenen Knochen ist die Art des Bruches anzuführen, ob er vollkommen, unvollkommen, querschief, der Länge nach, mit Splitterung oder Zersplitterung gebrochen erscheine, wobei grössere Bruchstücke der Zahl und Form nach zu beschreiben sind. Bei Verrenkungen ist darauf zu sehen, ob sie frisch oder veraltet, vollkommen oder unvollkommen sind, wie weit die Knochenfügungen nach Zollen und Linien von einander abweichen, wie die Gelenkbänder beschaffen, ob sie bloss ausgedehnt oder zerrissen erscheinen, nach welcher Seite der verrenkte Knochen gerichtet, ob nicht an ihm oder innerhalb der Gelenkhöhle ein Bruch vorhanden sei. Ueberdies ist bei Knochenbrüchen und Verrenkungen darauf Rücksicht zu nehmen, ob nicht schon bestandene krankhafte Beschaffenheit der Knochen und Gelenkbänder zum Entstehen jener Anlass gegeben hat, endlich ob Erscheinungen einer Entzündung und welcher Art derselben vorhanden sind oder nicht.

§. 45. Bei den, durch Verbrühen, Verbrennen oder durch Aetzmittel entstandenen Verletzungen ist zu untersuchen, ob die Haut hell oder dunkel geröthet, oder anderweitig gefärbt, mehr oder weniger geschwollen sei, ob die Oberhaut zu kleineren oder grösseren Blasen erhoben und womit letztere erfüllt sind, ob die Oberhaut mangelt, ob die blossgelegte Lederhaut in eine weiche, gelbliche oder graue Masse verwandelt, oder geschwärzt, schwartenartig vertrocknet, wie gebraten oder gar mehr oder weniger verkohlt erscheine, ob die letzteren Erscheinungen bloss auf die Haut und das darunterliegende Zellgewebe sich beschränken, oder auch bis auf die Muskeln, Nerven und Gefässe, oder selbst bis auf den Knochen sich erstrecken. Es müssen die Spuren einer bereits eingetretenen Entzündung, Röthung, Schwellung, seröse, blutige, eiterige, jauchige etc. Infiltrationen der verletzten und der umgebenden Gebilde oder eine vielleicht schon sich zeigende Begränzung, sowie nicht minder die consekutiven, hypostatischen, metastatischen, pyämischen Erscheinungen auf den übrigen Organen angegeben werden.

§. 46. Alle an einer Leiche vorfindlichen Verletzungen müssen aber auch insoferne beurtheilt werden, ob selbe vor oder nach dem Tode zugefügt worden sind, wesshalb insbesondere bei jeder Verletzung auf alle jene Veränderungen Rücksicht zu nehmen ist, welche nur durch die Lebensthätigkeit hervorgebracht werden können, als: Blutunterlaufungen oder grössere Blutergüsse, Klaffen der Wundränder, getrennter, in verschiedenem Grade kontraktiler Gewebe, Erscheinungen der eingetretenen Reaktion u. s. w.

Zweites Hauptstück.

Von der Vornahme der gerichtlichen Todtenbeschau überhaupt.

Erster Abschnitt.

Aeussere Besichtigung der Leiche (Leichenschau).

§. 47. Die äussere Besichtigung beginnt mit der allgemeinen Beschreibung der Leiche.

Diese hat an der Leiche die Grösse, den regelmässigen oder regelwidrigen Wuchs, die kräftige oder schwächliche Konstitution, das gute oder schlechte Genährtsein, ungewöhnliche Fettheit, krankhafte Abzehrung oder Volumens-Vergrösserung, den Grad der vorhandenen Leichenstarre, die Farbe der Körperoberfläche überhaupt, eine augenfällige Blässe oder besondere Pigmentirung, das Vorhandensein einer Gänsehaut, endlich die Art und Verbreitung der Todtenflecke, deren Natur durch Einschnitte zu konstatiren ist, zu berücksichtigen. Sie hat ferner krankhafte Veränderungen, welche über die ganze Oberfläche des Körpers oder einen grösseren Theil derselben verbreitet sind, sowie in gleicher Ausdehnung vorhandene Verunreinigungen derselben mit Blut, Erde, Sand, Schlamm, Schmutz, Koth u. dgl., vorhandene Verletzungen aber nur bei grösserer Verbreitung derselben zu erwähnen, da diese in der Regel bei der Besichtigung der einzelnen Theile anzuführen sind.

§. 48. Bei Unbekannten hat die äussere Besichtigung mit der Personsbeschreibung anzufangen, in welche die Grösse mit genauer Angabe des Masses, das Geschlecht, das beiläufige Alter, die Körperbeschaffenheit überhaupt, die Farbe der Haare und Augen, die Form des Gesichtes, die Bildung der Stirne, der Nase, der Lippen, des Mundes, die Art des allenfalls vorhandenen Bartes, die Beschaffenheit der Zähne, andere auffallende Kennzeichen, als: Narben, Warzen, Muttermäler, durchstochene Ohrläppchen, Missbildung u. s. w. aufzunehmen sind.

§. 49. Am Kopfe sind die Grösse, die kugliche, längliche oder sonstige Gestalt desselben, die Länge und Farbe der Haare, ihr Reichthum oder Mangel, ihre Durchfeuchtung mit Blut, Wasser oder einer anderen Flüssigkeit, ihre Verunreinigung mit Erde, Sand, Koth u. dgl., krankhaften Erscheinungen an der Kopfhaut, vorhandene Geschwülste ihre Natur, Verletzungen ihrer Art nach zu beschreiben, die Färbung und der Ausdruck des Gesichtes zu bezeichnen; an den Augen ist zu bemerken, ob sie geöffnet oder geschlossen, hervorgetrieben oder eingesunken sind, wie ihre Binde- und Hornhaut, die Iris und Pupille beschaffen; ein allenfalls vorhandener Ausfluss aus der Nase, fremde in derselben befindliche Körper näher zu bestimmen; am Munde ist zu zu beobachten, ob er geschlossen, mehr oder weniger offen, die Unterlippe herabhängend, der Unterkiefer klaffend, beweglich oder steif, wie die Lippen gefärbt und geformt, ob sie feucht oder trocken, ob in der Mundhöhle Blut, Schleim, Wasser, Schaum, ausgebrochene Substanzen angesammelt, oder von aussen in selbe gelangte Körper vorhanden sind; an den Zähnen zu untersuchen, ob sie gesund oder schadhaft, vollzählig oder fehlend, ob und in welchem Grade sie abgenützt oder frisch ausgebrochen sind; wie das Zahnfleisch im Allgemeinen und am Rande der Zähne beschaffen sei; ob die Zunge die gehörige oder eine abnorme Lage habe, ob sie geschwollen, roth oder unrein sei; welche Farbe die Schleimhaut des Mundes und der Rachenhöhle zeigt. Mit gleicher Rücksicht sind auch die Ohren zu untersuchen. Wo immer an diesen Theilen ein krankhafter Zustand oder eine Verletzung angetroffen wird, sind sie nach den hierüber gegebenen Regeln näher zu bestimmen.

§. 50. Am Halse ist zu bemerken, ob er kurz oder lang, dünn oder dick, steif oder beweglich, im letzteren Falle, ob er nicht ungewöhnlich gelenkig ist, ob die Hautvenen nicht augenfällig strotzend sind; welche Grösse, Form und Konsistenz ein vorhandener Kopf habe, ob sich am Halse nicht eine Furche von einem angelegt gewesenen Stricke oder anderweitigen Würgebande vorfinde, in welchem Falle deren Lage, Tiefe, Breite, Richtung und Verlauf, sowie die normale oder schwartenartig vertrocknete oder sugillirte Beschaffenheit der bezüglichen Haut nebst dem allenfalls vorhandenen Würgebande und der Art seiner Anwendung zu beschreiben wäre; ob nicht Excoriationen, Eindrücke, Sugillationen als Spuren einer vorausgegangenen Würgung oder Verletzung anderer Art, oder krankhafte Erscheinungen äusserlich am Halse wahrnehmbar seien. Insbesondere ist aber bei Schnittwunden zu erforschen, ob der Schnitt von der Linken zur Rechten oder umgekehrt geführt wurde, und ob nicht die Stelle, die er vorzüglich betroffen, eine nähere Kenntniss der verletzten Theile oder seine Form die Hand eines Schlächters von Seite des Thäters vermuthen lasse.

§. 51. Bei der äusseren Besichtigung der Brust ist zu bemerken: die Breite, Wölbung und Abplattung, eine allenfalls vorhandene, regelwidrige Bildung derselben; bei weiblichen Leichen die Beschaffenheit der Brüste, ob sie gross oder klein, prall oder welk sind, ob die Brustdrüse besonders stark entwickelt ist und Milch enthält, die Brustwarze und ihre Höfe blass oder dunkelfärbig erscheinen, ob Spuren von aufgetropftem Siegellak, schwartenartig vertrocknete Stellen, oder andere Zeichen vorgenommener Wiederbelebungsversuche vorhanden sind, ob die Haut an der Brust normal beschaffen oder krankhaft verändert ist, oder ob Erscheinungen vorhanden sind, aus welchen auf eine organische Veränderung der inneren Gebilde geschlossen werden könnte. Angetroffene Verletzungen sind nach den im Allgemeinen gegebenen Regeln zu beschreiben, und in dieser Hinsicht bei Weibern mit hängenden Brüsten der davon verdeckte Theil vorzüglich zu untersuchen; bei Unbekannten sind der Haarwuchs, sowie andere schon oben bemerkte auffallende Kennzeichen nicht zu übersehen.

§. 52. Am Bauche ist die mässige oder beträchtliche gleichförmige oder nur theilweise Auftreibung desselben, sammt deren Veranlassung durch Luft, Flüssigkeiten oder einen anderen erkennbaren Körper, oder aber das augenfällige Eingesunkensein desselben anzugeben, hierauf sind die Beschaffenheit der Haut und die auf derselben vorgefundenen, grün, roth, blau oder anders gefärbten Flecken, oder weisslichen, narbenähnlichen Streifen, nach ihrem Sitze und ihrer Ausdehnung zu beschreiben, überdies aber ist sich in jedem Falle durch Einschnitte Gewissheit über die eigentliche Natur dieser Flecken und Streifen zu verschaffen; ebenso ist der Inhalt vorgefundener oberflächlicher Geschwülste, nachdem früher ihr Sitz, ihre Grösse, ihre harte oder weiche, schwappende oder elastische Beschaffenheit beschrieben wurde, durch Einschnitte näher zu bestimmen, und sowie die Flecken nach dem vorhandenen Grade der Fäulniss oder den angetroffenen Verletzungen, welche vorschriftmässig zu verzeichnen sind, zu beurtheilen; ferner ist auch auf die hier leicht möglichen Fälle der Einklemmung oder des Vorfalles eines Unterleibsorganes, sowie auf vorhandene Symptome einer Entzündung oder deren Ausgänge Bedacht zu nehmen; vorhandene Vorlagerungen sind nach ihrem Sitze, ihrer Grösse und Beschaffenheit zu beschreiben.

§. 53. Bei weiblichen Leichen ist noch insbesondere zu sehen, ob der Unterleib angemessen gewölbt, oder die Haut welk, faltig, mit narbenähnlichen Streifen versehen, oder ob anderseits eine Ausdehnung des Bauches durch die bereits deutlich fühlbare Gebärmutter, welche sich als eine runde, harte Kugel über dem Schambeine zu erkennen gibt, wahrzunehmen ist, in diesem Falle sodann, ob bereits der Nabel mehr oder weniger verstrichen ist, und der Grund der Gebärmutter bis zum Nabel reicht oder ihn wohl gar überragt, indem letztere Erscheinungen als Zeichen theils der Schwangerschaft, theils der vorhanden gewesenen Anzeige zur Vornahme des Kaiserschnittes anzusehen sind. Sollte aber ein solcher vorgenommen worden sein, so ist zu beachten, ob die Wundränder mit der

gleichen Vorsicht wie an einer lebenden durch einen kunstgemäs-
sen Verband oder ob dieselben bloss mit der Kürschnernaht, oder
einzelnen Heften vereiniget, oder wohl gar gänzlich ohne Verband
geblieben seien.

Aus den im §. 35 angeführten Gründen dürfte sich der Fall,
dass der Kaiserschnitt von den zur gerichtlichen Beschau berufenen
Aerzten vorgenommen werden müsste, nicht ergeben.

§. 54. Die äussere Besichtigung der männlichen und weiblichen Geschlechtstheile wird nur dann vorgenommen, wenn sich
an denselben krankhafte oder sonst ungewöhnliche Erscheinungen
zeigen, sie von Verletzungen betroffen worden sind, oder der Richter
ihre Untersuchung aus besonderen, jedoch bekannt gemachten Veranlassungen verlangt; wo dann bei Männern die Länge, Form und
Farbe des Gliedes, die bedeckte oder entblösste Eichel, die Beschaffenheit der Mündung der Harnröhre, Spuren von Samenergiessun-
gen oder krankhaften Ausflüssen, Geschwüre, Narben und Deformitäten, ferner die Farbe des Hodensackes, die Behaarung desselben und des Schamberges, die Gegenwart oder Abwesenheit und
Beschaffenheit der Hoden und des Samenstranges zu beschreiben
sind; bei Weibern dagegen die Lage und Richtung der Scham, die
Beschaffenheit der äusseren und inneren Schamlippen, die Anwesenheit und Form des Hymens, der Runzeln, der Scheide, der Kli-
toris, des Frenulums angegeben, und bei letzterem noch insbesondere untersucht werden müsste, ob dasselbe und das Mittelfleisch
eingerissen erscheine, ob Spuren von Samen oder anderen Flüssigkeiten in der Scheide, Geschwüre, Geschwülste, Auswüchse an
selber vorhanden sind, ob die Gebärmutter oder ein Theil der
Scheide vorgefallen ist, endlich ob fremde Körper in ihr enthalten
sind. Verletzungen an diesen Theilen wären nach den allgemeinen
Regeln zu erforschen und zu beschreiben.

§. 55. An den oberen und unteren Extremitäten ist anzugeben,
ob sie steif oder in welchem Grade gelenkig, ob ihre Muskeln gespannt, oder ungewöhnlich erschlafft erscheinen, wie ihre Haut beschaffen ist, ob an den Oberschenkeln und an der hinteren Fläche
der Oberarme eine Gänsehaut nicht besonders augenfällig sei, ob
an denselben Spuren von frischen, allenfalls nicht kunstgemäss verbundenen Adereröffnungen, schwartenartig vertrocknete Stellen,
oder anderweitige Anzeichen vorgenommener Wiederbelebungsversuche vorfindlich seien. Durch Fäulniss oder Krankheit bedingte
Veränderungen, sowie vorgefundene Verletzungen sind nach der
bereits bekannten Weise zu beschreiben, insbesondere sind auch
noch die Achselgruben zu untersuchen. Es ist zu beobachten, ob
nicht aus der Farbe und Dicke der Haut an den Händen und Füssen bei unbekannten Personen auf die Lebensweise und Profession
derselben geschlossen werden könne; ob die Finger gestreckt, leicht
gebogen oder krampfhaft zusammengezogen sind, es ist die Art der
Blutspuren an ihnen, ihre Schwärzung durch Pulver oder andere
Verunreinigungen an denselben zu bemerken und zu sehen, ob zwischen den Fingern und Nägeln nicht Haare oder andere Gegenstände, so wie Verletzungen, als: Ritze, Schnitte und Risse als Zeichen geleisteter Gegenwehr sich befinden.

§. 56. Hierauf wird die Leiche auf die Seite gelegt, der Nacken und der ganze Verlauf der Wirbelsäule auf etwa vorhandene, wenn auch dem äusseren Ansehen nach nur unbedeutende Verletzungen untersucht, eine jede derartige Spur durch Einschnitte näher erforscht, und bei einer bis in die Nähe der Wirbelsäule dringenden Blutunterlaufung auch die innere Untersuchung des Rückenmarkkanales später vorgenommen, welche bei bedeutenden Verletzungen einer solchen Stelle, wie es sich von selbst versteht, gleichfalls stattzufinden hat.

Es ist bei dieser Lage der Leiche auch auf einen aus dem After erfolgten Ausfluss zu sehen, dessen Quellen, wenn er blutig wäre, bei der inneren Untersuchung nachgeforscht werden müsste. Die weiteren am Rücken einer Leiche vorfindlichen Veränderungen und Verletzungen sind, sowie überall, besonders zu beschreiben.

§. 57. Nach der Beendigung der äusseren Besichtigung ist es räthlich, die Leiche noch einmal bezüglich aller den Thatbestand erklärenden Umstände zu überblicken, um allenfalls übersehene Gegenstände nachtragen zu können; worauf, wenn nichts weiter zu bemerken wäre, die äussere Besichtigung im Protokolle mit den Worten geschlossen wird: „sonst am übrigen Körper nach wiederholt vorgenommener genauer Besichtigung keine Spur von einer (anderweitig) erlittenen Gewaltthätigkeit oder geleisteten Gegenwehr, sowie keine weiteren Kennzeichen der Person"; letzteres in dem Falle, als die Leiche die eines Unbekannten war. Nur in Fällen, wo den bestehenden Vorschriften gemäss Wiederbelebungsversuche vorzunehmen waren und diese unterblieben oder nur ungenügend vorgenommen worden sind, müsste auch hierüber die nothwendige Bemerkung angeführt werden.

Zweiter Abschnitt.

Innere Untersuchung der Leiche (Leichenöffnung).

§. 58. Nach Beendigung der äusseren Besichtigung wird zur inneren Untersuchung geschritten. Obwohl die hier folgenden allgemeinen Vorschriften in der Regel zu beobachten sein werden, so versteht es sich von selbst, dass je nach dem concreten Falle eine Abweichung davon stattfinden könne, eine jede unnütze Verstümmelung der Leiche aber vermieden werden müsse.

§. 59. Nach der im §. 39 enthaltenen Vorschrift hat die Eröffnung der Leiche mit jener des Kopfes zu beginnen, zu welchem Zwecke die Schädelhaube durch einen, hinter dem rechten Ohre anfangenden, die letztere bis an den Knochen durchdringenden, quer über den Kopf bis an die Hinterfläche des linken Ohres reichenden Schnitt getrennt wird. Der auf diese Art gebildete vordere Lappen ist nach Loslösung des Verbindungs - Zellengewebes über das Gesicht, der hintere über das Hinterhaupt zu schlagen. An der Kopfhaut ist ihre Dicke, ihr Blutreichthum, an ihrer inneren Fläche Blutunterlaufungen, Blutungen, Exsudate, deren Beschaffenheit, Sitz und Ausdehnung zu beobachten, und dabei zu berücksichtigen, ob dieselben mit äusserlich getroffenen Verletzungen im ursächlichen Zusammenhange stehen, und bei durchdringenden Wunden ihre

Beschaffenheit an der inneren Fläche der Kopfhaut zu beschreiben. In gleicher Beziehung ist auch die Oberfläche des Schädelgewölbes zu untersuchen, jedoch hier nachzusehen, ob nicht Lostrennungen der Beinhaut, einfache oder nach mehrfachen Richtungen hin verlaufende Knochensprünge, auseinander gewichene Nähte, Absplitterungen oder Eindrücke der äusseren Tafel, Brüche und Zertrümmerungen des Knochens mit oder ohne Eindruck vorhanden sind. Wo immer der Verdacht einer Knochenverletzung obwaltet, ist es räthlich, die Beinhaut abzuschaben, um den blossliegenden Knochen desto genauer beobachten zu können. Ebenso sind vorhandene krankhafte Erscheinungen, als: Exsudate, Nekrose, Caries, Narben, Hyperostosen, Afterbildungen u. s. w., und durch chirurgische Hilfeleistungen bedingte Verletzungen gehörig zu würdigen.

§. 60. Die Eröffnung des Schädels selbst wird am zweckmässigsten mit einer Bogensäge vorgenommen. Nachdem zur Vermeidung des Verlegens der Zähne des Sägeblattes die beiden Schlafmuskeln entfernt sind, der in die Schnittfläche fallende Theil der Knochenhaut weggeschabt ist, und ein Gehilfe mit einem Tuche den Kopf in beide Hände gefasst hat, wird die Säge in der Mitte der Stirne, einen halben Zoll vom oberen Rande der Augenhöhlen entfernt, wenn nicht der spezielle Fall einen besonderen Schnitt erfordert, senkrecht angesetzt, durch das Nagelglied des linken Daumens in der Richtung erhalten und mit anfangs kürzeren, dann längeren Zügen der erste Einschnitt gemacht. Um das Einklemmen der Säge zu vermeiden, muss die senkrechte Richtung beibehalten, und jeder stärkere Druck vermieden, die Züge aber ausgiebig geführt werden. Der auf diese Art erlangte Einschnitt ist dann zu beiden Seiten mit der nöthigen Behutsamkeit so lange in die Tiefe zu führen, bis der Knochen ringsum durchsägt ist, ohne, so viel wie möglich, die darunter liegenden Hirnhäute oder wohl gar das Gehirn zu verletzen. Nicht durchsägte Stellen, wie selbe am Stirn- und Hinterhauptsbeine vorzukommen pflegen, werden durch Einführung des Sprengers oder in Ermanglung dessen eines Meissels, die mit leichten Schlägen einzukeilen und sodann um ihre Achse zu drehen sind, ohne Schwierigkeiten getrennt, hierauf durch Herabsenken der Handhabe des eingeführten Instrumentes das Schädelgewölbe insoweit gehoben, um mit den Fingern der linken Hand den Rand fassen und die ganze Decke von vorne nach rückwärts abheben zu können. Hierbei müssen feste Verbindungen mit der harten Hirnhaut zuweilen unter Beihilfe des Hirnspatels oder eines anderen geeigneten Instrumentes getrennt und dieses, sowie eine, wodurch immer bedingte Ablösung der harten Hirnhaut von der inneren Glastafel, unter Angabe des Umfanges, in welchem dies geschah, angemerkt werden.

§. 61. Hierauf wird das Schädelgewölbe nach seiner Form, Dicke und Schwere, dem Verhältnisse der Diploë zur Rindensubstanz beschrieben, gegen das Licht gehalten, um allenfalls vorhandene, ungewöhnlich durchsichtige und dünne Stellen zu entdecken bezüglich der regelmässigen, geschwundenen, auffallend tiefen oder fremdartigen Eindrücke untersucht, das Vorhandensein krankhafter Zustände dieses Knochens bemerkt und gesehen, ob nicht Eindrücke, Fissuren und Splitterungen auf der inneren Glastafel, ohne Verletzungen der äusseren, oder andere sogenannte Contrafissuren vorhanden sind, und wo beide Tafeln sich an der gleichen Stelle verletzt zeigen, ob die Verletzungen gleich oder auf welche Art und Weise verschieden erscheinen, darauf zu sehen, ob die innere Glastafel glatt, oder vielleicht rauh, wie angeätzt oder überhaupt anderweitig pathologisch beschaffen ist.

§. 62. An der harten Hirnhaut ist die ungewöhnliche Spannung oder Erschlaffung, die Ueberfüllung ihrer Gefässe mit Blut oder eine auffallende Blutleere, ihre mehr oder weniger röthliche Farbe oder Blässe zu beobachten. Bei vorhandenen Blutergiessungen ist der flüssige oder geronnene Zustand, der Sitz, die Ausdehnung und Menge des ergossenen Blutes, die frische oder durch längeren Bestand bereits veränderte Beschaffenheit desselben anzugeben, ob die auf der inneren Glastafel vorfindlichen pathologischen Veränderungen sich auch auf die harte Hirnhaut und in welcher Weise erstrecken, bei Knocheneindrücken und Splitterbrüchen ist zu beobachten, ob dieselben, und in welcher Weise die harte Hirnhaut mit verletzt haben, ob Splitter, Knochenstücke oder andere fremde Körper in das Gehirn eingedrungen sind, welche Ausdehnung die auf der harten Hirnhaut befindlichen Verletzungen haben, ob durch letztere nicht Partien des Gehirns und in welchem Zustande hervortreten. Endlich wird der grosse Sichelbehälter von vorne nach rückwärts mittelst eines Scalpells eröffnet, die Menge des in ihm enthaltenen Blutes oder der darin allenfalls vorgefundenen Exsudate oder andere pathologische Veränderungen angegeben.

§. 63. Nun wird die harte Hirnhaut am vorderen Theile des grossen Sichelfortsatzes zunächst des durchsägten Schädels mittelst eines spitzigen Scalpelles aufgeschlitzt, und der Schnitt längs dem abgesägten Schädelgrunde bis zum hinteren Ende der Sichel fortgeführt, auf der andern Seite auf gleiche Weise verfahren, die hierdurch gelösten Blätter umgeschlagen und hierbei Rücksicht genommen auf die Menge und Beschaffenheit der aus dem Sacke der Arachnoidea sich ergiessenden Flüssigkeiten, auf die an dem Parietalblatte der Spinnwebenhaut vorkommenden frischen oder älteren Hämorrhagien, hämorrhagischen Säcken und anderen pathologischen Produktionen.

Zur gänzlichen Entfernung der harten Hirnhaut wird der grosse Sichelfortsatz mit dem Daumen und Zeigefinger, zunächst seiner Anheftung am Hahnenkamme gefasst, gespannt, vom letzteren mit der Scheere losgelöst, und sammt der ihm folgenden dura mater über das Hinterhaupt zurückgeschlagen, dabei aber an den Wänden der Sichel vorkommende, bemerkenswerthe Erscheinungen aufgezeichnet.

§. 64. Jetzt wird die blossliegende Spinnwebenhaut besichtiget, ihre zarte und durchsichtige, milchig trübe, gewülstete oder sehnige Beschaffenheit, der Grad ihrer Spannung über die abgeplattete Hirnoberfläche, sowie ihre Erschlaffung beobachtet; Blutergüsse, krankhafte Ausschwitzungen, bis in diese Haut dringende Verletzungen, auf gleiche Weise wie bei der harten Hirnhaut angegeben wurde, beschrieben. In gleicher Art wird nun die Beschaffenheit der Gefässhaut angegeben, hier aber noch nebst der Weite, dem geschlängelten oder gestreckten Verlaufe der Gefässe, der Grad der Injection mit Blut berücksichtiget. Es ist ferner zu sehen, ob die Spinnwebenhaut mit der Aderhaut nicht verdickt, und ob zwischen selben nicht Blutgergüsse oder Infiltrationen und welcher Art vorhanden sind; im letzteren Falle wird die Lostrennung dieser Häute vom Gehirne erforderlich, zu welchem Zwecke dieselben an einer leicht zu fassenden Stelle mit den Nägeln eingezwickt und von der Gehirnoberfläche abgezogen werden, wobei zu beobachten ist, ob zwischen ihnen und den Hirnwindungen Serum oder eine andere Flüssigkeit, in welcher Menge und von welcher Art angesammelt ist, ob sich selbe leicht oder nur schwer ablösen lassen und ob im letzteren Falle nicht Gehirntheile an der pia mater kleben bleiben, oder überhaupt Tuberkeln oder andere pathologische Produktionen sich an ihr befinden.

§. 65. Bei der Besichtigung des Gehirnes ist eine augenfällige Grösse oder ein Zusammengesunkensein (collapsus) desselben, die dunkle oder blasse Färbung der grauen Substanz, die Zahl und Dicke der Windungen oder eine ungewöhnliche Verflachung derselben, die Tiefe und Weite der Hirnfurchen oder ihr Verwischtsein zu bemerken. Ferner sind an der Gehirnoberfläche vorfindliche Blutergüsse, geröthete, geschwollene, erweichte Stellen, Ablagerungen von Eiter oder Jauche und krankhafte Bildungen anzuführen.

Bei bis in das Gehirn dringenden Wunden ist zu beobachten, ob selbe durch das verletzende Werkzeug oder durch niedergedrückte, eingedrückte oder abgesplitterte Schädelknochen, oder bloss durch Erschütterung veranlasst worden sind, ob bei letzteren die Gehirnverletzungen an der getroffenen Stelle oder an einer anderen sich befinden; ob die Verletzung ohne sichtliche Trennung des Zusammenhanges bloss in einer blutigen Tränkung des Gewebes in Rissen, deren Zwischenräume mit Blut gefüllt sind, bestehe, oder ob die ganze Gehirnmasse zu einem, nach der Menge des Extravasates verschieden, blass- bis dunkelroth gefärbten Brei zermalmt sei; an welcher Seite die Wunden sich befinden, und welche Ausdehnung sie zeigen; ihre Tiefe darf aber nur durch die weitere Untersuchung nachgewiesen werden.

§. 66. Um die tiefer gelegenen Theile des Gehirnes zu untersuchen, werden die Hemisphären mit den Händen etwas von einander entfernt, das zarte Verbindungs-Zellgewebe an den von der Sichel nicht berührten Stellen mit den Fingern gelöst, die auf den Markbalken liegenden Gefässe gefasst und nach rückwärts gelegt, die rechte Hemisphäre mit der freien Hand an der Innenfläche gefasst, und in der Richtung des Markbalkens etwas über demselben mit einem geraden, nach hinten sich etwas mehr senkenden Schnitte, und auf gleiche Weise die an ihrer äusseren Seite mit der freien Hand unterstützte linke Halbkugel abgetragen. Bei einer augenfälligen Abflachung der Hirnwindungen, die eine Ueberfüllung der Kammern mit fremdartigen Stoffen voraussehen lassen, ist der Schnitt weniger steif zu führen und überhaupt räthlich, die Abtragung schichtenweise vorzunehmen.

Sollte aber demungeachtet eine Seitenkammer eröffnet worden und ein Theil ihres Inhaltes ausgeflossen sein, so ist hierauf bei ihrer Untersuchung, sowie auf den Umstand Bedacht zu nehmen, dass beide mit einander in Verbindung stehen und die Entleerung der einen Seitenkammer jederzeit auch die der anderen, wenigstens theilweise bewirken könne.

An den abgetragenen Hemisphären ist auf das Verhältniss der Rinden- zur Marksubstanz, auf die vorhandene Zahl und Masse der erscheinenden Blutpunkte, auf ihre Färbung, auf ihre weiche, zähe oder derbe, feuchte oder trockene Beschaffenheit und auf bis hierher dringende Verletzungen zu sehen. Hierauf wird die Gehirnsubstanz nach verschiedenen Richtungen zerschnitten, Abweichungen von dem bisherigen Befunde bemerkt, die Tiefe und Art vorhandener Wunden beschrieben.

§. 67. Sollten durch das obige Verfahren die Seitenkammern noch nicht geöffnet oder deren Decken noch nicht ersichtlich sein, so müsste dieses durch weiteres Abtragen von Markschichten bewerkstelliget werden, worauf der kleine Finger der freien Hand und das Heft des Scalpells in eine Kammer einzuführen, und diese nach vor-, rück- und abwärts, sowie ihren Verlauf der eingebrachte Finger bezeichnet, zu untersuchen ist.

Bei den Seitenkammern muss auf eine vorhandene Verengerung oder Erweiterung und den Grad derselben, auf in sie ergossenes flüssiges oder geronnenes Blut, klares, oder trübes, flockiges, gelbliches oder röthliches Serum oder Exsudat, auf die lederartige Zähheit oder ungewöhnlich weiche Beschaffenheit der Wandungen gesehen werden; bei den Adergeflechten, ob sie blass- oder dunkelroth, mit einzelnen oder traubenartig angehäuften Wasserbläschen oder Kalkconcrementen besetzt sind; ferner muss untersucht werden, ob anderweitige krankhafte Zustände und bis hierher gedrungene Verletzungen vorhanden sind.

Um in die dritte Kammer zu gelangen, wird der linke Daumen in die rechte, der Zeigefinger in die nebenliegende Kammer gebracht, mit beiden der Balken sammt der Scheidewand gefasst, dieselbe an ihrem vorderen Ende, sowie die Schenkel des Gewölbes durchschnitten und auf rückwärts gelegt, sodann das auf dem Sehhügel liegende Adergeflecht aufgehoben, nach rückwärts gezogen, und die hierdurch zum Vorscheine kommende, auf dem Vierhügel liegende Zirbeldrüse mit dem Scalpellhefte hervorgeholt, zwischen den Fingern zerdrückt, ihre Grösse, ihre weichere oder festere Konsistenz, sowie ihre gewöhnlich sandige Beschaffenheit bemerkt, sodann werden die Sehhügel von einander gezogen und der Zustand der dritten Kammer, in gleicher Beziehung wie jener der seitlichen untersucht. Insbesondere ist die Beschaffenheit der inneren Auskleidung sämmtlicher Hirnhöhlen anzugeben, ob diese zart oder dick, lederartig, zähe, gerunzelt, callös oder breiig erweicht sei, und wie sich die angrenzende Hirnschichte dabei verhalte, dann sind die gestreiften Körper und Sehnervhügel einzuschneiden, die Comissuren, die Oeffnung zum Kanale der Schleimdrüse, die zum Sylvischen Gange, und der Vierhügel zu besichtigen und vorfindige Abweichungen zu bemerken.

§. 68. Damit noch die übrigen Theile des Gehirnes und der Grund der Schädelhöhle untersucht werden können, muss sowohl das grosse als kleine Gehirn herausgenommen werden. Man fasst mit der linken Hand die vorderen Hirnlappen, hebt selbe in die Höhe, wodurch zugleich die Geruchsnerven zerreissen, und trennt hierauf die übrigen Nerven, sowie die Gefässe und den Trichter zunächst des Knochens. Ferner wird das Gezelt beiderseits nach dem Verlaufe des oberen Randes des Felsentheiles geöffnet, das verlängerte Mark so tief als möglich im Wirbelkanale sammt den hier befindlichen Nerven durchschnitten, sodann das ganze Gehirn unter Beihilfe der rechten Hand herausgehoben und auf die bereits untersuchte Fläche gelegt. An der unteren Fläche werden die hier ersichtlichen Nerven und Gefässe, die vorderen und hinteren Schenkel, die Varolsbrücke, das verlängerte Mark, die untere Fläche des Gehirnes selbst, die vierte Kammer, zu welcher man durch senkrechte Durchschneidung des verlängerten Markes oder durch einfaches Aufheben des letzteren gelangt, die Sylvische Grube und das kleine Gehirn, nachdem man sie oberflächlich besichtiget und durch mehrere nach verschiedener Richtung geführte Schnitte auch im Inneren untersucht hat, nach den gleichen Rücksichten wie das Gehirn beschrieben.

Auf dem Schädelgrunde ist die Menge und die Art des in den grossen Behältern enthaltenen Blutes, die Ansammlung von Serum oder anderen Flüssigkeiten und deren Menge in den hinteren Schädelgruben anzugeben, sodann aber die harte Hirnhaut, was an den Erhabenheiten und Rändern der Knochen nur mit Beihilfe des Messers ausführbar ist, zu entfernen und vorgefundene Verletzungen des Knochens nach ihrem Sitze, ihrer Beschaffenheit und Ausdehnung am Schädelgrunde anzuführen.

§. 69. Die Eröffnung der übrigen Körperhöhlen wird durch einen an der Spitze des Kinnes beginnenden, über die Mitte des Halses und der Brust fortgesetzten, längs der Richtung der weissen Bauchlinie links zunächst des Nabels laufenden, und bis zur Schambeinsvereinigung reichenden Hautschnitt begonnen, und dieser Schnitt durch einen zweiten, unterhalb des Nabels von der Mitte der einen Lendengegend bis zu jener der anderen Seite geführten durchkreuzt. Sodann wird in der Gegend des Schwertknorpels, die Fetthaut, die weisse Bauchlinie bis zu dem Bauchfelle, in der Ausdehnung einiger Zolle getrennt, und endlich das letztere durch vorsichtig wiederholte Schnitte eröffnet, in die gebildete Oeffnung der Ring- und Mittelfinger der linken Hand eingeführt, mit dieser die Bauchwand gehoben und mittelst des, zwischen die gabelförmig gestellten Finger, eingesetzten Messers in einem Schnitte bis zur Schambeinvereinigung getrennt, hierauf wird jede Hälfte derselben für sich aufgehoben und nach der Richtung der vorhandenen Querschnitte in zwei Lappen getheilt. Die beiden unteren Lappen werden an ihrer inneren Fläche mit einem Schnitte eingekerbt und nach abwärts über die Darmbeine gelegt, die beiden oberen Lappen nacheinander mit der ganzen linken Hand gefasst, über die Faust stark gespannt und von dem Schwertknorpel an, die ganze Muskelschichte bis an die Knorpel der untersten Rippen losgelöst.

Sind an der Brust keine Verletzungen vorhanden, somit eine genauere Untersuchung der Brustmuskel nicht erforderlich, so können die letzteren sammt den allgemeinen Decken bis zu den Schlüsselbeinen unter Einem getrennt werden.

Zu diesem Zwecke müssen die gebildeten Lappen auf die bezeichnete Weise gut angespannt, das Messer in die bereits vorhandene Trennung unter die unterste Muskelschichte gebracht und diese mit ausgiebigen, von unten nach aufwärts geführten Schnitten von ihren Anheftungen in der Art losgetrennt werden, dass die gesammten Rippenknorpel und vorderen Enden der Rippen ohne beträchtliche Muskelreste dargelegt werden. Bei einer vorhandenen Verletzung der Brust aber wird die Haut von oben in die Tiefe auf gleiche Weise wie bei anatomischen Demonstrationen abgelöst.

§. 70. Hierauf wird zur Untersuchung des Halses geschritten, seine Haut bis zu den hinteren Winkeln des Unterkiefers und den Anheftungsstellen des grossen Kopfnickers in der Art wegpräparirt, dass seine vordere und die beiden seitlichen Flächen blossgelegt erscheinen. Um aber ebenfalls die grossen Halsgefässe und Nervenstämme untersuchen zu können, müssen auch die unteren Anheftungsstellen des zuletzt genannten Muskels getrennt und derselbe seitwärts gelegt werden.

Nun werden die Menge und Beschaffenheit des in den äusseren und inneren Drosseladern enthaltenen Blutes bemerkt, an der Innenfläche der Haut allenfalls vorhandene Sugillationen, mit von aussen vorgefundenen Spuren erlittener Gewaltthätigkeiten verglichen und wird gesehen, ob das Zellgewebe und die oberflächlichen Muskeln vertrocknet, mit Blut unterlaufen, zerrissen, oder auf sonst eine Art verletzt sind. Insbesondere aber müssen in dieser Hinsicht die inneren Drosseladern, die Carotiden und ihre grösseren Aeste, der herumschweifende, der sympathische, der Zwerchfells- und Zungenschlundnerv untersucht werden, die man durch vorsichtige Entfernung des sie bedeckenden und verbindenden Zellgewebes auffinden kann.

Jetzt wird die Schilddrüse blossgelegt, nach ihrer Grösse, Form und Farbe beschrieben, durch Einschnitte der Zustand ihres Gewebes untersucht, dann das Zungenbein, der Kehlkopf und die Luftröhre befühlt, um zu entdecken, ob selbe verbogen, zerbrochen oder sonst beschädigt sind; der Kehlkopf und die Luftröhre bis zur Handhabe des Brustblattes gespalten, die blasse, hell oder dunkelgeröthete, schiefergrau gefärbte, aufgelockerte, erweichte, mit Schleim, Eiter, Geschwüren versehene oder sonst wie immer beschaffene Schleimhaut nebst dem Grade der Ausdehnung dieser Veränderungen angegeben, im Kanale der Luftröhre vorgefundene Flüssigkeiten ihrer Menge und Natur nach angemerkt und versucht werden, ob beim leichten Drucke auf die Brust diese in noch grösserer Menge heraufsteigen, oder aber hierbei erst sichtbar werden; insbesondere ist auf den Zustand der Stimmritze, ihrer Bänder und des Kehldeckels zu sehen, auf in diese oder andere Theile der Luftröhre gedrungene fremde Körper Bedacht zu nehmen; andere krankhafte Veränderungen müssen gleichfalls bemerkt und Verletzungen nach den bekannten Regeln beschrieben werden. Endlich wird nach erfolgter Lostrennung des Verbindungszellgewebes die Speiseröhre auf ihrer linken äusseren Seite aufgeschlitzt und bezüglich ihres Inhaltes, der Beschaffenheit ihrer Schleimhaut und einer etwa erlittenen Verwundung besichtiget.

§. 71. Sind bei Untersuchung der Speiseröhre verdächtige Erscheinungen angetroffen worden, hat die äussere Besichtigung der Mund- und Rachenhöhle oder sonst eine Veranlassung die nähere Erforschung dieser Theile nöthig gemacht, so müssen alle an der inneren Fläche des Unterkiefers sich anheftenden Muskeln sammt der Mundhaut und die Verbindungen des Schlundes gelöst, und sodann die Zunge sammt den letzteren hervorgezogen, umgeschlagen, der Schlund aber bis zu der bereits aufgeschlitzten Speiseröhre geöffnet werden. Sollte es an Raum gebrechen, so wären die allgemeinen Decken bis zu den hinteren Winkeln des Unterkiefers zu spalten.

Es werden sodann der Gaumensegel, die Tonsillen, die Wurzel der Zunge, die innere Fläche des Schlundes betrachtet, ob vielleicht dieselben geschwollen oder geröthet, mit Geschwüren und welcher Art besetzt sind, ob die Schleimhaut die normale Konsistenz oder eine krankhafte Erweichung und in welcher Ausdehnung zeige, ob fremde Körper, Aftergebilde vorhanden, ob nicht Verletzungen bis hierher gedrungen und wie sie beschaffen sind.

§. 72. Sind wegen vorhandener Verletzungen der Brust die Brustmuskel nicht gleich mit den allgemeinen Decken entfernt worden, so muss die Art der ersteren beschrieben, die Anheftung des grossen Brustmuskels vom Brustblatte, den Rippenknorpel und dem Schlüsselbeine, jene des kleinen Brustmuskels von der dritten, vierten und fünften Rippe auf beiden Seiten losgelöst und so der ganze Brustkorb blossgelegt werden.

Nachdem auch hier ersichtliche Verwundungen der Weichgebilde nach Sitz, Ausdehnung und Form angegeben sind, werden die freiliegenden Knochen und Knorpel auf vorhandene Caries, Nekrose, Knochenauswüchse oder Schwielen, Sprünge, Brüche, Knickungen und Verrenkungen untersucht und gesehen, ob nicht die Enden gebrochener Knochen nach einwärts gedrückt sind, in die Brusthöhlen eindringen, und wie endlich der Schwertknorpel beschaffen sei.

Die Eröffnung der Brust wird mittelst eines Knorpelmessers vorgenommen, mit welchem die Rippenknorpel in der Nähe ihrer Vereinigung mit den Rippen vorsichtig durchschnitten, oder wenn sie bereits verknöchert wären, durchsägt werden; nur ist sich im letzteren Falle vor Verletzungen an den hier gewöhnlich sehr scharfen Schnitträndern während der weiteren Untersuchung der Brustorgane zu hüten. Sodann wird das Brustblatt, nachdem zuvor das Zwerchfell so nahe als möglich von den untersten Rippen und dem schwertförmigen Knorpel losgetrennt ist, und nach aufwärts gegen das Gesicht der Leiche gehoben, die Brustfellsäcke und das Zellgewebe des Mittelfelles, mit Vermeidung jeder Verletzung des Herzbeutels von dem Rippenknorpeln und dem Brustblatte getrennt, zuletzt der in der Regel noch nicht zerschnittene Knorpel der

ersten Rippe gespalten, die Handhabe des Brustblattes aus der
Verbindung mit den Schlüsselbeinen losgelöst, und nach vorausgegangener Besichtigung ihrer Innenfläche und Bemerkung der hier
angetroffenen ungewöhnlichen Zustände bei Seite gelegt.

Vor und bei der Eröffnung der Brusthöhle ist aber noch darauf zu achten, ob nicht Gas aus derselben entweiche.

§. 73. Nach Eröffnung der Brusthöhle ist darauf zu sehen,
ob in dem vorderen Mediastinum Ergiessungen von Blut, Exsudaten
etc. vorhanden, und ob nach ihrer Entfernung die hier befindlichen
Organe ersichtlich sind oder aber eingehüllt erscheinen, und in welcher Art diese Einhüllung stattfindet. Bei angetroffenem flüssigem
Blute ist aber zu berücksichtigen, ob selbes nicht aus während der
Sektion verletzten Blutadern, insbesondere der Schlüsselbeinvenen,
den inneren Brustadern herrühre, oder durch während der Untersuchung des Halses veranlasste Blutungen in den Brustkorb gelangt sei. Es muss daher jede durch eine zufällige Verletzung
während der Obduktion verursachte Blutung, wenn sie durch
Schwämme nicht aufgesaugt und gestillt werden kann, im Protokoll angemerkt werden.

§. 74. Hierauf werden die beiden Theile der Brusthöhle und
die sie umschliessenden Wandungen untersucht und erforscht, ob
erstere, besonders bei vorhanden gewesenen Gasen, leer oder mit
Blut, Serum, einer anderen Flüssigkeit oder sonst fremdartigen
Stoffen angefüllt erscheinen, ob hierdurch die Lungen bedeutend
zusammengedrückt und sammt dem Herzen aus ihrer Lage verdrängt wurden. Das zu grösseren Klumpen geronnene Blut wird
mit den Händen herausgenommen, und seiner Schwere nach ge-
schätzt, das flüssige dagegen mittelst eines Schwammes aufgesaugt,
und in ein Gefäss mit bekanntem Rauminhalte ausgedrückt, und
darnach auch dessen Menge bestimmt. Auf gleiche Weise werden
vorhandene Exsudate entfernt und deren Quantität, die weitere Beschaffenheit und Natur derselben angegeben. An dem Brustfelle ist
die glatte und glänzende oder trübe, streifig oder gleichmässig geröthete, mit einer dünnen Schichte eines klebrigen Stoffes bedeckte
Oberfläche oder das Vorhandensein von zarten, sammtartigen, dichten, dicken, aus mehreren Lagen bestehenden, von Gefässen, Eiter,
Tuberkeln, Kalkconcrementen u. dgl. durchdrungenen häutigen
Schichten zu berücksichtigen. Rippenbrüche und Verrenkungen
werden durch das Bewegen der einzelnen Rippen an den durchschnittenen Enden und die blutige Unterlaufung des Rippenfelles
in der nächsten Umgebung leicht entdeckt, und nach vorausgegangener Besichtigung die Art und Stelle des Bruches oder der Verrenkung und der hierbei betheiligten Pleura näher bestimmt. Ist der
Verletzung einer Rippenschlagader nachzuforschen, so muss das
Rippenfell von der Rippenwand bis an die Wirbelsäule losgelöst
und die Schlagader in der entsprechenden Furche ihrer Rippe auf-
gesucht werden, nachdem die früher untersuchten Brustorgane herausgenommen wurden.

§. 75. Bei Untersuchung der Lungen ist anzugeben, ob selbe
stark oder mässig ausgedehnt, in den Brustkorb eingesunken, oder
in einem höheren Grade zusammengefallen, ob sie frei sind, oder ob

15 *

sie durch zellige Fäden oder Membranen, ob stellenweise oder in
grosser Ausdehnung, an welchen Stellen, oder ob in ihrem ganzen
Umfange an das Rippenfell, Zwerchfell oder den Herzbeutel angewachsen sind, ob und in welchem Grade sie die oben angedeuteten pathologischen Veränderungen des Brustfelles zeigen.
Sodann wird eine Lunge nach der anderen aus der Brusthöhle
gehoben, wo Verwachsungen selbes hindern, werden diese vorerst
mit den Fingern oder dem Messer gelöst, ihre Farbe an den verschiedenen Flächen, ihre elastische, teigige, derbe, feste, brüchige
und harte Konsistenz, oberflächliche Blutergüsse, das vermehrte
oder verminderte Volumen der einen oder der anderen Lunge und
ihrer Lappen, sichtliche Erweiterungen der Luftzellen, der Austritt
von Luft, Blut und anderen Stoffen zwischen Pleura und Parenchym,
oberflächliche Brandschorfe, endlich vorgefundene Verletzungen,
ihrem Sitze, der Art und der Ausdehnung nach beschrieben; um
die Tiefe der Verletzungen bemessen zu können, wird der verletzte
Lappen vorsichtig nach dem Verlaufe der Verwundung durchschnitten, der Zustand des Wundkanales, sowie des ihn umgebenden Pa-
renchyms genau angegeben und vorzüglich darauf gesehen, ob
nicht ein grösserer Gefässstamm, besonders in der Nähe seines Eintrittes in die Lunge, verletzt worden sei.

§. 76. Sind aber keine Verletzungen vorhanden, so werden
an beiden Lungenwurzeln die Bronchialäste, zu welchen man
durch Umschlagen der linken Lunge über den Herzbeutel gelangt,
eröffnet und eine Strecke weit in die Substanz der Lungen verfolgt,
hier ihre Beschaffenheit nach ähnlichen Rücksichten, wie bei der
Luftröhre (§. 70) sammt den Bronchialdrüsen beschrieben, und zur
Besichtigung des Gewebes der Lungen geschritten. Zu diesem
Zwecke wird in die linke Lunge in der zur Eröffnung der Bronchien
angegebenen Lage, nachdem sie früher gut angespannt wurde, ein
ausgiebiger tiefer Schnitt gemacht, und die so gebildete Schnittfläche durch wiederholt geführte Schnitte durch die ganze Dicke
der Lunge erweitert, die rechte Lunge wird dagegen über die Rippenwand gespannt und hier auf die gleiche Weise entfaltet, oder
nach Umständen durch besondere Einzelschnitte das Gewebe der
Lungen untersucht.

Es ist hierbei auf das deutliche, undeutliche oder gänzlich
fehlende knisternde Geräusch Rücksicht zu nehmen, auf die blasse,
helle, marmorirte, verschiedenartig rothe Farbe, auf den mässigen
oder reichlichen Gehalt von flüssigem oder geronnenem Blute, und
die augenfällige Blutleere, auf den Grad der Elasticität, Derbheit,
Brüchigkeit und Zerreissbarkeit derselben, auf Vorhandensein von
Blutstasen, flüssigen und starren Exsudaten, im letzteren Falle auf
die glatte, fein- oder grobkörnige Beschaffenheit der Schnitt- und
Bruchflächen; auf einen alsogleich bei dem Schnitte oder bei ge-
lindem Drucke erfolgenden reichlichen oder nur mässigen Erguss
von fein- oder grobschaumigen, wässerigen oder blutig gefärbten
Serum, auf Kompression, callöse Umwandlung, Ablagerungen von
Kalkconcrementen in dem Lungengewebe u. s. w., auf einzelne
oder zahlreiche, kleine oder grössere Exsudatherde, oder Cavernen,
sammt ihrem Inhalte und der Beschaffenheit der sie umgebenden

Wandungen. Immer muss hierbei der Lungenflügel, der Lappen, die Gegend und die Ausdehnung der vorgefundenen Abweichungen durch genaue physiographische Beschreibung ersichtlich, umschriebene Partien genau angegeben werden.

Ausserdem ist noch insbesondere auf die Beschaffenheit der Schleimhaut, den Inhalt, die Weite und Form der Bronchien und ihre Verzweigungen, etwa vorhandene Bronchialerweiterungen, Emphyseme u. s. w. zu achten, und auf Anomalien der Lungengefässe, besonders der Pulmonalarterie Bedacht zu nehmen.

§. 77. Bei der Untersuchung des Herzbeutels wird äusserlich auf eine übermässige Anhäufung von Fett, auf das Vorhandensein zellgewebiger Verwachsungen, auf die straffe oder bloss lockere Umhüllung des Herzens, auf eine übermässige Ausdehnung, auf eine ungewöhnliche Spannung, auf die, durch verletzende Werkzeuge oder eingetriebene Knochenstücke entstandenen Verwundungen, oder auf, durch eine erschütternde Gewalt, Quetschung des Rumpfes verursachte Zerreissung des Herzbeutels gesehen, sodann zu seiner Eröffnung geschritten, wobei er, um das Ausströmen von voraussichtlichen Flüssigkeiten zu verhüten, 1—1½ Zoll oberhalb seiner Anheftung an das Zwerchfell und nicht ganz bis zu jener an die grossen Gefässe in der Mitte seiner Vorderfläche aufgeschnitten wird. Um das in ihm enthaltene Blut oder Serum gehörig bewahren zu können, wird das Herz hervorgehoben, und werden grössere Quantitäten jener Flüssigkeiten aber auf die im §. 74 angedeutete Weise entfernt, und ebenso die Menge und Beschaffenheit derselben bestimmt. Hierauf wird der Herzbeutel einerseits bis zu den grossen Gefässen, und andererseits bis zum Zwerchfelle aufgeschlitzt, die ungewöhnliche Dicke oder Verdünnung, die Ablagerung fremder Stoffe zwischen seinen Schichten, die glatte, rauhe, zottige, mit mehr oder weniger bedeutenden Lagen von fremdartigen Gebilden umkleidete Innenfläche, ihre stellenweise oder im ganzen Umfange vorhandene Verwachsung mit dem Herzen und die Art der letzteren; durch kürzeres oder längeres, faseriges oder bänderiges Gewebe, durch mehr oder weniger Dicke, zwischenliegende pseudomembranöse oder von Kalkkörnern und Kalkplatten durchwebte Schichten, beschrieben, und werden weitere am Herzbeutel noch vorkommende, durch Exsudate, Afterbildungen u. dgl. bedingte Veränderungen angeführt.

§. 78. Der seröse Ueberzug des Herzens bietet im Allgemeinen dieselben Veränderungen dar, welche bei der Besichtigung des Herzbeutels und seiner inneren Fläche angedeutet wurden; doch werden hier noch insbesondere anzugeben sein: der Grad der vorhandenen Fettablagerung, die Trübungen, die Milch- und Sehnenflecke, Blutunterlaufungen und Ecchymosen, besonders an der Herzbasis, die Beschaffenheit der Kranzgefässe in Bezug auf Verlauf, Inhalt und Textur, sowie alle jene Veränderungen dieses Ueberzuges, welche durch die in den hochliegenden Schichten der Herzsubstanz vorkommenden Prozesse bedingt werden.

Am Herzen insbesondere werden seine von der normalen abweichende Lage nebst der veranlassenden Ursache einer solchen

Lage- oder Ortsveränderung, seine vermehrte oder verminderte
Grösse, bei deren Bestimmung die Faust der Leiche als Anhaltspunkt angenommen zu werden pflegt, die Form mit Berücksichtigung des vorwaltenden Breite-, Länge- und Dickedurchmessers
beschrieben.

Bei der Eröffnung des Herzens wird zuerst die Wandung
einer Kammer nach der anderen durch einen Längenschnitt gespalten, und, bevor dieser auch durch die Wandungen der Vor-
kammern fortgeführt wird, immer zuvor darauf Bedacht genommen, ob nicht Veränderungen, besonders Stenosen an den betreffenden venösen Ostien vorhanden sind, wodurch je nach dem
Falle Modifikationen in der Eröffnung nothwendig würden. Nun
hat man die Dicke oder Dünne dieser Wandungen anzugeben,
und in beiden Fällen auf die äusseren und inneren Schichten des
Herzfleisches, sowie auf derlei partielle Veränderungen Acht zu
geben, sodann die Derbheit, die Farbe, die allenfalls im Herzfleische vorkommenden Exsudate, faltige Fibroide, kalkige Ablagerungen, Aftergebilde anzumerken, die Weite der Kammern
und der Vorhöfe und ihr Verhältniss zu einander, sowie partielle
Erweiterungen derselben (aneurysma cordis partiale) nach Umfang, Form, Inhalt und Veränderung, welche die Herzoberfläche
dadurch erleidet, aufzunehmen.

Eine besondere Berücksichtigung verdienen die am Endocar-
dium vorkommenden Veränderungen, als: milchige Trübung, Fibroide, Verdickung, der dadurch bedingte Schwund der Trabekeln,
kalkige Ablagerungen, die Verlängerung und Verdünnung der
Papillarsehnen, die Verkürzung, Verdickung und Verschmelzung
dieser letzteren unter sich und mit den Klappen, die Zerreissung und Beschaffenheit der Riss-Enden an den Sehnen, endlich
die Grösse, Form und Dicke der venösen Klappe selbst. An den
Klappen sind wieder die Wulstung, Schrumpfung, die Ablagerungen roher, faserstoffiger Fxcrescenzen, die Bildung fibroider, kal-
kiger Hervorragungen und Wülste, besonders an dem freien,
sowie am Insertionsrande derselben und die dadurch bedingte
Veränderung in der Weite ihrer Ostien, die Durchreissung und
die Art derselben, sowie die sogenannten Klappenaneurysmen und
die Schlussfähigkeit oder die Insufficienz gehörig zu würdigen.

Ferner sind die Menge und Beschaffenheit des Blutes in
den Herzhöhlen, namentlich aber auch das Eingefiltztsein der
faserstoffigen Blutcoagula zwischen die Trabekel oder hier vorhandene sogenannte globulöse Vegetationen näher zu bezeichnen.

Die Pulmonalarterie, sowie die Aorta werden nun in der
Art eröffnet, dass man das Scalpell in das Gefässrohr einführt,
die vorderen Wandungen desselben durchsticht und durch einen
gegen das Herz geführten Schnitt vollkommen spaltet. Auch hier
wird auf die ähnlichen Veränderungen der halbmondförmigen
Klappen, die sich gleich den venösen verhalten können, Rücksicht
genommen werden, die Weite und der Inhalt dieser Gefässe, die
Beschaffenheit ihrer Wandungen, hier vorhandene Fibroide, atheromatöse kalkige Ablagerungen, dadurch bedingte Zerklüftungen,
besonders der inneren und der Querfaserschichten, aneurysmatische

Erweiterungen und spontane Berstungen derselben, mit Angabe
der Grösse und des Sitzes des Aneurysma, sowie der Durchbruch-
stelle, wohin und in welcher Menge das Blut sich ergossen habe,
im Protokolle angeführt.

Die hier angedeuteten Rücksichten sind bei der aufsteigenden Aorta und ihrem Bogen nicht nur auf den, im Thorax verlaufenden Abschnitt derselben, sondern auch auf die von ihr ab-
tretenden grösseren Gefässe auszudehnen.

Bei vorhandenen Verletzungen des Herzens ist nebst den
allgemeinen Rücksichten insbesondere zu sehen, ob sie durch
verletzende Werkzeuge, eingedrückte Knochen, Erschütterungen
des Körpers oder nur durch krankhafte Zustände der Herzsubstanz veranlasst worden, ob sie durchgedrungen, und die Kranzadern nicht oder mit betroffen haben.

§. 79. Am Zwerchfelle sind dessen ungewöhnlich veränder-
ter Stand, der Zustand seines serösen Blattes, nach den bei der
Rippenpleura (§. 74) angegebenen Grundsätzen, vorgefundene Verletzungen und dadurch bedingte Vorlagerungen, Einklemmungen
der Unterleibsorgane und deren Folgezustände, nach den bereits
bekannten Regeln zu beschreiben. Nach erfolgter Entfernung der
Lungen und des Herzens aus der Brusthöhle sind die, längs der
Wirbelsäule verlaufenden Organe, die Speiseröhre, die unpaarigen
Venen, der Milchgang, der Pneumogastricus u. s. w., dann die
Wirbelsäule selbst zu berücksichtigen und nach Erforderniss näher
zu untersuchen.

§. 80. Ehe man zur Untersuchung der einzelnen Unterleibsorgane vorschreitet, wird noch früher der Zustand der Bauchmuskeln, vor Allem auf die hier zuerst ersichtlichen Fortschritte der
Fäulniss und etwa vorhandene Verwundungen erforscht.

Schon während der Eröffnung der Bauchhöhle muss auf
einen fremdartigen Inhalt im Bauchfellsacke die gehörige Rücksicht genommen werden. Nun werden im Protokolle die Menge,
Beschaffenheit, insbesondere von Serum, Exsudaten, Magen-,
Darm-, Harnblasen-Kontenten, oder das Vorhandensein von freien
Gasen angegeben, und nach Erforderniss auch sogleich nach der
Ursache eines solchen Inhaltes geforscht. Die Veränderungen
pathologischer Prozesse und Verletzungen, welche in der Ausdehnung des Bauchfelles vorkommen können, bieten von jenen
an der Pleura im Allgemeinen nichts Abweichendes dar, und
sind nach den bei letzteren gemachten Angaben zu beurtheilen.

Die Abweichungen werden sich aus der Betrachtung der einzelnen Bauchorgane ergeben. Die Exsudationsprozesse, welche
das Peritonäum als solches allein betreffen, können an demselben entweder in seiner ganzen Ausdehnung vorkommen, oder es
sind lokale, mehr umschriebene Prozesse; hierbei sind die dadurch bedingten Verklebungen, welche mehr oder weniger fest sein
können, das Verwachsensensein durch kurzes, straffes, lockeres,
band- oder fadenartiges Bindegewebe der Baucheingeweide unter
sich und mit den Bauchwandungen, bei umschriebener abgesack-
ter Peritonäitis die vom Bauchfelle in die Substanz der umhüll-
ten Organe und in die unterhalb des Bauchfelles liegenden Schich-

ten eindringenden Jauchungsprozesse und Perforationen anzugeben, mögen dieselben auf pathologischem Wege oder in Folge
von Verletzungen entstanden sein.

§. 81. Um die Leber gehörig untersuchen zu können, müssen das runde und Aufhängeband sowie die vorhandenen krankhaften Anwachsungen getrennt werden; es ist hierauf die Grösse
dieses Organes anzugeben, insbesondere die auffallende Volu-
mens-Zu- oder Abnahme mit Rücksicht, ob sie das ganze Organ,
nur einen Lappen, oder einen kleinen Theil betreffen, wie die
einzelnen Durchmesser der Leber, besonders ihre Lage, dadurch
verändert erscheinen, ob die Ränder, namentlich der vordere auffallend verkürzt, verdickt, abgerundet oder zugeschärft, ob die
Oberfläche glatt und eben, körnig, drusig, knotig, lappig ist,
mit oder ohne Trübung und Verdickung, oder einer augenfälligen Zartheit und Verdünnung der Serosa sich darstellt. Es sind
sofort die Farbe, ob blass-, hell- oder dunkelbraun, graulich,
wachsgelb u. s. w., der Blutreichthum, die Konsistenz, ob weich,
teigig, derb, brüchig, lederartig zähe, hart, das Verhalten beider
Lebersubstanzen zu einander, und ein auffallendes Ueberwiegen
einer derselben, deren Beschaffenheit, der grössere Fettgehalt,
der sich schon an der abgetrockneten Messerklinge beim Durchschneiden kundgibt, die glatte, fein- oder grobkörnige, gleich
oder verschieden gefärbte Schnittfläche, das Vorhandensein eines
die Acini umgebenden, mehr weniger reichlichen, zähen, fibroiden,
callösen Gewebes, Exsudate und Afterbildungen in dem Paren-
chyme, Abscesse, allenfalls vorkommende Kommunikationen derselben mit den Nachbarorganen, der Verlauf der Gallengänge, ihr
Kaliber, ihr Inhalt von flüssiger oder eingedickter Galle, oder
Gallenconcrementen und ihre Wegsamkeit anzuführen.

Bei vorhandenen Verletzungen ist aber zu berücksichtigen,
ob selbe nur oberflächlich geblieben, oder in die Tiefe gedrungen,
bedeutende Blut- und Gallengefässe mit betroffen, ob und in
welchem Grade hierdurch Ergüsse von Blut oder Galle bedingt
wurden.

Bei der Gallenblase ist ihre Grösse und Ausdehnung, die
Beschaffenheit ihres Inhaltes nach Menge, Farbe, Konsistenz
und bei vorhandenen festweichen oder steinigen Concrementen
deren Art, Zahl und Verhalten zu den Blasenwänden zu beschreiben; bei den Ausführungsgängen ist zu sehen, ob selbe nicht übermässig ausgedehnt, durch den Inhalt verstopft oder durch einen
Druck von aussen unwegsam erscheinen; es ist der Zustand der,
diese und die Blase bildenden Häute zu untersuchen, und bei
vorhandenen Verletzungen derselben zu erforschen, ob hierdurch
ein Gallenerguss, in welcher Menge, und wohin stattgefunden,
und welche Folgen derselbe bereits veranlasst habe. Ebenso ist
an der Pfortader die Menge und Beschaffenheit des in ihr enthaltenen Blutes, ihre Verstopfung durch einen Blutpfropf, ein
eitriger Inhalt und andere krankhafte Zustände, insbesondere
aber Verletzungen derselben, zu beschreiben.

§. 82. Auch von der Milzkapsel gilt das bei dem Bauchfelle bereits im Allgemeinen Bemerkte; namentlich sind aber die

hier öfter vorkommenden fibroiden und kalkigen Ablagerungen in Form von Drüsen, Höckern, Platten und Unebenheiten, durch Ablagerungen in die Milzsubstanz bedingt, zu berücksichtigen.

An der Milz selbst sind ihre Grösse, die sichtliche Zu- oder Abnahme ihres Volumens, ob sie ganz oder nur nach bestimmten Durchmessern und in welcher Art so verändert erscheine, Abänderungen ihrer Gestalt und Ränder, krankhafte Anhaftungen und Lagenveränderungen anzugeben. Das Parenchym ist nach der Farbe, ob blass, blau, braun, rothbraun, dunkelroth, schwarz, rostbraun, nach der Konsistenz, ob weich, breiig, zähe, speckartig, elastisch, derb, nach dem Blutreichthume und der Beschaffenheit des Blutes zu beschreiben. Blutige seröse oder eiterige Infiltrationen seines Gewebes, Ablagerungen von Faserstoff, von anderen flüssigen oder starren Produkten sind zu berücksichtigen, besonders ob selbe nicht kegelförmig von der Oberfläche gegen die Tiefe zu gelagert sind. Ferner ist das Verhältniss des Milzstroma zu der Pulpa, ob ersteres massenreich, mürbe oder auffallend zähe und dicht, letzteres dünn oder dickbreiig, gleichmässig oder mit überwiegender weisser Substanz versehen sei, zu beobachten, frische oder verkreidete Abscesse, vorhandene Tuberkel und Venensteine zu berücksichtigen. Bei Verletzungen, Rissen, Berstungen derselben sind auch die kurzen Gefässe genau zu untersuchen, und auf die Menge des ergossenen Blutes Bedacht zu nehmen.

§. 83. Das grosse Netz ist zu besichtigen, ob es fett oder fettlos, lang und schlaff, über die dünnen Gedärme ausgebreitet, oder auf einen Haufen zusammengeschoben, zerrissen oder sonst verletzt und gezerrt, mit blutreichen oder blutleeren Gefässen versehen, ob es entzündet, brandig, in einem Bruche eingeklemmt, mit Krebsknoten oder anderen Geschwülsten besetzt sei, ob und in welcher Art es mit den Baucheingeweiden oder Bauchwandungen verwachsen erscheine, ob nicht dadurch strangförmige Verlängerungen gebildet wurden, welche eine Verschlingung, Unwegsamkeit etc. der Gedärme bedingten.

Nach ähnlichen Rücksichten wird auch das kleine Netz untersucht, dasselbe endlich in der Nähe der kleinen Curvatur des Magens zerrissen, das darunter liegende Pancreas hervorgehoben, der Länge nach durchschnitten, nach der Grösse, Farbe, Konsistenz und sonstigen Beschaffenheit beschrieben, und bis zu ihm gedrungene Verletzungen näher untersucht.

§. 84. Am Magen sind zuerst seine normale oder von dieser abweichende Lage, nebst der Veranlassung derselben, eine regelwidrige Grösse oder augenfällige Kleinheit, eine vorhandene allgemeine oder nur partielle, am Blindsacke oder einem anderen Theile ersichtliche Erweiterung, eine durch ringförmige, mittelst Lufteinblasen nicht zu entfernende Einschnürung, oder durch Narben bedingte abnorme Form, die glatte, blasse, verschieden geröthete, mit mannigfaltigen krankhaften Produkten, wie sie beim Bauchfelle angegeben wurden, besetzte Oberfläche, Verwachsungen und der Zustand seiner grösseren Gefässe zu beobachten.

Bei seiner mittelst einer Scheere vom Duodenum längs des kleinen Bogens gegen und in die Speiseröhre vorzunehmenden Eröffnung wird die Dicke seiner Wandungen berücksichtiget, und bei Zu- und Abnahme derselben darauf gesehen, ob diese durch Veränderungen der Schleimhaut, des submukösen Bindegewebsstratums, der Muskelhaut, des Bauchfelles, oder durch krankhafte Ablagerungen zwischen dieselben gleichförmig oder nur an einzelnen Stellen und an welchen veranlasst worden sind. Hierauf wird sein Inhalt untersucht, hierbei auf übermässige Anhäufungen von Gas und Flüssigkeiten, auf die Menge und Beschaffenheit des Speisebreies, unter Bedachtnahme auf allenfalls beigemengte fremde und verdächtige Körper, gesehen. Ist im Magen Blut ergossen, so ist nebst seiner Quantität die flüssige und geronnene Beschaffenheit, oder seine Umwandlung zu einer rothbraunen oder schwarzen Substanz, sowie auf den chokoladfärbigen, kaffeesatz- oder tintenähnlichen Inhalt zu sehen und der Quelle eines solchen Befundes nachzuspüren. Es versteht sich von selbst, dass noch andere im Magen vorgefundene Stoffe, als: Galle, Gallensteine, Fäkalstoff, Spulwürmer und ungewöhnliche verschluckte Körper nicht unbeachtet bleiben dürfen. Nach Entfernung des Inhaltes wird zur näheren Besichtigung der Schleimhaut geschritten, und zunächst des sie bedeckenden, nur in geringer oder in grösserer Menge vorhandenen weissen, milchigtrüben, eiterähnlichen, durchsichtigen, zähen, gallertartigen, mit Blutstreifen oder dem oben bemerkten, zersetzten Blute vermengten Schleimes; dann angegeben, wie die Schleimhaut selbst beschaffen ist, ob sie glatt, blass, mit den gewöhnlichen Falten besetzt, gleichmässig oder stellenweise hell- oder dunkelroth gefärbt, schiefergrau oder anderweitig pigmentirt, ob sie mit kleineren oder grösseren, rundlichen oder sonst gestalteten blutenden Stellen, ähnlichen Geschwürchen besetzt, ob sie zart, leicht abstreifbar oder derb, dick, ungewöhnlich konsistent erscheine; ob grössere, bloss einzelne oder sämmtliche Schichten durchbohrende Geschwüre, und von welcher Beschaffenheit, ob Erweichungen und welcher Häute, in welcher Zahl und Ausdehnung, an welchem Orte und in welcher Art vorhanden sind; ob letztere nicht ein Produkt der Leichenzersetzung, und ob am Pylorus oder anderswo verhärtete, mit Narben und Aftergebilden besetzte Stellen etc., vorhanden sind.

Bei Verletzüngen des Magens sind vorzüglich die Stelle, die Grösse der Wunde, mitverletzte, beträchtliche Gefässe, Entleerungen des Mageninhaltes, die Menge desselben und der Grad der verursachten Blutung vorzüglich zu beachten. Nach Verletzungen, sowie nach Durchbohrungen durch Geschwüre, ist auf Anhaftungen und Verwachsungen, auf Durchbruchsöffnungen in das Parenchym benachbarter Organe, Körperhöhlen oder auf die Körperoberfläche und auf sonstige fistulöse Bahnen etc. Rücksicht zu nehmen.

Das bei Vergiftungen zu beobachtende Verfahren und die hier vorzüglich zu erforschenden Erscheinungen werden besonders abgehandelt werden.

§. 85. Die Gedärme werden zuerst äusserlich besichtiget, die dünnen von ihrem Ursprunge bis zur Einmündung in den Blinddarm, die dicken von da bis zum Mastdarme, dem natürlichen Verlaufe derselben folgend, mit den Fingern parthienweise entwickelt; hierbei ist auf die Lage und die Abweichungen derselben von der Norm, wie bei Vorfällen, Achsendrehungen, Verwachsungen, Darmeinschiebungen (Volvulus) und deren Konsequenzen, ferner auf die Länge und vorkommende Anomalien an derselben, auf die Weite des Darmrohres, die abnormen Erweiterungen und Verengerungen des Lumens, mit Angabe ob der ganze Darmkanal oder nur ein Theil, und welcher und in welcher Art sich verändert zeigt, in letzterer Beziehung ob das Darmlumen gleichmässig oder an umschriebenen Stellen, z. B. als Divertikel, als narbige Einschnürung etc. erweitert und verengert erscheint, zu sehen. Zugleich wird nach der Ursache, z. B. Stenosen, Narben, massenreiche, das Lumen ausfüllende Aftergebilde, fremde Körper u. s. w., geforscht.

Das Peritonäum des Darmkanales wird auch hier wieder nach den schon wiederholt angegebenen allgemeinen Andeutungen untersucht, insbesondere auf Verklebungen durch Exsudate, festere Verwachsungen, Art, Form und Folge derselben gehörig Rücksicht genommen, indem namentlich die Verwachsungen auf Veränderungen in der Lage des Lumens, und der Wegsamkeit des Darmes von bedeutendem Einflusse sind.

Die vorkommenden Exsudate und Afterbildungen sind nach der Natur, Form, Ausdehnung und den Folgezuständen zu würdigen, z. B. umschriebene und abgesackte Peritonäitis, Zerstörungen der Gewebe von Peritonäum, ausgebildete Hohlgänge, Durchbrüche etc.

Für gewöhnlich wird, um den Inhalt des Darmes zu untersuchen, das Ileum, und zwar au seiner unteren Fläche zunächst der Gekrösplatteninsertion, über der Cöcalklappe mittelst der Darmscheere aufgeschlitzt, und hierauf der Dickdarm, indem der Schnitt am Cöcum begonnen, und längs der Muskel-Kommissur durch die ganze Länge des Dickdarmes fortgesetzt wird, eröffnet, der Zwölffingerdarm aber gleich nach Eröffnung des Magens untersucht, und nun der so vorgefundene Darminhalt angegeben, als: Gase, Chymus, Faecalstoffe, fremdartige, von aussen in den Darm gelangte Körper, Eingeweidewürmer, Blut, Schleim, Serum, Eiter, Jauche oder andere pathologische Produkte, die nach ihrer Menge, Beschaffenheit, Ursache und ihrem Einflusse auf Lagerung und Lumen des Darmkanales gewürdiget werden. Durch Abspülen mit Wasser oder vorsichtiges Abschaben gelangt man zur Ansicht der Schleimhaut, wobei nun anzugeben ist, ob dieselbe zart, dick, weich oder derb, blass, roth, blau oder anderweitig pigmentirt, ob dieselbe von Exsudaten und welcher Art infiltrirt, oder durch Jauchung, Nekrosirung zerstört ist, und so Geschwüre der verschiedensten Art, Zahl und Grösse zu Stande gekommen seien, oder ob dadurch ein Substanzverlust der Schleimhaut in weiterer Ausdehnung in einem ganzen Darmabschnitte, und in welcher Art veranlasst wurde; ob ein Narbengewebe und zwar in welcher Menge und Form schon angebildet ist, und welche konsekutiven Erscheinungen dasselbe hervorgebracht habe, z. B. Abschnürungen, Verengerungen, oder eine völlige Unwegsamkeit des Darmkanales, in welcher Ausdehnung die oberhalb solcher Hindernisse stattfindende Erweiterung sich vorfinde, oder ob vielleicht solche Konsequenzen durch massenreiche, rohe, oder wie immer geartete, das Darmlumen obturirende pathologische Produkte veranlasst werden.

Die gleiche Aufmerksamkeit wird auf vorhandene Exsudate, Geschwürsbildungen, Vernarbungen u. s. w. in den verschiedenen Follikel-Apparaten der Darmschleimhaut verwendet. Finden sich Geschwüre oder Nekrosirungen mit Durchbruch der sämmtlichen Darmschichten vor, so sind auch hier die möglichen Kombinationen auszuforschen, und insbesondere der Wurmfortsatz, an welchem so häufig Nekrosirung und Durchbruch seiner Häute in Folge von Darmconcrementen beobachtet werden, immer einer speziellen Untersuchung zu unterziehen. Eine gleiche Aufmerksamkeit erfordert das submuköse und das Muskelstratum, und sind jedesmal die vorgefundenen Anomalien anzugeben. Hieran schliesst sich die Besichtigung des Gekröses, seines Drüsenapparates und seiner Gefässe. Insbesondere sind die vielleicht verkümmerten, obsolescirten, verkalkten Gekrösdrüsen oder deren Schwellung und Vergrösserung durch Exsudate, Abscessbildungen in denselben, sammt den daraus hervorgegangenen Folgezuständen, exsudative Prozesse zwischen den Gekrösplatten, ungewöhnliche Fettbildung sammt der Beschaffenheit des Fettes anzugeben.

Bei vorkommenden Verletzungen im Bereiche des Darmkanales und seines Gekröses wird nebst Berücksichtigung der allgemeinen Regeln noch auf den vorhandenen Erguss der Darmcontente, des Blutes, bei Berstungen und durchdringenden Wunden der Gekrösplatten auf die möglicherweise eingetretene Darmvorlagerung, Incarceration, sowie im Allgemeinen auf die Art und den Grad einer bereits eingetretenen Reaktion zu sehen sein.

Sind mehrere Darmschlingen oder das Gekröse an mehreren Punkten verletzt, so ist jedesmal das Urtheil dahin zu schöpfen, ob diese Wunden die Folgen einer oder mehrerer Verletzungen sind, wobei die Wandelbarkeit der Lage und Beziehungen der einzelnen Darmschlingen zu einander genau erwogen werden muss.

§. 86. Indem die Nieren in dem superitonäalen Stratum lagern, ist letzteres stets in der gehörigen Weite zu spalten und abzulösen, wobei zugleich von einer anomalen Lagerung der Nieren Einsicht genommen wird. Hierauf wird die, die Niere umhüllende Bindegewebskapsel besichtigct, ihre Masse, der Grad ihrer Derbheit und Zähigkeit, eine übermässige Fettanhäufung, die in ihr vorkommenden Exsudate nach Menge und Natur, Ergiessungen von Blut und Harn in dieselbe oder das benachbarte Zellgewebe angegeben.

Bevor man zur Untersuchung der Nieren selbst schreitet, dieselbe mag mit oder ohne die äussere Zellgewebskapsel hervorgehoben werden, sind jedesmal die Nierenblutgefässe und die Ure-

teren blosszulegen, und nach Bedürfniss die weitere Untersuchung zu modifiziren.

Bei Angabe des Befundes der Niere ist zuerst die Capsula
propria derselben nach den über seröse Häute im Allgemeinen
angegebenen Andeutungen zu prüfen, ob sie glänzend, glatt, trübe,
verdickt, zart oder derb, eben oder höckerig, leicht oder schwer
abschälbar sei, ob und von welcher Art Exsudate, Blutergüsse in ihr
Gewebe oder zwischen ihr und der Nierenoberfläche stattfanden.

Bei den Nieren selbst ist das Vorhandensein beider, der
Mangel einer oder der andern, oder die Verschmelzung beider
untereinander zu berücksichtigen, wobei im letzteren Falle eine
ungewöhnliche Lagerung sich von selbst ergibt. Bei der Bestimmung der Grösse der Nieren sind das Verhältniss beider zu einander, bei auffallender Volumens-Zu- und Abnahme die Ursache
derselben zu erforschen, und die hier stattfindenden Gewebsver-
änderungen genau zu beschreiben, und ausser der oft vorkommenden natürlichen Lappung der Niere die allenfalls dadurch bedingten Formveränderungen zugleich anzugeben; daher alle in
der Cortical- und Tubularsubstanz vorkommenden Exsudate, Afterbildungen, Cystenbildungen, Abscesse, Verjauchung und Nekrosirung des Nierengewebes zu erörtern, das Verhältniss der Cor-
tical- zur Tubularsubstanz, die Farbe, der Blutreichthum, der
Grad der Brüchigkeit und Konsistenz, die ungewöhnliche Massenzunahme, Verminderung oder der gänzliche Schwund der corti-
calen Schichte, ihre glatte, unebene, höckerige, lappige, zerklüftete Oberfläche zu berücksichtigen sind. An der Tubularsubstanz
ist ferner an der durch einen, die Nieren durchdringenden Schnitt
gewonnenen Schnittfläche die Beschaffenheit der Papillarkörper,
das Verhalten der Harnkanälchen zu berücksichtigen, ob dieselben auffallend erweitert, mit Harn, Schleim, Epithelium, Harn-
konkretionen erfüllt sind. Bei Untersuchung der Nierenkelche,
des Nierenbeckens und des aus letzterem heraustretenden ein- oder
mehrfachen Ureters ist, nebst dem gestreckten, gewundenen Verlaufe des letzteren, auch auf die Weite Rücksicht zu nehmen,
nämlich ob und bis zu welchem Grade die Kelche und Becken
in Form von blasigen Säcken ausgedehnt, und die Papillen- oder
die weitere Nierensubstanz vom Hilus aus geschwunden erscheinen, oder ob durch Schrumpfung, callöse Umwandlung ihrer
Häute, durch Verwachsung des Lumens derselben, und in welchem
Grade beeinträchtigt wird. Es ist der Inhalt derselben, als: Harn,
Exsudate, Blut, Harnsediment oder gröbere Harnconcremente, die
Beschaffenheit der Schleimhaut, ihre Auflockerung, grössere Derbheit, ihr Blutreichthum, sind Exsudate auf ihrer Oberfläche und
in ihren Geweben, Verschwärungen und Nekrosirungen und Ueber-
griffe dieser Prozesse in die Nierensubstanz, mit oder ohne Perforation, nach welcher Richtung und mit welchen Kombinationen,
Narbenbildungen und Einflüsse derselben, auf das betreffende Lumen anzugeben.

Der gleiche Inhalt, dieselben Anomalien an den Häuten, in
der Weite bis zur völligen Unwegsamkeit können auch den Harnleiter in seinem ganzen Verlaufe oder auf umschriebenen Stellen

betreffen. Bei der Untersuchung der Nierengefässe ist der normale und der pathologische Inhalt, die Beschaffenheit der Gefässhäute und namentlich der dadurch gehinderte Blut-Ein- und Austritt zu beurtheilen.

Schliesslich ist auf die im Allgemeinen seltener vorkommenden Abnormitäten der Nebennieren Acht zu haben.

Bei Verletzungen der Nieren, der Nierenkapseln, sowie ihrer Gefässe und des Ureters ist, nebst der Beschreibung der Verletzung der dadurch bedingte Erguss von Blut und Harn mit Angabe der Art und Weise, wie und in welcher Menge derselbe erfolgte, welche Art von Reaktion oder anderen Folgen dadurch veranlasst worden sind, insbesondere hervorzuheben.

§. 87. Bei der Untersuchung der Harnblase ist auf eine, obwohl im Ganzen nur selten vorkommende, zunächst durch Druck der nachbarlichen Organe bedingte Lage- und Ortsveränderung ihrer Wandungen, ferner darauf, ob dieselbe und bis zu welchem Umfange ausgedehnt, oder aber zusammengezogen erscheint, Acht zu geben. Immer ist im Allgemeinen auf den Raumgehalt der Harnblase zu sehen, ob derselbe auffallend vermindert oder vermehrt sei, im letzteren Falle, ob die Erweiterung eine gleichmässige ist, und wie die einzelnen Harnblasenhäute sich dabei verhalten, oder ob die Erweiterung eine partielle, namentlich durch divertikelartige Ausstülpung der Schleimhaut bedingte ist, wie gross und zahlreich die einzelnen Divertikel sind. Vorkommende Verwachsungen werden nach ihrer Art und Natur, sowie alle den peritonäalen Ueberzug betreffenden pathologischen Veränderungen nach den wiederholt angegebenen allgemeinen Andeutungen gewürdigt.

Um den Inhalt und die Beschaffenheit der inneren Gewebsschichten der Harnblase zu untersuchen, wird, wenn eine Herauspräparirung der ganzen Blase nicht nothwendig erscheint, dieselbe mittelst der Scheere oder des Scalpells gespalten, wobei zur Verhinderung eines sogleichen Ergusses ihres Inhaltes die hintere Blasenwand durchschnitten wird. Bei Angabe des Harnblaseninhaltes ist insbesondere auf die Menge und Beschaffenheit des Harnes Rücksicht zu nehmen, ob er blass oder anderswie gefärbt, wässerig, klar oder trübe sei, welches und wie viel Sediment er bilde, ob Blut, flüssige oder starre Exsudate, Harnsand oder gröbere Concremente ihm beigemischt sind.

Harnsteine sind nach Zahl, Form, Grösse und Verhalten zu den Harnblaseräumlichkeiten, sowie ihre Farbe, Konsistenz, der ammoniakalische Geruch etc. des mitvorhandenen flüssigen Contentums anzugeben. Hierauf wird die Schleimhaut untersucht, ob dieselbe blass, glatt, geröthet, injicirt, gelockert, mit vielem Schleim, Epithelium belegt, ob sie von Exsudaten durchdrungen, oder anderweitig pathologisch entartet sei, ob durch Jauchung und Nekrosirung umschriebene oder ausgedehnte Zerstörungen derselben oder der übrigen Blasenhäute stattgefunden haben, ob Zerreissungen, Durchbrüche, dadurch bedingt wurden, nebst Angabe des Ergusses der Harnflüssigkeit in die Bauchhöhle, Sakkungen derselben, sowie der dadurch herbeigeführten weiteren

Folgen. Bei Erweiterungen ist insbesondere auf die Beschaffenheit der Muskelhaut, auf Hypertrophie und Atrophie derselben sowie auf die bedingende Veranlassung in der Harnblase und namentlich auf Hindernisse, welche die innere Harnröhrenöffnung betroffen haben, Rücksicht zu nehmen.

Vorhandene Verletzungen sind nicht nur für sich zu beschreiben, sondern auch der Erguss von Harn und Blut, sowie die andern dadurch allenfalls bedingten pathologischen Veränderungen genau anzugeben, und ist in einzelnen Fällen noch Acht zu haben, ob die Harnblase zur Zeit der beigebrachten Verletzung mit Harn überfüllt und ausgedehnt gewesen sei.

Ist es erforderlich, so wird hierauf die männliche Harnröhre mittelst einer Scheere von ihrer Mündung an der Eichel an bis in den Blasenhals aufgeschlitzt und bemerkt, ob selbe weit, eng, entzündet, mit Geschwüren oder Narben bedeckt, durch Strikturen, Wucherungen, eingekeilte Steine verengt oder unwegsam erscheine, ob selbe verletzt, in welcher Art und mit welchen Folgezuständen vorgefunden worden sei.

§. 88. Bei der Untersuchung der männlichen Geschlechtstheile wird, nachdem auf die schon angegebenen, äusserlichen Veränderungen (§. 54) Rücksicht genommen wurde, der Hodensack durch ausgiebige Schnitte untersucht und bemerkt, ob Serum, Blut, Exsudate, Harn u. s. w., in welcher Menge und mit welchen Folgezuständen diese in der Haut und dem Unterhautzellgewebe des Hodensackes sich vorfinden. Hierauf wird die Capsula propria des Hodens gespalten und gesehen, ob den obenbemerkten ähnliche Stoffe, in welcher Menge und von welcher Beschaffenheit sie daselbst angesammelt sind, ob zellige, fibroide Verwachsungen mit dem Hoden, oder kalkige Ablagerungen, in welcher Art und Ausdehnung hier stattfinden, und welchen Einfluss diese Erscheinungen auf den Hoden selbst, mit besonderer Rücksicht auf dessen Kompression, Atrophie etc. ausgeübt haben. Sodann wird der Hode nach seinem ganzen Umfange blossgelegt, die Albuginea in gleicher Art, wie die Capsula propria beschrieben, sofort durch Einschnitte die Substanz des Hodens und des Nebenhodens näher untersucht, der Befund bemerkt, das Volumen, der Zustand der Samenkanälchen, vorfindige Exsudate, Abscesse, Sklerosen etc. angegeben, und die namentlich bei Tuberkulosen zunächst betheiligten Nebenhoden einer aufmerksamen Besichtigung unterzogen.

Indem nach Spaltung der allgemeinen Decken der Samenstrang blossgelegt wird, werden die seine Scheide und Gefässe betreffenden Veränderungen nach gleicher Weise, wie oben bemerkt, gewürdiget, und nach Erforderniss an den Samenausführungsgange seine Weite, der Inhalt, die Wegsamkeit oder Unwegsamkeit, der Zustand der Wandungen angegeben. Um den weiteren Verlauf des Samenausführungsganges, die Samenbläschen und die Vorsteherdrüse im vorkommenden Falle gehörig untersuchen zu können, werden diese Organe sammt der Harnblase, den äusseren Geschlechtstheilen, dem Rectum und dem Mittelfleische präparirt und aus der Beckenhöhle herausgenommen, in-

dem zu diesem Zwecke die Schambeinfuge gespalten und durch
entsprechende Schnitte nach Lösung des subperitonäalen Stratums
dieselben von ihrer Umgebung getrennt werden. Die Samenbläschen
werden nun beiderseits blossgelegt, ihr Umfang, das Verhältniss
der einzelnen Bläschen, ihre Erweiterung, Schrumpfung, gänzliche
Obliteration angegeben, ihr Inhalt, als: Schleim, Samenflüssigkeit,
Blut, Exsudate beschrieben, und diese Untersuchung auch auf die
Ausführungsgänge bis zu deren Ausmündung an der Harnröhre
verfolgt.

Durch Einschnitte in die Prostata wird sich die Einsicht
über die Beschaffenheit ihrer Substanz verschafft, hier vorkommende Exsudate, Fibroide und andere Afterbildungen sind anzugeben, und zugleich die dadurch bedingte Form- und Volumens-
veränderung, namentlich aber dadurch veranlasste Hindernisse in
der Harnexcretion zu bemerken. Wo immer an diesen Theilen
eine Verletzung wahrgenommen worden wäre, müsste sie nach
ihrem Sitze, ihrer Art, Ausdehnung und ihren Folgen beschrieben werden.

§. 89. Bei der Untersuchung der weiblichen inneren Geschlechtsorgane ist darauf zu sehen, ob sich dieselben im unge-
schwängerten oder geschwängerten Zustande, oder in jenem nach
erfolgter Geburt befinden. Immer sind hierbei die Gebärmutter,
die Muttertrompeten, die Eierstöcke und die ligamentösen Apparate einer näheren Untersuchung zu unterziehen.

Bei der Besichtigung des Uterus ist die abnorme Lage desselben anzugeben, als: ein Vorfall, eine Vor-, Rück- oder Seit-
wärtsbeugung, deren Grad und Ursache, möge diese in Erschlaffung, Ablagerungen von Fibroiden oder anderen Neubildungen
des Uterus, in Adhäsionen, im Drucke nachbarlicher Gebilde etc.
liegen. Auf die Form des Uterus nimmt im Allgemeinen ausser
den durch die erste Bildung erzeugten Veränderungen, als: rudi-
mentär einhörnige, doppelhörnige Gebärmutter, nicht nur jeder
physiologische, sondern fast auch jeder pathologische Prozess
einen bedeutenden Einfluss, weshalb im vorkommenden Falle
darauf die gehörige Rücksicht zu nehmen ist. Dasselbe gilt auch
im Allgemeinen von den Grösseveränderungen desselben. Doch
ist in letzteren Beziehungen die einfache, durch Massenzunahme
der Uterinalsubstanz bedingte Vergrösserung, sowie die durch
das Alter herbeigeführte Verkleinerung der Gebärmutter besonders zu beachten.

Bei einer nicht besonderen Veranlassung genügt es, den
emporgehobenen Uterus von der Mitte seines Grundes bis zu dem
äusseren Muttermunde mittelst eines gleichmässigen Schnittes zu
spalten, und so eine Einsicht seines Gewebes, seiner Höhle und
seiner Schleimhautauskleidung zu gewinnen. Bei wichtigeren
Veränderungen jedoch wird es nothwendig, ihn sammt seinen
Anhängen, der Harnblase und dem Mastdarme, loszupräpariren,
und zu einer genaueren Untersuchung aus der Beckenhöhle herauszunehmen, und zwar je nach Bedürfniss, ohne oder mit den
äussern Genitalien, Perinäum und After.

Insbesondere ist auf die Verdickung des serösen Ueberzuges des Uterus, die so häufig vorkommenden zelligen Verwachsungen mit den Nachbargebilden, jüngere exsudative Prozesse, welche, wie am Peritonäum im Allgemeinen, so auch hier sich lokalisiren können, zu sehen und sind dadurch bedingte weitere Complicationen zu beschreiben. Die Substanz dieses Organes anlangend werden nebst dem Dickeverhältnisse der Wandungen, der Grad der Derbheit, die Farbe, der Blutreichthum, die hier vorkommenden Aftergebilde, letztere nach ihrem Sitze, ihrer Natur, Grösse, die dadurch bedingte Massen-Zu- oder Abnahme der Uterinalsubstanz, sowie ihr Einfluss auf die Capacität der Gebärmutterhöhle und gehinderte Communication derselben mit· den Muttertrompeten anzugeben sein. Auch verdient die nach vorausgegangenen Schwangerschaften stets zurückbleibende, auf dem gemachten Einschnitte des Uterus wahrnehmbare Verdickung der Uterinalarterien ihre Beachtung. Am Uterinalhalse sind die Stenosen oder Obliterationen seiner beiden Ostien, sowie die seines Kanales selbst, und die vorzugsweise von seiner Vaginalportion ausgehenden Krebsexsudate nicht zu übersehen.

Hierauf werden die Raumverhältnisse der Uterushöhle, nebst ihrem Einflusse auf die Beschaffenheit der Wandungen beschrieben, und zugleich im vorkommenden Falle die Ursache ungewöhnlicher Erweiterung derselben, z. B. am senilen Uterus, bei der oben angedeuteten Unwegsamkeit und Verschliessung vom Cervix, in das Cavum hereinragende Fibroide u. s. w., sowie deren Verkleinerung, z. B. durch Verwachsung der Wandungen, angegeben; ferner der Inhalt, der in Blut, Serum, verschieden geartetem Schleime, in Exsudaten bestehen kann, sowie die Beschaffenheit der Schleimhaut selbst beschrieben.

Bei den Tuben ist, nebst den angegebenen Verwachsungen, Exsudaten auf ihrer Serosa, auf ihre Länge, Dicke, Wegsamkeit, den Inhalt ihres Kanales, Rücksicht zu nehmen, und namentlich darauf zu sehen, ob eine Unwegsamkeit derselben durch Tuberkulose, krebsiges Exsudat, durch Verwachsungen der Schleimhautauskleidung, durch Knickung und geschlängelten Verlauf oder endlich durch Verschliessung ihres freien, gefransten Randes bedingt sei, und hierbei besonders im letzteren Falle, der Grad und die Form der Erweiterung sammt dem Inhalte näher zu beschreiben.

Die Eierstöcke sind, nebst Berücksichtigung ihres äusseren Ueberzuges, wegen ihrer Grösse, Derbheit oder Erschlaffung zu besichtigen. Die hier vorkommenden krebsigen Infiltrationen und Cystenbildungen, die Grösse und Beschaffenheit der Graaf'schen Bläschen, deren Turgescenz, wässeriger, blutiger Inhalt, das Bersten derselben und dadurch bedingte Blutungen, sowie die Obsolescirung derselben zu den gelben Körpern etc., zugleich immer auch das Verhalten und die Betheiligung der ligamentösen Verbindungen aufzuführen.

§. 90. Ist aber eine Schwangerschaft vorhanden oder zu vermuthen, so wird die Gebärmutter an ihrer vorderen Fläche vom

Grunde aus, jedoch vorsichtig, damit weder Mutterkuchen noch
Eihäute verletzt werden, gespalten, sodann werden die Eihäute
in dem erforderlichen Grade geöffnet, das ausfliessende Fruchtwasser nach seiner Menge und Qualität beschrieben, die Lage
der Frucht, und nach ihrer Herausnahme ihre Grösse, ihr Gewicht, die Merkmale ihrer grösseren oder geringeren Reife, der
Grad und die Zeichen der Fäulniss, sowie überhaupt jede Abweichung von dem naturgemässen Zustande genau untersucht,
und im Sektionsprotokolle angeführt. Ist der Mutterkuchen bereits vorhanden, so sind der Sitz, die leicht oder nur schwer zu
trennende Anhaftung, eine regelwidrige Verwachsung, theilweise
Trennung, vorhandene Blutung, seine Farbe, Grösse, Gewicht,
Cystenbildungen, Exsudate, namentlich faserstoffige, in das Pla-
centalgewebe oder besonders an den Placentar-Insertionsstellen,
sowie die Metamorphosen dieser letzteren und allenfalls vorkommende Anomalien in den Eihäuten anzugeben.

§. 91. Ist aber eine Schwangerschaft vorausgegangen, so
sind der Grad der Involution des Uterus, oder der völlige Mangel derselben, die Beschaffenheit seiner Wandungen, seiner Schleimhaut mit besonderer Rücksicht auf die Anhaftungsstellen der Placenta, noch haftende Residuen dieser letzteren, stattfindende
Blutungen zu beschreiben, und insbesondere auf die den Complex
der Puerperalkrankheiten darstellenden Prozesse, sowie auch durch
den Geburtsakt selbst bedingte Veränderungen gehörig Bedacht
zu nehmen. Daher in ersterer Beziehung ein auffallendes Morsch-
sein der Uterinalsubstanz, die eitrigen, jauchigen Exsudate in den
Lymph- und Venengefässen des Uterus, nebst Angabe, ob und
wie weit sich dieselben in die Beckenhöhle hin fortsetzen, dadurch bedingte Abscesse, peritonäale Exsudate nach ihrer Ausdehnung und Intensität, dergleichen Prozesse auf der Uterinal-
und Vaginal-Schleimhaut, deren Verjauchungen, Nekrosirungen,
sowie in der anderen Beziehung die allenfalls stattgehabten Einrisse, mit Angabe des Ortes und der Grösse derselben, damit
verbundene Blutunterlaufungen und Blutungen, Umstülpungen
und Vorfälle anzugeben wären. Ebenso ist die Betheiligung der
Tuben und der breiten Mutterbänder an diesen verschiedenen
Prozessen, als: Schwellungen, serös-eitrige Infiltrationen, Abszess-
bildungen etc. mit anzuführen. Etwa vorkommende Extra-
Uterinalschwangerschaften erfordern nicht nur die gleiche Berücksichtigung der inneren Geschlechtsorgane, sondern es sind der Ort,
an dem die Entwicklung des Eies stattfindet, der Grad dieser
Entwicklung, dabei mitauftretende Blutungen, exsudative Prozesse etc. darzustellen. Bei einer Tubenschwangerschaft wird
nebst dem Gesagten auf die gewöhnlich vorkommende Berstung
der Tuben- und Eihäute, die meist namhafte Blutung, und
darauf gesehen, ob der von der Blutmasse umhüllte Embryo aufgefunden werden könne.

Die an dem gesammten weiblichen Geschlechtsapparate vor-
kommenden Verletzungen sind jedesmal nach den bekannten
Grundsätzen genau aufzunehmen, dadurch bedingte Blutungen,
Ergüsse, Exsudationsprozesse und namentlich bei einem geschwän-

gerten Uterus die Verletzungen der Eihäute und des Kindes gehörig zu würdigen.

§. 92. Sind Verletzungen oder krankhafte Zustände an den übrigen, ausserhalb des Bauchfelles gelegenen Organen zu untersuchen, oder der Rückenmarkskanal zu eröffnen, so sind die Brusteingeweide, wenn es noch nicht geschehen (§. 79), zu entfernen, das Zwerchfell von seinen Anhaftungen an den Rippen loszulösen, und die Masse der Eingeweide nach vorwärts zu schlagen, nach und nach das gesammte Bauchfell, sowie die von selben umkleideten Organe unter Beihilfe des Messers, bis zum früher unterbundenen und durchschnittenen Mastdarme aus der Leiche herauszunehmen.

Von den nun blossliegenden Organen sind die Bauchaorta und aufsteigende Hohlader nebst den sie umgebenden Lymphdrüsen, die Arteria coeliaca und das in ihrer Nähe gelegene Ganglien-Solargeflecht, die Stämme der Nieren- und Samen - Schlag- und Blutadern, die gemeinschaftliche Hüft-, die Becken- und äussere Hüftschlagadern, dann die gleichnamigen Venen, die Geflechte und Stränge der Nerven, nach den wiederholt angegebenen Vorschriften zu erforschen, und Verletzungen dieser Theile, der Lenden-, Psoas- und Hüftsmuskeln, sowie Verrenkungen und Brüche der Rücken- und Lendenwirbel, der Darmbeine, nach den hierüber bereits bekannt gegebenen Regeln zu beschreiben.

§. 93. In gerichtlichen Beziehungen genügt es in der Regel, die Rückenmarkshöhle bloss an den verletzten oder krankhaft veränderten Stellen bis an die zunächst gelegenen gesunden Partien zu untersuchen, zu welchem Zwecke, nach vorausgegangener Entfernung sämmtlicher Eingeweide, die Zwischenwirbelknorpel und Bänder in der erforderlichen Ausdehnung durchschnitten, die Körper der Wirbel selbst in der Nähe ihrer Bögen mit Meissel und Hammer weggstemmt, und sodann mittelst einer Zange entfernt werden. Sind aber Verwundungen an der Rückenfläche des Körpers vorhanden, ein Bruch der Fortsätze der Wirbelbeine fühlbar oder voraussichtlich, so ist die Eröffnung dieses Kanales von der hinteren Seite aus vorzunehmen. Hierbei wird die Leiche mit der Bauchfläche auf die nothwendige Unterlage gelegt, die verletzten Stellen von aussen nach innen schichtenweise bis an die Wirbelsäule präparirt, und die hier vorgefundenen Veränderungen beschrieben. Sind die allgemeinen Decken in dem Grade durchschnitten, dass der zu untersuchende Theil des Rükgrates leicht zugänglich wird, so sind von demselben die Muskeln und Sehnen über und neben den Dornfortsätzen dicht am Knochen wegzunehmen, die Zwischendornbänder zu durchschneiden, und mit dem Meissel und Hammer oder mit Rhachiotom, wo ein solches vorräthig ist, die Wirbelbögen von unten nach oben abzutragen. Da aber die Aufmeisselung der Rückenmarkshöhle von vorne leichter von Statten geht, und dabei der Rücken der Leiche unversehrt bleibt, so ist sie, wo man mit ihr zum Zwecke gelangen kann, auf letztere Art vorzunehmen.

§. 94. Bei der Untersuchung der Wirbelsäule selbst sind die vorhandenen Krümmungen, deren Grad und Richtung, die

dadurch bedingten Veränderungen in den einzelnen Durchmessern
der Brust-, Bauch- und Beckenhöhle, der Einfluss derselben auf
die in diesen Höhlen und längs der Wirbelsäule gelagerten Organe zu berücksichtigen. Ferner darauf zu sehen, wie die vorderen und Zwischenwirbelbänder beschaffen sind, ob und in welcher Art eine Anchylose vorhanden, und wie die Substanz der
Wirbel selbst beschaffen ist. Demnach wären eine krankhafte
Auflockerung und Rarificirung des Knochens, der Blutreichthum,
die Beschaffenheit des Knochenmarkes und der Markmembran,
vorkommende Exsudate, Caries, Nekrose, Osteophyte genau zu
beschreiben.

Nach Eröffnung des Wirbelkanales ist dessen innere Fläche
nach denselben Rücksichten zu untersuchen, hierauf die selbstständigen oder sekundären Veränderungen auf der äusseren Fläche der harten Rückenmarkshaut anzugeben. Letztere wird nur
der Länge nach gespalten, und hierbei auf die Menge des serösen oder blutigen Inhaltes oder auf angetroffene Exsudate Rücksicht genommen. Die inneren Rückenmarkshäute werden nach
den bereits bei den Hirnhäuten (§§. 62, 63 und 64) angeführten
Veränderungen erforscht, worauf das Rückenmark mit der gehörigen Vorsicht sammt seinen Häuten aus dem Wirbelkanale herauspräparirt wird, um die Rückenmarksstränge selbst näher besichtigen zu können. Es ist hierbei auf ihren Umfang und auf
das Verhältniss derselben zu einander Acht zu haben, sind die
Farbe, Konsistenz, Erweichungen oder Sclerosen, der Grad der
Durchfeuchtung, die flüssigen und starren Exsudate, Blutergüsse,
Afterbildungen, nach den allgemeinen Grundsätzen wie beim Gehirn (§§. 65 und 66), deutlich zu bemerken, und ist in diesem
Sinne die Untersuchung auf die grauen Rückenmarksstränge und
den Rückenmarkskanal auszudehnen.

Bei stattgehabten Verletzungen ist anzugeben, ob Brüche,
Verrenkungen der Wirbelsäule vorhanden, sind bei Zertrümmerungen oder anderen eingedrungenen Verwundungen, die Beschaffenheit des Wirbelkanales, die Betheiligung der Rückenmarkshäute und Rückenmarkestränge, Einrisse, Quetschungen, Zermal-
mungen, Blutergüsse, exsudative Prozesse etc. speciell zu beschreiben.

§. 95. Die innere Untersuchung der Extremitäten wird bei
Verletzungen und vorkommengen krankhaften Veränderungen derselben erfordert, wobei die Haut, die Aponeurosen, Sehnen, Muskeln, die grösseren Gefässe und Nervenstämme, die Gelenke und
Knochen zu besichtigen sind. In der Regel wird oberhalb und
unterhalb der zu untersuchenden Stelle die Haut durch einen
zweckmässigen Schnitt getrennt und jeder einzelne Theil nach
seiner anatomischen Lage schichtenweise präparirt. Insbesondere
sind die Gelenkshöhlen vorsichtig zu eröffnen, ihre Weite, ihr
synovialer, blutiger, jauchiger oder anderweitiger Inhalt nach
Menge und Beschaffenheit anzugeben, vorkommende Hyperämien,
Auflockerungen, Vereiterung, Jauchung und Nekrosirung der Syno-
vialhäute, der Grad der Maceration, des Abganges der Knorpel-
überzüge und die Hyperämie, Schwellung, Exsudate, Caries, Ne-

krose der Knochenenden, vorhandene Eitersenkungen, fistulöse Gänge und Durchbrüche, sowie endlich Verrenkungen, Anchylosen etc. anzugeben. An den Knochen sind nebst den Formveränderungen die Knochensubstanz zu beschreiben, der Grad der Dichtheit und Härte, die Auflockerung und Rarificirung derselben, die Hypertrophie und Atrophie, die Sclerose, sowie eine auffallende Brüchigkeit und Mürbe, der Blutreichthum, die vorkommenden Exsudate und in deren Gefolge die cariöse, nekrotische Zerstörung oder Callus- und Osteophytenbildung etc. gleichfalls genau zu bemerken, Verletzungen aber nach Vorschrift des §. 44 zu beurtheilen.

§. 96. Nach Beendigung der inneren Untersuchung ist es zweckmässig sich über den Befund im Allgemeinen auszusprechen, und jene Gegenstände, über welche man ein Urtheil abzugeben im Stande ist, anzudeuten, um einerseits noch mit Benützung der Leiche dem Richter gewünschte Aufklärungen ertheilen, oder noch weiters von ihm gestellte Fragen berücksichtigen, andererseits aber auch mit dem zweiten Arzte über die Art und Weise des abzugebenden Gutachtens sich einigen zu können. Worauf das Sektionsprotokoll vorgelesen und vorschriftsmässig geschlossen wird.

§. 97. Es ist sodann Sache des Obducenten, das Zusammenheften der Leiche vorzunehmen, wobei alle aus ihren Höhlen herausgenommenen Theile in diese hineingelegt, die abgesägte Schädeldecke und der Brustknochen, sowie die getrennten Muskeln in ihre Lage gebracht werden, und die darüber gezogene Haut durch die Kürschnernaht vereinigt wird. Hierzu hat man zweischneidige, mehr gerade Nadeln und einen hinlänglich langen, starken, doppelt gelegten und gut gewichsten Faden zu verwenden. Mit dem Vernähen wird an einem Ende des Schnittes angefangen, die Nadeln von innen nach aussen abwechselnd auf beiden Seiten durch die äussere Haut gestochen, und die Hautränder mässig stark zusammengezogen. Es ist zweckmässig, zuerst die Längenschnitte und sodann die Querschnitte zu vernähen.

Drittes Hauptstück.

Besondere Regeln, welche bei der Untersuchung von Leichen mit dem Verdachte einer stattgehabten Vergiftung zu beobachten sind.

§. 98. In Todesfällen, wo der Verdacht einer vorausgegangenen Vergiftung vorliegt, sind der Erhebung des Thatbestandes nebst den Aerzten nach Thunlichkeit noch zwei Chemiker beizuziehen.

In solchen Fällen müssen die Erscheinungen, die sich am lebenden Organismus des vermeintlich Vergifteten zeigten, sachgemäss erhoben, die krankhaften Veränderungen am Leichnam genau geprüft, und es muss mit grösster Sorgfalt nach dem Gifte in der Leiche geforscht werden, zu welchem Zwecke aber auch alle Stoffe, in welchen dasselbe enthalten sein könnte, zu sammeln und für die allenfalls nöthig gefundene chemische Untersuchung aufzubewahren sind.

§. 99. Findet es der Untersuchungsrichter für zweckmässig, den Thatbestand noch vor Ausschreibung der Obduction zu erheben, so wird hierzu wenigstens einer der bei der Beschau zu verwendenden Aerzte beigezogen, welcher sich den Grundsätzen der Wissenschaft gemäss bei den Anverwandten und Angehörigen des Verstorbenen, sowie überhaupt bei Allen, die demselben Beistand geleistet haben, genau nach den Zufällen, die dem Tode vorhergegangen sind, zu erkundigen, und die Wohnung des Vergifteten genau zu durchsuchen hat, ob sich nicht irgend etwas in Gläsern, Schachteln, Papieren, Speise- und Trinkgeschirren, in der Küche, im Keller u. s. w. vorfindet, das seiner Natur nach sich als Gift darstellt, oder das als verdächtig einer besonderen Untersuchung unterzogen werden muss. Kann man das, was der Vergiftete vor seinem Tode ausgebrochen hat, erhalten, so muss auch dieses, und das, was man aus den Tüchern, mit welchen es aufgetrocknet oder weggewischt worden ist, gewinnen kann, gesammelt, jedes für sich aufbewahrt, und gehörig bezeichnet werden. Ist der Verstorbene von einem Arzte oder Wundarzte behandelt worden, so muss auch dieser über den Krankheitsverlauf und die gebrauchten Mittel einvernommen, und bei einer vorausgegangenen längeren Krankheit eine Krankheitsgeschichte abgefordert werden. Insbesondere wird es einem jeden Arzte zur Pflicht gemacht, in jenen Fällen, wo der Verdacht einer Vergiftung vorhanden ist, die durch Erbrechen oder durch Stuhlgänge abgegangenen Stoffe in zweckmässigen Gefässen zu sammeln, gehörig zu verwahren, um sie so einer genauen Untersuchung unterziehen zu können. Es versteht sich von selbst, dass alle Ergebnisse in ein vorschriftsmässiges Protokoll aufzunehmen sind, und bei dieser Untersuchung, wenn sie am Orte und Tage der Beschau vorgenommen wird, die beiden vorgeladenen Aerzte zu interveniren haben.

§. 100. Bei Erhebung der vorausgegangenen Krankheitserscheinungen genügt es aber nicht, sich nur im Allgemeinen auf die, eine Vergiftung überhaupt andeutenden Symptome zu beschränken, sondern diese müssen in der Art erforscht werden, dass aus ihnen auch die Vergiftung durch ätzende, narkotische, narkotisch-scharfe oder septische Stoffe bestimmt werden kann.

Die Erscheinungen, welche ätzende Gifte (venena corrosiva) hervorrufen, treten bald stärker und schneller, bald schwächer und langsamer hervor. Bei heftigeren Graden entsteht schon beim Verschlingen des Giftes Brennen im Schlunde, sodann aber heftiger brennender oder reissender Schmerz im Magen, mit unsäglicher Angst und kaltem Schauder. Es folgt unlöschlicher Durst, zunehmender Schmerz, Magenkrampf, stetes Würgen, Erbrechen des Mageninhaltes, später oft Bluterbrechen, nicht selten auch zwangvoller, ruhrartiger Durchfall, Zittern der Glieder, kalter Schweiss, kleiner, harter, schneller Puls; Zuckungen, Delirien, Ohnmachten, sind gewöhnliche Symptome. Plötzlich lässt der auf das höchste gesteigerte Schmerz nach, der Patient verliert das Bewusstsein, wird immer schwächer und stirbt unter gelinden Zuckungen, nachdem er 6—24 Stunden gelitten. Die betäubenden

Gifte (venena narcotica), die nach ihrer verschiedenen Natur noch
mit besonderen Erscheinungen verbunden zu sein pflegen, rufen
im Allgemeinen einen der Trunkenheit ähnlichen Zustand hervor, dabei sind Schwindel, Umneblung der Sinne, schreckliche
Unruhe, Durst, brennende Hitze, Kongestionen nach dem Kopfe,
Erweiterung der Pupille, Zähneknirschen, Wildheit und Tobsucht,
Brechneigung und Erbrechen, Trismus und Tetanus, Konvulsionen,
gänzliche Betäubung mit Lähmung, mit kaltem Schweiss, Sehnen-
hüpfen und röchelndes Athmen, Tod unter unwillkürlichen Aus-
leerungen die allgemeinen Erscheinungen.

Durch betäubend-scharfe Gifte (venena narcotica acria) werden die bis jetzt angeführten Symptome, in mannigfaltiger Art
und Weise vereint, hervorgerufen. Die zusammenziehenden, aus-
trocknenden Gifte (venena septica) endlich verursachen Druck
im Magen, Magenkrampf, heftige Koliken, mit dem unerträglich-
sten Leibschneiden, unsägliche Angst, Zuckungen, Ohnmachten
und die hartnäckigsten Stuhlverstopfungen, die schmerzhaften
Zufälle gehen endlich in Lähmung über, auf welche der Tod
erfolgt.

§. 101. Sind von Seite des Gerichtes entweder durch frühere Angaben des Verstorbenen vor seinem Tode, oder durch
Zeugenaussagen oder Verhörprotokolle noch anderweitige, den
Thatbestand aufhellende Erhebungen gepflogen worden, so sind
auch diese den Gerichtsärzten mitzutheilen. Alle diese bekannt
gewordenen Daten, sowie die Art ihrer Bekanntwerdung sind im
Sektionsprotokolle am gehörigen Orte anzuführen, und hierauf
erst die Besichtigung der Leiche selbst vorzunehmen.

§. 102. Bei der äusseren Besichtigung der Leiche eines im
Verdachte einer Vergiftung Verstorbenen müssen nebst den übrigen, bei einer jeden Obduction zu beobachtenden Gegenständen
alle äusseren Oeffnungen, als: jene der Nase, der Ohren, der
Mundhöhle, des Afters, und bei weiblichen Individuen auch die
der Scheide sorgfältig untersucht, vorgefundene verdächtige Stoffe
gesammelt und aufbewahrt, angetroffene organische Veränderungen derselben angeführt werden; etwaige Wunden, Geschwüre, Blasenpflasterflächen, Erytheme der Haut sind näher zu
erforschen. Die organisch veränderten oder verletzten Parthien
dieser Körpertheile sollen wo möglich von der Umgebung getrennt und zur chemischen Untersuchung abgeliefert werden.

Ueberhaupt sei es Regel, jene Theile der Leiche, an welchen die Einwirkung der giftigen Substanzen am stärksten her-
vortritt, immer auch für die chemische Analyse aufzubewahren.

Es ist ferner zu sehen, ob das Gesicht aufgetrieben, roth,
blau, verzerrt, die Augen halb geöffnet und mit Blut unterlaufen
erscheinen, ob die Venen des Halses und der Gliedmassen nicht
augenfällig strotzen; wie die Farbe der Nägel, der Umfang und
die Gestalt des Unterleibes sei, ob er nicht übermässig aufgetrieben oder aber nach innen gezogen erscheine, in welchem
Verhältnisse die am Bauche vorfindlichen Todtenflecke zu dem
Grade der vorhandenen Fäulniss stehen, und endlich, ob letztere,
unter Berücksichtigung der Zeit des erfolgten Todes, der herr-

schenden Jahreszeit und der Aufbewahrungsart der Leiche, als rascher denn sonst vorgeschritten, oder aber als verzögert erklärt werden müsse.

Bei ätzenden Giften insbesondere ist darauf zu sehen, ob nicht Wirkungen derselben schon auf der Körperoberfläche wahrnehmbar sind, besonders an der Umgebung des Mundes und der Lippen, woselbst gewöhnlich angeätzte, verschorfte, schwartenartig vertrocknete Streifen und Flecken vorgefunden werden; in dieser Beziehung sind auch die Hände zu besichtigen, so wie bei einer anderweitigen Berührung mit den Giften die äussere Haut im Allgemeinen.

§. 103. Bei der inneren Untersuchung müssen vorzüglich der Rachen, der Kehlkopf, die Luft- und Speiseröhre, der Magen- und Darmkanal untersucht, die Art und der Grad der an ihnen vorgefundenen Veränderungen angegeben werden. Niemals darf, wie es ohnehin das Gesetz vorschreibt, und weil die Einwirkung des Giftes nicht nur eine örtliche, sondern oft eine weit und allgemein verbreitete ist, die genaue Obduction des ganzen Körpers vernachlässiget, oder gar unterlassen werden. Namentlich ist bei der Untersuchung des im Herzen und in den grossen Gefässen enthaltenen Blutes die Menge und das Verhältniss des Blutfaserstoffes, die vorgefundenen Grade von Eindickung bis zur graphitartigen Erhärtung desselben zu beobachten, sowie auch auf die verschiedenen eigenthümlichen Gerüche der einzelnen Höhlen, die oft charakteristisch sind, z. B. auf den saueren, alkoholischen Geruch, auf den Geruch nach bitteren Mandeln u. dgl., welche Gerüche sich bei Eröffnung des Kopfes und Einschnitten in die einzelnen Organe bei der Section oft auf eine auffallende Weise kund geben, Acht zu haben.

Ist Grund zur Vermuthung vorhanden, dass die Vergiftung durch das Einathmen von Gasen oder Dämpfen erfolgte, so muss nebst einem Theile der Lungen die in der Brusthöhle etwa vorgefundene exsudirte Flüssigkeit und das Herzblut zum Behufe der chemischen Analyse gesammelt werden.

§. 104. Desgleichen sind bei der inneren Untersuchung der Leiche die einer jeden Art der Gifte eigenthümlichen Veränderungen der organischen Gewebe zu erforschen, und in dieser Hinsicht von der Mundhöhle an die ganze Speiseröhre und der Gastro-Intestinaltractus der sorgfältigsten Untersuchung zu unterziehen. Im Allgemeinen ist auf folgende Erscheinungen Acht zu haben:

Auf den Inhalt, den Grad der Durchfeuchtung und Eintrocknung der Schleimhaut, auf die durch fremdartige Stoffe oder Gefässinjection bedingte Färbung derselben, auf die Beschaffenheit und Dicke des Schleim- und Ephithelialstratums, namentlich ob letzteres nicht in Form einer umschriebenen, oder in weiter Ausdehnung aufgelagerten, käsigen oder trockenen Pseudomembrane erscheint, ob die Schleimhaut darunter nicht wie gegärbt, bräunlich gefärbt aussieht, ob nicht sogenannte blutende Erosionen, ob nicht Exsudate in ihr und den übrigen Schichten wahrnehmbar sind, ob die Schleimhaut, ihre sämmtlichen Schichten oder wohl gar die benachbarten Organe selbst zu einem röthlichen, bräunlichen, schwärzlichen, gelblichen oder grünlichen missfärbigen Brei aufgelockert, ob Perforationen, in welcher Ausdehnung und mit welchen Complicationen vorhanden sind, und welche Ergüsse vielleicht hier stattfanden, ob Narbengebilde, in welcher Masse und Ausdehnung vorhanden sind, und welche Einflüsse sie auf die Lichtungen dieser Organe ausüben.

§. 105. Nach Eröffnung des Unterleibes werden die ausserhalb der Gedärme befindlichen Flüssigkeiten vorsichtig, am besten mittelst eines reinen Badeschwammes, gesammelt, da sich nicht selten in ihnen, besonders wenn die Magen- oder Darmwandungen perforirt sind, Spuren von Gift vorfinden.

Nachdem die Lage und äussere Beschaffenheit der Baucheingeweide besichtigt worden ist, unterbindet man zuerst den Magen an jeder seiner beiden Mündungen (Magenschlund und Pförtner) doppelt und durchschneidet dann jede diese Unterbindungsstellen zwischen den zwei an ihr befindlichen Ligaturen, legt hierauf den aus der Bauchhöhle herausgenommenen Magen, nachdem das grosse und kleine Netz von ihm abgelöst wurde, in ein vorher sorgfältig gereinigtes, am zweckmässigsten in ein porzellanenes oder gläsernes Gefäss, besichtigt ihn von aussen in seinem ganzen Umfange; eröffnet ihn dann an seiner vorderen oder oberen Wand und untersucht genau seine innere Fläche und seinen Inhalt. Ebenso wird der Dünn- und Dickdarm, jeder für sich doppelt, wie oben angegeben, unterbunden, zwischen den Unterbindungen entzwei geschnitten, von dem Gekröse abgelöst, in einem Gefässe, wie das oben beschriebene, der ganzen Länge nach aufgeschnitten und von aussen und innen genau untersucht, immer jedoch mit der Vorsicht, dass von dem Inhalte nichts verloren gehe.

Dasselbe Verfahren hat aber auch dann stattzufinden, wenn, ohne vorhergegangenen Verdacht einer Vergiftung, ein solcher sich erst bei der Eröffnung der Leiche herausstellt.

§. 106. Bei der Eröffnung des Magens ist vor allem Anderen auf einen sich entwickelnden specifischen Geruch Bedacht zu nehmen, sodann sein Inhalt nach der Menge, der Consistenz und anderweitigen Beschaffenheit zu beschreiben und den vorhandenen giftigen Substanzen sorgfältigst nachzuforschen, welche Nachforschung nicht nur an dem, in das Gefäss entleerten Mageninhalte, sondern auch mit der gleichen Sorgfalt in den stets vorhandenen, an den Magenwandungen haftenden Magenschleim und dem Schleimhautfalten stattfinden muss. Mineralische Gifte, sie mögen in Pulver, in fein- oder grobkörniger Form beigemengt sein, sowie vegetabilische giftverdächtige Dinge, als: Blätter, Stengel, Wurzel, Beeren, Samen, Schwämme, sind auszusondern, und nach Angabe ihrer physischen Eigenschaften, zur Vornahme einer chemischen Untersuchung oder genauen botanischen Bestimmung eigens mit der gehörigen Sorgfalt aufzubewahren. Auf eine ganz gleiche Weise ist sich auch bei der Untersuchung der Gedärme zu benehmen.

§. 107. Sowohl das bei Vergiftungsfällen im Magen Enthaltene, als auch überhaupt eine jede andere vorgefundene, verdächtige Substanz, von der man vermuthen könnte, dass sie als
Gift auf den Verstorbenen eingewirkt habe, muss jedesmal einer
genauen Untersuchung und wenn diese keinen hinreichenden Aufschluss gibt, einer chemischen Prüfung unterzogen werden. Zu
welchem Ende

a) eine im Magen oder in den Gedärmen gefundene pulver-
artige oder klümpchenförmige Substanz sorgfältig von den
Wänden dieser Eingeweide abgeschabt, herausgenommen,
in ein eigenes, vorher mit Wasser gereinigtes gläsernes oder
porzellanenes, wohl verschliessbares Gefäss gethan, versiegelt, mit Nr. 1 bezeichnet und zur ferneren Untersuchung,
die nicht sogleich geschehen kann, mitgenommen wird;

b) ebenso verfährt man mit allem dem Flüssigen oder Brei-
artigen, was man sonst noch in den Magen und in dem
Magen und in den Gedärmen, vorzüglich den dünnen, vorfand, und bezeichnet es mit Nr. 2;

c) auch das Wasser, womit man den Magen und die Gedärme
auswusch, soll besonders gesammelt, auf die nämliche Art
zu Versuchen aufbewahrt und mit Nr. 3 bezeichnet werden;

d) auch das von dem Vergifteten vor seinem Tode etwa Ausgebrochene und das, was man aus den Tüchern, mit welchen es aufgewischt wurde, mit kochendem Wasser ausspü-
len kann, soll in einem eigenen, mit Nr. 4 bezeichneten
und gehörig versiegelten Gefässe aufbewahrt werden;

e) ebenso muss Alles in der Wohnung des Vergifteten in Gläsern, Schachteln, Papieren, Geschirren, in der Küche, im
Keller u. s. w. als Gift verdächtig Vorgefundene gesammelt, versiegelt und mit Nr. 5 bezeichnet aufbewahrt werden;

f) endlich muss nicht nur der Magen und die Gedärme selbst,
sondern auch ein Stück der Leber, der Milz, der Nieren
und die Harnblase nebst deren Inhalt in eigenen, wohlver-
siegelten Gefässen an die Behörde zur weiteren Amtshandlung abgeliefert werden.

Ueber alle diese Gegenstände ist im Protokolle ein Ver-
zeichniss und eine genaue Beschreibung ihrer sinnlich wahrnehmbaren Merkmale aufzuführen.

§. 108. In Betreff der vorerwähnten Gefässe wird erinnert,
dass nach Thunlichkeit solche gewählt werden müssen, welche
gut verschliessbar sind und dem Umfange der von ihnen auf-
zunehmenden Gegenstände oder der Menge der hinein zu gies-
senden Flüssigkeiten entsprechen, damit die ausserdem darin befindliche Luftmenge möglichst klein sei, ferner dass die Gefässe
vorher immer sorgfältig gereiniget werden müssen.

Die Verschliessung der Gefässe soll mittelst Glasstöpseln,
oder wenn diese nicht zu haben sind, mit neuen, zuvor im warmen Wasser ausgewaschenen Korkstöpseln und durch Ueberzie-
hen der Stöpsel, so wie der ganzen Gefässmündung mit Rinds-
oder Schweinsblasen oder mit Kautschukplatten, die vorher im
warmen Wasser erweicht wurden, geschehen.

Das Verkitten der Gefässe mit Glastafeln ist ebenso, wie die Verwendung von weissglasirtem Töpfergeschirre, durchaus unstatthaft. Gefässe von Glas sind allen anderen vorzuziehen.

§. 109. Ist wegen Verdacht einer Vergiftung eine bereits beerdigte Leiche zu exhumiren, so soll bei der Exhumation wenigstens einer der Chemiker, welche die chemische Untersuchung der Leiche vornehmen werden, gegenwärtig sein. Es wird dabei zu bestimmen sein, ob die Reinigung des Kadavers mit Bleichkalklösungen zulässig ist, oder ob diese Desinfectionsart die Auffindung des Giftes unmöglich machen würde.

Handelt es sich um die Ausmittlung einer Vergiftung entweder mit Arsenik oder mit Blei oder mit Kupfer, so sind insbesondere bei der erstgenannten, vorzüglich solche Körpertheile zur chemischen Untersuchung zu wählen, welche mit der die Leiche umgebenden Graberde am wenigsten in Berührung kamen.

Ueberdies aber muss immer sowohl von der, den Leichnam zunächst umgebenden, als auch von der entfernteren Graberde, sowie von der Erde an anderen Stellen des Friedhofes, etwas mitgenommen und chemisch untersucht werden. Auch von dem Sargholze, vorzüglich von jenen Stellen, wo man bemerkt, dass eine grössere Ansammlung von Feuchtigkeit stattgefunden habe, sollen Stücke gesammelt und chemisch untersucht werden.

§. 110. Die chemische Untersuchung selbst kann, da sie eine grosse Genauigkeit, verschiedene Geräthe und vielen Zeitaufwand erfordert, nach Umständen auch von den Chemikern allein, in einem hierzu insbesondere geeigneten Lokale vorgenommen werden.

Hierbei ist aber immer die Vorsicht zu gebrauchen, dass nicht aller Vorrath zu diesem ersten Versuche verwendet, sondern jedesmal von einer jeden Gattung ein Rest gelassen werde, der, wenn es nothwendig sein sollte, zur ferneren Prüfung gut verwahrt und signirt dem Gerichte wieder übergeben werden muss.

Vorzügliche Gegenstände der Untersuchung sind die bei der Obduktion gesammelten Gifte, der Mageninhalt, Darminhalt, die Magen- und Darmhäute, und nach Erforderniss andere oben angegebene Organe.

Die bei der Hausdurchsuchung vorgefundenen Gegenstände sind mehr zur Vergleichung der gewonnenen Resultate sowie dazu zu benützen, um sie nach Erkenntniss ihrer Natur und ihrer Eigenschaften, mit Bezug auf die bei dem Vergifteten wahrgenommenen Symptome, zu beurtheilen.

Der Vorgang der Untersuchung und die bei jedem einzelnen Akte derselben gewonnenen Ergebnisse sind Schritt für Schritt schriftlich zu bemerken, die angewendeten chemischen Agentien genau zu bestimmen, und insbesondere von diesen anzugeben, dass man sich durch Versuche von ihrer Reinheit überzeugt habe, um hierdurch einen verlässlichen und gehörig belegten Bericht verfassen zu können. Es versteht sich von selbst, dass das gewöhnliche Arbeitslokale eines chemischen Laboratoriums, in welchem viel in Giften gearbeitet wird, vor einer solchen gerichtlichen Untersuchung stets zweckmässig gereiniget werde, während der ganzen Untersuchung verschlossen, und für Andere unzugänglich sein müsse.

Ist es gelungen, wohin auch nach Möglichkeit gestrebt werden soll, ein metallisches Gift auf seine regulinische Gestalt zu reduziren, oder ein vegetabilisches Alkaloid aus den untersuchten Substanzen zu gewinnen, so ist auch die geringste Menge, auf eine die Erkenntniss desselben zulassende Art verwahrt, dem Gerichte zu übergeben.

§. 111. Bei Vergiftungen mit vegetabilischen Stoffen ist eine chemische Untersuchung überflüssig, wenn aus den im Magen vorgefundenen Ueberresten von Pflanzen, Früchten, Saamen oder Schwämmen die Art des genossenen Stoffes ausser allen Zweifel gesetzt ist; jedoch müssen die Ueberreste gleichfalls gesammelt und versiegelt dem Protokolle beigeschlossen werden. Dagegen darf die chemische Untersuchung, wenn mineralische Gifte auch in grosser Menge in der Leiche angetroffen werden, nicht unterbleiben, da der pulverige und verkleinerte Zustand, in welchem sie verschluckt zu werden pflegen, eine Bestimmung ihrer Natur mit Sicherheit nicht zulässt.

Viertes Hauptstück.

Besondere Regeln, welche bei der gerichtlichen Untersuchung der Leichen neugeborner Kinder zu beobachten sind.

§. 112. Da bei der gerichtlichen Beschau todter Neugeborner nebst der vorschriftmässigen Untersuchung der Kindesleiche vorzüglich darauf zu sehen ist, ob das Kind lebendig geboren worden und sein Leben ausserhalb der Mutter fortzusetzen fähig gewesen sei, und zu diesem Zwecke die Untersuchung und Beurtheilung der einzelnen Organe des Neugebornen in einer Ausdehnung und Weise, wie sie in einer späteren Lebensperiode nicht nothwendig wird, stattfindet, und auch nach dem Wortlaute des Gesetzes die Lungen- und Athemprobe vorgenommen werden muss, so erscheint es zweckmässig, auf die hierauf Bezug nehmenden Erscheinungen besonders aufmerksam zu machen und die Art und Weise, nach welcher die Lungen- und Athemprobe vorzunehmen ist, zu bestimmen.

§. 113. Um aber diese bei der Obduction eines Neugebornen gestellte Aufgabe richtig lösen zu können, sind einige besondere Geräthschaften erforderlich, für deren Herbeischaffung nach Vorschrift des §. 27 vorgesorgt werden muss. Es gehören hierher, nebst den im vorzüglichen Zustande befindlichen anatomischen Instrumenten, den nöthigen Unterlagen für die Leiche, und den zur Reinigung erforderlichen Gegenständen, eine grosse Schalwage mit den Gewichten bis 10 Pfund, ein hinlänglich tiefes, mit reinem, nicht zu kaltem Wasser gefülltes Gefäss, ein Zollstab, ein Tasterzirkel, eine Loupe, eine verlässliche Fallpincette, und mehrere mit Fäden versehene Unterbindungsnadeln.

§. 114. Aus den bereits eingeleiteten Vorerhebungen ist zu erforschen, ob über die Zeit, Art und Weise der Geburt des Kindes etwas bekannt geworden, ob diese leicht oder schwer gewesen ist, kurz oder lang gedauert, plötzlich erfolgt, an welchem

Orte und in welcher Lage der Mutter vorgegangen, ob die Mutter von beträchtlichen Blutungen oder anderen ungewöhnlichen Zufällen befallen worden sei, in welchem Zustande sich selbe nach der Geburt befunden habe, ob nachgewiesen erscheine, dass das Kind nach der Geburt geschrieen, seine Augen und Gliedmassen bewegt, Nahrung zu sich genommen habe, ob Harn- und Darmentleerungen stattfanden, ob bei der Geburt noch andere Personen gegenwärtig waren, ob diese auf irgend eine Art Hilfe geleistet haben, und in welchem Verhältnisse sie zur Mutter stehen.

§. 115. Ist über die Geburt des Kindes nichts bekannt geworden, so muss der Arzt erforschen, wann und wo die Leiche zuerst gefunden wurde, ob und in welcher Weise sie bekleidet, verhüllt oder sonst verpackt gewesen ist, ob sie sich noch in demselben Zustande befinde, oder an ihr etwas und was verändert worden, ob sie unter freiem Himmel, an einem entlegenen oder häufig besuchten Orte, in der Erde, im Wasser oder sonst wo, und unter welchen Umständen entdeckt worden sei. Ueberhaupt sind noch die Witterungsverhältnisse und alle jene Einflüsse, durch welche das Leben eines hilflos gelassenen Kindes mehr oder weniger gefährdet, oder die Fäulniss der Leiche verzögert oder befördert werden konnte, nicht unbeachtet zu lassen.

§. 116. Sind alle diese Umstände im Protokolle angegeben, und die bei der Leiche vorgefundenen Gegenstände beschrieben, so wird zur äusseren Besichtigung und sodann zur inneren Untersuchung geschritten. In den folgenden Paragraphen werden bloss die durch den kindlichen Organismus bedingten und zur Erforschung des extrauterinalen Lebens und der Lebensfähigkeit erforderlichen Regeln angeführt, und es ist sich daher im Uebrigen nach den in den früheren Paragraphen gegebenen Vorschriften zu benehmen.

§. 117. Nach der Angabe des Geschlechtes wird die Leiche auf der Schalwage gewogen, die Länge, nach gehöriger Streckung, mit dem Zollstabe vom Scheitel bis zu den Fersen gemessen, der regelmässige und proportionirte oder abweichende Bau, der wohlgenährte oder abgemagerte Zustand, die feste und derbe, welke und weiche Beschaffenheit des Körpers überhaupt, die blasse, wachsgelbe, rothe, dunkelrothe, bläuliche Farbe desselben, die feste, glatte, zarte, gerunzelte, rauhe (Gänsehaut), mit wolligen Haaren, käsiger Schmiere besetzte Haut, werden die Verunreinigungen der Körperoberfläche mit Blut, Kindspech, Erde, Schlamm u. dgl., mit Bezeichnung des Körpertheiles, an welchem diese gefunden werden, und die Art und Beschaffenheit der durch Einschnitte geprüften Todtenflecken beschrieben. Ein allenfalls vorhandener höherer Grad der Fäulniss wird durch Angabe des sich verbreitenden Geruches, der emphysematischen Auftreibung des Körpers, der mehr oder weniger lividen Färbung der Haut, der vorgefundenen Lostrennung, der leichten Ablösbarkeit oder der blasenartigen Erhebung der Oberhaut deutlich gemacht.

§. 118. Am Kopfe wird zuerst seine Grösse überhaupt, und sein Verhältniss zum übrigen Körper beurtheilt, die Gestalt desselben, ob er rund, länglich, breit, abgeplattet etc. angegeben, sodann mittelst des Tasterzirkels sein gerader Durchmesser von der Mitte

der Stirne bis zum Hinterhaupte, der quere von einer Schläfegegend
bis zur anderen, und der lange von der Spitze des Kinnes bis zur
Scheitelhöhle erforscht, und die Länge derselben, jedesmal nach gehöriger Fixirung der Zirkelschenkel, am Zollstabe ersichtlich gemacht. Hierauf wird die Menge, Länge, Farbe der Haare angegeben und gesehen, ob sie trocken, nass, blutig, zusammengeklebt
oder sonst wie verunreinigt sind. An der Kopfhaut werden ihre
Farbe, ihre leichte oder nur schwere Verschiebbarkeit, ihre Anschwellung überhaupt, oder Erhebung zu einer Kopf- oder anderen
Geschwulst, insbesondere ersichtliche Blutunterlaufungen und Trennungen des Zusammenhanges bemerkt. An den Fontanellen werden
ihre Grösse, Gestalt und Durchmesser angeführt, und ist zu berücksichtigen, ob selbe eingesunken, die hinteren und die seitlichen bereits geschlossen, ob an ihnen nicht Spuren einer hier oft leicht
übersehbaren Verletzung vorhanden, und ob krankhafte Veränderungen oder Verletzungen schon von aussen an innen wahrnehmbar sind. Bei den Ohren ist nebst der Beschreibung der Ohrenknorpel, ob diese dick, dünn, fest, elastisch, weich und häutig sind, zu
sehen, ob im äusseren Gehörgange Spuren einer Verletzung oder
fremde Körper vorhanden sind, und ob aus selben ein Ausfluss und
welcher Art statthabe.

§. 119. Am Gesichte wird die etwa auffallende Gesichtsmiene
und ersichtliche Verwundungen bemerkt, an den Augen ist zu sehen, ob sie geschlossen, geöffnet, eingesunken, hervorgetrieben,
ob die Augenbrauen, die Wimpern und in welchem Grade vorhanden, dann wie die Knorpel der oberen Lider entwickelt sind, ob die
Bindehaut nicht geröthet, mit Blut unterlaufen oder verletzt, ob die
Hornhaut hell und glänzend, oder trübe und welk, die Farbe der
Iris ersichtlich, die Pupille erweitert, verengert, oder die Pupillar-
membrane noch vorhanden ist. An der Nase werden ihre Form,
die Dicke, Derbheit des Nasenknorpels, die Beschaffenheit der
äusseren Nasenöffnungen, der Inhalt, Blut, Schleim, Schaum etc.
in den Nasenhöhlen, Verletzungen, sowie Formveränderungen der
äusseren Nase, wie sie durch Einwirkung äusserer Gewalt bedingt
werden können, zu beschreiben sein. Am Munde wird berücksichtiget, ob er geschlossen oder geöffnet ist, die Lippen blass, roth,
verzogen, gequetscht etc. sind, der Unterkiefer beweglich oder un-
beweglich ist, die Zunge kurz, breit, mehr hinten in der Mundhöhle
liegend, oder zwischen den Kiefern eingeklemmt und von welcher
Farbe sie ist, ob in der Mundhöhle Flüssigkeiten oder fremde feste
Körper vorhanden sind.

§. 120. Am Halse wird bemerkt, ob er dünn, lang, kurz,
dick, mit Kerben versehen, steif oder beweglich, geschwollen,
mit Flecken, Eindrücken, Erosionen, Blutunterlaufungen, Wunden bedeckt angetroffen wurde.

Seine hintere Fläche, selbst wenn sich hier keine Veränderungen zeigen sollten, ist gehörig zu untersuchen und der Befund anzuführen.

§. 121. An der Brust ist zuerst die Schulterbreite, d. i. der
Durchmesser von einer Schulter zur anderen, der gerade Durchmesser vom unteren Ende des Brustblattes bis zum entgegenge-

setzten Dornfortsatze der Wirbelsäule, und der quere, in derselben Ebene mit diesem, von einer Seite zur anderen, auf die bereits angegebene Weise zu bestimmen, und auf eine gleichförmige oder theilweise Wölbung oder eine augenfällige Abflachung
des Thorax zu sehen.

§. 122. Bei der Besichtigung des Unterleibes ist zu bemerken, ob er aufgetrieben, eingesunken, flach, gespannt oder erschlafft, ob und wie die Haut gefärbt ist, ob Blutunterlaufungen,
Verletzungen, Vorfälle etc. vorhanden sind. Namentlich ist aber
der Nabelstrang zu berücksichtigen und anzugeben, ob derselbe
vorhanden sei oder gänzlich fehle. Im ersteren Falle ist seine
Länge durch den Maassstab anzugeben, seine Färbung, sein Zustand von Frische oder Eintrocknung, sein Umfang, das Verhältniss des sulzigen Inhaltes, sind die vorhandenen wahren oder sogenannten falschen Knoten, ist der Inhalt der Blutgefässe zu beschreiben, ferner anzugeben, ob und wie das freie Ende desselben unterbunden sei, ob das Ende mit scharfen, ebenen, unebenen, zackigen,
lappigen, fetzigen Rändern versehen ist, und ob Blutunterlaufungen
wahrnehmbar seien. Im anderen Falle ist die Nabelwunde nach
ihrer Grösse und Form, der Zustand ihrer Ränder nach gleichen
Rücksichten, wie sie vom freien Ende des Nabelstranges angedeutet wurden, zu untersuchen, und jedesmal mit diesem Befunde
auch jener des Nabelstranges, welcher allenfalls an der vorliegenden Placenta sich vorfindet, zu vergleichen.

Bei Knaben ist der Hodensack zu besichtigen, um sich zu
überzeugen, ob und in welcher Art die Hoden herabgetreten seien.
Bei Mädchen ist die Farbe und Beschaffenheit der Schamlippen,
das noch starke Hervorragen der Clitoris und der kleinen Schamlefzen, und eine allenfalls durch die Scheide beigebrachte Verletzung zu berücksichtigen.

Desgleichen ist die Wirbelsäule in dieser Hinsicht genau zu
durchforschen, sind am Rücken vorgefundene abnorme Zustände
und Verwundungen zu beschreiben. Endlich ist der After zu untersuchen, ob er von dem abgegangenen Kindspeche verunreiniget sei,
ob eine vorhandene Blutung aus demselben nicht den Verdacht einer
vollbrachten Gewaltthätigkeit errege, ob und welche, schon in der
ersten Bildung bedingte Anomalien, Verwachsensein, Kloakenbildung etc. vorhanden seien.

§. 123. An den Extremitäten ist anzugeben, ob sie regelmäss-
sig oder auf eine andere regelwidrige Weise gebaut, rundlich, derb,
fett, mit Kerben versehen, oder aber mager, schlaff und abgezehrt,
ob die Nägel fest, hornartig und gewölbt, oder aber flach, weich und
häutig sind, ob sie über die Finger und Zehenspitzen hervorragen,
oder dieselben nicht erreichen; endlich müssen Blutunterlaufungen,
geschwollene Stellen und Wunden näher erforscht, vorhandene Knochenbrüche und Verrenkungen berücksichtiget werden.

§. 124. Ist auch der Mutterkuchen vorgefunden, so hat man
zu untersuchen, ob er ganz oder nur ein Theil desselben vorhanden
sei; es ist sein Gewicht, seine Gestalt, seine Dicke, Farbe, der frische
oder faule Zustand, sowie eine deutliche Beschreibung seines Gewebes und der Eihäute selbst anzugeben, daher sein Blutreichthum,

vorhandene Exsudate, Cysten und andere pathologische Bildungen
stets hervorzuheben sind.

Der Nabelstrang ist nach den oben angedeuteten Rücksichten
zu untersuchen, dabei auch seine Anhaftungsstelle zu beschreiben,
und auf die bei Zwillings- und Mehrgeburten vorhandenen Erscheinungen Bedacht zu nehmen.

§. 125. Bei neugebornen Kindern hat die innere Untersuchung
nach den bereits früher gegebenen Andeutungen zu geschehen; daher die Trennung und Beschreibung der Kopfhaut in gleicher Weise,
wie bei Erwachsenen vorzunehmen ist. Nur ist zu erinnern, dass
der häufig vorkommende Vorkopf (caput succedaneum) und die
Blutgeschwulst (trombus, cephalohaematom) nicht etwa als Wirkung einer absichtlichen Gewaltthätigkeit fälschlich anerkannt
werde, daher bei diesen die anatomisch-pathologischen Verhältnisse, die Berücksichtigung aller Umstände bei der Geburt, die
Grössenverhältnisse des Kindskopfes zu den Geburtstheilen der etwa
bekannten Mutter zu würdigen sind. Nach Besichtigung der Kopfhaut sind die Beinhaut des Schädels, die Fontanellen, die Nähte,
endlich die Kopfknochen genau zu untersuchen, insbesondere an
den Fontanellen und Nähten leicht übersehbare, z. B. durch feine
Nadeln verursachte Verletzungen, an den Knochen Eindrücke,
Fissuren, Brüche und Zerschmetterungen anzugeben. Um Irrthümern zu begegnen, werden der in dieser Lebensperiode gewöhnlich
bedeutende Blutreichthum der Schädelknochen, und die längs der
Nahtränder so häufig vorkommenden, feinen fissurenähnlichen Spalten in Erinnerung gebracht.

Die Eröffnung der Schädelhöhle selbst wird am zweckmässigsten mit einer etwas stärkeren Scheere vorgenommen, mit selber
zuerst die häutigen Nähte getrennt, dann die vier Lappen bildenden
Kopfknochen gehörig tief durchschnitten und bei Seite gelegt, hie-
mit aber auch die fest mit letzteren verbundene harte Hirnhaut
getrennt.

Sind äusserlich Spuren von einer wie immer gearteten Verletzung vorhanden gewesen, so ist vor Allem zu untersuchen, ob
und wo sich Blutunterlaufungen, und in welcher Ausdehnung zeigen. Die weitere Untersuchung des oft rosenroth gefärbten, sehr
häufig blutreichen Gehirnes und seiner Häute hat nach den bereits
bekannten Regeln und Grundsätzen zu geschehen, nur sind, wegen
leicht übersehbarer Verletzungen, ausser den bereits angeführten
Gegenden, auch noch jene der Schläfen, das Siebbein, die obere
Wand der Augenhöhlen, das Felsenbein mit grösster Aufmerksamkeit zu betrachten.

§. 126. Die Eröffnung der übrigen Körperhöhlen wird auf
gleiche Weise wie bei Erwachsenen vorgenommen, nur ist hierbei
eine Verletzung der Nabelgefässe zu vermeiden; zu welchem Zwecke
die Bauchdecken in der Gegend der Herzgrube durchschnitten, und
durch die so gebildete Oeffnung die Zeige- und Mittelfinger der
linken Hand in die Bauchhöhle eingeführt werden, um sich über
den Verlauf und die Lage der Nabelgefässe zu versichern, und sie
an den bezüglichen Stellen verschonen zu können. Um aber die gebildeten Lappen zurückschlagen zu können, muss der Nabel sammt

den unversehrten Gefässen von dem oberen rechten Lappen wegge-
schnitten werden. Wegen der späteren Untersuchung der Mundhöhle ist es ferner zweckmässig, die allgemeinen Decken längs des
Unterkieferrandes bis zu den hinteren Winkeln des Unterkiefers zu
durchschneiden, und im ganzen Umfange der vorderen und seitlichen Fläche des Halses dieselben wegzupräpariren.

§. 127. Nach Blosslegung der Gebilde am Halse werden dieselben genau beschrieben, und da die Untersuchung der Mund- und
Rachenhöhle in dieser Periode immer nothwendig ist, wird zu diesem Zwecke das Kinn mit der Scheere mitten durchschnitten, die
Weichtheile von dem Unterkieferrande lospräparirt, die beiden Kiefer zur Seite gelegt, und nun noch insbesondere darauf gesehen, ob
nicht etwa fremde Körper oder Blutunterlaufungen, Eindrücke,
Ritze u. dgl. als Merkmale vorhanden sind, welche von einem Versuche, dem Kinde Luft einzublasen, herrühren könnten.

§. 128. An der von den allgemeinen Decken entblössten
Brust wird die Bildung des Brustbeines aus einem oder mehreren
Stücken, und der Winkel, unter welchem die Rippenknorpel mit
den Rippen vereiniget sind, beobachtet, die ersteren nach vorausgegangener Abtrennung des Zwerchfelles mittelst der Scheere durchschnitten, das Brustblatt nach vorsichtiger Trennung aus seiner
Verbindung mit den Schlüsselbeinen entfernt. In der eröffneten
Brusthöhle ist der Stand des Zwerchfelles, d. h. bis zu welcher Rippe
oder bis zu welchem Zwischenraume dessen höchste Wölbung sich
erstreckt, anzugeben, darauf die Thymusdrüse, ihre Grösse, Gestalt,
Lage, die Bildung derselben aus einem oder mehreren Lappen,
ihre Farbe und Consistenz zu beschreiben.

§. 129. Bevor zu der Lungen- und Athemprobe geschritten
wird, sind durch Anschauung das Volumen und die dadurch bedingten Lagenverhältnisse der Lungen zu erforschen, und anzugeben, ob und in wie weit dieselben die Brusthöhlen ausfüllen, ob sie
nur den hinteren Umfang derselben einnehmen, welches die Berüh-
rungspuncte der Lungen mit den Nachbarorganen sind, ob das
Zwerchfell von der Lungenbasis ganz bedeckt sei oder nicht, ob
und in wie weit die vorderen Lungenränder den Herzbeutel umfas-
sen, oder ob letzterer ganz frei daliege.

Nun werden die Lungen sammt dem Herzen und der Thymus
aus der Brusthöhle herausgenommen, nachdem zuvor, um die Blutung und dadurch bedingte Verunreinigungen zu vermeiden, die
Aorta und die Cava ascendens über dem Diaphragma, sowie die vom
und zum Herzen tretenden grösseren Gefässe unterbunden worden
sind; dann diese Organe durch Abspülen mit Wasser gereiniget,
das absolute Gewicht derselben erhoben, und hierauf der äusseren
Besichtigung unterzogen. Ueber den äusseren Befund der Lungen
ist anzugeben: Die Form der Lungen im Allgemeinen und der einzelnen Lappen insbesondere, die Beschaffenheit ihrer Ränder, die
Farbe und die verschiedenen Schattirungen derselben auf der Oberfläche der einzelnen Lappen und Lappentheile, wobei aber immer
auf die Veränderungen, welche durch die Einwirkung der äusseren
Atmosphäre veranlasst werden, Rücksicht zu nehmen ist, die Consistenz und Elasticität derselben, ob diese gleichmässig, oder an

verschiedenen Stellen verschieden ist, ob sie den tastenden Fingern
das Gefühl einer gleichmässig derberen, compakteren, oder einer
lockeren, weicheren Masse darbieten, wie sich die Oberfläche der
Lungen verhalte, ob durch die zarte Serosa das Gewebe sich als ein
homogenes, nur von den Blutgefässen durchsetztes zeige, oder ob
die in kleinen, inselförmigen Gruppen geschiedenen Luftbläschen,
und in welcher Ausdehnung und an welchen Punkten wahrnehmbar
sind; welche Schwellung die Lunge dadurch erlitten, oder ob zwischen lufthältigen Partien noch luftleere Stellen und in welcher
Ausdehnung vorfindig sind, worin die dadurch bedingte Formverän-
derung bestehe. Bei vorgeschrittener Fäulniss sind Farbe, Consistenz, Volumsveränderungen, insoferne sie Wirkungen der ersteren
sein können, gehörig zu würdigen, und namentlich bei schon statt-
gefundener Gasentwicklung auf die, nebst feineren, oft erbsen- und
bohnengrossen, leicht verschiebbaren, und unter der emporgehobenen Pleura befindlichen Bläschen Acht zu geben.

§. 130. Sodann werden die Lungen sammt den, wie eben bemerkt, darauf haftenden Organen in ein hinlänglich geräumiges
und tiefes, mit reinem nicht erwärmten Wasser angefülltes Gefäss
behutsam gelegt, so dass sie darin ihrem Umfange und Gewichte
nach frei schwimmen oder niedersinken können. Man beobachtet
nun, ob die Lungen sammt den daran hängenden Organen im Wasser schwimmen oder zu Boden sinken, ob sie langsam oder schnell
sinken, ob nicht ein Theil derselben, und welcher oben am Wasser
zu zögern scheint, oder ob sie mit allen Theilen niedersinken, ob
sie nicht unter dem Wasserspiegel mitten im Gefässe schweben
bleiben, oder ganz den Boden des Gefässes erreichen.

§. 131. Hierauf trennt man die beiden Lungenflügel durch
einen Schnitt an ihrer Wurzel vom Herzen, beobachtet den
hierbei stattfindenden Bluterguss, und nimmt nun mit den einzelnen
Lungenflügeln denselben Versuch über ihre Schwimmfähigkeit vor,
schreitet sodann zur genauen Untersuchung des Lungengewebes
selbst, indem durch ausgiebige Schnitte dasselbe blossgelegt, in die
vorhandenen veränderten Stellen besondere Einschnitte gemacht
werden, gibt die Farbe an, den Blutreichthum, die Consistenz, be-
schreibt die pathologischen Erscheinungen, das Verhalten der Bronchien und ihren Inhalt etc., berücksichtigt beim Einschneiden das
knisternde Geräusch an lufthältigen Stellen, den Heraustritt der
schaumigen Flüssigkeit, und überzeugt sich schliesslich auch von
der Schwimmfähigkeit der einzelnen, durch Zerstückelung gewonnenen Lungenfragmente, indem man sich bei der Zerstückelung
selbst nach den, aus der Untersuchung gewonnenen in Vorhinein
zu erwartenden Resultaten leiten lässt. Es ist vorauszusetzen, dass
namentlich das Gewebe einer Lunge, welche luftleer ist, nach anatomischen Grundsätzen genau beschrieben werden muss, um schon
aus der Beschreibung die Ursache der Luftleere und des sofortigen
Unvermögens zu schwimmen leicht zu erkennen.

§. 132. Nun schreitet man zur Beschreibung des Herzens;
gibt nach eröffnetem Herzbeutel dessen Inhalt an, die Grösse und
Form des Herzens, wobei der Umfang und die Masse des rechten
Herzens, namentlich der Wandungen des rechten Herzventrikels

im Vergleiche zu dem linken Herzen und die Beschaffenheit der
Herzspitze stets ersichtlich zu machen ist. Nach Eröffnung der einzelnen Herzhöhlen wird der Inhalt derselben beschrieben, und nun
den fötalen Herzwegen die ausschliessliche Aufmerksamkeit ge-
widmet.

Nach Beschreibung des eiförmigen Loches in der Vorhof-
scheidewand wird der Botall'sche Gang in seinem ganzen Umfange
herauspräparirt, nach Angabe seiner Länge, Dicke, Form auf der
vorderen Fläche nach seiner ganzen Länge aufgeschlitzt, das Verhalten seiner Insertionsenden, sein Lumen, sein Inhalt und die Beschaffenheit seiner inneren Membrane beschrieben, wobei es zweckmässig ist, namentlich bei Angabe des Lumens, die gleichen Verhältnisse des Lungenschlagaderstammes und seiner beiden Aeste
zu bestimmen.

Kommen am Herzen und den grösseren Gefässen Abweichungen von der Norm vor, wovon man sich an den blossgeleg-
ten Halsgebilden, an der Lage und Form des Herzens nach Eröffnung der Brusthöhle, mittelst des Gesichts- und Tastsinnes
leicht überzeugen kann, so sind, wie es sich ohnehin versteht, je
nach Bedürfniss, Abänderungen von dem nur in seiner Allgemein-
heit angedeuteten Vorgange bei der Untersuchung vorzunehmen.

Bei weit vorgeschrittener Fäulniss und hierdurch bedingter
Gasentwicklung kann nicht nur die Lunge, sondern auch das Herz
und jeder andere Muskel, die Leber, die Darmhäute u. s. w.
schwimmfähig werden, indess sind dann auch die vorgenommenen
einzelnen Schwimmproben im Protokolle ersichtlich zu machen.

§. 133. Am Unterleibe sind zuerst die Nabelgefässe zu untersuchen, ihr Blutgehalt, ihre Wegsamkeit, die Verbindung der Nabel-
vene mit der Pfortader, und die Beschaffenheit des Arant'schen
Ganges, ob er noch offen, in seinem Volumen verengert, oder bereits
geschlossen angetroffen wurde, zu beschreiben; bei der Leber zu
sehen, in wie weit sie in die Brusthöhle hineinrage, und welchen
Einfluss sie auf die Stellung des Zwerchfelles ausübe, ob sie roth,
dunkelschwarzbraun, oder durch krankhafte Zustände anders gefärbt erscheine; es ist ihr Blutgehalt, sowie die Farbe des Blutes,
ihr frischer oder fauler Zustand zu bestimmen, die Grösse ihrer
Blase, die Menge und Beschaffenheit der Galle anzugeben.

Am Magen ist zu berücksichtigen, ob er rundlich oder birnförmig, sein Grund nach aufwärts, der Pförtner nach abwärts, die
kleine Krümmung nach der rechten, und die grosse gegen die linke
Seite gerichtet sei; welcher Inhalt in seiner Höhle, ob schleimige,
eiweissartige oder andere fremdartige Flüssigkeiten vorhanden, ob
er bei dieser Lage von Luft aufgetrieben, oder ob der kleine Bogen
mehr nach aufwärts, der grosse nach abwärts gekehrt, und ein anderer, als der bemerkte Inhalt und welcher Art vorhanden sei.

An den Gedärmen ist zu beobachten, ob der obere Theil des
Dünndarmes verengert, der untere mit Kindspech gefüllt, oder der
erstere von Luft aufgetrieben, der letztere entleert erscheine, im
Dickdarme Kindspech von mehr hellgrüner, im absteigenden
Grimm- und Mastdarme von dunkler Farbe enthalten, ob selbes
bereits und in welchem Grade entleert, oder Unrath anderer Be-

17 *

schaffenheit vorhanden sei; endlich bei der Harnblase, ob sie gefüllt oder leer angetroffen worden ist.

§. 134. Sind bei der äusseren Besichtigung der Wirbelsäule
eine Verrenkung oder Verwundungen angetroffen worden, so ist vor
Allem zu erforschen, ob Blutunterlaufungen an den verletzten Theilen vorhanden sind, und keinen Zweifel über ihr Entstehen während des Lebens übrig lassen; dagegen ist auch bei scheinbar geringen Extravasaten eine sorgfältige Untersuchung aller in
ihrer Nähe befindlichen Weichgebilde und der Rückenmarkshöhle,
da sie auf verdeckte Verletzungen hinweisen können, vorzunehmen; besonders sind in dieser Hinsicht die oberen Theile der Wirbelsäule und die Halsgegend zu besichtigen; wobei nur noch bemerkt wird, dass die Eröffnung des Wirbelkanales bei Neugebornen nach Entfernung der die Wirbelsäule bedeckenden Weichtheile mit einer etwas stärkeren Scheere vorgenommen werden
kann.

§. 77.

Allgemeines über gerichtliche Todtenbeschau. Unter gerichtlicher Todtenbeschau verstehen wir
mit dem Gesetze die Leichenschau und Leichenöffnung.
Veranlassung zur Vornahme derselben ist immer eine
gerichtliche Anordnung, und die Fälle, in welchen sie
nothwendig ist, sind durch den §. 3 der oben mitgetheilten Vorschrift, die jedem Gerichtsarzte stets gewär-
tig sein muss, und auf die wir sehr häufig hinzuweisen
Gelegenheit nehmen werden, genau bestimmt.

Der Zweck der gerichtlichen Todtenbeschau ist
die Erforschung der Todesveranlassung, der Todesart,
in seltenen Fällen auch der Zeit des eingetretenen
Todes. Betrifft die Untersuchung Neugeborene, so sind
hierin nach den Bestimmungen des Gesetzes auch schon
die Untersuchungen über Lebensfähigkeit, Geathmet-
und Gelebthaben mit eingeschlossen.

Wir halten es für überflüssig, gewisse formelle Details hier eingehend zu erörtern; z. B. von wieviel
Personen die gerichtliche Todtenbeschau vorzunehmen
ist, über die Zuziehung des Arztes, der den Verstorbenen etwa in der letzten, dem Tode unmittelbar vorangegangenen Krankheit behandelte; über Zeit und
Ort der Untersuchung, über Inspektion und Obduktion,
über Form und Inhalt des Protokolls, des Gutachtens,
über Untersuchung und Beschreibung von Kleidungsstücken, Werkzeugen etc. etc. Es sind diese Gegenstände
theils vom Gesetze genau bestimmt und vorgezeichnet,

theils haben wir dieselben bereits in dem Vorhergehenden besprochen, theils bedürfen sie ihrer Einfachheit wegen keines genaueren Eingehens.

§. 78.

Die Zeichen des Todes sind wohl jedem Arzte Zeichen und Zeit
geläufig, und es erscheint überflüssig, ein Mehreres des Todes.
darüber zu sagen. Wir wollen hier dieselben nur insoweit betrachten, als sich aus ihnen mitunter ein
Schluss ziehen lässt auf die Zeit, die seit dem Eintritte des Todes bis zur Untersuchung verflossen ist.

In den ersten 10 bis 12 Stunden nach eingetretenem Tode findet man die vitalen Vorgänge erloschen,
es fehlen Respiration, Circulation, Irritabilität, der Körper ist kalt, blass, schlaff.

In 48 bis 72 Stunden, früher oder später, je nach
den physikalischen Verhältnissen, unter welchen sich
der Leichnam befindet: Umgebung, Temperatur, Lage
der Leiche, Jahreszeit etc., treten die weiteren anatomischen Leichenerscheinungen ein: Matschwerden des
Bulbus, Hypostasen, Leichenstarre.

Ebenso hängen von physikalischen Verhältnissen
das frühere oder spätere Eintreten der fortschreitenden
Dekomposition, des Verwesungsprozesses ab; von Einfluss sind hier Geschlecht, Alter, Körperbeschaffenheit,
pathologische Prozesse, Ingesta, Temperatur und Feuch-
tigkeitsgrade der umgebenden Medien.

Bezüglich des Einflusses der Medien auf das Eintreten der Verwesungserscheinungen stellt Casper den
folgenden Satz auf: „Bei ziemlich gleichen Durch-
schnittstemperaturen entspricht in Betreff des Verwesungs-
grades eine Woche (Monat) Aufenthalt der Leiche in
freier Luft 2 Wochen (Monaten) Aufenthalt derselben
im Wasser und 8 Wochen (Monaten) Lagerung auf
gewöhnliche Weise in der Erde. Es werden also caeteris paribus drei Leichen ungefähr dasselbe Verwesungs-
stadium zeigen, von denen A einen Monat auf dem
Felde liegen geblieben war, B vor 2 Monaten ertrunken, und C vor 8 Monaten gestorben und in einem
gewöhnlichen Sarge beerdigt worden war. Bei der
Schätzung nach diesem Maassstabe und gehöriger Kritik

der Umstände des Einzelfalles wird man vor erheblichen Irrthümern gesichert sein.

In der Darstellung der Zeitfolge der Verwesungserscheinungen folgen wir ebenfalls den Angaben Casper's. Als Typen, um darnach den Fortgang des Verwesungsprozesses zu schildern, nimmt er jene Leichen,
die gewöhnlich auf den gerichtlichen Sektionstisch
kommen, d. i. solche, die bisher an der Luft gelegen
hatten.

1. Das chronologisch erste Zeichen ist die Färbung
der Bauchdecken ins Grünliche, mit welcher zugleich
der sogenannte Verwesungsgeruch entsteht. Je nach der
höheren oder niedrigeren Temperatur entsteht diese Verfärbung 24 bis 72 Stunden nach dem Tode.

2. In derselben Zeit werden die Augäpfel weich
und nachgiebig.

3. Nach 3 bis 5 Tagen verbreitet sich diese in-
zwischen mehr gesättigte schmutzig-braune, grün ge-
wordene Färbung über den ganzen Unterleib; häufig
tritt um dieselbe Zeit blutig-schaumige Flüssigkeit aus
Mund und Nase.

4. Nach 8 bis 12 Tagen verbreitet sich diese immer
dunkler werdende Verfärbung über den ganzen Körper;
mit ihr parallel geht der fortschreitende Fäulnissgeruch.
An einzelnen Stellen wird die Farbe von durchschim-
merndem, zersetzten Blute röthlich-grün. Die Fäulnissgase treiben den Unterleib trommelförmig auf. Die
Hornhaut ist konkav eingesunken.

5. 14 bis 20 Tage nach dem Tode ist die Farbe
am ganzen Körper gleichmässig froschgrün und blut-
rothbraun; die Epidermis stellenweise in Blasen erhoben oder ganz abgelöst. An faltigen Stellen und in
Körperhöhlen sind zahlreiche Maden. Die Gasentwicklung hat so zugenommen, dass Bauch und Brust enorm
gewölbt sind; die Gesichtszüge sind nicht mehr erkennbar,
daher das Rekognosziren der Leiche auch durch genaue
Bekannte schon sehr schwierig ist. Nägel und Kopfschwarte
sind leicht ablösbar. Das Eintreten dieses höheren Ver-
wesungsgrades ist merklich durch die Lufttemperatur bedingt, und man kann $+$ 16 bis 20 Grad Reaumur im
Sommer einer Wintertemperatur von 0 bis $+$ 8 Grad

insofern vergleichen, als jene schon in 8 oder 10 Tagen bewirkt, was in dieser erst in 20 oder 30 Tagen
zu Stande kommt. Lag der Leichnam frei in der Luft,
so ist es nichts Ungewöhnliches, ihn von Land- und
Wasserthieren angefressen zu finden. Das eben geschilderte Stadium hält sich manchmal durch Wochen oder
Monate, so dass grünfaule aufgeblähte und excoriirte
Körper von einem und von 3 bis 5 Monaten nach dem
Tode verflossener Zeit nicht mit einiger Sicherheit von
einander zu unterscheiden sind.

6. Nach 4 bis 6 Monaten tritt das Stadium der
putriden Colliquation ein. Brust- und Bauchhöhle liegen offen, die Schädelknochen sind häufig in ihren
Nähten geplatzt, das Gehirn ist ausgeflossen. Alle Weichtheile sind in breiiger Auflösung begriffen, ganze Knochen liegen bereits nakt da.

7. Nach einem Jahre (D e v e r g i e), nach anderen
Autoren jedoch nach einer längeren oder kürzeren Zeit
tritt unter gewissen, noch nicht ganz genau gekannten Be-
dingungen namentlich bei fettreichen Körpern ein Ver-
seifungsprozess ein, es bildet sich das Leichenfett oder
Fettwachs. Es ist dies ein homogenes, rein oder schwach
gelblich-weisses, fettiges, in den Fingern dehnbares, weich
zu schneidendes, an der Flamme schmelzbares Gebilde,
von einem keineswegs sehr widerlichen, sondern von
dumpfig käseähnlichem Geruche. Alle Organe können
dieser Fettwachsbildung unterliegen, und es ist dann
ihre ursprüngliche Bildung nicht mehr zu erkennen.

8. Von den inneren Organen werden am frühesten Luftröhre und Kehlkopf durch die Verwesung alterirt. Während noch kein anderes Organ von Verwesung
ergriffen und in der natürlichen Beschaffenheit verändert ist, zeigt sich bereits die Schleimhaut der Luftröhre gleichmässig kirschroth oder braunroth verfärbt,
ohne dass die Loupe in dieser Verfärbung Gefässinjectionen erkennen kann. Es ist diese Verfärbung nicht Ca-
pillarinjektion und Zeichen des Erstickungs- oder Ertrinkungstodes, sondern früh eintretende Leichenerschei-
nung. In der Zeitfolge der Verwesung folgen dann das
Gehirn der kleinen Kinder, der Magen, die Gedärme,
die Milz, Netz und Gekröse, Leber, Gehirn der Er-

wachsenen. In zweiter Reihe stehen das Herz, die Lungen, die Nieren, die Harnblase, die Speiseröhre, das Pancreas, das Zwerchfell. Die allergrösste Widerstandsfähigkeit gegen den Fäulnissprozess zeigt der Uterus. Wenn kein einziges Organ mehr in einem Zustande ist, dass er Gegenstand einer Untersuchung sein könnte, ist der Uterus noch ziemlich frisch und derb, und es ist, wenn auch die äussern Genitalien schon völlig zerstört sind, hier noch immer die Möglichkeit geboten, das Geschlecht sogar einer Frucht zu bestimmen. Bei der grossen Widerstandsfähigkeit des Uterus gegen Fäulniss wird sich auch manchmal noch lange nach dem Tode die Frage entscheiden lassen, ob der Uterus während des Lebens sich in schwangerem Zustande befand oder nicht.

§. 79.

Eintheilung. Die gerichtliche Todtenbeschau kann auf Anordnung des zuständigen Untersuchungsgerichtes vorgenommen werden

A) an Erwachsenen,
B) an Neugebornen.

Anschliessend an diese Untersuchungen sind die ebenfalls von den Gerichten veranlassten Untersuchungen verschiedener Gegenstände, z. B. von Wäsche, Kleidungsstücken, Flecken chemischen und anderen Stoffen, Werkzeugen, etc. in Betracht zu ziehen.

Sechstes Kapitel.

Untersuchung an Erwachsenen.

§. 80.

Zweck der gerichtlichen Leichenschau ist die Erui-Veranlassung der Untersuchung. rung und Konstatirung der Todesursache; die Sektion soll darüber Aufschluss geben, was in dem vorliegenden Falle die den Tod zunächst bewirkende Ursache gewesen, und wodurch dieselbe erzeugt worden ist, d. h. ob der Untersuchte eines sogenannten natürlichen oder eines gewaltsamen Todes gestorben sei. Wir werden von den gewaltsamen Todesarten hier in Betracht ziehen den Tod durch Verletzung, Verblutung, Vergiftung, durch Verbrennen, Erfrieren, Verhungern, Erhängen, Erwürgen, Erdrosseln, Ersticken, Ertrinken.

§. 81.

Der §. 3 der „Vorschrift" erwähnt jene Fälle, inTod durch Verletzung. welchen die gerichtliche Todtenbeschau vorzunehmen ist. Daselbst finden wir auch alle jene Fälle detaillirt, in welchen der Tod durch Verletzung stattfinden kann. Pathologische Zustände der mannigfaltigsten Art sind es, welche in diesen Fällen den Tod mittelbar oder unmittelbar veranlassen können. Erschütterung der Nervenzentren, Störung oder Zerstörung eines Organs, Entzündung mit ihren Folgen und Ausgängen: Exsudation, Vereiterung, Pyämie, Metastasen, Quetschung, Berstung, Zerschmetterung und Zermalmung innerer und äusserer Organe, Zerreissung von Blutgefässen, Verblutung, Erschöpfung, nervöse Affectionen, z. B. Krämpfe, Tetanus etc., können hier direkt oder indirekt den Tod vermitteln, und der Nachweis eines oder mehrerer dieser Zustände wird Licht über die Todesursache verbrei-

ten, wenn eben der Zusammenhang zwischen dieser
Ursache und dem eingetretenen Tode als Folge sich
in dem concreten Falle darthun lässt. Jede Beschädigung oder Verletzung also, welche direkt oder indirekt,
mittelbar oder unmittelbar den Tod zur Folge hat, ist
eine tödtliche Verletzung. Der Beweis, dass zwischen
Beschädigung und Tod in der That ein Causalnexus
bestehe, dass die durch die Handlung oder Unterlassung entstandene Beschädigung die wirkende Ursache
des Todes gewesen sei, muss jedoch nach physiologischen
und pathologischen Prinzipien wissenschaftlich geführt
werden, wobei es dann in Bezug auf den Charakter der Tödt-
lichkeit ganz einerlei ist, ob der Tod bloss eintrat vermöge
der individuellen Beschaffenheit des Verletzten, oder vermöge der zufälligen Umstände, oder vermöge der zufällig hinzugekommenen Zwischenursachen, insoferne
diese letzteren durch die Handlung selbst veranlasst
wurden. Sollte nach der Beschaffenheit des Einzelfalles
dem Richter an der Aufklärung besonderer, mehr weniger erheblicher Umstände gelegen sein, so wird er
hierüber dem Gerichtsarzte besondere Fragen zur Beantwortung vorlegen.

Von diesem Standpunkte aus aufgefasst, wird die
Beurtheilung der Verletzungen mit tödtlichem Ausgange
unendlich vereinfacht. Sämmtliche neuere Strafgesetz-
gebungen gehen von dieser nunmehr allgemein gewordenen Auffassung aus, und die Annahme jener unzweck-
mässigen Lethalitätsgrade, wie sie ehedem gang und
gebe war, ist heute allenthalben aufgegeben. Die frühere Eintheilung der tödtlichen Verletzungen in schlech-
terdings tödtliche, an und für sich tödtliche, in zufällig tödtliche, oder in allgemein nothwendig, individuell
nothwendig und zufällig tödtliche kann als veraltet, trügerisch und in der Praxis nicht verwerthbar heute
über Bord geworfen werden.

Ein Beispiel wird die an und für sich klare Sache
noch mehr erläutern. Eine Ohrfeige ist unter 100 Fällen 99mal ohne jede weitere Folge. Gesetzt, es ent-
stünde als Folge einer verabfolgten Maulschelle ein
Erysipel, welches durch eine eitrige Meningitis tödtlich
endet, so wird die sonst ganz leichte Verletzung in dem

concreten Falle, sobald das Erysipel als Folge der Ohrfeige nachgewiesen werden kann, als tödtliche Verletzung bezeichnet und begutachtet werden müssen.

§. 82.

Bei Verletzungen mit tödtlichem Ausgange hat sich Verletzung vor
oder nach dem
nach §. 89 der Strafprozess-Ordnung und nach §. 22 Tode.
der „Vorschrift für die Vornahme der gerichtlichen
Todtenbeschau" das Gutachten auch darüber auszusprechen, ob der Tod schon vor den Verletzungen, oder
in Folge, oder durch Mitwirkung einer hinzugekommenen, von der Verletzung unabhängigen Ursache eingetreten sei.

Ob eine Verletzung vor oder nach dem Tode zugefügt wurde, wird sich in vielen Fällen mit Sicherheit, in manchen anderen schwer oder nicht entscheiden lassen. Reaktionserscheinungen an oder in
der Umgebung der Wunde, Entzündung, Eiterung,
Granulationsbildung, Retraction der Weichtheile und
Klaffen der Wunde, blutige Infiltration des Zellgewebes
und Blutgerinnsel in der Nähe der Wunde, Merkmale spritzender Gefässe an Gegenständen und
Kleidern, durch Verblutung herbeigeführte Anämie,
Sugillationen mit und ohne Farbenwechsel, werden dafür sprechen, dass eine Verletzung noch vor dem Tode
zugefügt wurde. Zu bemerken ist jedoch, dass die anatomische Diagnose mit grösster Schärfe und noch grösserer Vorsicht zu stellen ist, da Verwechslungen hier
leicht stattfinden können. Es können nämlich wirkliche
Reaktionserscheinungen an der Leiche schwinden, und
andererseits solche durch Leichen- und Fäulnisserscheinungen vorgetäuscht werden. Hautaufschürfungen z. B.
lassen, wenn nicht andere Umstände Aufschluss geben,
keine Unterscheidung zu, ob sie im Leben oder nach
dem Tode zugefügt wurden; Verklebung von Wundrändern kann an der Leiche durch Vertrocknen des
Blutes bewirkt werden; durch Fäulniss in Jauche ver-
wandelter Eiter kann von einer Jauche, die durch Zerfallen der Gewebe in Folge des Fäulnissprozesses sich
bildet, kaum unterschieden werden. Das Gutachten wird
sich demnach über diese Frage nur auf Grundlage

sicherer anatomischer Criterien mit Bestimmtheit aussprechen.

§. 83.

Von der Verlez-
zung unabhän-
gige Todesursa-
chen. Gewisse Verletzungen, z. B. hochgradige Gehirnerschütterung, Zerschmetterung des Schädels, Erdrosseln, Erwürgen, haben unmittelbaren oder plötzlichen
Tod zur Folge; andere enden erst durch Mitwirkung
gewisser hinzutretender Ursachen tödtlich. Diese mit-
wirkenden Ursachen können im Sinne der bezüglichen
Gesetzesparagraphe verschiedene Charaktere darbieten.
Sie sind entweder

1. zu der Verletzung hinzugekommen und von ihr
unabhängig, oder

2. wegen der eigenthümlichen Beschaffenheit oder
eines besonderen Zustandes des Verletzten, oder

3. wegen zufälliger äusserer Umstände die Todesursache geworden.

Von der Verletzung abhängige Ursachen sind
solche, welche eben durch die Verletzung in Wirksamkeit gesetzt wurden; in vorkommenden Fällen z. B.
Hirnabszesse, Kongestionsabszesse, Pleuritis, Pneumo-
nie, Peritonitis etc., also Zustände, welche ohne die
Verletzung nicht zu Stande gekommen wären. Diese
pathologischen Prozesse bilden eine Kausalkette zwischen Beschädigung und darauf folgendem Tode derart,
dass die Verletzung die entfernte, der von ihr abhängige pathologische Vorgang die nähere mitwirkende Ursache des Todes abgibt. Eine von der Verletzung
unabhängige Ursache ist jene, deren Ursprung
nicht in der Verletzung oder durch die Verletzung begründet ist.

Betrachten wir z. B. folgende Fälle: Nach einer
leichten Verletzung tritt Erysipel, eiterige Meningitis,
Tod; nach einer ungefährlich scheinenden Beschädigung tritt Tetanus ein. In beiden Fällen werden Erysipel, Meningitis, Tetanus als von der Verletzung abhängige Ursachen betrachtet werden müssen. Nehmen
wir hingegen folgende Fälle. Nach einer leichten Verletzung wird eine Operation gemacht, nach dieser tritt
Tetanus ein; der letztere ist von der Verletzung un-

abhängig. Oder zu einer leichten Wunde, die in einem überfüllten Spitale behandelt wird, tritt Hospitalbrand, und dieser führt den Tod herbei; der Hospitalbrand stellt hier eine neue Schädlichkeit, eine von der ursprünglichen Verletzung unabhängige Todesursache dar, und es wird somit die Auffassung und Beurtheilung des Falles von Seite des Richters wesentlich modifizirt werden, da der Gerichtsarzt in beiden Fällen die Verletzung nicht als tödtliche wird erklären können.

„Die Untersuchung und Entscheidung," sagt Schürmayer," ob eine solche Zwischenursache wirklich noch der Verletzung zuzuschreiben und von ihr bedingt sei, kann nicht nur grosse, sondern selbst unlösbare Schwierigkeiten haben, die insbesondere da aufzutreten pflegen, wo mehrere und verschiedene Ursachen der Leibesbeschaffenheit und der zufälligen Umstände, sowie auch der schädlichen Kunsthilfe, Diät und Lebensordnung bezüglich ihrer Einwirkung in Anfrage stehen. Obgleich im Allgemeinen eine ursprünglich an sich nicht gefährliche Verletzung durch Zwischenursachen einen tödtlichen Erfolg haben kann, so dass die Verletzung im strafgesetzlichen Sinne immer noch eine tödtliche wird, so wird der Gerichtsarzt in den genannten schwierigen Fällen doch gut thun, den Grad der Bedeutung der Verletzung an sich zu würdigen, und diesem einen Einfluss auf sein Urtheil einzuräumen."

§. 84.

Es würde uns hier zu weit führen, uns darüber auszulassen, welche Verletzungen ihrer allgemeinen Natur nach zur Todesursache werden. Diese Abschätzung muss jedem Gerichtsarzte, der tüchtig in der Chirurgie zu Hause ist, geläufig sein. In Bezug auf die vom Gesetze geltend gemachte eigenthümliche Leibesbeschaffenheit ist vom Gerichtsarzte Rücksicht zu nehmen auf bleibende, in der Individualität vorwiegend oder ausschliesslich begründete Zustände. Solche sind: Alter, Geschlecht, Habitus, Deformitäten, Inversion von Eingeweiden; konstitutionelle Leiden und Dyskrasien etc. Als besondere Zustände im Sinne des Gesetzes betrachten wir Verhältnisse vorübergehen-

[Marginalie: Eigenthümliche Leibesbeschaffenheit oder besondere Zustände des Verletzten, zufällige äusserliche Umstände.]

der Natur, die gerade während des Aktes der Beschädigung bei dem Verletzten obwalten; z. B. Trunkenheit, zufälliger Schwächezustand, zufällige Funktionsstörung einzelner Organe, abnorme dünne Schädelknochen, heftige Affekte, Menstruation, Schwangerschaft, Wochenbett etc. Zu den zufälligen äusseren Umständen rechnen wir: Ort, Zeit, Jahreszeit, Witterung, Temperatur, Kleidung, Stellung u. dgl. m. Im Allgemeinen verweisen wir noch auf den analoge Verhältnisse besprechenden §. 44 (Seite 69).

§. 85.

Erschiessen. Abgesehen von dem, was wir bisher über Verletzungen mit tödtlichem Ausgange sagten, und das zum Theil auch auf den Tod durch Erschiessen Bezug hat, wäre hier als von spezieller Wichtigkeit noch Folgendes in Betracht zu ziehen.

Hat das Projektil den Körper nicht durchbohrt, so findet man bloss eine Eingangsöffnung. Manchmal findet sich das Projektil im Grunde der Wunde, häufig aber ist es durchaus nicht möglich, dasselbe vorzufinden. Hat das Projektil den Körper durchbohrt, dann findet sich eine Eingangs- und eine Ausgangsöffnung, — die letztere immer kleiner als die erstere, und zwischen beiden findet sich der immer etwas weiter werdende Schusskanal. Die Eingangsöffnung hat in der Regel die Form des Schussmateriales; sie ist rund, zackig, dreieckig, zerfetzt, je nachdem eine runde Kugel, Schrot, gehacktes Blei, eine Spitzkugel, oder Steine, Nägel als Projektil benützt wurden. Die Ränder sind entweder glatt oder gefranst, oder je nach verschiedenen Umständen, z. B. Fettreichthum der getroffenen Stellen, je nachdem die Wunde früher oder später zur Untersuchung kommt, wulstig, ein- oder ausgestülpt. Die Umgebung ist häufig geschwellt, sugillirt, manchmal verbrannt. Finden sich kleine, graublaue oder blauschwarze, eingesprengte Flecke, so ist das ebenso ein Beweis, dass der Schuss aus der Nähe abgefeuert wurde, als wenn sich in der Wunde der Pfropf oder Spuren desselben vorfinden, oder wenn sich an Kleidern, Haut oder im Wundkanale Schwärzung durch Rauch bemer-

ken lässt. Das Fehlen eingesprengter Pulverfleckchen
lässt darauf schliessen, dass der Schuss aus einer Entfernung von mehr als 4 Fuss ausging.

Der Schusskanal ist entweder einfach oder ver-
ästigt; letzteres in dem Falle, wenn entweder mehrere
Projektile in der Ladung waren, oder wenn das einzelne Projektil sprang und dann mehrere Kanäle er-
zeugte. Die Richtung ist nicht immer die der ursprünglich auf die Kugel eingewirkt habenden Kraft, sondern
sie wird zum Theil von resistenten Geweben, Knochen,
Faszien modifizirt. Hierdurch geschieht es auch, dass
die Ausgangsöffnung nicht immer der Eingangsöffnung
gegenüber steht.

Die Bestimmung der Richtung, in welcher der
Schuss abgefeuert wurde, wird meistens ermöglicht durch
Berücksichtigung der Ein- und Ausgangsöffnung und
theilweise auch des Schusskanals. Die Ausgangsöffnung
ist, wie bereits gesagt wurde, kleiner als die Eingangsöffnung. Ausserdem sind aber gewisse Nebenumstände
hier von Wichtigkeit. Im Schusskanale vorfindliche
Fetzen von Kleidern oder Wäsche, verglichen mit der
Bekleidung des Erschossenen, Knochensplitter, die Zeichen der Verbrennung und Schwärzung an der Eingangsöffnung etc. bieten hier der Beurtheilung sehr
werthvolle Anhaltspunkte.

Das Schussmateriale ist entweder flüssig oder fest.
Eine flüssige Ladung, gewöhnlich Wasser und meist
von Selbstmördern benützt, wird, in grosser Nähe abgefeuert, ausgebreitete Störungen und Zertrümmerungen
bewirken. Ein- und Ausgangsöffnung sowie Schusskanal
fehlen, der getroffene Körpertheil ist in unkenntlichen
Resten zermalmt.

Die festen Körper, die als Projektile benützt werden, sind bekannt. Es sind Kugeln von Blei und Eisen
verschiedener Grösse, ferner Eisen- und Bleistücke, Steine,
Glassplitter. Aus den Charakteren der Eingangsöffnung,
des Wundkanals, aus etwa in demselben vorkommenden Spuren oder Resten wird auf das angewendete
Materiale sich ein Schluss ziehen lassen.

Die Untersuchung dieser Projektile, der Schuss-
waffe, die Vergleichung beider miteinander, ob sie näm-

lich zu einander passen und ähnliche Fragen gehören
nicht eigentlich zur Beurtheilung des Gerichtsarztes.
Förster, Jäger, Büchsenmacher etc. werden für Beantwortung einschlägiger Fragen bessere Sachverständige
sein, als Aerzte.

**Kopfwunde. — Neuerliche zufällige Beschädigung
nach 19tägigem Wohlbefinden, Rothlauf, Tod. —
Nicht nachweisbarer Zusammenhang des Todes
mit der ersten Verletzung.**

Zweiunddreissig-
ster Fall. J. H., beurlaubter Soldat (unbekannten Alters),
wurde am 11. April l. J. bei einer Tanzmusik von
einem Anderen angeblich mit einem Federmesser in
den Kopf gestochen, wobei die Klinge abgebrochen
sein soll.

H. wusch die unbedeutend blutende Wunde mit
kaltem Wasser aus, und ging bereits am anderen Tage
seiner Arbeit nach, ohne sich im Geringsten über etwas
zu beklagen, ja selbst ohne gegen Jemand eine Erwähnung der erlittenen Verletzung zu machen, welche
übrigens schon am dritten Tage geschlossen und mit
einem Schorfe bedeckt gewesen sein soll. H. verrichtete nun bis zum 30. April, somit durch 19 Tage,
ungehindert und ohne dass eine Krankheitserscheinung
an ihm beobachtet worden wäre, seine gewöhnlichen
Beschäftigungen, welche grösstentheils in Taglöhner-
arbeiten bestanden.

Am 30. April stiess sich H. mit dem Kopfe an
das etwas niedrige Thürfutter des Schafstalles. Der
Stoss betraf die rechte Stirn- und Schläfegegend und
war so stark, dass ihm, wie er sich selbst ausdrückte,
die Augen übergingen. Kurze Zeit nach diesem Stosse
entwickelte sich eine heiss anzufühlende Geschwulst
der rechten Gesichtshälfte, welche bald das ganze Gesicht und den ganzen Kopf einnahm, und so heftig
wurde, dass H. am 8. Mai in das Militärspital abgegeben wurde. — Bei seiner Aufnahme daselbst fand
man den behaarten Theil des Kopfes, so wie auch
das Gesicht von einem hochgradigen Erysipel befallen.
In der Mitte des vorderen Randes des linken Seitenwandbeines befand sich eine 3 Linien lange, 1 Linie

breite Wunde, durch welche die eingeführte Sonde bis
auf den Knochen drang. Der Kranke war bewusstlos, das Athmen langsam, schnarchend, der Puls langsam, Harn und Stuhl gingen unwillkührlich ab; um
9 Uhr erfolgte der Tod.

Bei der am 11. Mai vorgenommenen Obduction
fand man (die Daten aus dem Obductionsprotokolle
wörtlich angegeben) in der Gegend des linken Seiten-
beines 2 Zoll 3 Linien oberhalb der Mitte der linken
Augenbraue eine in schiefer Richtung gegen die Pfeilnaht laufende, 1 Zoll 3 Linien lange, $1^1/_2$ Linien
breite (die Wunde war im Spitale künstlich erweitert
worden) mit scharfen Rändern versehene, bis auf den
Knochen dringende Wunde, deren Umgebung durch
ausgetretenes Blut geschwellt war. Sonst kam am
ganzen Körper keine weitere Verletzung vor. Die
Kopfhaut war an der innern Fläche, entsprechend der
Wunde, durch blutige Tränkung des Gewebes geschwellt; am Schädeldache selbst befand sich dieser
Stelle entsprechend eine rundliche, grosserbsengrosse,
mit rauhen Rändern versehene Oeffnung, durch welche
die Sonde ohne Hinderniss in die Schädelhöhle drang,
sonst keine weitere Knochenverletzung. Beim Durchschnitte des rechten Schläfemuskels zeigte sich derselbe
mit ausgetretenem Blute und kleinen Eiterkörnern durchsetzt. Nach Eröffnung der Schädelhöhle fand man das
Schädelgewölbe ziemlich dick, die Diploë compact, nirgends durchscheinende Stellen. Der äusseren Wund-
öffnung entsprechend befand sich eine hanfkorngrosse,
rundliche Oeffnung, ohne irgend eine Splitterung der
Glastafel. Die harte Hirnhaut war schlaff, den Schädelknochen nicht sehr anhängend, mit gewöhnlichen
Gefässinjectionen versehen. Der äusseren Wunde entsprechend war der vordere Theil der harten Hirnhaut,
und zwar zu beiden Seiten des Sichelblutleiters in der
Ausdehnung eines Thalers von ausgetretenem Blute geschwellt, hart am rechten Rande des Sichelblutleiters
war eine rundliche, hanfkorngrosse Oeffnung sichtbar,
welche sämmtliche Hirnhäute bis in die Gehirnsubstanz durchbohrte; im grossen Sichelblutleiter nur wenig
Faserstoffgerinnsel. Nach Herabziehung der Hirnhäute

erschien die rechte Hemisphäre des Gehirnes mit einer dünnen Lage Eiters bedeckt, die Gefässe sämmtlich mit Blut erfüllt. Die Gehirnsubstanz war derb, hier und da stärkere Blutpunkte zeigend, serös durchfeuchtet, sonst nichts Aussergewöhnliches darbietend. Die Lungen waren lufthältig, in ihren unteren und hinteren Theilen mit dunklem, schaumigem Blute erfüllt, alle übrigen Organe normal. An der Mütze, welche H., während ihm die Verletzung zugefügt wurde, am Kopfe hatte, wurde nach vorne und 1 Zoll links von der Kokarde, ein 3 Linien langer, scharfer Schnitt wahrgenommen. — Die Obducenten gaben das Gutachten ab, dass H. an einer Hirnhautentzündung gestorben ist, welche sich offenbar nur in Folge des am 30. April erfolgten Anschlagens an das Thürfutter entwickelt hat, und in keinem Zusammenhange mit der am 11. April erlittenen Stichwunde steht, welche letztere dieselben jedoch an und für sich für eine schwere Verletzung erklärten.

Wegen Wichtigkeit des Falles wurde der Gegenstand einer Oberbegutachtung unterzogen und hierbei gefragt, ob die Verletzung vom 30. April allein als die Todesursache anzusehen sei, und ob die Verletzung vom 11. April auf den tödtlichen Verlauf der Krankheit keinen Einfluss genommen habe.

Gutachten.

1. Zufolge der Krankheitsgeschichte und des Obductionsbefundes unterliegt es keinem Zweifel, dass H. an der Hirnhautentzündung, welche im Gefolge eines Rothlaufes aufgetreten war, gestorben ist.

2. Was die Entstehung dieser mit einem tödtlichen Ausgange verbunden gewesenen Krankheitszustände anbelangt, so kann die nächste und unmittelbare Veranlassung derselben nur dem am 30. April stattgefundenen Anprallen des Kopfes gegen ein Thürfutter zugeschrieben werden, da H. einerseits vor jenem Unfalle über keine Krankheitserscheinung klagte, und kurz darnach am Rothlaufe erkrankte, andererseits aber der Erfahrung gemäss derlei mechanische Einwirkungen geeignet sind, einen Rothlauf herbeizuführen, in

dessen Verlaufe sodann bisweilen bei den zweckmässigsten Verhältnissen und um so leichter bei einem
nicht ganz geeigneteten Verhalten, wie es hier der
Fall war, eine Hirnhautentzündung sich entwickeln
kann.

3. Betreffend die am 11. April stattgefundene
Stichwunde am Kopfe, welche auch den Schädelknochen verletzt hatte, ist es unmöglich, den Einfluss
derselben auf den Eintritt und Verlauf der Krankheit
mit Gewissheit zu bestimmen. — Der Erfahrung
zufolge verlaufen Kopfverletzungen gar häufig anfänglich durch kürzere oder längere Zeit ohne bemerkenswerthe Erscheinungen, bis auf einmal, mit oder ohne
Veranlassung, gefährliche, ja selbst tödtliche Zufälle
auftreten; ganz wohl wäre es somit möglich, dass auch
diese Kopfwunde erst durch das spätere Anprallen des
Kopfes und den hierdurch bedingten Rothlauf in Mitleidenschaft gezogen, Veranlassung zum Auftreten der
Hirnhautentzündung gab. — Da jedoch im gegenwärtigen Falle H. erst 19 Tage nach Zufügung der Stichwunde, und zwar nach einer neuerlichen Beschädigung
erkrankte, welche, wie bereits erwähnt, auch geeignet
war, derartige Zufälle zu bedingen, gleichzeitig aber
auch entsprechend jener zweiten Beschädigung unter
dem rechten Schläfemuskel Blutaustretung und Eiterbildung wahrgenommen wurde; so lässt sich weder der
unmittelbare noch der mittelbare Zusammenhang der
Stichwunde vom 11. April mit dem erfolgten Tode
nachweisen, sondern im Gegentheile mit überwiegender Wahrscheinlichkeit annehmen, dass die
Erkrankung und der Tod bloss in Folge des am
30. April stattgefundenen Anprallens des Kopfes eingetreten ist.

4. Wenn aber auch dem Gesagten zufolge jene
Stichwunde nicht für eine tödliche Verletzung erklärt
werden kann, so muss dieselbe doch in die Klasse der
unbedingt schweren Verwundungen eingereiht
werden, da sie wichtige Organe betroffen hatte, und
ohne eine früher oder später zu erfolgende Einwirkung
auf den Organismus nicht gedacht werden kann.

5. Der in der Mütze vorgefundene Schnitt sowie auch die Beschaffenheit der Wunde selbst lässt auf die Einwirkung eines spitzig schneidenden Instrumentes schliessen, und es ist somit möglich, dass dieselbe mit einer Klinge des vorgewiesenen Federmessers zugefügt worden war.

Schlag auf die Wange, Rothlauf, Hirnentzündung, Tod. Nachweisbarer Zusammenhang. Tödtliche Verletzung.

Dreiunddreissigster Fall.

J. Z., ein 14jähriger Bauernbursche, erhielt am 7. Mai 18., bei einem während eines Tanzfestes ausgebrochenen Streite eine sehr starke Ohrfeige auf die rechte Wange, so zwar, dass dieselbe hochroth ward, blieb jedoch nach beendetem Zanke noch eine Weile sitzen, und begab sich sodann allein nach Hause. Am andern Tage, d. i. am 8. Mai arbeitete er auf dem Felde, soll sich jedoch daselbst beklagt haben, dass er sich nicht wohl fühle. Dinstag den 9. Mai gab er an, dass ihn Alles schmerze und dass er sich kaum zu rühren vermöge, fuhr jedoch nichts destoweniger auf das Feld hinaus. Gegen Abend zurückgekehrt, legte er sich zu Bette, welches er auch nicht mehr verliess. Am 10. Mai Morgens bemerkte die Mutter des Beschädigten, dass das rechte Auge bedeutend angeschwollen sei und wendete dagegen einige Hausmittel an. Zu bemerken ist noch, dass zufolge der Zeugenaussagen J. Z. bis zu jenem Tage, an dem er die Ohrfeige erhielt, stets vollkommen gesund war, nur seine Mutter gibt an, dass derselbe 8 oder 14 Tage zuvor über Abgeschlagenheit und Kopfschmerzen sich beklagt habe, welcher Zustand aber bald vorübergegangen war.

Am 15. Mai wurde Wundarzt H. gerufen. Derselbe fand keine Spur einer Verletzung, wohl aber einen Rothlauf der rechten Gesichtshälfte, heftiges Fieber, Delirien mit Sopor alternirend, erweiterte Pupillen, und schloss hieraus auf eine Gehirnentzündung. Der Zustand blieb nach 2 Tagen trotz angewendeter Antiphlogose derselbe; es zeigten sich mehrere blauröthliche Erhabenheiten, die am 18. Mai in Eiterung übergingen, und eine stinkende

Jauche absonderten. Am folgenden Tage erschien die rechte Gesichtshälfte fast ganz verjaucht. Der Kranke bewusstlos, Puls kaum fühl- und zählbar. Am 20. Mai Tod. Bei der Obduction fand man: die Kopfschwarte ödematös; gegen den rechten Stirnhöcker einige unregelmässige Hautaufschürfungen und Krusten auf geröthetem Boden. Beim Einschneiden derselben Spuren beginnenden brandigen Zerfalls. Vom inneren rechten Augenwinkel über die ganze rechte Wange eine unregelmässige Kruste von der Schläfe bis zur Oberlippe. Linke Gesichtshälfte ödematös. Nach Entfernung der Kruste bemerkt man Tendenz zum Brande und in der Schläfegegend einen Herd mit 2 Unzen stinkenden Eiters. Sonst keine Spur von Verletzung. — Die Hirnhäute mit strotzenden Gefässen versehen; zwischen weicher Hirnhaut und Gehirn an der rechten Hemisphäre Eiterablagerungen. In der Gehirnsubstanz viele Blutpunkte, am Schädelgrunde wässeriges Extravasat, Kleinhirn hyperämisch, matsch. Die Lunge enthält 2 kreuzergrosse, mit Eiter infiltrirte Stellen. In den Pleuren viel Exsudat.

Gutachten.

Nach genauer Berücksichtigung aller aus dem Krankheitsverlaufe und dem Obduktionsbefunde sich ergebenden Thatsachen unterliegt es keinem Zweifel, dass J. Z. an einer Entzündung der Lungen und Gehirnhäute gestorben ist, welche Krankheitszustände sich im Verlaufe und als Folge eines mit Verjauchung verbunden gewesenen Gesichtsrothlaufs entwickelt hatten.

Was nun die Veranlassung dieses letzteren Krankheitsprozesses anbelangt, so kann nicht geläugnet werden, dass mechanische Einwirkungen derlei rothlaufartige Entzündungen hervorzubringen vermögen, und dieselben auch häufig in ihrem Gefolge haben. Da es nun sichergestellt erscheint, dass Z. einen kräftigen Schlag ins Gesicht erhalten hat; derselbe überdies zufolge der gepflogenen Erhebungen vor Zufügung dieser Gewaltthätigkeit vollkommen gesund war, in sehr kurzer Zeit aber darnach erkrankte, und bereits am 2. Tage eine Entzündung und Anschwellung des getroffenen Theiles wahrnehmen liess: so erübriget nichts Anderes als anzunehmen, dass

278

der vorhandene Gesichtsrothlauf eine Folge des erhal-
tenen Schlages war.

Da nun aber Gesichtsrothlaufe der Erfahrung zufolge
auch bei dem zweckmässigsten Verhalten und unter den
günstigsten Umständen bisweilen einen üblen, ja selbst
lethalen Ausgang nehmen, in dem Verhalten des Beschädigten jedoch kein Moment nachgewiesen werden kann;
so stehen natürlicherweise auch die zu demselben
später hinzugetretenen Krankheitszustände mit der Beschädigung im ursächlichen Zusammenhange, und es
muss somit auch der in Folge der pathologischen Veränderungen eingetretene Tod als die Folge der stattgefundenen mechanischen Einwirkung betrachtet werden. Obgleich es ferner zugegeben werden muss, dass
im gegebenen Falle weder eine eigenthümliche Leibesbeschaffenheit, noch ein besonderer Zustand des
Verletzten, noch aber anderweitige zufällige äussere
Umstände nachgewiesen werden können, welche den
tödtlichen Ausgang begünstigt hätten; so muss denn
doch bemerkt werden, dass eine mechanische Einwirkung, wie sie hier stattfand, nämlich eine Ohrfeige,
wohl nur in den seltensten Fällen derlei üble Folgen
herbeiführen und den Tod bedingen wird.

Auf Grundlage dieser Bemerkung der Fakultät,
dass eine solche Einwirkung, nämlich eine Ohrfeige, nur höchst selten derartige Folgen herbeiführt, wurde der Thäter gänzlich freigesprochen, indem
man annahm, dasss er unmöglich voraussehen konnte,
dass seine Handlungsweise solche Folgen bedingen
werde.

Penetrirende Brustwunde; tödtliche Verletzung.

Vierunddreissig-
ster Fall.
Ein seit längerer Zeit beurlaubter Soldat gerieth
nach einem mit der prostituirten Eva D. am Abend
des 23. September 1856 hinter einer Scheune gepflogenen Coitus in einen heftigen Wortstreit, worauf er,
um seine angeblich beleidigte Soldatenehre mit Blut
rein zu waschen, sein Taschenmesser zog, und der Unglücklichen eine Hals-, eine Arm- und fünf Brustwun-
den beibrachte. Das Opfer wurde in derselben Nacht
bereits erkaltet, in seinem Blute liegend, vorgefunden.

Bei der am 24. Nachmittags vorgenommenen Obduktion fand man:

B. Aeusserlich.

4. Der Thorax gewölbt, die Brustdrüsen gross,
hängend. Zwei Zoll über der rechten Brustwarze begann eine 1″ lange, mit horizontalen scharfen Rändern
versehene, schief nach innen und unten verlaufende
Wunde, die im vierten Intercostalraum ihre Begren-
zung fand. Nach aussen und in gleicher Entfernung
von derselben Brustwarze sass eine zweite, aber seich-
tere, bloss durch die Haut in die Drüsensubstanz dringende Wunde. An der linken Brustdrüse klafften gleichfalls drei mit scharfen Rändern versehene Wunden.
Die erste, nach aussen und oben von der Brustwarze
befindlich, 1″ lang, zur einen Hälfte im Warzenhof,
zur andern ausserhalb derselben gelegen, drang durch
die ganze Dicke der Drüsensubstanz und durch den
fünften Intercostalraum in die Brusthöhle; die zweite,
mit ihren ³/₄″ langen horizontalen Rändern, 1″ von
der eben beschriebenen Wunde nach unten gelegen,
liess die Sonde in denselben Intercostalraum und durch
diesen in die Thoraxhälfte gelangen; die dritte endlich,
2″ von der zweiten Wunde nach aussen gelegen, war
einen halben Zoll lang, und vier Linien tief.

B. Innerlich.

13. Die über der rechten Brustwarze gelegene,
erstbeschriebene Wunde nahm ihren Verlauf durch
Haut, Panniculus, Drüsen und Muskelsubstanz bis zum
vierten Zwischenrippenraum und durchbohrte hier den
Musc. intercostalis externus, um sich am internus zu
begrenzen. Die erstbeschriebene Wunde der linken
Brusthälfte begegnete der zweitbeschriebenen derselben
Seite im fünften Intercostalraum, beide vereint durch-
drangen und mit anderthalb Zoll langen scharfen Ränder
die Zwischenrippenmuskeln und liessen die vorgelagerte
Lunge durchblicken. Längs des ganzen Zellgewebs-
netzes der Fascia thoracica war bis zur Achselhöhle
hinauf sehr viel Blut ergossen.

14. Beide Lungen frei, ihre Oberfläche glänzend, blassgrau, mässig pigmentirt. Die linke Lunge nach oben gedrängt, die rechte hingegen ihren Thoraxraum genau ausfüllend. Die Substanz beider sehr blutarm; in den linken Brustraum waren etwa drei Pfund dickflüssigen Blutes ergossen.

15. Der Herzbeutel mit Blut bespült, an seinem, die untere Hälfte des linken Ventrikels bedeckenden Theile mit einer, einen halben Zoll im Durchmesser betragenden, rundlichen, ringsum dunkelblau suffundirten Wunde versehen; in seine Höhle etwa 5 Unzen dickflüssigen Blutes extravasirt.

16. Das Herz zusammengezogen; an der vorderen Fläche der unteren Hälfte des linken Ventrikels $1\frac{1}{4}$ Zoll von der Herzspitze, $\frac{1}{2}$ Zoll vom Septum ventriculorum entfernt, klaffte eine einen halben Zoll lange, scharfgerandete, in die Kammerhöhle dringende, allmälig sich verjüngende Wunde, so dass diese von der Kammer aus betrachtet, einen Längendurchmesser von 3 Linien, einen Breitendurchmesser von $1\frac{1}{2}$ Linien darbot. — — —

C. Besichtigung des Mordwerkzeuges.

23. Das Mordwerkzeug war ein beim hierländischen Bauer beliebtes, bereits sehr abgenütztes, an Heft und Klinge mit frisch eingetrocknetem Blute versehenes Taschenmesser (Mriwák). Das Heft war rund gedreht, verschiedentlich eingekerbt, $3\frac{1}{4}$ Zoll lang, $\frac{3}{4}$ Zoll im Dickendurchmesser, war am unteren Ende abgerundet, und an der Basis mit einer Eisenspange versehen. Die Klinge war mit Inbegriff der in der Basis des Heftes steckenden Ferse $2\frac{1}{4}$ Zoll lang, am Rücken kaum $\frac{1}{3}$ Linie dick, die Schneide wenig scharf, schwach wellenförmig ausgeschliffen, so dass die obere Hälfte dem Wellenberg, die untere dem Wellenthal entsprach; sie hatte in ihrer Mitte den Breitendurchmesser von kaum einem Zoll, und nahm sowohl gegen die Spitze, als gegen die Ferse rasch an Breite ab. Erstere war abgerundet, sehr dünn, letzte kaum einen $\frac{1}{2}$ Zoll breit, und mit der Basis des Heftes mittelst eines dünnen, horizontalen Eisenstiftes so locker ver-

bunden, dass die Klinge im Hefte klapperte, und, ohne
gleichzeitig mit dem Hefte oberhalb der Ferse gefasst
zu werden, kaum zu irgend einer Manipulation gebraucht werden konnte. Das

Gutachten

lautete, nachdem sich in allen Organen der höchste
Grad der Anämie aussprach, dahin, dass E. D. an
Verblutung, herbeigeführt durch die Herzwunde, gestorben; dass ferner das beschriebene Werkzeug allerdings, jedoch nur dann geeignet gewesen sei, die ihrer
allgemeinen Natur nach tödtliche Verletzung hervorzubringen, wenn dasselbe — bei der besonders leichten
Beweglichkeit der Klinge und bei dem Umstande, dass
der freie Theil derselben nur $1\frac{3}{4}$ Zoll Länge betrug —
im Charniergelenke dolchartig gefasst, und das abge-
rundete Heftende durch den Daumen unterstützt, daher
mit sehr viel Gewalt angewendet wurde, um — zufällig
oder wohlberechnet — durch die Kleidungsstücke,
durch die massige Drüse und übrigen Weichtheile den
absolut tödtlichen Stoss in die Herzkammer zu führen.
Der Mörder erklärte später beim Verhör, dass er während des gräulichen Aktes vollkommen nüchtern war,
und mit den letzten Stössen „vorzüglich dorthin zielte,
wo sich das Herz befindet.‟

**Kopfverletzung. Erst nach 6 Wochen eingetre-
tene, mit tödtlichem Ausgange verbundene Bettlä-
gerigkeit. Vernarbte Knochenfissur und Hirnabs-
zess. Tödtliche Verletzung (aber nicht ihrer allgemeinen Natur nach).**

Bei Gelegenheit einer Gemeindeversammlung ge- ^{Fünfunddreissig-}
rieth der 55jährige J. W. am 14. November 1855 mit ster Fall.
einem gewissen J. in Streit und wurde von demselben
angeblich mit einem Werkzeuge, welches seiner Meinung nach ein Messer gewesen sein dürfte, in den
Kopf geschlagen. J. läugnete dies jedoch, und behauptete, den W., der ihn anpackte, zurückgestossen zu
haben, wobei derselbe auf eine Thürhaspe auffiel und
sich hierbei am Kopfe beschädigt haben soll. Zu Hause
geführt, soll W. wiederholt ohnmächtig geworden und

auch am nächsten Tage gelegen sein, und sich unwohl
gefühlt haben.

Der herbeigerufene Wundarzt D. fand an der
linken Schläfegegend eine drei Viertel Zoll lange,
senkrechte, scharfrandige, die Haut zur Hälfte durch-
dringende Wunde, deren Umgebung etwas geschwollen
erschien. Der Kranke fieberte nicht und klagte nur
über Kopfschmerzen. — Wundarzt D. erklärte die
Verletzung für leicht.

Hierauf stand W. auf, ging seinem Geschäfte nach,
soll jedoch stets über heftiges Stechen im Kopfe ge-
klagt haben, gegen welchen Zustand ihm D., den er
öfters besuchte, Blutegel und kalte Waschungen an-
rieth.

Erst gegen den Neujahrstag 1856 wurde W. bett-
lägerig, sprach nach der Angabe seines Weibes wenig,
klagte über Kopfschmerzen, und führte die Hand beständig zur linken Schläfe. Am 12. Jänner starb er,
ohne dass eine weitere ärztliche Hilfe nachgesucht
worden wäre.

Bei der am 15. Jänner vorgenommenen Obduction
fand man:

In der linken Schläfegend 1 Zoll oberhalb des
Jochbogens, eine senkrechte, $^3/_4$ Zoll lange, scharfe
Narbe von blassröthlicher Farbe, deren Umgebung
normal beschaffen war, sonst am ganzen Körper, ausser einigen alten Hautnarben an der Stirne kein Zeichen einer Verletzung. Die Gliedmassen waren abgemagert, der Hodensack etwas ödematös, die Leiche
blass, der Rücken mit Todtenflecken besetzt. Die Kopfhaut war dünn, der Narbe entsprechend keine Blutunterlaufung sichtbar, die Verletzung hatte nur die Haut
betroffen, das Unterhautzellgewebe war normal. Nach
Ablösung des linken Schläfemuskels zeigte sich am
Schuppentheile des Schläfebeines eine senkrechte, $^3/_4''$
lange, bereits vernarbte Knochenfissur, deren hinterer
Rand etwas vorragend, der vordere aber eingedrückt
erschien. Die Knochenhaut war an dieser Stelle fest
mit den Schädelknochen verwachsen. Nach Abnahme
des Schädelgewölbes zeigte sich die harte Hirnhaut von
dunkelbläulicher Farbe und von Blutgefässen strotzend,

Blutaustretung war keine sichtbar. Der Knochenfissur entsprechend zeigte sich an der harten Hirnhaut eine $\frac{3}{4}$ Zoll lange vernarbte Stelle, welche fest an den Knochen angelöthet war, auch war die Hirnmasse selbst an dieser Stelle so fest mit der harten Hirnhaut verwachsen, dass sie mittelst des Messers abgelöst werden musste. In der Umgebung dieser Stelle war die harte Hirnhaut leicht injicirt. Nach Ablösung der dura mater bemerkte man an dieser Stelle an der inneren Fläche des Schuppentheiles des Schläfebeines eine $\frac{3}{4}$ Zoll lange, senkrechte Fissur, deren vorderer Rand ein wenig in die Schädelhöhle hineinragte. Die ganze Fissur war, mit Ausnahme einer, am unteren Ende befindlichen nadelkopfgrossen Stelle, in welche man mit der Sonde $\frac{1}{2}$ Linie tief eindringen konnte, ohne jedoch den Knochen zu durchdringen, und welche wie gesplittert erschien, vernarbt. Der Schuppentheil selbst war sehr dünn und durchsichtig. Die seitlichen Hirnhöhlen waren mit einer hellen, serösen Flüssigkeit gefüllt, die Wandungen derselben sehr matsch, die Hirnmasse daselbst beim Drucke leicht zerfallend. Die Substanz der linken Grosshirnhälfte war serös infiltrirt, und in der Mitte derselben befand sich ein hühnereigrosser, mit grünem Eiter gefüllter Abscess, in dessen nächster Umgebung das Hirngewebe verdichtet erschien. Die rechte Hemisphäre war normal. Das kleine Gehirn war normal, und an der Basis nichts Auffallendes wahrzunehmen. Die Bauch- und Brustorgane waren regelmässig beschaffen, nur die Milz schien geschwellt, und die Schleimhaut des Magens zeigte mehrere Erosionen.

Die Obducenten gaben ihr Gutachten dahin ab, dass W. in Folge der Verletzung in der linken Schläfegegend gestorben ist, und dass der Tod bloss allein in Folge dieser Verletzung eingetreten ist, ohne dass eine andere Ursache auf die Herbeiführung desselben einen Einfluss ausgeübt hätte.

Dr. F. und Wundarzt M. gaben ihr Gutachten dahin ab, dass diese Verletzung nur wegen der Individualität des Verletzten, namentlich wegen der Dünne des Schläfebeines, lebensgefährlich geworden ist, und dass der Tod nur in Folge mangelhafter ärztlicher Hilfe, noch mehr aber wegen beinahe gänzlicher Vernachlässigung

und fehlerhaften Verhaltens von Seite des Kranken eingetreten war.

Wegen Wichtigkeit des Falles ersuchte die Gerichtsbehörde um ein Ober-Gutachten.

Gutachten.

1. Die in dem Zeitraume von der Verletzung bis zum
erfolgten Tode eingetretenen Krankheitserscheinungen,
wie die andauernden stechenden Kopfschmerzen und die
in den letzten Tagen zufolge der Angabe des Weibes des
Beschädigten eingetretene Wortkargkeit (wahrscheinlich
Betäubung), sowie auch die gegen die Schläfegend gerichteten, automatischen Handbewegungen, insbesondere
aber der bei der Obduction vorgefundene Gehirnabscess
liefern den Beweis, dass W. an einer mit Eiterbildung
verbundenen Entzündung des Gehirnes gestorben ist.

2. Gleichzeitig wurde auch eine Fissur am linken
Schläfebeine beobachtet, deren Entstehung während des
Lebens zufolge der bereits eingetretenen Vernarbung und
festen Anlöthung der Hirnhäute keinem Zweifel unterliegt, welche letztgenannten Veränderungen überdies ganz
wohl in dem seit Zufügung der Verletzung verflossenen
Zeitraume entstanden sein konnten.

3. Da nun aber eine derartige Knochenfissur der Erfahrung zufolge ganz wohl geeignet ist, eine Entzündung
des Gehirnes zu bedingen und herbeizuführen, eine andere Entstehungsursache des erwähnten Krankheitszu-
standes im gegenwärtigen Falle aber nicht nachzuweisen
ist, so erübriget nichts Anderes, als die Gehirnentzündung und somit auch den dadurch bedingten Tod von
der Knochenfissur, respective von der Kopfverletzung,
herzuleiten, und diese somit für eine tödtliche Verletzung
zu erklären.

4. Keineswegs lässt sich jedoch mit Bestimmtheit behaupten, dass diese Verletzung schon ihrer allgemeinen
Natur nach den Tod herbeigeführt hat, da sich W. trotz
der andauernden Kopfschmerzen nicht schonte, sondern
sich im Gegentheil den mannigfachsten Schädlichkeiten
aussetzte, andererseits aber die Möglichkeit nicht ausgeschlossen ist, dass bei einem entsprechenden Verhalten

und einer zweckmässigen Behandlung die Gehirnentzündung selbst, oder wenigstens deren so weit gediehene
Entwicklung und Ausdehnung hätte hintangehalten werden können, und zwar umsomehr, als in der Knochen-
und Hirnhautverletzung die Natur selbst den Heilungs-
process bereits eingeleitet hatte.

5. Die Kopfverletzung deutet zufolge der Beschaffenheit der vorhandenen Hautwunde und der gleichzeitigen Knochenfissur auf die Einwirkung eines scharfen oder
kantigen, mit bedeutender Gewalt geführten Werkzeuges, und konnte ebenso wohl durch einen kräftigen Schlag
mit irgend einem Werkzeuge von der oben bezeichneten
Art, ale auch durch einen Fall oder Sturz auf einen her-
vorragenden kantigen Gegenstand, wie eine Thürhaspe
ist, veranlasst worden sein.

Eine genauere Bestimmung der Art und Weise der
Entstehung und die bestimmte Angabe, durch welche der
beiden erwähnten Einwirkungen die fragliche Verletzung
bedingt wurde, liegt ausser dem Bereiche der Möglichkeit.

**Misshandlung eines 7½jährigen Knaben; Tod nach
4 Wochen an Hydrocephalus acutus; ursächlicher
Zusammenhang; tödtliche Verletzung.**

F. N., 7½ Jahre alt, war nach Aussage seiner Eltern Sechsunddreis-
und sonstigen Umgebung bis zum 12. Mai vollkommen sigster Fall.
gesund, ein körperlich und geistig gehörig entwickelter
Knabe. Am 12. Mai wurde von einem andern Knaben M.
im Hause seines Vaters ein Fenster eingeworfen, wofür
ihn F. N. an den Haaren gebeutelt haben soll. Die Mutter des Knaben M. verfolgte den F. N. in das Wohnzimmer seiner Eltern, ergriff ihn bei den Haaren, beutelte
ihn, versetzte ihm einige Hiebe auf den Kopf, und warf
ihn mit dem Kopf gegen eine Ecke des Ofens; gleich
nach dem Vorfalle weinte F. N. und hielt sich den Kopf.
Die ersten Tage nach der Misshandlung ging er noch in
die Schule, klagte jedoch gegen andere Schulknaben wiederholt über Kopfschmerzen. Am 18. Mai ging er mit
2 Schulkameraden in einen Teich baden; das Wasser
war nicht sehr kalt und die Knaben ganz abgekühlt. Die
beiden andern Knaben blieben gesund, F. N. aber klagte

gleich nach dem Bade über Kopfweh. Seit dem, also
6—7 Tage nach erlittener Misshandlung, nahm der
Kopfschmerz stätig zu, der Knabe wurde matt und
verlor alle Esslust. Am 25. Mai konnte er nicht mehr
in die Schule gehen.

Am 28. Mai wiederholtes Erbrechen; die Schmerzen im Kopfe so stark, dass der Knabe laut aufschrie
und jammerte. Der am folgende Tage geholte Wundarzt schloss auf ein Gehirnleiden, und verordnete ein
Decoctum Althææ von 6 Unzen mit einer Drachme
Nitrum, 1 Gran Brechweinstein und eine Unze Aqu.
lax. Viennens. Ferner Diät, kalte Umschläge. Am
30. Mai lag der Knabe mit turgeszirtem Gesichte im
Bette, Puls 104; dumpfer Stirnkopfschmerz, Durst,
Appetitlosigkeit, Schwäche; Bewusstsein ungetrübt, Pupillen normal, kein Strabismus. Athem frei, Zunge belegt, Magen und Lebergegend auf Druck empfindlich.
Ordination wie früher, ausserdem 6 Blutegel und 3mal
täglich ½granige Calomelpulver. Am 5. Juni war der
Zustand am schlimmsten; der Kranke schrie und jammerte, im Schlafe bohrte er den Kopf in die Polster,
war jedoch nach dem Erwachen bei Bewusstsein.

Am 5. Juni fand Wundarzt L. den Knaben blut-
roth im Gesichte und moribund, der Tod erfolgte um
10 Uhr Morgens.

Obduktion. Kopf etwas gross mit starker Wölbung der Seitenbeine und stark verspringenden Stirn-
beinhöckern. An keinem Theile Spuren einer Gewaltthätigkeit, Wunden oder Geschwulst wahrzunehmen.
Schädelgewölbe von normaler Dicke, längs der Pfeilnaht mit der Dura mater fest verwachsen, den Pa-
chionischen Drüsen entsprechend grubig vertieft, nirgends eine Spur einer Fissur. Zwischen Schädeldecke
und Dura mater abwärts von der Lambdanaht ein
Esslöffel voll dicken schwarzen Blutes, Sehnervenkreu-
zung geröthet, an derselben ein seröses, bereits
coagulirtes Exsudat von der Grösse einer Bohne.
Die Dura mit den andern Hirnhäuten auf der obern
Fläche beider Hemisphären stellenweise stark
verwachsen; die Gefässe aller Hirnhäute, der Oberfläche des grossen und kleinen Gehirns sowie die

Adergeflechte von dickem, schwarzem Blute strotzend.
In der linken Hirnkammer $^1/_2$, im rechten ein ganzer
Kaffeelöffel coagulirter Lymphe, ebenso in den tieferen
Cavitäten ein Kaffeelöffel voll noch flüssigen, serösen
Exsudats, am Grunde des Schädels 2 Esslöffel voll
seröses, noch flüssiges Extravasat.

Die Pleura an der rechten Seite mit der Lunge
von oben herab bis unter die 2. Rippe, und vom
Brustbein nach hinten vollkommen verwachsen. Die
Leber gross, ihre Substanz gesund.

Die Gerichtsärzte beurtheilten den Fall verschieden.
Die Einen meinten, der Knabe sei an Hydrocephalus
gestorben, zu der er, wie die Schädelbildung darthue,
Anlage gehabt habe, welche durch die Verwachsung
der Pleurablätter und die Vergrösserung der Leber ge-
steigert worden sei. Aus dem Umstande, dass an der
Leiche keine Spuren einer stattgehabten Gewaltthätigkeit vorkamen; ferner daraus, dass nicht durch die
Misshandlung unmittelbar, sondern erst nach dem Baden die Symptome der Krankheit sich entwickelt
haben, schliessen sie, dass nicht die vorausgegangene
Gewaltthätigkeit, sondern das Baden den Hydrocephalus
und somit den Tod des Knaben herbeigeführt habe;
indem ohne das Baden selbst nach der Misshandlung
ebensowenig eine Krankheit entstanden wäre, als sie
sich vor dem Baden entwickelt habe.

Ein anderer Gerichtsarzt erklärte das Gehirnleiden
für eine Gehirnentzündung, deren erste und vorzüglichste
Ursache die Misshandlung war. Das Bad könne durch
vermehrten Andrang des Blutes zum Kope den Ausbruch
der Krankheit beschleunigt haben; doch wäre dieselbe
gewiss nicht ohne die Misshandlung durch das Bad allein
hervorgerufen worden. Der Verwachsung der Pleura und
Lebervergrösserung legte er kein Gewicht bei. — Der Fall
wurde nun an die Fakultät geleitet; diese wurde um ein
Gutachten über die folgenden Punkte angegangen:

1. Die eigentliche Todesursache bei dem Knaben;
2. den Einfluss der Misshandlung auf den Tod, und
3. ob ohne die Misshandlung der Tod bei vorhandener Disposition zum Hydrocephalus in einer so beschleu-
nigten Weise nach dem Baden eingetreten wäre.

Gutachten.

1. In der Schädelhöhle des F. K. wollen die Obducenten eine Blutaustretung gefunden haben. Nachdem sie aber keine Erscheinungen anführen, welche bei dem längern Fortbestande dieser Blutaustretung während des Lebens des K. sich hätten einstellen müssen, und nachdem diese Blutaustretung an einer Stelle befindlich gewesen sein soll, wo solche Blutaustretungen bei etwas unbehutsamen Schädelöffnungen leicht auch erst an der Leiche entstehen, so ist mit Grund anzunehmen, dass auch diese Blutaustretung erst bei der Schädeleröffnung während der Leichenschau zu Stande kam.

2. Bei der beträchtlichen Serumanhäufung in den Hirnhöhlen und der an der Kreuzung der Sehnerven beobachteten Veränderung, dann dem gänzlichen Mangel der Erscheinungen eines anderweitigen wichtigern Leidens erübrigt im gegebenen Falle nichts Anderes, als den Tod des Knaben F. K. von einer in kurzer Zeit verlaufenen und in Hirnhöhlenwassersucht übergegangenen H i r n - h a u t e n t z ü n d u n g anzunehmen.

3. Insofern nun Schläge mit der Hand gegen den Kopf, besonders aber das Anschlagen mit dem Kopfe gegen die Kante eines Kachelofens schon ihrer allgemeinen Natur nach, umsomehr also bei einem zarten Kinde geeignet sind, eine Gehirnhautentzündung hervorzurufen, insoferne K. bis zum Augenblicke der Misshandlung gesund gewesen, gleich darauf aber über Kopfschmerzen zu klagen anfing, die ihn dann weiter nicht verliessen, und späterhin keine Einwirkung auf denselben stattfand, die eine Hirnhautentzündung hätte zur Folge haben können; kann der Gefertigte nicht umhin, zu erklären, d a s s d i e M i s s h a n d l u n g des Knaben K. mit der E n t s t e h u n g d e r H i r n h a u t e n t z ü n d u n g und dem darauf e r f o l g - t e n T o d e in der i n n i g s t e n V e r b i n d u n g s t a n d, zumal da sich die Herstellung eines mit einer Hirnhautentzündung behafteten Kranken, bei dem gegenwärtigen Stande der Wissenschaft, selbst bei der entsprechendsten, möglichst bald eingetretenen, ärztlichen Hilfeleistung, Pflege und Wartung nicht einmal für die Mehrzal solcher Fälle verbürgen lässt.

4. Was übrigens die anderweitigen, im gegenwärtigen Falle obwaltenden Umstände anbelangt, so ist durchaus kein Grund vorhanden, zu behaupten, dass dieser Knabe auch ohne Misshandlung zu derselben Zeit gestorben wäre, weil die Vergrösserung der Leber nebst der Verwachsung der Lunge mit dem Rippenfelle jahrelang bestehen kann, und wahrscheinlich auch im gegebenen Falle bestanden hat, ohne erhebliche Beschwerden zu verursachen, das Baden aber eine Hirnhauteutzündung nicht zur Folge haben konnte, da es in der mildern Jahreszeit stattgefunden, und allen übrigen Theilnehmern nicht geschadet hat; weil endlich trotz vorhandener Anlage der Wasserkopf nicht immer zur Ausbildung kommt, hier aber der Schädel, der Beschreibung nach regelmässig gebildet, somit eine solche Anlage nicht einmal vorhanden war.

Schusswunde bei einer Wöchnerin, Brand, Starrkrampf, Tod. Nothwendig tödtliche Verletzung.

Am 12. Mai wurde die 30jährige Taglöhnerin Siebenunddreissigster Fall. A. H., welche vor vier Wochen geboren hatte, sich aber bereits wohl befand, durch einen Schuss verwundet. Die Aerzte fanden:

1. Am rechten Oberarm vorn 9 runde, von Schrotkörnern herrührende Eingangsöffnungen.

2. An demselben hinten 9 rundliche, mit gezackten Rändern versehene Wunden, die im Umkreise eines Thalers beisammen lagen. Der Arm geschwollen, schmerzhaft, die Beweglichkeit gehindert.

3. Am rechten Segmente der rechten Brustdrüse eine 2 und einen halben Zoll lange, federkielbreite, von vorn nach hinten laufende Wunde.

4. Unterhalb derselben zwischen der 8. und 9. Rippe eine von 3 Schroten herrührende Wunde von der Grösse eines Pfennigs, mit einer 3 Zoll nach rückwärts laufenden Blutunterlaufung.

5. In der Gegend der 11. Rippe fühlt man rechts neben den Rückenwirbeln 2 Schrote im Hautzellgewebe. —

Unter Fieber und Brustbeschwerden wurden die Wunden bis zum 17. Mai gangränös, dann trat Bes-

serung ein. Hierauf stellte sich in 4 aufeinander folgenden Tagen blutiger Auswurf aus der Lunge und
am 26. der erste Anfall von Trismus, am 30. Mai
Tetanus und in Folge dessen der Tod ein. Wir erwähnen aus dem Sectionsbefund bloss, dass der Brachial-
und Mediannerve zur Hälfte penetrirt, durch Necrose
abgestossen waren, dass die durchschossen gewesene
Pleura bereits wieder geschlossen angetroffen wurde.
Die obduzirenden Aerzte gaben ihr Gutachten dahin ab :
dass A. H. nicht unmittelbar und nicht nothwendig an
den wahrgenommenen Verletzungen, sondern an dem
im Zuge der Heilung hinzugetretenen Tetanus gestorben sei; dass dieser aus der Verwundung nicht nothwendig erfolgte, sondern durch die reizbare Individualität der Verletzten, die zu Krämpfen inclinirte, hervorgerufen worden war. Zur Begründung wurde noch
angeführt, dass die Verletzte eine Wöchnerin sei, an
Tuberkeln gelitten habe, und dass der Tetanus möglicherweise auch durch Verkühlung herbeigeführt worden sein konnte.

Gutachten.

Obwohl A. H. erst vor 4 Wochen geboren hatte,
obwohl ferner bei der Section derselben Tuberkel und
narbige Einziehungen in der Lunge vorgefunden wurden, so befand sich diese Person dennoch unmittelbar
vor Zufügung der Verletzung vollkommen wohl, klagte
durchaus über kein Uebelbefinden, und es stehen somit
diese angeführten Zustände mit dem erfolgten Tode in
keinem ursächlichen Zusammenhange.

Dagegen erkrankte aber A. H. unmittelbar nach
der erlittenen Schusswunde unter Erscheinungen, die
auf ein bedeutendes Leiden des Rippenfelles und der
Lunge hinweisen, welche Krankheitszustände aber in
der Verwundung selbst eine hinreichende Entstehungsursache finden, da diese das Rippenfell an 2 Stellen
durchlöchert hatte, und demnach vollkommen geeignet
war, derartige krankhafte Veränderungen hervorzurufen. Nebstdem wurden die Wunden des Oberarms,
welche in 9, die Weichtheile gänzlich durchdringenden
Schusskanälen bestanden, in kurzer Zeit brandig, und

nach einem Verlaufe von 18 Tagen erfolgte unter den Erscheinungen des Kinnbacken- und Starrkrampfes der Tod.

Da nun aber die Entstehung des Brandes im gegebenen Falle in der bedeutenden Verletzung und Zerstörung der Weichtheile am Arme, und in dem durch die hinzugetretene Rippenfell- und Lungenentzündung noch vermehrten Allgemeinleiden eine genügende Erklärung findet, der Starrkrampf ferner unter Umständen, wo, wie es hier der Fall war, Nerven durch irgend eine Verletzung schon ursprünglich beleidigt oder später von Brandjauche umspült worden, nicht selten einzutreten pflegt, übrigens auch im gegenwärtigen Falle keine andere, von der Verletzung unabhängige Ursache des Todes ausgemittelt werden kann; so ist auch der tödtliche Ausgang einzig und allein als die Folge der stattgefundenen Schusswunden anzusehen.

A. H. ist demnach eines gewaltsamen Todes in Folge der zugefügten Schusswunden gestorben, und es waren diese Verletzungen somit tödtlich, da der tödtliche Ausgang unter den angeführten Umständen weder mit Gewissheit, noch mit überwiegender Wahrscheinlichkeit vermieden werden konnte, derselbe übrigens weder durch eine besondere Leibesbeschaffenheit oder einen besonderen Zustand der Verletzten, noch aber durch äussere Umstände, sondern bloss allein durch die Verletzungen herbeigeführt worden war.

Was endlich das Werkzeug betrifft, mittelst dessen diese Verwundungen zugefügt wurden, so lassen sowohl die Schusskanäle als auch das aufgefundene Schussmateriale es nicht bezweifeln, dass A. H. durch einen Schuss mit Schrotkörnern, und zwar aus nicht bedeutender Entfernung verletzt worden war, da die Eingangsöffnungen der einzelnen Wunden nur in sehr geringen Abständen von einander gelegen waren.

§. 86.

Die Erkennung des Todes durch Verblutung wird nach sorgfältig vorgenommener Obduktion nicht zu den Schwierigkeiten gehören. Schon bei Auffindung der Leiche wird man ausserhalb des Körpers auf dem Bo-

Tod durch Verblutung.

19 *

den, auf verschiedenen Gegenständen grosse Blutla-
chen oder grosse Mengen geronnenen Blutes vorfinden,
und die Sektion wird die Quelle der Blutung — Trennung des Zusammenhanges eines Gefässes, Ruptur eines
Organes — nachweisen. An der Leiche findet man
grosse Blässe der Haut, doch fehlen Todtenflecke nicht;
Anämie der inneren Organe, geringe Todtenstarre. In
manchen Fällen findet sich das ergossene Blut in den
verschiedenen Höhlen des Körpers — Schädel, Brust,
Becken — angesammelt, und der Tod kann dann
einerseits durch Compression lebenswichtiger Organe,
und dadurch veranlasste Funktionsstörung, andererseits
durch allgemeine Anämie bedingt sein.

§. 87.

Tod durch Ver-
giftung.

Mit Bezug auf das oben (§. 46 bis 49) über Vergiftung bereits Mitgetheilte wollen wir hier bloss das-
jenige beifügen, was bei Fällen von Vergiftung, welche
an Todten zur Untersuchung kommen, in Bezug auf
den Leichenbefund mit Rücksicht auf das spezielle Gift
für den Arzt von Bedeutung ist. Die chemische Untersuchung, welche ohnehin die Aufgabe des Gerichtschemikers ist, wollen wir wieder übergehen, wiewohl
wir auch hier hervorheben, dass der Leichenbefund
allein zur Stellung der Diagnose und Vergiftung nicht
hinreichend ist, sondern dass stets das Gesammtbild,
der chemische Befund, die dem Tode unmittelbar vorhergegangenen Krankheitserscheinungen, die in den Akten detaillirten äusseren zufälligen Umstände, die
Erhebungen und der Leichenbefund zusammen die
Grundlage des gerichtsärztlichen Ausspruches bilden
müssen, und dies um so mehr, als der Obduktionsbefund nur selten, wie z. B. bei Schwefelsäure, charakteristische, auf ein bestimmtes Gift hindeutende Kennzeichen bietet.

Betrachten wir nun die Wirkungen der Gifte wie
sie sich uns an der Leiche darstellen, so bekommen
wir als Resultate zahlreicher Sektionsbefunde die folgenden allgemeinen Ergebnisse:

1. Nach kaustischen Giften: Entzündung,
Verbrennung der von dem Aetzgifte berührten Haut

und Schleimhaut, Längsfaltung und gegerbtes Aussehen des Oesophagus; Erosion, Verschwärung, Brand, Perforation der Schleimhaut des Magens. Ferner ausser Hyperämien und Stasen im Darme auch noch solche in Herz und Lunge.

2. Nach hyperämisirenden Giften: zuweilen Reste des Giftes im Magen, die sich mitunter durch eine physikalische Prüfung ihrer (morphologischen) Beschaffenheit erkennen lassen; Hyperämien im Gehirne, Herzen, Rückenmark, den Lungen, Stasen im Magen und Darme, Blutreichthum in den grossen Venen.

Leichenbefunde nach Giften aus den übrigen der oben genannten Kategorien sind noch zu wenig bekannt, als dass sich bereits sichere Analogien ableiten liessen.

Wir wollen nun einige der wichtigsten und gewöhnlich in der Praxis vorkommenden Gifte mit ihrem Leichenbefunde folgen lassen:

Alkohol: Hirnhyperämie, manchmal Apoplexie, Hyperämie der grossen Venen des Unterleibs und der Brust, der Lungen, des rechten Herzens, der Leber, Milz und Nieren, sichtliche Flüssigkeit des dunkel gefärbten Blutes. Uebrigens langsamer Fortschritt der Verwesung, Mangel der äusseren Verwesungsspuren zu einer Zeit, in welcher dieselben zu erwarten gewesen wären, so wie in den Organen, die keinen cadaverösen, sondern den Geruch des frischen Fleisches, oft einen schwachen Branntwein- oder Aldehydgeruch wahrnehmen lassen.

Arsenik. Die Leichenbefunde sind nicht konstant, meistens stellenweise Hyperämie, Entzündung, Excoriation, hämorrhagische Erosion der Schlund-, Speiseröhren- und Magen-, ja selbst der Duodenum- und Dünndarmschleimhaut. Im Magen oft schleimige, blutige Flüssigkeit, fungusartige Excreszenzen mit eingebettetem Arsenikgehalt an den Wandungen, dunkelfarbiges Blut zwischen den Falten oder unter der aufgelockerten und leicht trennbaren Schleimhaut, letztere in Form von Flecken und schwärzlichen Linien ecchymosirt; selten Brand und Perforation. Das Blut dunkel, theilweise gallertartig, nicht coagulirt, von geringer

Gerinnungsfähigkeit und daher keinen dichten Blut-
kuchen bildend. Manchmal Hyperämie des Gehirns und
Ecchymosirungen des Herzventrikel.

Bei der Sektion lange verstorbener, exhumirter
Leichen lassen sich häufig die Merkmale der Arsenikvergiftung konstatiren. Man findet oft Mumifikation der
Leiche oder einzelner Leichentheile, und Magen, Darm,
Leber finden sich oft noch nach Monaten in einem Zustande, dass man noch pathologische Veränderungen
an ihnen wahrzunehmen im Stande ist. Die Mumifica-
tion scheint in allen Fällen zu entstehen, wo bedeu-
tendere Dosen von Arsenik beigebracht und im Leben
nicht vollständig entleert wurden.

Blausäure. Die Sektion ergibt nichts Charakteristisches. Das Blut der Leichen ist dunkel und flüssig, die Pupillen sind erweitert. Finger und Zehen kontrahirt, Kiefer geschlossen. Wird die Sektion sehr
bald nach dem Tode vorgenommen, so zeigt sich namentlich nach Eröffnung der Körperhöhlen ein Geruch
nach Blausäure.

Blei (essigsaures). Anätzung der Mund-, Schlund-
und Magenschleimhaut, bei letzterer öfter weisslich-
graue oder aschfarbige membranöse Ueberzüge, dann
Röthungen und Ecchymosirung.

Cantharaiden. Hyperämie des Oesophagus, heftige Entzündung des Magens, Darmkanals, der Nieren, Harnleiter, Blase, Geschlechtsorgane; die Schleimhaut des Magens, des Darmkanals und der Blase stellenweise erweicht, in den gedachten Organen theilweise
Brandstellen. Ausserdem Hyperämie und seröser Erguss im Gehirn. Im Inhalte des Magens findet man sogar
noch nach Monaten die goldgrünen Schüppchen des
Thiers, falls die Vergiftung nicht durch Tinktur oder
Extract, sondern durch Pulver erfolgte.

Chloroform. Nicht konstanter Befund. Dunkles, flüssiges Blut; manchmal Geruch nach Chloroform,
Injektion des Kehlkopfes und der Luftröhre, Luftblasen im Blute. Herz blass, schlaff, blutleer, zusammengefallen.

Colchicin, Coniin, Aconitin, Digita-
lin, Veratrin. Bei der Sektion mitunter nichts Ab-

normes. Manchmal Hyperämie des Gehirns und der
Meningen, der Nieren und Leber, im Magen und Darm
selten Spuren von Congestion, noch seltener von Entzündung. In 4 Fällen von Colchicinvergiftung fand
Casper konstant: Nicht ungewöhnlich raschen Eintritt
der Verwesung; saure Reaktion der Magenflüssigkei-
ten und des Urins, dickflüssige, dunkelkirschrothe Beschaffenheit des Blutes, ähnlich wie nach Schwefel-
säurevergiftung; höchst auffallende Hyperämie in der
Vena Cava, erhebliche Blutmenge in den Nieren, mehr
weniger gefüllte Harnblase, hyperämische Anfüllung
des rechten Herzens und des grossen Gehirns.

Chromsalze. Der Befund ähnlich dem bei Arsenik und Sublimat.

Kali, Natron und Ammoniak, kaustisches.
Erweichung und Ablösung der Schleimhäute, mit welchen das ätzende Gift in Berührung kam; Flecke von
dunkelbrauner oder schwarzer Farbe.

Mercur, und zwar Sublimat. Die wesentlichsten anatomischen Merkmale zeigen sich in violetter
oder weisslicher Färbung der Schleimhaut des Mundes,
der Speiseröhre, des Magens und Darmkanales, in Anätzungen, Entzündungen, Ulcerationen, Auflockerungen,
Verdickungen, Erweichungen und Ecchymosirungen unter der Schleimhaut. Perforation des Magens scheint
selten zu Stande zu kommen. Die Nieren geröthet.
Harnblase klein und kontrahirt; Injektion der Luftröhre
und der Bronchien.

Morphin und Opium. Hirnsinus und Meningen
stark mit Blut angefüllt, die Cerebrospinalflüssigkeit
vermehrt, seröse Ergüsse in den Ventrikeln und unter
der Arachnoidea, Blutfülle in den Lungen und Lun-
gengefässen, hämorrhagische Infarcte im Lungengewebe,
das Herz, namentlich der rechte Ventrikel von dunklem Blute strotzend; ebenso die Unterleibsdrüsen mit
dunklem Blute angefüllt, die Harnblase mit Urin stark
angefüllt. Das Blut auffallend flüssig.

Phosphor (Köpfchen von Reibzündhölzchen,
Phosphorpaste, Rattengift.) Charakteristicher Geruch,
Leuchten im Finstern, Ausströmen von Phosphordäm-
pfen nach Eröffnung der Leiche; Röthung, Erosion,

Entzündung, Erweichung, Verschwärung, Gangrän der
Schleimhaut des Mundes, Oesophagus, Magens und
Darmkanals. Der Inhalt des Magens gelinde erwärmt,
leuchtet im Dunkeln. Bauchvenen und Lungen mit
dunklem, dickflüssigem Blute gefüllt. Manchmal vollkommen negativer Befund.

Schwefelsäure. Die Leichenbefunde variiren
je nach dem Grade der ätzenden Wirkungen des Giftes, und geben sich kund auf der Schleimhaut des Di-
gestionstraktes vom Munde bis zum Magen, mitunter
auch äusserlich an Lippen, Mund und deren Umgebung,
sowie an der Luftröhre. Bei geringeren Graden die
Schleimhaut corrodirt, pergamentartig, leicht abziehbar,
stellenweise ecchymotisch. In höheren Graden die
Schleimhaut pergamentartig aufgelockert, im Oesophagus in Längsfalten aufgehoben, stellenweise ganz abgelöst, im Magen schwärzlich, mit einer theerartigen Masse
überzogen, unter welcher Anätzungen, schwarze Streifen und dunkelbraune Stellen wahrnehmbar sind, die
sich nicht abwaschen lassen. Bei Perforirung des Magens zeigen die Ränder der Oeffnungen eine unregelmässige Form mit schwärzlicher Farbe; von dem Er-
gusse können umliegende Theile angegriffen sein. Der
Magen wie verkohlt, sein Gewebe gallertartig erweicht,
es ist fast unmöglich, ihn aus der Leiche herauszunehmen. Das sehr dickflüssige, kirschrothe Blut reagirt
sauer. Auffallend ist die fäulnisswidrige Wirkung der
Schwefelsäure; die Leichen bleiben caeteris paribus sehr
lange frisch und pflegen bei der Sektion keinen üblen
Geruch von sich zu geben. Als Grund für diese Erscheinung führt Casper an, dass die Säure das Ammoniak
des Verwesungsprozesses so lange sättigt, bis sie selbst
neutralisirt ist. Aehnlich wie die Schwefelsäure wirkt
auch die

Salpetersäure, nur findet man in der Leiche die
von ihr corrodirten Schleimhäute von gelber oder gelb-
bräunlicher, im Magen manchmal (von der Einwirkung
auf den Gallenfarbenstoff) von grüner Farbe.

Schlangenbiss. Aeusserlich die von dem Bisse
zurückgebliebenen Stichwunden; von denselben aus-

gehende Lymphangioitis; weite Pupille, Anämie des Gehirns, Ecchymosen am Herzfleische.

Schwämme (giftige). Mangel der Todtenstarre,
Erweiterung der Pupillen, flüssiges, dunkelkirschbraun
gefärbtes Blut, Ausdehnung der Harnblase. Zahlreiche
Ecchymosen und Extravasate in serösen Häuten und pa-
renchymatösen Organen. (Maschka.)

Bezüglich des formellen Verfahrens bei Untersuchung an Vergiftung Verstorbener verweisen wir auf
die §§. 68—111 der „Vorschrift", und wollen hier
bloss noch beifügen, dass der Gerichtsarzt sein Augenmerk darauf zu richten hat (ganz so wie wir es bei
Betrachtung der Verletzungen mit tödtlichem Ausgange
weiter auseinandersetzten), ob der Tod im ursächlichen
Zusammenhange mit der Vergiftung stehe oder nicht,
um sodann den Fall nach den oben angedeuteten Prinzipien (allgemeiner Natur nach, wegen eigenthümli-
cher Beschaffenheit etc. etc.) zu begutachten.

§. 88.

Wenn die Untersuchung des Chemikers das Gift in *Bestimmte und unbestimmte Be-*
der Leiche nachweist, so ist dies bei Zusammentreffen der *gutachtung der Vergiftung.*
übrigen Umstände ein sicherer Beweis der Vergiftung,
wenn auch der Sektionsbefund keinen Beweis liefert.
Weist die Untersuchung des Chemikers das Gift nicht
nach, so ist deshalb die Vergiftung noch nicht auszuschlies-
sen, und man wird beim Zusammenhalten der dem Tode
vorangegangenen Krankheitserscheinungen, des Leichen-
befundes und der übrigen Umstände sich eventuell für
stattgefundene Vergiftung aussprechen

Ist das Gift chemisch nicht nachweisbar, sind die
dem Tode vorausgegangenen Krankheitserscheinungen
nicht oder ungenügend bekannt, ist jedoch der Sektionsbefund mit den ermittelten äusseren Umständen so
übereinstimmend, dass derselbe eine andere Todesart
in keiner Weise annehmen lässt, so wird man sich
mit mehr oder weniger Wahrscheinlichkeit für stattgefundene Vergiftung aussprechen.

Ist der Sektionsbefund so eklatant, dass ein Zweifel nicht möglich ist (Schwefelsäure, Vorfinden grösserer Menge Opium, Canthariden, Belladonna im Ma-

gen), so wird das Gutachten auch ohne chemische Untersuchung sich für Vergiftung aussprechen. Ist endlich nach einer stattgehabten Vergiftung früher oder später der Tod erfolgt, und ergibt die Obduktion noch eine andere hinreichende Todesursache (z. B. Apoplexie, Berstung eines Aneurysma etc.), so wird der Fall individuell aufgefasst, und dem Richter motivirt dargelegt werden müssen. Weist jedoch die Obduktion keine andere Todesart nach, so wird der Tod als wirkliche Folge der Vergiftung zu erachten sein.

Vergiftung mit Schwefelsäure.

Achtunddreissigster Fall.

Am 4. Jänner fasste der Weber F. W. seiner Angabe nach von der äussersten Noth getrieben den Entschluss, seinen 2jährigen Knaben zu tödten, und flösste demselben ungefähr ½ Kaffeelöffel käuflicher Schwefelsäure ein, welche jedoch der Knabe allsogleich wieder ausspie. Das Kind war wohl schwächlich und zeitweilig kränklich, zu jener Zeit aber gesund. Der herbeigeholte Dr. H. fand:

Die linke Wange geschwollen, geröthet und stellenweise mit länglichen, bräunlichen, oberflächlichen Krusten belegt, welche die Länge von 3 — 4 Linien und die Breite von 2 Linien hatten. Ober- und Unterlippe angeschwollen, ihre Schleimhaut so wie die des Zahnfleisches, der Zunge, der Backen und des harten Gaumens weissgrau; aus dem offenen Munde entleert sich reichlich Speichel. Am Kinne eine kreuzergrosse oberflächliche Kruste. Schlingen erschwert, Athem beschleunigt, Hautwärme wenig erhöht. Am linken Handrücken, an der innern Seite des linken Knies die Haut geschwollen, oberflächliche Brandkrusten.

Dr. H. und Wundarzt K. erklärten die Beschädigung für eine schwere Verletzung ohne Lebensgefahr.

Dr. K. verordnete kalte Umschläge, Bestreichen der Wunde mit Milch, innerlich Mixtura oleosa und Magnesia carbonica, zum Getränk kalte Milch. Am 6. Jänner die Geschwulst geringer, viel Durst. Am 8. die Geschwulst des Gesichts gesunken, die Mundhöhle rein, das Zahnfleisch des Unterkiefers eiternd. Athem

übelriechend, Abmagerung; in den Leistengegenden
grosse, oberflächlich eiternde Stellen. Therapie dieselbe;
in den Leistengegenden Einstreuen von Sem. lycopodii,
auf den Handrücken Ol. lini mit Eigelb.

Am 10. Nachts ein Anfall von Convulsionen.

Am 12. war Dr. K. durch Krankheit verhindert,
seine Besuche fortzusetzen, und das Kind blieb 2 Tage
ohne ärztliche Behandlung. Am 14. übernahm Wundarzt K. die weitere Behandlung. Er fand das
Kind abgemagert, entkräftet, von Erstickungsanfällen
bedroht. Die Schleimhaut der Mundhöhle mit eiweiss-
artigem Gerinnsel bedeckt; die verbrannten Stellen
tief verschwärt, Jauche absondernd. Verordnet wurde
Mandelmilch, Reinigung des Mundes und der Geschwüre. Am 23. verschied das Kind, dessen Umgebung
später noch angab, dass es während der ganzen Krank-
heitsdauer gehustet und schwer geathmet habe. Auch
soll sich am 3. Tage nach der That ein Gestank im
Munde entwickelt haben, der bis zu dem Tode anhielt; aus dem Munde soll sich unausgesetzt eine
übelriechende Flüssigkeit entleert haben. Die Obduktion
ergab Folgendes:

Aus dem Munde entleerte sich schaumige weissliche Flüssigkeit. An Nasenspitze, Kinn und linker
Wange $^3/_4$ Zoll lange, in die Haut dringende Schorfe.
Am linken Handrücken ein 1 Zoll langer bräunlicher
Schorf, neben demselben 3 kleinere rundliche Verschorfungen. Die Haut zwischen Ring- und Mittelfinger
bräunlich verschorft, am linken Kniegelenke eine 1 Zoll
grosse Verschorfung, in der Umgebung noch 3 kleinere Schorfe. Hirn und Meningen blutarm. Die Schleimhaut der Zunge, Lippen und des Zahnfleisches ver-
eitert, so dass die Schneidezähne des Unterkiefers bei
Berührung herausfielen. Der weiche Gaumen und Pha-
rynx geröthet, in Rachen- und Kehlkopfhöhle viel
Jauche angesammelt. Larynx- und Trachealschleimhaut
geröthet, Croup bis in die Bronchien. Oesophagus normal. Die rechte Lunge im obern und mittlern Lappen,
die linke fast ganz hepatisirt. Die Pleura beiderseits
mit plastischem Exsudat belegt, beiderseits ungefähr
2 Unzen seröses Exsudat. Am Pericardium und Herz-

überzuge feines Exsudat, im Herzbeutel 12 Drachmen
Serum. Grosse Brustgefässe und Herzhöhlen wenig
Blut enthaltend.

Der Befund, von den Gerichtsärzten widersprechend
beurtheilt, wurde zur Begutachtung an die Fakultät
geleitet.

Gutachten.

1. Bei der Obduktion des in Frage stehenden
Kindes wurde eine mit reichlicher Exsudatbildung verbundene Entzündung des Kehlkopfs und der Luftröhre,
sowie auch Entzündungen der Lungen, des Brustfells
und des Herzbeutels vorgefunden. Da nun jeder dieser
Zufälle schon für sich allein, umsomehr aber dieselben
zusammengenommen vollkommen im Stande waren,
den Tod eines Individuums herbeizuführen, eine andere Todesveranlassung aber nicht vorhanden war, so
unterliegt es keinem Zweifel, dass F. E. bloss allein
in Folge des vorerwähnten Krankheitszustände sein
Leben verloren hat.

2. Was die Entsehungsveranlassung dieser pathologischen Veränderungen anbelangt, so lässt sich bei
dem Umstande, als das Kind früher gesund war und
der ganze Krankheitsprozess erst von dem Momente
der Einflössung der Schwefelsäure seinen Anfang nahm,
mit voller Gewissheit behaupten, dass derselbe und
sonach auch der tödtliche Ausgang nur der Einwirkung
der Schwefelsäure ihren Ursprung verdankten. Wenn
nämlich die Schwefelsäure, deren noch bei Lebzeiten
stattgefundene Einwirkung durch das Ergebniss der ersten
ärztlichen Untersuchung und durch das eigene Geständniss des Thäters ausser Zweifel gesetzt ist, auch nicht mit
allen erkrankt vorgefundenen Theilen unmittelbar in Berührung kam, so ist es doch sehr wohl erklärlich, dass
sich die durch den Contact mit derselben bedingten
krankhaften Veränderungen der Schleimhaut des
Mundes und der Rachenhöhle auf die benachbarten und
im unmittelbaren Zusammenhange stehenden Organe
verbreiteten, und dass hierdurch so wie auch vielleicht
durch die hinzugetretene krankhafte Entmischung der
gesammten Blutmenge (Pyämie) die vorgefundenen

Krankheitszustände hervorgerufen wurden. Bei diesem Sachverhalte lässt sich somit nichts Anderes annehmen, als dass die wahrgenommenen pathologischen Veränderungen im gegenwärtigen Falle nur der Einwirkung der Schwefelsäure ihren Ursprung verdanken, und es ist somit die Einflössung dieser Säure als eine tödtliche, und zwar schon ihrer allgemeinen Natur nach tödtliche Verletzung zu bezeichnen, da man nicht behaupten kann, dass bei einer günstigeren Leibesbeschaffenheit oder bei einer anderen Behandlungsweise der tödtliche Ausgang hätte vermieden werden können, sondern es sich mit überwiegender Wahrscheinlichkeit annehmen lässt, dass in der Mehrzahl der Fälle ähnliche Folgen eingetreten wären. Was endlich

3. die anderweitigen, an verschiedenen Körperstellen vorgefundenen Verschorfungen betrifft, welche zufolge ihrer Beschaffenheit gleichfalls auf die Einwirkung einer concentrirten Säure hindeuten, so bilden diejenigen, welche im Gesichte befindlich waren, wegen ihrer Oberflächlichkeit und geringen Ausdehnung sowohl einzeln als zusammengenommen eine leichte Verletzung; jene am linken Handrücken und am linken Knie dagegen müssen sowohl einzeln als zusammengenommen für eine unbedingt schwere Verletzung erklärt werden, da sie tief eingedrungen waren, und somit schon für sich allein nahmhafte Schmerzen und ein längeres Krankenlager zur Folge gehabt hätten.

Vergiftung mit Arsenik, mit Beantwortung mehrerer von dem Gerichte gestellter Fragen.

J. B. aus D. hatte sich am 17. Oktober 1851 mit ^{Neununddreis-} der Planirung eines Erdstriches beschäftigt; ist dann ^{sigster Fall.} Abends 1½ Stunden Weges heiter und unter Scherzen, gesund und kräftig nach seinem Wohnorte gegangen, und verzehrte zu Hause angelangt um 6 Uhr Abends das ihm von seinem Weibe vorgesetzte Abendmahl. Dieses bestand zuerst in einem sogenannten Brodvorbacke, wovon er kaum den vierten Theil verzehrt haben soll. Dann gab ihm sein Weib ein Seidel frischer Buttermilch, und als er ihr sagte, sie möge die Buttermilch salzen, wollte sie, angeblich in Ermanglung eines andern Salzes,

das am Wandbrete in einem Leinwandlappen verwahrte,
geweihte Salz nehmen, meint aber sich in der Dämme-
rung vergriffen, und zum Salzen ein weissgelbes, ebenfalls daselbst befindliches und in einen Leinwandlappen
verwahrtes Pulver genommen zu haben, welches ihr Mann
zur Vertilgung der Wanzen angeschafft habe. Von diesem
Pulver hatte sie einige Körnchen in die Buttermilch gegeben und umgerührt, worauf B. die Buttermilch bis auf
einen Rest von etwa 4 Löffeln voll austrank, welchen Rest
dann das Weib in ein Schaff goss, in welchem sie den
Trank für die Kühe hatte.

Gegen 10—11 Uhr Abends begann B. sich zu beklagen, dass ihm sehr schlecht sei und der Magen schmerze.
Nach Mitternacht begann er zu erbrechen, was im Verlaufe von 2 Stunden sich mehrmals wiederholte. Am 18.
Oktober Früh that ihm Alles weh und er klagte über
Schmerzen im ganzen Leibe. An diesem Tage wurde
er versehen, dennoch aber um keinen Arzt geschickt.
Die Krankheit nahm nun stets zu; Mittwoch am 22.
Oktober verschied er, und wurde am 24. Oktober begraben, ohne dass ihn der Todtenbeschauer gesehen
hätte, der nach den ihm mitgetheilten Krankheitserscheinungen den Todtenzettel auf Leberentzündung lau-
tend ausstellte.

Nach Aussage einer bei B. wohnenden Witwe
ass J. B. den 17. Oktober den ganzen ihm von seinem Weibe vorgesetzten, mit Quark bestrichenen Brodvorback, und gleich darauf begann er sich zu beklagen, dass sich ihm der Kopf drehe, und dass ihm übel
sei. Er habe sich auf die Bank gelegt und die Augen
verdreht, als wollte er schlafen, weshalb sich die Inwohnerin entfernte. Buttermilch trinken sah sie ihn
damals nicht. Beim Anbruche des Tages (18. Oktober)
wurde sie mit dem Bedeuten gerufen, dass dem Haus-
wirthe übel sei, und weil sie „scheu" gewesen, so habe
sie das Weib des B. versichert, er habe nicht die Cholera, diese war überhaupt an dem Orte seit Ende September 185* erloschen, an ihr Niemand gestorben,
und auch in der Umgebung waren nur Anfangs September einige Fälle vorgekommen. Als die Einwohnerin in die Stube kam, sei J. B. sehr bleich und ein-

gefallen im Bett gelegen, und um ihn herum viel Unrath vom Erbrechen zu sehen gewesen, auch sei wegen
des Erbrechens ein Schaff neben seinem Bett gestanden. J. B. sagte ihr, er habe schlecht genachtmahlt,
und obwohl er sonst nichts als das warme, frisch gebackene Brod gegessen, doch die ganze Nacht gebrochen, so dass er Alles in sich zerschlagen habe, und
nicht mehr auf die Füsse kommen werde, denn sie (die
Einwohnerin) wisse nicht, was er in sich habe. In der
Nacht vom 18. auf den 19. Oktober wachte die Einwohnerin bei ihm. Er erbrach sich die ganze Nacht
hindurch und die Schmerzen zogen ihm die Hände
und Fäuste so zusammen, dass ihm die Knochen und
Sehnen krachten. Dennoch besserte sich der Zustand
am 21. Oktober so, dass J. B. aus dem Bette aufste-
hen, im Zimmer herumgehen, und mit seinem Taglöhner, aus dem Fenster sehend, sich besprechen konnte,
ohne über Schmerzen zu klagen. An demselben Tage
schickte das Weib des B. seinen Urin zu einem Quacksalber, welcher sagen liess, es mögen in der Apotheke
16 (aus Rhabarber, Jalappa, sapo medic., Aloë und
Ext. tarax. bestehende) Pillen gekauft und ihm einge-
geben werden. Von diesen nahm B. wirklich am Abende
des 21. Oktobers 3 und Früh an seinem Sterbetage 4
Stück ohne wahrnehmbare nachtheilige Wirkung.

Der Umstand, dass B. unter auffallenden Erscheinungen nach einem kurzen Krankenlager gestorben
ist, und dass sein Weib noch bei seinen Lebzeiten mit
einem Taglöhner im vertrauten Umgange lebte, den
sie auch bald nach B.'s Tode heiratete, veranlasste unter den Leuten allerlei Gerede, und als sie einmal
vom Bruder des Verstorbenen hierüber zur Rede gestellt, bekannte, dass sie ihren verstorbenen Mann, obgleich nur aus Versehen, vergiftet habe, erstattete dieser die Anzeige bei dem betreffenden Gerichte, und
dieses fand sich bewogen, des J. B. Leiche am 17.
Juni 1853 im Beisein des Dr. L. und Wundarztes K.
exhumiren zu lassen.

Die Weichtheile dieser, von vielen Anwesenden
für J. B. anerkannten Leiche waren:
zu einem gelbbräunlichen, höchst übelriechenden

Breie zerflossen, insbesondere von den Augen, Ohren, der Nase und den Lippen nichts mehr zu sehen. Der Kehlkopf ragte stark hervor. Der Brustkorb lang und eingefallen. Der Unterleib eingefallen, die Haut an demselben rechts oberhalb des Nabels im Umfange einer Hohlhand pergamentartig vertrocknet, fest. Die Geschlechtstheile ganz zerstört, ebenso die übrige Muskulatur und Haut an den Gliedmassen. Die Struktur und das Gefüge der unter den vertrockneten Hautdecken am Bauche liegenden Theile schwer zu unterscheiden, doch am Netze und Gekröse noch Fett zu erkennen, welches gelb und körnig anzufühlen war.

Sämmtliche Unterleibseingeweide wurden in ein Gefäss gegeben, mit Alkohol übergossen, das Gefäss mit einer Rindsblase verbunden, und nach O. zur Vornahme der chemischen Analyse geschickt.

Die Apotheker R. und S. gaben unter Mitfertigung des Kreisarztes Dr. O. die Erklärung ab, dass die Eingeweide des J. B. zwar Arsenik, jedoch nicht in sehr bedeutender Menge enthalten haben, welche Menge sich aber quantitativ nicht habe näher ermitteln lassen.

Das Weib des Verstorbenen widerrief beim Landesgerichte ihre früheren Angaben hinsichtlich der Art und Weise der Vergiftung ihres Mannes, als unwahr und erdichtet, und gab nur an, dass ihr Mann Freitags den 17. Oktober schon krank nach Hause kam und sich äusserte, er habe von der Inwohnerin ein Stück Brod mit Quark erhalten, wovon ihm so schlecht geworden sei. Er habe dann nichts genachtmahlt, auch während seiner ganzen Krankheit nichts genossen, sondern nur Wasser getrunken. Späterhin modificirte sie auch diese Angaben und erzählte, sie habe einige Wochen vor dem Absterben ihres Mannes von einem Weibe, welches Fliegenwasser zu bereiten und zu verkaufen pflegte, und bei der auch nachträglich eine Quantität des Fliegenwassers konfiszirt wurde (welches zufolge der chemischen Analyse dasselbe Gift wie die Eingeweide des J. B., nämlich Arsenik enthielt), 5 erbsengrosse Arsenikstückchen gekauft, und in der Tischschublade aufbewahrt. Am 22. Oktober hätten dann in

ihrer Abwesenheit die Kinder statt der balsamischen
Pillen die Arsenikstückchen gereicht, weil, als sie zurückkam und ihr Mann dem Verscheiden nahe war,
das Papier, in dem sich die Arsenikstücke befanden, leer,
die Pillen aber vollzählig gewesen. Aus den nachträgli-
chen Erhebungen kam nebstbei noch hervor, dass B.
während der Krankheit an den Ofen gefallen, und sich
am Kopfe angeschlagen haben soll, ferner dass er etwa
ein Viertel Jahr vor seinem Tode einmal im Nachhause-
gehen von einer Musik plötzlich über Brustschmerzen
klagte, ohnmächtig wurde, bald aber wieder zu sich kam
und sich vollkommen erholte. Zu bemerken ist noch, dass
dem J. B. schon 14 Tage oder 3 Wochen vor seinem
Tode einmal, und zwar gleichfalls nach dem Genusse
eines Vorbacks, auf dem Felde unwohl, und zwar dunkel
vor den Augen wurde, mit Zittern und Mattigkeit, so dass
er sich setzen und ausruhen musste, dann aber nach
Hause sich begab, wo eine angebliche Phantasie über
ihn kam, während der er Alles herumwarf, Milchtöpfe
zerschlug, den Hafer herumstreute, die Egge zerschlug,
am andern Tage aber wieder zum Bewusstsein kam, doch
aber drei Tage hindurch das Zittern am Leibe noch
fühlte.

Da nun das Gutachten der Obducenten nicht genug
befriedigend erschien, so wurde eine neuerliche Begutachtung angeordnet, und zwar wurden nachfolgende Fragen gestellt :

1. Ist J. B. eines gewaltsamen Todes an den Wirkungen eines und welchen Giftes gestorben?

2. Ist es gewiss und wahrscheinlich, dass das Gift
erst nach seinem Tode in die Eingeweide gekommen und
sich selbst darin erzeugt hätte, oder ist der Tod in Folge
einer zur Arsenikvergiftung hinzugetretenen, von ihr unabhängigen Ursache, z. B. der Cholera, eingetreten?

3. Hat das Gift seiner allgemeinen Natur nach, oder
wegen besonderer Leibesbeschaffenheit oder zufälliger
äusserer Umstände den Tod herbeigeführt?

4. Ist es gewiss oder wahrscheinlich, dass J. B. das
Gift in einem festen Körper (namentlich Brodvorback)
oder in einer Flüssigkeit, nämlich Buttermilch, oder in
beiden bekam?

5. Ist es gewiss oder wahrscheinlich, dass die Erkrankung des B. drei Monate vor seinem Tode die Wirkung eines und welchen Giftes gewesen?

6. Was war die Ursache, dass der damalige Giftgenuss nicht tödtlich ablief, sondern bald ohne weitere Folgen vorüberging?

7. Ist es gewiss oder wahrscheinlich, dass die vierzehn Tage oder 3 Wochen vor dem Tode des B. beobachteten Erscheinungen die Wirkungen eines und welchen Giftes gewesen?

8. Was war die Ursache, dass nicht schon damals der Tod eintrat, sondern der Kranke bald wieder genas?

Wie lässt sich die am 4. Tage der Krankheit eingetretene auffallende Besserung erklären?

9. Haben etwa 7 Stück der genommenen balsamischen Pillen diese Erleichterung oder eine Verschlimmerung, und in welchem Grade zu Wege gebracht?

10. Hat während der Krankheit desselben nicht vielleicht eine neuerliche Vergiftung stattgefunden, und wäre der Tod in Folge der Vergiftung auch eingetreten, wenn er die Pillen nicht genommen hätte?

Gutachten.

1. Wenngleich nach dem Genusse eines (etwa noch heissen) Brodvorbackes ein Erbrechen nebst Durchfall mit Krämpfen und Magenschmerz entstehen kann, so ist es im vorliegenden Falle kaum zu bezweifeln, sondern mit grösster und überwiegender Wahrscheinlichkeit anzunehmen, dass J. B. eines gewaltsamen Todes und zwar an der Vergiftung mit Arsenik gestorben ist, weil er am 17. Oktober gesund, heiter und wohlgemuth nach Hause kam, gleich beim Abendessen von Uebelkeiten, Schwindel und Verdrehen der Augen, bald darauf von Magenschmerzen mit Erbrechen und Durchfall befallen wurde, und binnen wenig Tagen gestorben ist, worauf in seiner Leiche bei der mit grösster Sorgfalt und Sachkenntniss vorgenommenen chemischen Analyse Arsenik nachgewiesen wurde, ob-

gleich mit dem Erbrechen der grösste Theil desselben
entleert worden sein mochte.

Mit voller Gewissheit lässt sich aber unter den
gegebenen Umständen die obige Behauptung dennoch
nicht aufstellen, weil J. B. während des Krankheitsverlaufes von keinem Sachverständigen beobachtet
wurde, eine genaue und befriedigende Untersuchung
der bereits ganz verfaulten Leiche nicht mehr vorgenommen werden kann, ebenso auch die Menge des
in der Leiche vorgefundenen Arseniks nicht genau angegeben wurde, weshalb auch nicht nachgewiesen werden kann, dass J. B. eine solche Menge Arsenik bekam, als zur Tödtung eines Menschen nöthig ist.

2. Dass das Gift erst nach dem Tode in seine
Eingeweide gekommen, oder sich darin selbst erzeugt
hätte, kann nach allgemein erkannten, feststehenden
medizinischen Grundsätzen durchaus nicht zugegeben
werden, eben so wenig, dass der Tod B.'s in Folge
einer zur Arsenikvergiftung hinzugetretenen, von ihr
unabhängigen Ursache sich eingestellt hätte. Denn abgesehen davon, dass die Cholera damals in seinem
Wohnorte und dessen Umgebung nicht herrschte, so
erwähnt auch Niemand der Augenzeugen etwas von
einem blauen oder schwarzen (sondern im Gegentheile
von blassem) Aussehen, Stimmlosigkeit, Urinverhal-
tung etc. etc. bei diesem Kranken. Wenn ferner die
aus drastischen Purganzen zusammengesetzten sogenannten balsamischen Pillen offenbar eine wesentliche
Verschlimmerung seines Zustandes zur Folge haben
mussten, so lässt sich doch der Tod nicht davon herleiten, weil andererseits eine beträchtliche Menge Arseniks auch ohne Mitwirkung irgend welcher Pillen
im Stande ist, den Tod in der kürzesten Zeit herbeizuführen. Ebenso lässt sich auch der Tod des B. nicht
von dem Hinfallen und Anschlagen mit dem Kopfe
an den Ofen herleiten, weil von einer Beschädigung
an seinem Kopfe Niemand etwas gesehen hat, B. auch
in diesem Falle nicht bis zu seinem Ende bei Bewusstsein hätte bleiben können, sondern unter ganz anderen
Erscheinungen gestorben wäre.

3. Eine Messer- oder Löffelspitze voll Arsenik oder 5 erbsengrosse Stücke desselben betragen bei dem bedeutenden spezifischen Gewichte dieses Mineralkörpers jedenfalls mehr als 10—15 Gran med. Gew. Da nun eine bei weitem geringere Menge desselben zureicht, bei den meisten Menschen, bei jeder Leibesbeschaffenheit und jedem Zustande derselben unter wie immer gearteten äusseren Umständen den Tod herbeizuführen, so unterliegt es keinem Zweifel, dass diese Menge Arseniks (im Falle sie B. wirklich bekommen hat) seinen Tod schon ihrer allgemeinen Natur nach herbeizuführen im Stande war. Ob aber B.

4. das Gift in einem festen Körper (namentlich im Vorbacke) oder in einer Flüssigkeit (Buttermilch) oder in beiden bekam, lässt sich nach physischen Merkmalen an der Leiche nicht ausmitteln.

5. Die angegebenen Erscheinungen der Erkrankung B.'s 3 Monate vor seinem Tode kommen bei sehr verschiedenen Zuständen vor, und berechtigen keineswegs zu dem Schlusse auf eine Vergiftung.

6. Die Erkrankung des B. 14 Tage oder 3 Wochen vor dem Tode könnte vom Genusse des (etwa noch heissen) Brodvorbackes besonders dann hergerührt haben, wenn dieser mit einem narkotischen Gifte versetzt gewesen wäre; und wenn der Tod nicht darauf eintrat, sondern B. wieder genas, so mag nur die unzureichende Menge des Giftes die Ursache davon gewesen sein.

7. Die auffallende Besserung am 4. Tage des Krankheitsverlaufes findet die befriedigendste Erklärung in der Voraussetzung, dass mit dem Erbrechen der grösste Theil des Arseniks entleert worden, sowie der bald darauf eingetretene Tod in der Annahme einer neuerlichen Vergiftung durch Arsenik. Denn wenn auch dem Tode häufig eine kurz dauernde Erleichterung vorangeht, so pflegt sie doch nie den bei J. B. beobachteten Grad zu erreichen, und wenn sie einmal diesen Grad erlangt hat, nicht wieder ohne eine neue Veranlassung rückgängig zu werden. Die Annahme einer neuerlichen, dem Tode kurz vorhergegangenen Vergiftung mit Arsenik wird überdies durch die Aussage des Ehe-

weibes des J. B., „dass bei seinem Ableben das Papier
mit den 5 erbsengrossen Stücken Arsenik leer, die Pillen
aber vollzählig vorhanden waren", gerechtfertigt. Eine
Verwechslung dieser weissen, eckigen, auffallend schweren Arsenikstücke mit den grünlich braunen, vollkommen
runden, bei weitem leichteren Pillen wäre jedoch selbst
bei Kindern nicht leicht möglich gewesen, und wenn sie
dennoch stattgefunden haben sollte, so hätte J. B. selbst
auf diesen auffallenden Unterschied aufmerksam werden
müssen.

**Vergiftung durch eine Abkochung von Eiben-
baumzweigen (Taxus baccata), welche mit Sade-
baum (Juniperus Sabina) verwechselt wurden.**

M. M., 18 Jahre alt, hatte ihren Vater vor 3 Jahren Vierzigster Fall.
verloren, ihre Mutter heiratete bald nachher einen ehe-
maligen Finanzwachaufseher. Seit ihrer zweiten Verehelichung behandelte die Mutter ihre bereits mannbare Tochter schlecht, und suchte sie zu bewegen, einen ältlichen
Mann zu heiraten, um sie aus dem Hause zu bringen.
Diese jedoch ging darauf nicht ein, sondern unterhielt
insgeheim und trotz des ausdrücklichen Verbotes ihrer
Mutter ein Liebesverhältniss mit einem jungen Bauern-
burschen des Ortes, mit welchem sie, nach Aussage des
letzteren, seit 2 Jahren häufig nächtlich zusammenkam,
und auch in letzterer Zeit mehrmal geschlechtlichen Umgang pflegte.

In letzterer Zeit hatte M. M. öfters gegen ihren Geliebten geäussert, dass sie es nicht leicht überleben könnte,
wenn ihr Umgang Folgen haben sollte, und sie würde
ins Wasser springen, wenn sie sich nicht auf eine andere
Art helfen könnte. Da sie jedoch in einem mediz. Buche,
welches sich im Hause ihrer Eltern befand (Paulitzky's
Anleitung zu einer vernünftigen Gesundheitspflege) gelesen hatte, dass die Abkochung der Zweige des Juniperus
Sabina, Sade- oder Sadelbaumes, die verlorenen Regeln
wieder hervorbrächte; so fragte sie ihren Geliebten, ob er
nicht wisse, wo sich ein solcher Baum befinde; worauf
dieser antwortete, er hätte von Leuten gehört, dass in O.
ein solcher Baum stehe. Darauf habe sie ihn so lange ge-
beten und gedroht, dass sie sich in's Wasser stürzen

werde, wenn er ihren Willen nicht erfüllen wolle, bis er
endlich nachgab, und ihr am 7. Oktober 18.. Zweige von
diesem Baume, nebst einem Seidel süssen Weines brachte,
worauf er nicht mehr mit ihr zusammengekommen sein
soll. Am 9. Oktober nahm M. M. einen Topf Wasser in
ihr Schlafgemach, stand des andern Morgens sehr zeitlich
auf, kochte das Frühstück für das Gesinde, begab sich
hierauf in den Kuhstall, wo sie Uebelkeiten und Erbrechen bekam, weshalb sie rasch in ihr Schlafgemach zurückkehrte, wo sie kurz darauf als Leiche gefunden
wurde. Neben ihr waren am Bette mehrere Stellen von
Erbrochenem besudelt.

Nachdem der herbeigeholte Chirurgengehülfe B.
verschiedene Belebungsversuche (Aderlass, Riechmit-
tel etc.) vergeblich angewendet hatte, wurde nach Dr.
Ch. geschickt, welcher die Entseelte nach 3 Stunden
sah, und die gewöhnlichen Wiederbelebungsversuche,
jedoch gleichfalls vergeblich unternahm. Er fand die
allgemeinen Decken tief gelblich, an der hintern Fläche
mit grossen bläulichen Flecken versehen, den Körper
gut genährt, die Miene ruhig, auf der Stirn und den
Schläfegegenden pergamentartig vertrocknete Stellen,
welche von Reiben bei Wiederbelebungsversuchen her-
rührten. Die Augenlider waren geschlossen, die Pupillen gleichmässig sehr erweitert, die Bindehäute weiss,
die Lippen blassbräunlich, das Epithel der Ober- und
Unterlippe und der untern Fläche der Backen breiig erweicht, theilweise abgestossen, leicht abstreifbar, die
Mund- und Zungenschleimhaut erblasst, feucht, die
Zunge nicht angeschwollen, hinter die Zähne zurückgezogen. Die Brüste erschienen straff, sehr entwickelt,
ihre Warzen und deren Höfe blassbräunlich, der Unterleib nicht ausgedehnt, weich anzufühlen, durch die
Palpation und Percussion war keine Geschwulst zu
entdecken. Die Untersuchung der äusseren Genitalien
ergab ausser dem Mangel des Hymens keine Veränderung, welche für eine Schwangerschaft sprächen; der
Mastdarmschliessmuskel war erschlafft, in demselben
gelblich, breiiger Koth.

Da die Vermuthung einer Vergiftung nahe lag,
so erbrach die Mutter der Verstorbenen die im Schlaf-

gemache stehende Bettlade, und fand darin grünes
Reisig in einem Tuche, einen Topf, worin 2 Hand voll
davon abgekocht waren, und ein Seidelglas, welches
zur Hälfte mit einer solchen Abkochung erfüllt war,
ferner einige Stückchen weisser, krystallischer Körper,
welche sich später als Salpeter erwiesen.

Die gerichtliche Sektion, welche 6 Tage nach er-
folgtem Tode von Dr. Th. und P. vorgenommen wurde,
ergab noch Folgendes:

1. Die Leiche war im ersten Grade der Fäulniss,
die vordere Hälfte derselben blass, die rückwärtige mit
Todtenflecken besetzt, vom Magen bis zur Symphyse
der Leib bläulichgrün. Im Schädel fand man nichts
Abnormes, ebensowenig in der Brust. Der Rachen war
blassroth, die Schleimhaut nicht abstreifbar, der Oesophagus erst beim Eintritt in den Magen dunkelroth.
Der Magen sammt dem Zwölffingerdarme wurde unterbunden und aufbewahrt, ebenso wurden Theile der
Leber und Milz mitgenommen. Die dünnen sowie die
dicken Därme waren mit Gas und wenigen Fäces gefüllt, ausgedehnt, innerlich und äusserlich von injicirtem Blute dunkelroth gefärbt.

Der um das Dreifache vergrösserte Uterus war ebenfalls von injicirtem Blute dunkelroth, dessen innerer
länglicher Muttermund geschlossen. Der innere Raum
hatte einen Zoll im Durchmesser, und enthielt eine
dunkelrothe, kleistrige Masse, in der Grösse einer kleinen wälschen Nuss, deren nähere Beschaffenheit wegen
des stattgefundenen Fäulnissprozesses nicht angegeben
werden konnte. Auch die Ovarien waren im entwickelten Zustande.

Die chemische Prüfung der Eingeweide unternahm
der Apotheker S. als Sachverständiger.

Der Magen enthielt eine breiartige Masse von
grüner Farbe, worin unverdaute Speisereste sichtbar
waren, die einen säuerlichen Geruch entwickelten. Der
Mageninhalt und das Ausgebrochene wurde auf eine
jedoch nicht massgebende Art und Weise geprüft, und
kein metallisches Gift darin gefunden. Das im Trink-
glase befindliche Decoct war von gelblicher Farbe und
trüber Beschaffenheit. Dasselbe hatte einen weinigen

Geruch und einen indifferenten, faden Geschmack; in demselben befanden sich einige Blätter, welche die Kunstverständigen als Blätter des Eibenbaumes (Taxus baccata) ansahen. Die Flüssigkeit zeigte keine massgebende Reaction. Im Topfe, worin das Decoct bereitet worden war, befanden sich ausgekochte beblätterte Zweige des Eibenbaumes in wenig Flüssigkeit. Die oben erwähnten krystallinischen Körper stellten sich als salpetersaures Natron heraus. Die vorhandenen frischen Reiser wurden als die beblätterten Zweige des Eibenbaumes (Taxus baccata) erkannt. —

In Folge der widersprechenden Gutachten der zugezogenen Gerichtsärzte wurde die Sache an die Fakultät geleitet.

Die Behörde suchte um ein Superarbitrium an, mit der Frage: 1. Ob M. M. schwanger war oder nicht? 2. Ob die Zweige des Juniperus Sabina mit den in der Wohnung vorgefundenen Zweigen des Taxus baccata eine solche Aehnlichkeit haben, dass selbe leicht verwechselt werden können? 3. Ob der Genuss des Absudes von den Zweigen des Taxus baccata überhaupt und insbesondere der von den M. M. zubereitete und genossene Absud geeignet war, den Tod der M. M. herbeizuführen?

Gutachten.

Ad 1. Aktenmässig ist es sichergestellt, dass M. M. mit E. P. geschlechtlichen Umgang gepflogen habe, dass sie aus dem Ausbleiben des Monatflusses auf eine eingetretene Schwangerschaft schloss, dies auch wiederholt gegen ihren Liebhaber äusserte, und diesen endlich unter Androhung, sich durch einen Sturz ins Wasser das Leben zu nehmen, dazu vermocht hat, ihr ein Mittel zu verschaffen, welches sie für geeignet hielt, um von dem vermutheten Zustande befreit zu werden, und auf diese Art der Schande vor der Welt und den gefürchteten Verfolgungen von Seite ihrer Mutter zu entgehen. Es dürfte demnach keinem Zweifel unterliegen, dass M. M. sich wirklich schwanger wähnte. — Ausser dem, ohne Angabe der Zeitdauer erwähnten Ausbleiben des Monatflusses, welches übrigens für sich

allein durchaus nicht für den wirklichen Bestand einer
Schwangerschaft sprechen würde, findet sich zur verlässlichen Sicherstellung dieses Zustandes von mediz.
Standpunkte in den Erhebungsakten kein anderer Anhaltspunkt, als der im Sektionsprotokolle beschriebene Befund der Gebärmutter und ihres Inhaltes. Der um das
Dreifache vergrösserte Uterus war nämlich von injicirtem Blute dunkelroth, dessen innerer länglicher Muttermund geschlossen, und der innere Raum hatte 1 Zoll
im Durchmesser; er enthielt eine dunkelrothe, kleiste-
rige Masse in der Grösse einer kleinen wälschen Nuss,
deren nähere Beschaffenheit wegen des stattgefundenen
Fäulnissprozesses nicht angegeben werden konnte; auch
die Ovarien waren im entwickelteren Zustande. — Das
in seiner Entwicklung begriffene menschliche Ei hat
aber schon am Ende des ersten Monates einen Durchmesser von 9 Linien, lässt deutlich das zottige Cho-
rion, das Amnios, welches die Höhle des Chorions
nicht vollständig ausfüllt und den Embryo, dessen
Durchmesser 5 Linien beträgt, erkennen; der letztere
ist stark gekrümmt und hat eine hügelige Anschwellung, welche man deutlich als Kopf unterscheiden
kann. Diese Verhältnisse der Eihäute und des Embryo
lassen sich erfahrungsgemäss auch noch mehrere Tage
nach dem Tode der Mutter unterscheiden.

Da nun die untersuchenden Aerzte bei der schon
am 6. Tage nach dem Absterben der M. M. vorgenommenen Obduktion, und ungeachtet sich die Leiche erst
im ersten Grade der Fäulniss befand, nichts von alledem
gefunden haben, so ist, zumal von einem sonstigen krankhaften Zustande der M. M. auch nichts bekannt wurde,
der in der Gebärmutterhöhle vorgefundene Gegenstand
auch nicht wohl als ein normales menschliches Ei anzusehen, sondern als das Produkt einer erfolgten Empfängniss zu deuten, welches sich zu einem wahren menschlichen Eie nicht entwickelte, sondern zu einer sogenannten
Mole degenerirte.

Ad 2. Sind auch die Zweige des Sadebaumes (Juniperus Sabina) und jene des Eibenbaumes (Taxus baccata) bei einer einigermassen aufmerksamen Betrachtung
nicht leicht zu verwechseln; so kann doch nicht in Ab-

rede gestellt werden, dass eine solche Verwechslung von
Laien, welche gar keine oder keine genaue Kenntniss
der Bäume und Sträucher haben, die Unterscheidungs-
merkmale derselben nicht kennen, hierauf im Allgemeinen auch nicht zu achten pflegen, ganz wohl möglich sei,
zumal beide in Rede stehenden Pflanzen immer grün sind,
strauchartig aussehen und nadelförmige Blätter zeigen.
Eine solche Verwechslung wird von Seite unkundiger
Laien um so eher stattfinden können, wenn ihnen die Gelegenheit zur Vergleichung der beiden in Frage stehenden Objekte mangelt. Da nun E. P. behauptet, nur vom
Hörensagen gewusst zu haben, dass in O. ein solcher
Baum, wie M. M. ihn schilderte, steht, so erscheint eine
Verwechslung des Eiben- mit dem Sadebaume von Seite
des P. unter diesen Verhältnissen um so leichter erklärlich.

Ad 3. Der gemeine Eibenbaum (Taxus baccata)
wurde von jeher für giftig gehalten, und es sind die giftigen Eigenschaften desselben auch von den in dem Vor-
gutachten citirten Autoren, so wie auch von Orfila konstatirt worden. Aus Anlass des vorliegenden Falle wurde
auch bereits ein einschlägiger Versuch angestellt, und
ein Kaninchen mit den Blättern des Taxeibenbaumes
gefüttert. Das Thier nagte freiwillig und begierig
einige Zweiglein des vorgeworfenen Aestchens ab,
hatte aber kaum etwa ein Quentchen davon genossen,
als es unruhig wurde, in Convulsionen verfiel und bald
darauf verendete. Ausser einigen, zu leicht abstreifba-
ren Blasen erhobenen Epithelialschichten im Magen,
war keine Veränderung des Rachens, Schlundes, der
Speiseröhre und des Magens zu sehen. Es ist demnach
nicht zu bezweifeln, dass ein Absud von Zweigen des
Taxeibenbaumes überhaupt, und in konzentrirterer
Form, wie ihn M. M. zubereitet zu haben scheint, insbesondere vollkommen geeignet sei, den Tod herbeizuführen.

M. M. klagte über Unwohlsein, erbrach sich und
starb rasch nach kurzem Todeskampfe. Bald nach Eintritt des Todes bot die Leiche die Gesichtsmiene einer
Schlafenden, es zeigten sich eine tief gelbliche Haut-
farbe und an den tief liegenden Körpertheilen ausge-

breitete, intensiv blaue Flecke an den allgemeinen
Hautdecken, ferner erweiterte Pupillen; die oberste
Schichte der Schleimhaut der Lippen und der inneren
Backenflächen war erweicht, leicht abstreifbar und
theilweise abgestossen, — zumeist also Zeichen vorhanden, wie sie nach rasch wirkenden betäubenden
Giften, zu welchen Taxus baccata zu zählen ist, beobachtet zu werden pflegen; und welche bei grösserer
Genauigkeit des Sektionsbefundes (Instrukt. für die ge-
richtl. Leichenschau v. J. 1855, III. Hauptstk.) vielleicht in noch grösserer Anzahl ermittelt worden
wären. —

Unter solchen Umständen erscheint wohl die Annahme, M. M. sei in Folge des genossenen Eibenbaum-
absudes gestorben, gerechtfertigt. Mit voller Bestimmtheit lässt sich dies aber dennoch nicht behaupten, indem abgesehen davon, dass die dem Tode der M. vorangegangenen Erscheinungen an derselben von keinem
Sachverständigen beobachtet wurden, der pathologisch-
anatomische Zustand des Magens und Darmkanales un-
begreiflicherweise nicht erhoben erscheint, auch die
bei Vergiftungen so wichtige mechanische Untersuchung des Mageninhaltes (der Speisereste) gänzlich unterlassen, und die chemische Untersuchung überhaupt
in einer Weise durchgeführt wurde, dass sich aus dem
Vorgange und den Ergebnissen derselben für die An-
oder Abwesenheit irgend eines mineralischen und vegetabilischen Giftes überhaupt weder ein positives noch
negatives Urtheil mit Grund und Beruhigung fällen
lässt. Die Abkochung des Taxus baccata wurde überdies fast ausschliesslich aus den darin noch vorfindlichen Blättern dieses Baumes bestimmt, ohne dass weitere vergleichende Versuche (mit dem Mageninhalte etc.)
angestellt worden wären. Leider würde aber auch eine
Nachuntersuchung der Corpora delicti gegenwärtig zu
einem bestimmten Resultate nicht führen, da die meisten und wichtigsten derselben grösstentheils bei der
ersten Untersuchung verwendet worden zu sein scheinen.

Schliesslich glaubt man noch darauf hinweisen zu
müssen, dass es nicht ganz konstatirt erscheint, ob E.
P. die der Verstorbenen eingehändigten Zweige wirk-

lich von dem, in den Akten bezeichneten Baume abgerissen, oder aber dieselben vielleicht auf unerlaub-
tem Wege an sich gebracht habe.

§. 88.

Tod durch Ver-
brennung. Tod durch Verbrennung kann eintreten in Folge
der Einwirkung heisser Körper (Flammen, glühende
Kohlen und Metalle, siedende Flüssigkeiten) oder äz-
zender Substanzen auf den lebenden Organismus. Der
Befund wird je nach der Verschiedenheit der einwir-
kenden Körper, je nach der Dauer der Einwirkung
und nach Massgabe anderer äusserer Umstände verschieden sein, und von einfacher Röthung bis zu gäuz-
licher Verkohlung wird man alle möglichen Uebergänge
treffen können, so z. B. Entzündung äusserer und innerer
Organe, Brandblasenbildung, Exsudationen, Granulationsbildung, Eiterung, Pyämie, Verkohlung einzelner
Körpertheile, Verkohlung des ganzen Körpers bis zur
Unkenntlichwerdung desselben. Wo die Verhältnisse
sonst klar sind, wird es sich bloss darum handeln, den
Causalnexus zwischen Verbrennung und Tod darzule-
gen und zu erweisen, dass der Umfang der Verbrennung oder die Summe der vorhandenen Verbrennungen die hinreichende Todesursache enthalten. Es kommen jedoch auch mitunter complizirtere Fälle vor. Es
kann sich um die Diagnose handeln, ob die vorliegenden Beschädigungen von Feuer, erhitzten metallischen
Körpern oder Flüssigkeiten oder von mineralischen
Säuren herrühren. Es kann weiter die Frage entstehen,
ob die Brandwunden im Leben oder erst nach dem
Tode zugefügt wurden.

Bei Verbrennung durch Feuer findet man die
Wirkungen desselben nebeneinander an der Leiche:
stehende oder abgeschundene Blasen, geröstete, ver-
kohlte Stellen, Spuren von Russ auf der Haut, herrührend von verbrannten Kleidungsstücken, von Verkohlung
der Hauthaare, die dort, wo sie noch vorhanden sind, unter dem Mikroskope als versengt erkannt werden können.
Ausserdem sind noch die chemische Untersuchung, durch
welche das Vorhandensein ätzender Stoffe ausgeschlossen

wird, das Vorfinden etwaiger Reste des Brennmateriales
und die Eruirung der äusseren Umstände vom Belange.

Schwefelsäure erzeugt schmutzigbraune, Salpetersäure gelbe Flecken oder Streifen, die lederartig zu schneiden sind, und ein zerstörtes Corium zeigen; keine der
beiden Säuren verkohlt jemals die Haare. Die chemische
Analyse muss sich stets auf quantitative Bestimmung der
Säure einlassen, und nur wo grössere Mengen von Schwefelsäure in Haut oder Kleidern nachgewiesen werden,
lässt sich die Annahme einer Beschädigung durch diesen
Stoff rechtfertigen. Das Vorhandensein blosser Spuren
von Schwefelsäure berechtigt noch nicht zur Annahme
einer Beschädigung durch dieselbe, indem nach den Versuchen und Erfahrungen Maschka's auch bei Verbrennungen durch Feuer bisweilen geringe Mengen von Schwefelsäure in Haut und Kleidern chemisch nachgewiesen
werden können.

Ob die Verbrennung vor oder nach dem Tode stattgefunden? kann die dem Gerichtsarzte zur Entscheidung
vorgelegte Frage lauten. Es kann nämlich Jemand durch
gewaltsame Art, z. B. durch Erwürgen, Erhängen, gestorben und zur Verdunkelung der verbrecherischen That
nach dem Tode ins Feuer geworfen worden sein.

Ist der Körper vollständig verkohlt, dann ist allerdings jede weitere Untersuchung unnütz. Sind bloss einzelne Partien verbrannt, andere jedoch vom Feuer unversehrt, so werden an den letzteren etwa noch wahrnehmbare Veränderungen, z. B. Wunden, Zerschmetterungen etc. über die Todesursache Aufschluss geben. Bei
Verbrennungen, die noch im Leben erlitten wurden, finden sich übrigens Zeichen der vitalen Reaktion, nämlich
Brandblasen, Brandschorfe, mit dem freien Auge sicht-
baren, mehr weniger breiten, verschieden roth gefärbten
Entzündungshöfen, und mit mehr weniger entzündlich
gerötheter Basis. Ist der Tod erst längere Zeit nach der
Verbrennung eingetreten, so werden sich manchmal auch
andere Reaktionserscheinungen, Granulationsbildung, Eiterung etc. erkennen lassen. Eine Verwechslung mit Ver-
wesungsblasen wird, da bei den letzteren alle eben angeführten Charaktere fehlen, kaum möglich sein. Wo die
Haut viel Flüssigkeit enthält, ist Blasenbildung durch

Einwirkung von Feuer selbst nach dem Tode möglich. Es fehlt aber auch diesen Blasen der rothe Saum oder Entzündungshof und der entzündlich geröthete Grund, ebenso wie den an Leichen durch das Experiment erzeugten, mit Dämpfen und Gasen gefüllten Blasen (M a s c h k a), welche bald nachdem sie gebildet sind, platzen, und einen weisslichen Grund annehmen; denn auch bei diesen nach dem Tode erzeugten Blasen fehlen die Zeichen entzündlicher Reaktion.

§. 89.

Tod durch Blitzschlag.

Die Diagnose des Todes durch Blitzschlag wird zum Theil aus den an der Leiche vorgefundenen anatomischen Merkmalen, zum Theil aus den äusseren Momenten erschlossen. Zu den letzteren gehört vor Allem, dass ein Gewitter nothwendig vorangegangen sei.

Der Tod wird hier durch Erschütterung des Nervensystems veranlasst, welche durch keine an der Leiche vorhandenen Merkmale zu eruiren ist.

In manchen Fällen finden sich jedoch greif- und sichtbare Veränderungen, und zwar Sugillationen, Wunden, Verbrennungen, welche letztere auch bloss von den verbrannten Kleidungsstücken herrühren können. Die Sugillationen zeigen sich häufig in Gestalt blauer, den Venen entsprechender Zeichnungen auf der äusseren Oberfläche, die sich auch bis in die Tiefe, Unterhautzellgewebe, Muskulatur etc. erstrecken können. Die Phantasie englischer und amerikanischer Aerzte wollte in den Sugillationen die durch den elektrischen Funken gleichsam photographirte Gestalt von Bäumen, Häusern, Zäunen, in deren Nähe sich der vom Blitze Getroffene befand, erkennen; doch deuten dieselben lediglich den Weg an, welchen der Blitz durch den Körper genommen. Die Trennungen des Zusammenhanges und Wunden können mehr oder weniger ausgedehnt sein, gehen oft in die Tiefe bis auf den Knochen, und zeigen meistens eine gerissene Beschaffenheit. Im Uebrigen zeigt sich an der Leiche weder in den innern Organen, noch im Blute, noch sonst irgend eine Verschiedenheit von den Befunden bei den sogenannten natürlichen Todesarten.

Verbrennung durch Alkohol.

Joseph H., ein 43jähriger Bräuergeselle, erlitt am 9. September durch entzündeten Spiritus eine Verbrennung der ganzen hinteren Körperhälfte. Bei der Aufnahme im Krankenhause fand man den ganzen Rücken in eine harte, feste, braune Schwarte verwandelt. Am Gesässe und an der hintern Fläche beider untern uud obern Extremitäten war die Cutis grösstentheils blossliegend, die Epidermis theils fehlend, theils in Blasen erhoben. Auf die wunden Stellen wurden Fettlappen gelegt, die Blasen aufgestochen und fast· der ganze Körper iu Watta eingehüllt.

Am 12. September stellte sich heftige Diarrhöe ein, die Brandwunden waren mit Jauche bedeckt, die Schwäche und· Mattigkeit nahmen zu. Nachdem dieser Zustand mit abwechselnder Besserung und Verschlimmerung bis zum 30. September gewährt hatte, traten am 1. Oktober Schüttelfröste ein, zu denen sich alsbald alle Erscheinungen von Lungenentzündung hinzugesellten, welchen der Kranke am 4. Oktober erlag.

Bei der Obduktion fand man die Leiche im höchsten Grade abgemagert, die ganze Rückenfläche vom Nacken angefangen bis zu den Fersen hinab in eine schwarzbraune, stellenweise zerklüftete Schwarte verwandelt, aus deren Spalten eine übelriechende Jauche ausfloss; stellenweise, insbesondere in der Gegend des Kreuzbeines waren die Weichtheile derart zerstört, dass die Knochen im weiten Umfange blosslagen. Alle Organe anämisch, das Gehirn serös durchfeuchtet, zwischen den Meningen viel Serum angesammelt. Die obern Lappen beider Lungen ödematös, die unteren hepatisirt, mit zahlreichen erbsen- bis bohnengrossen Eiterherden durchsetzt. Die Leber normal, die Milz geschwellt, mit zahlreichen erbsengrossen Blutextravasaten durchsetzt; die Schleimhaut des dünnen Darms in der Nähe der Coecalklappe fein injicirt, jene des Dickdarmes etwas geschwellt, serös infiltrirt, nirgends jedoch eine Geschwürsbildung bemerkbar. — In dem Gutachten wurde die Verbrennung als die Ursache des Todes und somit für eine schon ihrer allgemeinen Natur nach tödtliche Verletzung erklärt.

Einundvierzigster Fall.

Tod durch Blitzschlag.

Während eines starken Gewitters suchte der Ochsentreiber S. L. auf einer Au Schutz unter einem Baume, in welchen der Blitz einschlug. S. L. blieb augenblicklich todt am Platze. Bei der Obduktion fand man:

Der Körper mittelgross, kräftig gebaut, am Rücken und an den Extremitäten mit ausgebreiteten Todtenflecken versehen. Kopfhaar braun, lang, Hals kurz, Brust gewölbt, Unterleib mässig angezogen. Aeusserlich keine Verletzung bemerkbar. Auf der Spitze der linken Thoraxhälfte, über die Clavicula nach aufwärts sich erstreckend, eine baumartige Zeichnung von röthlichgrauer Färbung. Die weichen Schädeldecken blass, das Schädelgewölbe kompakt, die inneren Hirnhäute trüb, Gehirn mässig mit Blut versehen, in den Hirnhöhlen einige Tropfen Serum. Der linke Sehnerv atrophisch. In der Luftröhre grauröthlicher Schleim. Die rechte Lunge stellenweise angeheftet, beide Lungen aufgedunsen, ödematös. Der rechte Oberlappen in seinem vordern, untern Ende dicht, luftleer, mit erweiterten blennorrhoischen Bronchien durchsetzt. Im Herzbeutel eine halbe Unze Serum, das Herz schlaff, in seinen Höhlen flüssiges Blut. Die Leber schmutzigbraun, in der Gallenblase braune Galle. Die Milz gross, dunkelroth, blutreich. Im Magen unverdaute Speisereste, in den Gedärmen galligschleimige fäkulente Stoffe. Die Nieren ziemlich blutreich, in der Harnblase etwas röthlichgelber Harn. — In dem

Gutachten

wurde nach dem Ergebnisse der Sektion im Einklange mit den erhobenen äusseren Umständen Tod durch Blitzschlag angenommen.

§. 90.

Neugeborne ausgenommen, kommt der Erfrierungstod wohl nur als Unglücksfall vor, und bei auf freiem Felde oder sonst erfroren vorgefundenen Leichen werden die näheren Umstände sowie der Mangel aller auf eine gewaltsame Todesart deutenden positiven Zeichen hinlängliche Anhaltspunkte zur gerichtlichen Beurtheilung des Falles bieten. Es ist physiologisch sichergestellt, dass

eine merkliche Temperaturverminderung unter Null den
Tod unzweifelhaft zur Folge hat, dass die Schnelligkeit
des Todes im Allgemeinen mit dem Grade der Tem-
peratursverminderung im Verhältnisse steht, und dass
die Individualität in den Wirkungen der Kälte eine
wichtige Rolle spielt. Kinder z. B. unterliegen dem
Erfrieren eher als Erwachsene, geschwächte Individuen
eher als kräftige, und Trunkenheit steigert entschieden
den nachtheiligen Einfluss der Kälte.

Die anatomischen Charaktere, welche die Leichen
Erfrorener darbieten, sind: Viel stärkere Leichenstarre
als nach jeder anderen Todesart, Brüchigkeit der Extremitäten und hervorragender Theile, wie Ohren,
Nase, Congestivzustand des Gehirns und seiner Häute,
Hyperämie der Lunge, Blutklumpen im rechten Herzen, röthliche Streifen im Unterhautzellgewebe, die
nach dem Aufthauen der Leiche auf der blassen Haut
sichtbar werden, häufig Auseinandertreten der Kronen-
und Pfeilnaht des Schädels.

Doch scheinen die eben angeführten anatomischen
Kennzeichen allein nichts Charakteristisches für die
Diagnose des Erfrierungstodes zu besitzen, und es wird
dieser letztere, wie schon gesagt, beim Mangel aller
Inzichten, aus dem Fehlen aller auf eine andere gewaltsame Todesart deutenden Befunde und aus den
äusseren Umständen in Verbindung mit den vorgefunden anatomischen Merkmalen zu erschliessen sein.
Nur wenn man im Schnee oder auf dem Eise einen
bereits in Verwesung übergegangenen Leichnam auf-
findet, so kann man mit Sicherheit annehmen, dass der
Mensch nicht den Erfrierungstod gestorben, sondern
dass er als schon verweste Leiche dorthin gelangt war.

§. 91.

Tod durch Verhungern tritt ein nach längerer Tod durch Ver-
oder kürzerer, theilweiser oder gänzlicher Entziehung hungern.
der Nahrung.

Durch konsequent plötzlich entzogene Nahrung,
also durch rasches Verhungern sterben z. B. gewaltsam
eingesperrt gehaltene Personen, durch allmälig fortgesetzte mangelhafte Ernährung in Folge liebloser Be-

handlung von Seite ihrer Umgebung sterben Kinder, Findlinge, Pfleglinge den Hungertod. Im Ganzen kommt die Untersuchung dieser Todesart nur selten vor und es sind auch hier wieder die Umstände, welche den meisten Aufschluss geben werden. Aus dem Zusammenhalten dieser äusseren Umstände, der Abwesenheit von Zeichen einer vorausgegangenen Krankheit oder einer andern gewaltsamen Todesart und dem Auffinden jener Merkmale, die gewöhnlich bei Verhungerten sich auffinden lassen, wird der Gerichtsarzt die Diagnose stellen.

Diese anatomischen Merkmale des Hungertodes sind: Allgemeine Abmagerung, faltige, runzelige Haut, Fettschwund, dünne, welke, weiche, blasse Muskulatur. Magen- und Darmhäute verdünnt (Donovan), Magen klein, zusammengezogen, dessen Schleimhaut gefaltet, gewulstet oder gerunzelt, mit neutral reagirendem Schleime bedeckt. Der bloss etwas Galle und Schleim enthaltende Darm ebenfalls zusammengezogen, blutarm ; ebenso Milz und Pancreas. Die Gefässe allgemein verengert, allgemeine Anämie.

Wie lange ein Mensch bei konsequent entzogener Nahrung leben könne, hängt vom Alter, Geschlechte, Habitus und Kräftezustand und ähnlichen Verhältnissen ab. Als der äusserste Termin dürfte wohl 12 bis 14 Tage bezeichnet werden.

§. 92.

Tod durch Ersticken. Asphyxie. Tod durch Ersticken, Stickfluss, Asphyxie tritt ein nach Abschluss der atmosphärischen Luft vom Apparate der Respiration. Durch den behinderten Zutritt der atmosphärischen Luft zum Athmungsorgane wird dem Blute der zum Leben unentbehrliche Sauerstoff entzogen, das Blut wird nicht decarbonisirt, es verliert seine ernährende und nervenreizende Kapazität. Einerseits also durch Veränderung des Blutchemismus, andererseits durch plötzliche Lähmung der Lungen- und Herzinnervation oder der Nervenzentren wird in Folge des entzogenen Sauerstoffreizes der Tod eintreten.

Eine Menge von Ursachen sind es, welche Tod durch Erstickung zur Folge haben. Wir finden hier

vor Allem eine ganze Reihe pathologischer Prozesse,
Larynx-, Pleura-, Lungen- und Herzkrankheiten, Glot-
tiskrämpfe etc., bei welchen durch stetig fortschreitende
Athmungsinsuffizienz langsam uud allmälig asphycti-
scher Tod eintritt, die jedoch den Gerichtsarzt als solchen nicht weiter interessiren. Zu erwähnen wären sodann alle mechanischen Respirationshindernisse, als Verschluss der Luftwege durch Compression der Brust
oder des Bauches, durch Erdrücken in grossem Ge-
dränge ; ferner Verschluss der Luftwege durch Erhängen, Erwürgen, Erdrosseln, durch fremde Körper, die
in den Kehlkopf gerathen oder in der Speiseröhre
stecken bleiben und den Larynx oder die Trachea
komprimiren. Ferner Verletzungen, welche den Mecha-
nismus der Respiration stören oder aufheben, z. B.
Zwerchfellrisse, Verletzungen der Medulla oblongata,
mächtige Erschütterungen, Blitzschlag. Endlich ist als
Ursache der Asphyxie zu erwähnen der verhinderte
Zutritt der atmosphärischen Luft durch flüssige und
feste Körper, — Ertrinken, Verschüttetwerden — und
der Eintritt irrespirabler Gase in die Luftwege : Chlo-
roform- und Aetherdämpfe, Kohlenoxyd, Rauch etc.
Die Todesart : Erstickung, wird der Gerichtsarzt zu
erschliessen im Stande sein aus dem Fehlen objektiver,
für eine andere Todesart sprechender Gründe, aus den
gerichtlich erhobenen äusseren Umständen und aus
dem anatomischen Befunde, wie er bei Asphyxie gewöhnlich vorkommt.

Die anatomischen Merkmale, wie sie die Section ergibt, sind die des kohlenstoffreichen Blutes und der Störung des kleinen Kreislaufs. Man findet also die Zeichen
rasch eintretender Verwesung, dunkles, stark flüssiges
Blut, auffallenden Blutreichthum in den Hirnsinus und
den Venen des Gehirns. Die Schleimhaut der Luftröhre
mehr oder weniger injicirt, zinnoberroth gefärbt, von einzelnen dendritischen Stellen bis zu gleichmässiger zin-
noberrother Färbung der ganzen Schleimhaut, welche Färbung von der schmutzigrothen Farbe, wie sie gewöhnlich
bei andern Leichen sich findet, wohl zu unterscheiden
ist. In der Luftröhre und den Bronchien blutig schaumige
Flüssigkeit. Man findet weiter grosse Blutüberfüllung

im gesammten Venensystem, also in den Venen des Gesichts, des Halses, in den Hohlvenen, in den Lungenarterien, und in dem rechten Herzen bei gleichzeitiger Leere des linken Ventrikels, endlich Blutfülle der Lungen, der Leber und der Nieren. Cyanose des Gesichts und der Lippen, Injection der Conjunctiva, angeschwollene Zunge, blutig schaumige Flüssigkeit im Munde sind häufige, aber nicht konstante Befunde, ebenso werden je nach den vorhandenen äusseren Umständen sich auch mancherlei andere zufällige Befunde ergeben, z. B. Frakturen, Sand, Staub, Erde im Munde, an den Kleidern Verschütteter, Kohlenstaub bei im Rauche Erstickten etc., Befunde, die vollständig aufzuzählen unmöglich ist, die jedoch dem aufmerksamen Gerichtsarzt nicht entgehen, die sein Urtheil zum Theil bestimmen und leiten werden. Zu bemerken wäre jedoch, dass der Obduktionsbefund gewisse graduelle Verschiedenheiten ergeben könne. Es können wohl alle eben angeführten Erscheinungen gleichzeitig zugegen sein, es kann aber ein oder das andere Zeichen auch fehlen. Immer werden aber die vorhandenen Befunde zusammengenommen ein Gesammtbild liefern, welches zur Stellung der allgemeinen Diagnose: Tod durch Erstickung hinreichen wird.

§. 93.

Tod durch Strangulation: Erhängen, Erdrosseln, Erwürgen.

Durch Erstickung tritt der Tod auch ein bei Strangulation, also beim Erhängen, Erdrosseln, Erwürgen; doch werden begreiflicherweise je nach der Art der gewaltsamen Einwirkung auch die auftretenden Merkmale verschieden sein. Bei allen diesen drei Todesarten findet die Tödtung statt durch Druck auf den Hals und dessen Gebilde; beim Erhängen durch den geringern oder stärkern Druck mit einem Strangwerkzeuge, wo aber der Tod nicht durch das letztere, sondern durch die Schwere des Körpers vermittelt wird; beim Erdrosseln durch kräftigen, kreisförmig wirkenden Druck mit einem Strangwerkzeuge, welches eben den Tod vermittelt; beim Erwürgen durch kräftigen oder einige Zeit fortgesetzten Druck mit den Fingern auf den Hals. Bei allen drei eben genannten Todesarten findet ein Druck statt auf die vielen, in den kleinen Raum zusammengedrängten wichtigen Organe,

auf die Gefässe und Nerven, auf das Zungenbein, den
Kehlkopf, die Luftröhre, und es tritt eine Störung der
Circulation ein in der Richtung vom Herzen zur Peri-
pherie sowie in dem Rückflusse des Blutes zum Herzen.

Die Erfahrung lehrte, dass bei Strangulirten oft die
Erscheinungen der Störung des kleinen Kreislaufes, also
der Asphyxie nicht deutlich ausgesprochen sind; es fehlt
nämlich sehr häufig die Hyperämie oder Blutüberfüllung
der Lunge; dafür jedoch trifft man gewöhnlich oder fast
konstant Hyperämie des Gehirns und seiner Häute, manchmal sogar Apoplexie. Man kam daher zu der anatomisch
begründeten Annahme, dass der Tod nicht durch Asphyxie allein, sondern gleichzeitig auch durch Apoplexie,
d. i. also durch Stickschlagfluss eintrete.

Der örtliche Befund am Halse wird in allen Fällen
von Tod durch Strangulation die wichtigsten Resultate
ergeben. Man findet hier die sogenannte Strangmarke oder
Strangrinne, das ist eine in verschiedener Richtung verlaufende Furche in der Haut des Halses, deren Verhältnisse in Bezug auf Breite und Tiefe je nach der Verschiedenheit der strangulirenden Werkzeuge, Tücher, Hosen-
träger, Bänder, Stricke, Schnüre, Bindfaden, Darmsai-
ten etc. verschieden sind. Diese Strangmarke kann bei
baldiger Entfernung des strangulirenden Werkzeuges bis
zur Unkenntlichkeit wieder verschwinden, und kann
überhaupt bald stärker, bald schwächer ausgesprochen
sein. Sie verläuft bei Erdrosselten rund um den Hals fast
horizontal, und am Nacken zeigt sich noch mitunter der
dem Knoten entsprechende Eindruck. Bei Erhängten (namentlich Selbstmördern), wo eben die Schwere des Körpers wirkt, ist gewöhnlich der Nacken frei, und die Strangrinne verläuft hinter den Ohren am Hinterhaupte nach
oben ; sie kann übrigens in beiden Fällen hie und da Un-
terbrechungen zeigen, hier seichter, da tiefer, hier breiter,
dort schmäler sein, je nach den Umständen, welche eben
obwalteten. Die Breite entspricht im Allgemeinen der Breite
des Strangwerkzeuges, die Tiefe hängt ab von der geringen Breite oder Dünnheit des Werkzeugs, von dem Gewichte des Körpers, von der Beschaffenheit der Weichtheile. Die Farbe der Strangrinne ist gewöhnlich eine
braune in der verschiedensten Nuancirung, blass-, roth-,

gelbbraun, sie zeigt auch mitunter keine Veränderung der
Farbe. Die Haut derselben ist häufig excoriirt, abgeschil-
fert und daher vertrocknet, sie ist hart, lederartig, pergamentartig, glänzend. Sie zeigt beim Einschneiden verschiedene Consistenz; nie findet man in derselben oder in
unterliegenden Zellgeweben Extravasat, sondern auf der
Schnittfläche zeigen sich bloss kleine Blutpünktchen.
Durch den Druck des Strangwerkzeugs auf die Cutis wird
nämlich der Rückfluss des Blutes aus den kleinsten Ge-
fässchen gehindert, und beim Einschneiden tritt das Blut
in Form kleiner Pünktchen aus den zerschnittenen Ge-
fässchen hervor.

In Fällen von Umschlingung der Nabelschnur um
den Hals des Kindes, wo also auch Strangulation stattfindet, findet man entsprechend der Nabelschnur eine zwei-,
dreifache, sugillirte, rund ausgehöhlte Strangrinne, welche
ununterbrochen um den Hals läuft, weich ist, und in welche
die Nabelschnur hineinpasst.

Als zufällige andere Zeichen bei Strangulirten werden häufig Turgescenz des Gesichts, Prominenz der Bulbi,
Hervorragen der Zunge, Turgescenz der Genitalien, Spuren von Ejaculation des Samens und Abgang von Fäces,
die im Momente des Todes stattfinden sollen, angegeben.
Das Vorkommen dieser Merkmale selbst zugegeben, lässt
sich von ihnen bloss sagen, dass sie eben nur zufällige
Befunde bilden, die für die Diagnose des Todes durch
Erhängen oder Erdrosseln durchaus nichts Charakteristisches bieten. Viel mehr beweisend sind, wenn sie vorgefunden werden, lokale Veränderungen: Zerreissungen
der Halsmuskeln, des Zungenbeins, der Kehlkopfknorpel,
der Luftröhrenringe, der Bänderapparate des Larynx, der
Wirbelsäule, sowie Verrenkungen oder Brüche der Hals-
wirbel. Doch muss gleichfalls hinzugefügt werden, dass
auch das Fehlen dieser zufälligen Befunde die Möglichkeit des Todes durch Strangulirung nicht ausschliesst.
Beim Tode durch Erwürgen werden ausser den eben erwähnten lokalen Verletzungen des Zungenbeins und der
Kehlkopfknorpeln Spuren von Fingereindrücken in der
vorderen oder seitlichen Halsgegend gefunden werden,
es lässt sich manchmal die Spur der Daumenconfiguration
wahrnehmen, ausserdem findet man Hautaufschürfungen,

trockene, der Strangmarke analoge, härtliche Flecke, Zerkratzungen etc.

In Bezug auf die Strangmarke ist zu bemerken, dass sie nichts Charakteristisches für den Tod durch Erhängen bietet. Dieselbe bildet sich am Halse ebensowohl im Leben wie nach dem Tode Gehängter, und die differenzielle Diagnose einer im Leben von einer nach dem Tode entstandenen Strangmarke gehört zu den Unmöglichkeiten. Wenn Jemand mit den Merkmalen des Aufhängens gefunden wird, so entsteht noch immer die Frage: Ist der Tod veranlasst durch Erhängen oder wurde der Körper erst als Leichnam aufgehängt. Die Beantwortung dieser Frage wird nach Eruirung der obwaltenden Umstände und nach Ausschliessung des Selbstmordes nicht zu den grössten Schwierigkeiten gehören. Denn es lässt sich behaupten, dass nur ein Mörder ein Interesse daran haben kann, eine Leiche aufzuhängen, um nämlich den Verdacht des Mordes abzulenken, und die Annahme eines Selbstmordes möglich erscheinen zu lassen. Ist dies der Fall, dann werden sich an der Leiche gewiss Spuren und Merkmale finden, aus welchen die anderweitige Todesart sich wird nachweisen lassen. Mit Recht sagt daher Schürmayer: „So lange bei einem gehängt Gefundenen eine anderweitige Todesart aus positiven, concreten, thatsächlichen Merkmalen nicht als gewiss, wahrscheinlich oder möglich nachgewiesen werden kann, muss der Erhängungstod angenommen werden." Finden sich also bei einem erhängt Gefundenen die Zeichen des suffocatorischen oder apoplectischen Todes, ist eine andere gewaltsame Todesart weder nach den Umständen, noch aus dem Sektionsbefunde annehmbar, so kann das Gutachten sich mit Bestimmtheit für den Tod durch Strangulation aussprechen.

§. 94.

Die Todesart des Ertrinkens ist der durch Ersticken analog; der Tod erfolgt durch Verhinderung des Luftzutrittes zu den Athmungsorganen durch ein flüssiges oder halbflüssiges Medium. Es ist dabei nicht nöthig, dass der ganze Körper in dem Medium untergetaucht sei, es ge-

Tod durch Ertrinken.

nügt, dass der Kopf oder auch bloss die natürlichen, der
Athmung dienenden Oeffnungen, Mund und Nase, sich
in der Flüssigkeit befinden. So wie bei Erstickten und
Strangulirten tritt also bald suffokatorischer, bald apo-
plektischer oder durch Mangel des Sauerstoffreizes auch
neuroparalytischer Tod ein.

Die Merkmale des Ertrinkungstodes sind also diejenigen des Erstickungstodes, die wir oben angegeben
haben. Ausserdem wären hier noch vom Belange: Sand,
Schlamm, Schilf und Wasserpflanzen an den Nägeln,
zwischen Fingern und Zehen, das Vorhandensein von Ertränkungsflüssigkeit im Magen, emphysemartiges Aufge-
dunsensein der Lungen, Gänsehaut und Zusammenge-
zogensein des Penis. Andere Zeichen, die für den Er-
trinkungstod sprechen sollten, die jedoch unerhebli-
chen diagnostischen Werth haben, sind: Kälte und
Blässe der Haut, Offenstehen des Kehldeckels, hoher
Stand des Zwerchfells, Leere der Harnblase. Eindringen von Ertränkungsflüssigkeit in die Bronchien und
Lungen kommt wohl mitunter vor, wiewohl Beau auf
Grundlage zahlreicher Experimente behauptet, dass
durch krampfhafte Schliessung der Glottis die Luftwege geschlossen sind, und ausser diesem mechanischen Hindernisse des Eintrittes von Flüssigkeit in die
Luftröhre auch ein anderes vorhanden ist, nämlich ein
Stillstand der Athembewegung oder vielmehr eine Art
instinktiver Lähmung der Athmungsmuskeln. Der in
den Luftwegen vorfindliche Schaum entspricht jedenfalls demselben Befunde bei Erstickten.

Die Frage: wie lange eine Leiche im Wasser
gelegen habe, wird sich mitunter annähernd beantworten lassen (siehe §. 78.).

Ein Mensch kann lebend durch Zufall, durch
Selbstmord, durch verbrecherische Hand, oder als Leiche
ins Wasser gelangen. Dafür, dass ein Mensch schon
todt ins Wasser gelangte, werden sich Merkmale, namentlich wenn der Verwesungsprozess schon weit vorgeschritten ist, häufig nicht mehr auffinden lassen. Als
Anhaltspunkte müssen benützt werden: Fehlen der
Merkmale des Erstickungstodes, positiver Befund, aus
dem sich eine bestimmte gewaltsame Todesart ergibt,

also Vorfinden von Verletzungen, die im Leben zugefügt worden sein mussten, Vorfinden von Gift im Magen; sorgfältige und kritische Berücksichtigung aller
erhobenen äusseren Umstände. Bei Beurtheilung der
etwa vorgefundenen Verletzungen ist grosse Vorsicht
nöthig, da Leichen, die aus dem Wasser gezogen
werden, mitunter von Wasserthieren angenagt sind,
oder durch Rettungswerkzeuge, durch Anstossen an
Steine, Felsen, Stämme beschädigt worden sein konnten. Auch Selbstmörder können, bevor sie sich ins
Wasser werfen, Selbstentleibungsversuche gemacht haben.

Die meisten Leichen, die aus dem Wasser gezogen werden, gehören Verunglückten oder Selbstmördern an. Bei den ersteren werden in den meisten Fällen die erhobenen Umstände, unter welchen der Tod
erfolgte, Aufklärung geben.

Verschütten. Erstickung im Sand.

Zwei Tage nach dem Tode, im Juli bei 17 Grad R. ^{Zweiundvierzig-} Zweiundvierzig-
ster Fall.
wurde die noch frische Leiche eines 33jährigen, sehr
kräftigen Mannes obduzirt, der obdachlos, sich in eine
Sandgrube schlafen gelegt hatte und darin verschüttet
worden war. Das ganze Gesicht war mit Sand bedeckt.
Die Zunge lag hinter den Zähnen und lag etwas Sand
darauf. Im Kopfe nichts Hervorzuhebendes. In der Luftröhre etwas blutiger Schaum, aber viel Sand bis in die
Bronchien der Schleimhaut anklebend. Die Lungen strotzten von Blut und Oedem, das Herz war in beiden Hälften
mit ganz flüssigem, dunklem Blut sehr gefüllt, die Lungenarterien sehr hyperämisirt. Die Speiseröhre leer. Der
Magen leer, die Leber wog sechs und ein halbes Pfund,
die Harnblase sehr voll, die Nieren hyperämisch, die
Hohlader nicht übermässig gefüllt.

Erstickung in Kohlenoxydgas.

Sie war bei der auf dem Obduktionstische liegenden
24jährigen Frau ziemlich langsam erfolgt, denn es war,
als man sie noch lebend, aber bewusstlos und röchelnd
fand, noch zur Ader gelassen und sie nach einem Krankenhause geschafft worden, wo sie indess schon todt aufgenommen wurde. Die Leichenstarre war 3 Tage nach

dem Tode noch vollständig an den untern, und halb vorhanden an den obern Extremitäten. Auffallend war, wie überhaupt bei Erstickten, hier die rasche Verwesung, denn bei 1—3 Grad R. im November waren am 3. Tage die Bauchdecken schon ganz grün. Die Zunge lag hinter den Zähnen. Das Gehirn nicht hyperämisch, die Luftröhre zeigte zinnoberrothe Gefässinjectionen, ihr grösster Theil aber hatte schon die chocoladebraune Verwesungsfarbe, sie enthielt nur etwas blutige Flüssigkeit, dergleichen aber beim Druck auf die Lungen in grosser Menge hinaufstieg. Das Herz in allen Höhlen, zumal in der rechten Kammer, die Kranzadern und grossen Bruststämme waren strotzend mit sehr dunklem, stark coagulirtem Blute gefüllt. Leber, Milz und Nieren nicht übermässig bluthaltig. Koth und Urin waren ins Hemd gegangen.

Erstickungen in Rauch.

Zwei Geisteskranke, Einwohnerinnen einer Irrenananstalt seit 18 und 15 Jahren, im Alter von 50 und von 32 Jahren, die Eine von Jugend auf stumpfsinnig, die Andere tobsüchtig, wurden in ihren Betten im Jänner todt gefunden. Die Wärterin hatte Morgens um 5 Uhr, als beide noch schliefen, im Ofen, der von innen geheizt wurde, mit Braunkohlen und Kienholz Feuer gemacht, und die schlecht schliessende Ofenklappe zu öffnen vergessen. Als sie nach 2 Stunden wieder eintrat, fand sie das ganze Zimmer mit einem stinkenden Qualm erfüllt, die Flammen im Ofen und die beiden Weiber todt. Noch nach 3 Tagen bei fortwährend geöffnet gebliebenen Fenstern war das Zimmer, als zu den Obduktionen geschritten wurde, mit Creosotgeruch erfüllt. Beide Leichen zeigten genau dieselben Befunde. Beider Leichen Luftröhren waren schön zinnoberroth injicirt und mit einem perlenden Gischt ausgestopft, nach dessen Beseitigung sich, vorzugsweise die Kehlkopfschleimhaut, weniger die Luftröhren, mit Kohlenstaub bedeckt fanden. Die Lungen im seltensten Grade ödematös, normal gefärbt, mässig blutreich. Herz und Lungenarterien leer, die Leber mit dunklem, flüssigem Blute stark gefüllt; am Magenfundus dendritische, purpurfarbene Stasen. Milz und Nieren stark hyperämisirt, die grossen Bauchvenen strotzend mit Blut gefüllt.

(Hierher auch Seite 6, erster Fall, Erstickung durch
einen Spulwurm.)

**Erhenkt gefundene Leiche; vorgefundene Ver-
letzungen; gewaltthätige Einwirkung von Seite
eines Dritten, Ausschliessung eines Selbstmordes.**

Am 5. Dezember wurde Johann T. auf einer ^{Dreiundvierzig-} Weide erhängt aufgefunden. Man fand die Füsse der
Leiche mindestens zwei Ellem vom Erdboden entfernt.
Fusstritte waren nirgends zu sehen, da es erst in jüng-
ster Zeit stark geschneit hatte. Die Leiche wurde abgenommen und in ein geheiztes Lokale gebracht. Die
Anwesenden äusserten sich dahin, dass dieselbe so
hoch hing, dass Johann T., um sich aufzuhängen, jedenfalls auf den Baum hätte hinaufklettern
müssen.

Am 9. Dezember wurde die Obduktion von Dr.
J. und R. vorgenommen. An den Kleidern keine Spur
von Gegenwehr. In der Mundhöhle kein fremder Körper, am behaarten Kopfe keine Verletzung wahrzu-
nehmbar. Am Halse zwischen oberem Rande des
Schildknorpels und Zungenbeins eine 5 Linien breite,
am aufsteigenden Aste des Unterkiefers beginnende,
links sich bis in die Nackengegend erstreckende,
ziemlich tief einschneidende, bräunliche, pergamentartige Hautaufschürfung, unterhalb welcher weder eine
Sugillation noch eine pathologische Veränderung wahrnehmbar war. Von Verletzungen fand man äusserlich
zerstreut eine grössere Anzahl von Sugillationen (Hautaufschürfungen?) am Knie, an der linken Wange und
an den Extremitäten. Nach Abnahme der weichen
Kopfbedeckungen sah man die linke Schläfe- und
Hinterhauptgegend mit vielem dicklichen, klebrigen,
blutigrothen Extravasate bedeckt, den linken Schläfemuskel intensiv roth. Nach Blosslegung des Craniums
wurde ein Knochenbruch sichtbar, der am Stirn-
bein begann und sich über den Schuppentheil des
Schläfebeins bis zum Hinterhauptshöcker erstreckte.
Die Bruchränder standen 1 Linie von einander ab.
Der Schädelgrund vollkommen unverletzt. Gehirn sehr

erweicht. Zungenbein, Kehlkopf und Luftröhrenknorpel normal. Die Lungen blauschwarz marmorirt, die rechte frei, die linke angewachsen, ihr Gewebe normal, auf der Schnittfläche quoll viel schaumiges blutiges Serum hervor. Beide Kammern des normalen Herzens mit schwarzen Blutgerinnseln gefüllt. Baucheingeweide normal. Der Fall wurde superarbitrirt. Es folgen nun hier im Auszuge die wichtigsten Stellen aus dem

Gutachten.

1. Am ganzen Körper wurden mehrere Verletzungen wahrgenommen, deren Entstehung während des Lebens keinem Zweifel unterliegt. Was den am Schädel vorgefundenen Knochenbruch anbelangt, so schliessen die demselben vollkommen entsprechenden, an der äussern und innern Fläche des Schädelgewölbes wahrgenommenen Blutgerinnungen, die sich in dieser Art und Weise nur während des Lebens bilden können, jeden etwaigen Zweifel bezüglich dieser Behauptung gänzlich aus. Was die kleinen zerstreuten Hautaufschürfungen anbelangt, so lässt es sich zwar aus der blossen Beschaffenheit derselben nicht behaupten, dass sie während des Lebens entstanden sein müssen, da blosse Hautaufschürfungen, mögen sie während des Lebens oder nach dem Tode zugefügt werden, fast stets dasselbe Bild darbieten, und nicht leicht von einander geschieden werden können. Da dieselben jedoch im gegenwärtigen Falle in unmittelbarer Nähe der Blutunterlaufungen vorgefunden wurden, so ist gleichfalls die Wahrscheinlichkeit ihrer Entstehung während des Lebens überwiegend. Es kann demnach keinem Zweifel unterliegen, dass mindestens die Mehrzahl, und zwar gerade die beträchtlichsten der vorgefundenen Verletzungen, worunter auch der Schädelbruch, noch beim Leben und vor dem Erhenken des T. entstanden sind, und dass der Tod somit erst nach Zufügung derselben eingetreten ist.

2. Was die Wichtigkeit dieser Verletzungen betrifft, so war der Schädelbruch von solcher Ausdehnung, dass er wegen der heftigen Gehirnerschütterung

und wegen der gleichzeitigen Hervorrufung eines Ex-
travasats in der Schädelhöhle vollkommen geeignet
war, den Tod allsogleich, oder in kürzerer oder längerer Zeit schon seiner allgemeinen Natur nach zu
bedingen.

Wenn aber auch der Schädelbruch für sich allein hinreichte, den tödtlichen Ausgang herbeizuführen,
so lässt sich doch bei dem Umstande, dass der Tod
nicht nothwendigerweise allsogleich erfolgen musste,
und die Leiche des T: an einer Weide erhängt gefunden wurde, die Möglichkeit nicht abstreiten, dass T.
zwar erst nach seiner Verwundung, jedoch noch lebend
in diese Lage gelangt sein konnte. Mit Bestimmtheit
darüber ein Urtheil abzugeben, liegt jedoch ausser dem
Bereiche der Möglichkeit, da die ohnedies sehr unsicheren Zeichen des Erhenkungstodes im vorliegenden
Falle um so geringere Anhaltspunkte darbieten, die
pergamentartige Strangfurche am Halse aber für sich
allein nicht massgebend ist, da sich dieselbe der Erfahrung zufolge auch erst an der Leiche nach angelegtem Würgebande entwickelt. Keinesfalls konnte
jedoch der Zwischenraum zwischen Verletzung und
Tod ein langer gewesen sein, da alle Folgezustände,
als: Entzündung, Eiterung, gänzlich fehlen, und die
Hirnerweichung lediglich im Fäulnissprozesse begründet ist. Es ergibt sich sonach, dass die Kopfverletzung
schon für sich allein und ihrer allgemeinen Natur
nach geeignet war, den Tod herbeizuführen, es lässt
sich jedoch nicht bestimmen, ob T. bereits todt oder
noch lebend erhenkt wurde.

3. Man könnte dem Gedanken an einen von T.
verübten Selbstmord Raum gönnen und annehmen, T.
habe sich von einer Höhe herabgestürzt, wodurch die
Kopfverletzung entstand, und sich hierauf, da der Tod
nicht erfolgt war, erhängt; oder er sei nach dem Versuche, sich zu erhängen, herabgefallen, und es wäre
erst der zweite Versuch gelungen. Beide Fälle sind
unwahrscheinlich, da der Schädelbruch eine hochgradige Gehirnerschütterung verursacht hätte, und die
Betäubung hätte es dem Betroffenen kaum gestattet,
einen Baum zu erklettern und sich zu erhängen. Aus

demselbem Grunde ist es nicht wahrscheinlich, dass T.
nach einer von einem Dritten ihm zugefügten Verlez-
zung sich selbst durch Erhängen ums Leben gebracht
hätte.

Es ist demnach an Selbstmord nicht zu denken,
und es erscheint gewiss, das T. die Kopfverletzung
durch gewaltthätige Einwirkung von Seite eines Andern
erlitten hat, und hierauf entweder bereits todt oder noch
lebend gleichfalls durch fremde Einwirkung an jenem
Weidenbaum erhängt wurde. Für diese Annahme sprechen auch die vorgefundenen Sugillationen und Hautaufschürfungen, welche an so verschiedenen und entgegengesetzten Köpertheilen vorkamen, und so beschaffen waren, dass sie nicht durch einen Fall oder Sturz hervorgebracht worden sein konnten, wohl aber darauf hindeuten, dass eine gewaltthätige Einwirkung von Seite eines
Andern stattgefunden hat.

**Nengebornes Kind; Zeichen des Stickschlagflus-
ses mit Spuren äusserer Gewaltthätigkeit; angeblicher Sturz auf die Erde; Erdrosslung durch
die Mutter.**

Vierundvierzig-
ster Fall.
A. W., eine ledige, 24jährige Dienstmagd, wurde
schwanger, verläugnete jedoch, trotzdem, dass alle ihre
Bekannten die Anschwellung des Unterleibes bei ihr
bemerkten, sie zu wiederholten Malen aufmerksam
machten und fragten, ob sie denn nicht schwanger sei,
beharrlich diesen Zustand, ja sie gibt an, bis zu dem
Momente der erfolgten Geburt nicht daran geglaubt zu
haben. Am 27. Juni v. J. gegen Abend empfand sie
heftige Leibesschmerzen, weshalb sie sich aus ihrer
Stube auf den Dachboden begab und sich dort zu Bettte
legte. Plötzlich wurden jedoch die Schmerzen so heftig, dass sie aufstand, worauf das Kind hervorgeschos-
sen und auf den Boden gefallen sein soll. Dieser Aussage widerspricht jedoch die Angabe des Bürgermei-
sters, welchem A. W. gleich bei ihrer Verhaftung gesagt haben soll, dass sie bei der Entbindung im Bette
gelegen sei. Als nun das Kind geboren war, hob sie
dasselbe auf und legte es auf einen Haufen Laubwerk, der in der Nähe ihres Bettes befindlich war

wobei das Kind einige Laute von sich gegeben haben soll. Da hörte sie mit einem Male Tritte auf der Stiege, und in der Angst, von ihrem Bruder, den sie sehr fürchtete, überrascht und entdeckt zu werden, fasste sie das Kind mit der Hand am Halse, so dass der Daumen vorn, und die andern Finger an den Nacken desselben zu liegen kamen, und drückte dasselbe an diesem Theile fest zusammen. Als nun der Bruder wirklich zur Thüre hineintrat, trat sie gerade von dem Haufen Laub weg, er vernahm jedoch gleichzeitig einen ganz schwachen Laut, der ihm von einem Kinde zu kommen schien. Auf seine Frage: Du hast gewiss geboren, wo hast du das Kind hingegeben? deutete sie auf das Laubwerk, aus welchen der Bruder das Kind auch allsogleich, jedoch bereits entseelt hervorzog.

Sie versicherte hierauf anfänglich ihrem Bruder dass sie dem Kinde Nichts zu Leide gethan habe, dass sie das Begräbniss desselben selbst besorgen wolle, wobei sie jedoch alle möglichen Einwendungen gegen die Herbeirufung einer Hebamme und die Einsegnung des Kindes vorbrachte, und verschloss das Letztere in eine Truhe, nachdem sie die Leiche in einen Sack gethan hatte; bei Gericht gab sie jedoch den ganzen Sachverhalt auf die angegebene Weise an. Die Sache wurde gar bald ruchbar, A. W. eingezogen und am 29. Juni die Obduktion des Kindes vorgenommen.

Bei derselben fand man eine männliche Kindesleiche von 19 Zoll 10 Linien Länge und 6 Pfund 10 Loth Gewicht. Die ganze Oberfläche der Leiche erschien von vertrocknetem Blute verunreinigt, der Kopf an der linken Seite flach gedrückt. Das Kopfhaar war dicht, der gerade Kopfdurchmesser 4 Zoll 5 Linien, der quere 3 Zoll 4 Linien, der schiefe 5 Zoll 5 Linien, die Ohr- und Nasenknorpeln waren elastisch, und so wie die Nägel deutlich entwickelt; der Mund geschlossen, die Lippen lederartig vertrocknet, die Mundhöhle frei von fremden Körpern. Zwischen dem rechten Auge und dem rechten Ohre befand sich ein bohnengrosser blauer Fleck, unter welchem etwas schwarzes geronnenes Blut angesammelt war. Am Hinterhaupte,

u. z. 1 und drei Viertel Zoll von der obern Leiste der
linken Ohrmuschel entfernt, war eine 3 Linien lange,
und drei Viertel Linien breite Blutunterlaufung wahrnehmbar, welche eingeschnitten ein kleines Blutgerinnsel darbot. Im äussern Gehörgange befand sich beiderseits, sowie auch in den Achselhöhlen und Schenkelbügen etwas käsige Schmiere. Die Augen waren geschlossen, die oberen Augenlider ödematös, an der inneren
Fläche der letzteren, besonders am linken Auge waren
Blutaustretungen sichtbar, ebenso auch am linken Auge
unter der Bindehaut des Augapfels eine linsengrosse Blutaustretung zu bemerken. Die vordere Halsgegend erschien roth gefärbt, und unterhalb des Zungenbeines befand sich eine unregelmässige, 1 Zoll breite, von oben
nach abwärts 4 Linien lange Hautaufschürfung; eine
ähnliche erbsengrosse Hautaufschürfung war etwas nach
links über dem Halsgrübchen sichtbar. Am Nacken befanden sich 4 Hautaufschürfungen, von denen die erste,
an der linken Seite der Wirbelsäule in der Gegend des
7. Halswirbels gelegene, nach allen Richtungen beiläufig
1 Zoll betrug, und unregelmässig gestaltet war, die zweite
war etwas höher gelegen, 4 Linien lang, halbmondförmig
geschweift, die zwei letzten endlich, von denen die eine
5 und die andere 2 Linien lang war, waren an der rechten Seite des Nackens gelegen und verliefen parallel.
Zwischen den Schulterblättern, nach links von der Wirbelsäule, bemerkte man eine erbsengrosse, blaue Hautentfärbung, welche eingeschnitten ein geringes Blutgerinnsel
darbot. Das dem Nabel anhängende Stück der Nabelschnur war 5 Zoll 3 Linien lang, frisch, nicht unterbunden, am freien Ende abgerissen, das am normalen Mutterkuchen befindliche Stück dagegen 11 Zoll lang; der Hodensack war ödematös, der After mit Kindspech verunreinigt, die Haut durchgehends mit Fett ausgepolstert.
Die Schädeldecken erschienen an der innern Fläche livid,
das unter denselben liegende Zellgewebe sulzig, serös
infiltrirt, die Schädelknochen unverletzt. Unterhalb des
Pericraniums befanden sich an 5 Stellen des Schädels
Blutextravasate, von denen zwei den früher erwähnten
zwei Hautentfärbungen zwischen dem rechten Auge und
Ohre, und jenen am Hinterhaupte entsprachen, die übri-

gen aber, in der Mitte des Stirnbeines und am linken und rechten Seitenwandbeine gelagert waren; dieselben hatten die Grösse eines Kreuzerstückes, und nur die letzte den Umfang eines Thalerstückes.

Nach Abnahme des Schädeldaches sah man die äussere Oberfläche des Gehirns von ausgetretenem, geronnenem Blute durchaus dunkelroth gefärbt und die Gefässe sämmtlicher Hirnhäute und Blutleiter mit Blut gefüllt. An beiden Seitenwandbeinen waren mehrere in der Verknöcherung zurückgebliebene, weiche, eindrückbare, pergamentartige, bei der Berührung knisternde Stellen bemerkbar, ja an mehreren bohnengrossen Stellen fehlte die Knochensubstanz gänzlich, so dass dieselben offen waren und Lücken bildeten. Die Konsistenz der Hirnmasse war breiig, weich, zerfliessend. Die Masse des grossen Gehirnes war grün gefärbt, nicht auffallend blutreich, die Häute und Gefässe des kleinen Gehirns mit Blut überfüllt, an den ersteren zeigten sich sogar an mehreren Stellen deutliche Blutaustretungen von verschiedener bis Kreuzergrösse und dunkelrother Farbe. Die Substanz des kleinen Gehirns war breiig, am Grunde des Schädels etwas dunkles, flüssiges Blut angesammelt, die Knochen unverletzt. Unterhalb der Hautaufschürfungen im Nacken zeigte sich ausser einem unbedeutenden Blutaustritt in die Haut keine weitere Verletzung, der Kehlkopf war normal, seine Schleimhaut röther als gewöhnlich, in der Luftröhre ziemlich viel weisser Schaum. Der linke Lungenflügel erreichte nicht das Herz, wohl aber der rechte; die Farbe der Lungen war rosenroth, sie schwammen sowohl im Ganzen, als in Stücken auf dem Wasser, beim Einschnitte derselben war ein Knistern wahrnehmbar, und beim Drucke entleerte sich aus denselben viel blutiger Schaum; die Fötalwege waren offen bis auf das bereits vollkommen geschlossene eirunde Loch, die Gefässe des Herzens und die grossen Gefässe waren mit Blut überfüllt, die Herzhöhlen enthielten jedoch nur mässig viel Blut, der Magen enthielt beträchtlich viel glasartigen Schleim, die Gedärme Kindspech, die Harnblase war leer, die übrigen Baucheingeweide normal, mässig blutreich.

22

Gutachten.

1. Das Kind der A. W. war neugeboren; hierfür spricht der dem Kindeskörper noch anhängende frische Rest der Nabelschnur, der vorhandene Mutterkuchen und die vorgefundenen Spuren käsigen Ueberzuges.

2. Die Länge des Kindes, das Gewicht und die Durchmesser desselben, sowie auch die reichliche Fettbildung und vorgeschrittene Entwicklung der Haare, Knorpel und Nägel liefern den Beweis, dass dasselbe reif, ausgetragen, und zufolge der regelmässigen Entwicklung und Beschaffenheit der Organe auch lebensfähig war.

3. Die Lungen waren ausgedehnt, rosenroth gefärbt, schwammen auf dem Wasser, und enthielten einen blutigen mit Luftblasen gemengten Schaum. Da nun weder ein Lufteinblasen stattgefunden hatte, noch die Fäulniss vorgeschritten war, so musste das fragliche Kind nach der Geburt, wenn auch zufolge der geringeren Ausdehnung der linken Lunge, durch kurze Zeit gelebt und geathmet haben.

4. Uebergeht man nun zu dem wesentlichsten Punkte, nämlich der Ursache des erfolgten Todes, und unterwirft man zu diesem Behufe das bei der Obduktion gewonnene Resultat einer genauen Erwägung, so findet man im gegenwärtigen Falle zwei verschiedene und wohl zu trennende Gruppen von Erscheinungen, deren jede einer andern Todesart und zugleich einer andern Einwirkung zukommt.

Man findet nämlich zuvörderst am Kopfe äusserlich Sugillationen, sodann unter den Schädeldecken mehrfache Extravasate (über deren Entstehung noch während des Lebens kein Zweifel obwaltet), und endlich einen Blutaustritt in der Schädelhöhle selbst, welcher Befund dafür spricht, dass irgend eine Gewalt schon während des Lebens des Kindes auf den Schädel eingewirkt hat, in deren Folge sodann eine Berstung einiger Blutgefässe und die obenerwähnten Blutaustretungen herbeigeführt wurden. Anderseits findet man gleichzeitig Zeichen des sogenannten Stickflusses, nämlich Blutunterlaufungen an der Bindehaut des Auges, Anfüllung der Luftröhre und der Lungen mit blutigem Schaume und eine Blutüberfüllung der grossen Gefässe,

welche Erscheinungen sämmtlich auf irgend ein obge-
waltetes Hinderniss des Athmungsprozesses hindeuten.
Da nun gleichzeitig am Halse und am Nacken mehrfache Hautaufschürfungen vorgefunden wurden, welche
einer mit der Hand ausgeführten Zusammenpressung
des Halses entsprechen, die Mutter überdies selbst zu-
gesteht, ein derartiges Manöver vorgenommen zu haben, so erübriget nichts Anderes, als die Zeichen des
Stickflusses von jenem Drucke herzuleiten, um so mehr
als eine solche Handlungsweise durch die Behinderung
des Athemholens und Störung des Kreislaufes vollkommen geeignet ist, solche Erscheinungen herbeizuführen.

Im gegenwärtigen Falle haben sonach zweierlei
Einwirkungen stattgefunden, deren jede vermöge der
bedeutenden Einwirkung auf den Organismus den Tod
des Kindes herbeizuführen geeignet war; dass aber dieselben wohl von einander geschieden werden müssen,
ist über allen Zweifel erhoben, da ein Druck am Halse
wohl den Rückfluss des Blutes vom Gehirne erschwert,
keinesfalls aber Sugillationen und Extravasate in und
unter den Schädeldecken bedingt, anderseits aber eine
gegen den Kopf ausgeübte Gewaltthätigkeit keine as-
phyctischen Erscheinungen herbeiführt, wenn nicht
gleichzeitig der Luftzutritt zu den Athmungswerkzeu-
gen gehindert wird.

Es fragt sich nun, welche von den beiden Einwirkungen früher stattfand, und welche zunächst als
die Todesursache zu betrachten sei?

Die Mutter gibt an, sie habe das Kind in stehen-
der Stellung geboren, dasselbe sei schnell herausge-
schossen und zu Boden gefallen, sie habe dasselbe
hierauf aufgehoben, auf einen Haufen Laubwerk gelegt, wobei das Kind noch seine Stimme hören liess,
und dann erst demselben auf die mehrerwähnte Weise
den Hals zusammengedrückt.

Wenn sich nun auch die Möglichkeit eines so
schnellen Hervorschiessens des Kindes, sowie auch
die Möglichkeit, dass durch den Fall die Blutaustretung im Gehirne bedingt wurde, nicht unbedingt in
Abrede stellen lässt, so walten doch mehrfache Beden-

ken gegen die Glaubwürdigkeit und Wahrscheinlichkeit dieser Annahme ob.

Zuvörderst gehört ein so plötzliches Hervordrän-
gen des Kindes, namentlich bei einer Erstgebärenden,
denn doch nur zu den grossen Seltenheiten, und es
erregt auch der Widerspruch, den sich die Kindesmut-
ter durch die dem Bürgermeister gemachte Angabe,
„sie habe im Bette liegend entbunden", zu Schulden
kommen liess, einen gegründeten Verdacht an der
Wahrheit der ersteren Behauptung. Da nun überdies
sowohl die äusseren Sugillationen, als auch die Extravasate unter den Schädeldecken an verschiedenen Stellen vorkamen, an denen sich das Kind bei einem einfachen Sturze nicht wohl auf einmal und gleichzeitig
verletzt haben konnte, so gewinnt die Annahme sehr
an Wahrscheinlichkeit, dass A. W. selbst eine Gewaltthätigkeit gegen den Kopf des Kindes unternommen,
denselben vielleicht gedrückt, geschlagen oder gestossen habe — und dann erst, als das Kind noch nicht
todt war, sondern sogar noch Laute von sich gab,
dasselbe durch Zusammendrücken des Halses vollends
tödtete.

Wenn aber auch wirklich die Verletzung des Kopfes, und der dadurch bedingte Blutaustritt im Gehirne
(Schlagfluss) nur zufällig, und nicht durch die Einwirkung der Mutter entstanden sein sollte, so kann doch
die eigentliche und nächste Todesursache nur dem Zusammendrücken des Halses zugeschrieben werden, da
das Kind zufolge der eigenen Angabe der Mutter nach
dem angeblichen Falle noch schrie, somit lebte, ein
derartiger Druck am Halse aber durch Behinderung
des Athemholens und Störung des Kreislaufes unter
allen Umständen den Tod herbeizuführen geeignet ist,
und endlich auch die Erscheinungen an der Leiche
dieser Einwirkung entsprechen. — So wie man z. B.
in dem Falle, wenn einem durch eine Vergiftung dem
Sterben nahe gebrachten Menschen eine Kugel durch
das Herz geschossen würde, sich dahin aussprechen
müsste, dass die nächste Todesursache in der Schusswunde zu suchen sei, so muss auch im gegebenen
Falle das Gutachten dahin erstattet werden, dass das

Kind der A. W. in Folge des Druckes am Halse das
Leben verloren hat, und es muss unter den geschilderten Umständen diese Handlungsweise schon an und
für sich für eine ihrer allgemeinen Natur nach tödtliche Verletzung erklärt werden.

Heimliche Geburt; Strangulirung des Kindes.

Eva V., 22 Jahre alt, war zur Zeit, als sie zu einer Fünfundvierzig-
angesehenen Familie in einer Wiener Vorstadt als Kinds- ster Fall.
mädchen kam, bereits schwanger, suchte jedoch ihren Zustand zu verheimlichen, und läugnete denselben auch vor
den eine Schwangerschaft argwöhnenden Hausgenossen
gänzlich. Am 26. April 185. wurde sie von dem übrigen
Gesinde auf dem vom Aborte zur Wohnung führenden
Gange erschöpft, blass, mit blutigen Händen und Kleidern betroffen. Eine schleunigst herbeigeholte Hebamme
begab sich rasch nach dem Aborte, fand denselben von
Blut befleckt, und auf einem Brett an der Wand hinter
Geschirren, eingewickelt in einer Schürze, deren Bänder
fest um den Hals angezogen und in einen Knoten ver-
schlungen waren, ein noch warmes neugebornes Kind.
Die allsogleich angestellten Rettungsversuche waren ganz
erfolglos.

Bei der am 28. April 185. vorgenommenen Obduktion fand man den Körper 5 Pfund 2 Loth schwer, 18
Zoll 6 Linien lang, männlichen Geschlechtes, den geraden Kopfdurchmesser 4 Zoll 3 Linien, der queren 2 Zoll
9 Linien, jenen vom Kinn bis zum Scheitel 5 Zoll 3 Linien lang. Das an 10 Linien lange Kopfhaar von vielem
angetrocknetem Blute verunreinigt. Die Augenbrauen
und Wimperhaare deutlich vorhanden, die Nasen- und
und Ohrknorpel derb, Brustkorb gewölbt, im geraden
Durchmesser 2 Zoll 10 Linien, im queren 3 Zoll 6 Linien, die Schulterbreite 4 Zoll 9 Linien. Unterleib ausgedehnt, die demselben anhängige Nabelschnur blass, colla-
birt, 23 Zoll lang, in der Entfernung von etwa 3 Zoll vom
Nabel unterbunden, an ihrem freien, gerissen aussehenden
Rande haftet strangförmig zusammengerollt die Amnios-
bekleidung des Mutterkuchens. Die Nägel hornartig derb,
an und über die Spitzen der Finger und Zehen reichend.

Links auf der Stirn eine bohnengrosse und an der Nasenspitze eine erbsengrosse Stelle von bläulicher Färbung,
an welcher die Lederhaut injicirt und leicht sugillirt erscheint; nächst dem rechten Mundwinkel eine bohnengrosse, braune, vertrocknete Hautabschürfung. Rings um
den oberen Theil des Halses rechterseits nächst dem Unterkieferrande verlaufend ein etwa 1 Linie breiter, theils
bleicher, theils hellröthlicher, excoriirter, hier und da
leicht vertrockneter, rinnenförmiger Eindruck, sonst keine
Verletzung wahrzunehmen.

Die weichen Schädeldecken sulzartig infiltrirt, an ihrer innern Fläche einzelne kleine Blutaustritte. Die Schädelknochen dünn, biegsam, stellenweise häutig; unter
ihrem Pericranium eine dünne Schichte extravasirten Blutes. Die inneren Hirnhäute und das Gehirn mässig mit
Blute versehen. In der Luftröhre ein röthlicher blutiger
Schaum, in der Rachenhöhle und Speiseröhre dickliches
Blut angesammelt. Das Zwerchfell in der Höhe der siebenten Rippe, beide Lungen so gelagert, dass ihre vorderen Ränder die Seitentheile des Herzbeutels decken,
aufgedunsen, blassröthlich, schwammig anzufühlen, beim
Einschneiden lebhaft knisternd, Blut und einige schaumige Flüssigkeit enthaltend. Sowohl in Verbindung mit
dem Herzen und der Thymusdrüse, als auch von diesen
Organen getrennt schwimmen dieselben, ganz und in kleine
Stücke zerschnitten, auf dem Wasser, so dass sie den Wasserspiegel überragen, bei dem Ausdrücken unter Wasser
geben sie einen dichten, aufsteigenden Schaum von sich.
Im Herzen flüssiges Blut, das ovale Loch offen, der Botal-
lische Gang gerunzelt; Thymusdrüse, Leber und Milz
blutreich, der Magen mit durchsichtigem, gallertartigen
Schleime gefüllt, in den dünnen Gedärmen gallig-schlei-
mige Stoffe, in den dicken Meconium angesammelt. Die
Nieren blass, in der Harnblase eine Drachme Urin.

Gutachten.

Aus dem Befunde geht hervor:

1. Das gerichtlich untersuchte neugeborne Kind
männlichen Geschlechtes sei zu Ende der normalen
Schwangerschaftsperiode, somit reif und lebensfähig, gut

genährt und wohl gestaltet, mittelst eines normalen Geburtsaktes zur Welt gekommen.

2. Dasselbe habe, wie aus der Beschaffenheit der Respirationsorgane und aus den Ergebnissen der mit ihnen vorgenommenen Schwimmprobe hervorgeht, nach der Geburt gelebt und geathmet.

3. Man habe an demselben die oben angeführten 2 Sugillationen und eine Hautabschürfung (nächst dem rechten Mundwinkel im Gesichte, dann die ebenfalls erwähnte rinnenförmige Marke um den Hals vorgefunden. Die Nabelschnur sei von dem Mutterkuchen mit Ablösung der denselben bekleidenden Amnioshaut abgerissen, und in der Entfernung von etwa 3 Zoll vom Nabel unterbunden gewesen.

4. Von diesen rühren jene Sugillationen von einem wahrscheinlich zufällig erlittenen Drucke, Stosse u. dgl., die Hautabschürfung in ähnlicher Weise von einem Andrücken des Gesichtes an einen harten Gegenstand oder einem rohen Anfassen am Gesichte her, und sie bilden an und für sich leichte Beschädigungen.

Die Marke am Halse sei durch eine um denselben gelegte, straff angezogene Schnur hervorgebracht worden.

Die Nabelschnur ist höchst wahrscheinlich nach der Geburt abgerissen worden, wobei sich nicht bestimmen lasse, ob dieses vor oder nach dem Tode des Kindes geschehen sei. Dasselbe gelte insoferne auch von der Unterbindung der Nabelschnur, soferne diese nicht, was wahrscheinlich ist, erst nach der Auffindung des Kindes vorgenommen wurde.

5. Das Kind sei in Anbetracht der vorhandenen Strangulationsmarke und der einstimmenden Daten der inneren Untersuchung, wobei namentlich der Mangel eines Cloaken-Inhaltes im Munde und dem Rachen wichtig erscheint, in Folge der Erdrosslung den Erstickungstod gestorben, habe während dieses Aktes die Beschädigungen im Gesichte erlitten, und sei hierauf erst in den Abort gebracht worden.

344

K. D., der Sohn wohlhabender Eltern, hatte ein Verhältniss mit der Dienstmagd R. K., von der er sich später lossagte. Sie verfolgte ihn jedoch und bereitete ihm stets Verdriesslichkeiten, so dass er im höchsten Grade gegen sie erbittert war. Eines Abends passte ihm die R. K. auf, es entstand ein Wortwechsel, D. gerieth in Wuth, ergriff einen Stein, und schlug die K. mit aller Kraft mehrmals auf den Kopf, so dass sie gleich zusammensank. Hierauf warf er sie in den anstossenden Teich, wo die Leiche am nächsten Tage gefunden wurde. — Bei der Sektion fand man die Leiche theilweise blass, theilweise mit feinem Schlamm und Sand verunreinigt, Spuren von Gänsehaut. Am Kopfe sieben Verletzungen. Der Pfeilnaht entsprechend eine von 2 Zoll Länge, am rechten Seitenwandbeine zwei von ein Zoll Länge, am linken Seitenwandbeine eine zwei Zoll lange Wunde, am Hinterhaupte 3 Verletzungen, jede einen Zoll lang. Sämmtliche Verletzungen drangen bis zum Knochen, klafften, hatten zackige, gequetschte, nach einwärts gekehrte Ränder, in deren Nähe beträchtliche Blutunterlaufungen. Am Unterkiefer mehrere Hautaufschürfungen. Unter den Kopfbedeckungen eine fast den ganzen Hintertheil des Schädels einnehmende, messerrückendicke Schichte geronnenen Blutes, die Schädelhaube zerrissen und abgelöst, die Knochen blass. Zwischen Arachnoidea und Gehirn über die rechte Hemisphäre sich erstreckend eine liniendicke Ansammlung geronnenen Blutes. Hirn blutreich, unverletzt. Adergeflechte und Sinus von dunklem flüssigem Blute strotzend. Am Manubrium sterni drei Blutunterlaufungen. Im Kehlkopfe unterhalb des Kehldeckels und zwischen den Stimmritzbändern ein linsengrosses Stück Schlamm. In der Luftröhre schaumige, grossblasige Flüssigkeit. Lungen aufgedunsen. Rechtes Herz von dunklem, flüssigem Blute strotzend, ebenso die grossen Gefässe. Im Magen ein halbes Seidel wässeriger Flüssigkeit, darin zahlreiche Stücke Schlammes und ein

2 Zoll langer Grashalm. In der Vena cava ascendens
eine grosse Menge dunkles flüssiges Blut.

Gutachten.

1. Sämmtliche an der Leiche der R. K. vorgefundenen Verletzungen mussten wegen der damit verbundenen und in ihrer unmittelbaren Nähe befindlichen Blutunterlaufungen und Blutgerinnungen noch
während des Lebens entstanden sein, und es unterliegt keinem Zweifel, dass der Tod erst nach Zufügung derselben erfolgt ist.

2. Was die Wichtigkeit dieser Verletzungen anbelangt, so bilden die am Unterkiefer und dem Brust-
beine befindlichen Blutunterlaufungen wegen ihrer Geringfügigkeit für sich allein sowohl einzeln als zusammengenommen nur eine leichte Verletzung. Dagegen
waren die Verletzungen am Kopfe von bedeutender
Zahl und Ausdehnung, sie drangen bis auf den Knochen, hatten eine beträchtliche Blutaustretung innerhalb der Schädelhöhle hervorgerufen, und mussten
nothwendigerweise mit einer bedeutenden Hirnerschütterung verbunden gewesen sein. Bei diesem Sachver-
hältnisse müssen dieselben zusammengenommen für
eine·Verwundung erklärt werden, welche vollkommen
geeignet war, den Tod eines Menschen schon für sich
allein, allsogleich oder in kürzerer oder längerer Zeit
ihrer allgemeinen Natur nach zu bedingen.

3. Wenn nun aber diese Schädelverletzungen auch
schon für sich allein geeignet waren, den tödtlichen
Ausgang herbeizuführen, so lassen doch die Ergebnisse der Obduktion mit Gewissheit darauf schliessen,
dass im gegenwärtigen Falle der Tod nicht allsogleich
nach Zufügung der Verletzungen eingetreten war, sondern dass die nächste und unmittelbarste Ursache des
Todes eine andere gewesen sei. Namentlich sind es die
dunkle flüssige Beschaffenheit des Blutes, das Vorhandensein von Schlamm im Kehlkopfe und im Magen, wohin derartige Substanzen nur während des Lebens durch
Athmen und Schlingen gelangen können, ferner die Blutüberfüllung der Lungen und des Herzens, bei gleichzeitiger Anwesenheit der Gänsehaut und einer schaumigen

—

Flüssigkeit in der Luftröhre und den Lungen, welche mit Gewissheit dafür sprechen, dass R. K. am Stickflusse und zwar in Folge des Ertrinkens gestorben ist, und dass dieselbe somit schon nach Zufügung der Verletzungen, jedoch noch lebend, wenn auch vielleicht betäubt, in das Wasser gelangt sein musste, und daselbst ihren Tod fand.

4. Die Kopfverletzungen der R. K. waren von einer Beschaffenheit und Lage, dass sie sich dieselben unmöglich selbst zufügen konnte.

Mehrfache Verletzungen bei gleichzeitigen Zeichen des Stickschlagflusses an einer in einem Bache todt aufgefundenen Person. — Ertrunken oder erwürgt?

Siebenundvierzigster Fall. F. H., eine 24jährige Dienstmagd, begab sich am 15. Juli 18.. mit einer Kuh in einen nahen Wald, um sie zu weiden. Als sie Mittags nicht zurückkam, ging ihr Bruder ihr entgegen und fand sie in dem seichten Bache, der etwa 4—5 Zoll hoch Wasser enthielt, unter einer Anhöhe dieses Waldes todt liegen. Sie lag auf der rechten Körperseite, die rechte Hand unter sich, die linke im Sande unter dem Wasser haltend, mit dem Gesichte gegen das linke Ufer gekehrt, mit dem Kopfe auf einen weissen runden Bachkiesel gestützt; das Wasser reichte bis zur Mitte ihres übrigens geschlossenen Mundes; sie blutete aus der Nase und an mehreren Stellen des Halses.

Die linke Brust war entblösst, die rechte bedeckt, die Kopfhaare an der linken Seite etwas zerrauft, das Kopftuch seitwärts geschoben, das Halstuch links aus dem Leibchen hervorgezogen, das Hemd daselbst etwas eingerissen. Sie hatte in der Tasche einen Knäuel Zwirn, welcher sich etwa 13 Klafter unterhalb am Rasen fortzog, wo dann ein Strickstrumpf nebst Drähten gefunden wurde; noch weiter unterhalb fand sich ein einzelner Draht und ihr Stock, nahe dabei bei einer Fichte ein rundlicher, wie vom Sitzen eingedrückter Platz im Grase, sonst aber keine Spur von Tritten oder Schleppen eines schweren Gegenstandes.

Obduktion: Mitten auf der Stirn eine kupferkreuzergrosse und zwei bohnengrosse Blutunterlaufungen,

an der rechten Schläfe eine linsengrosse Blutunterlaufung.
Die rechte Wangengegend etwas geschwollen, mit einer
thalergrossen, grün und blau marmorirten Blutunterlaufung. An der linken Backe eine gegen drei Viertel Zoll
lange, 1 Linie breite Hautaufschürfung. Unter den sieben,
am Halse befindlichen, mit einer messingenen Schnalle
verbundenen Schnüren von Glaskorallen bemerkte man
7 entsprechende, 2 Linien breite und eine halbe Linie
tiefe Furchen, in welchen die Abdrücke der einzelnen
Korallen deutlich zu sehen waren. Vorn am Halse befand
sich ein blauer, glänzender, etwas vertiefter, doch nur die
Oberhaut betreffender Fleck, rechts neben dem Kehlkopfe zwei linsengrosse Hautaufschürfungen, eine Hautaufschürfung von derselben Grösse an der rechten Hals-
seite, in der Halsgrube eine kupferkreuzergrosse, blass-
rothe Blutunterlaufung, an der vorderen Fläche der linken Brustdrüse eine thalergrosse, blaurothe Blutunterlaufung, eine eben solche an der untern Fläche der rechten
Brustdrüse. Am Rücken befand sich eine bohnengrosse,
blaue Blutunterlaufung; in der Lendengegend eine bohnengrosse, blutende Hautaufschürfung nebst Blutspuren
am Hemde daselbst; in der rechten Kniekehle eine drei
Viertel Zoll lange, 1 Linie breite Hautaufschürfung, an
der hinteren und äusseren Fläche beider Unterschenkel
mehrere bohnen- bis kreuzergrosse, blau und grün marmorirte Blutunterlaufungen. Die Augenlider waren geschlossen, die Pupillen erweitert. Aus dem linken Nasen-
loche entleerte sich eine röthliche schaumige Flüssigkeit.
Die Lippen waren bläulich, die Zähne fest aneinander geschlossen, der Hals bedeutend aufgebläht, der Unterleib
mässig aufgetrieben, weich; die ganze Rückseite der Leiche
mit Todtenflecken überzogen. Die Schädeldecken waren
wenig blutreich. In der Scheitelgegend befand sich ein
bohnengrosses Blutgerinnsel, und dieser Stelle entsprechend eine linsengrosse Blutaustretung unter der Galea
aponeurotica; unter den Blutaustretungen an der Stirn
war ein bohnengrosses Blutgerinnsel sichtbar. Die Schädelknochen waren unverletzt, die Spinnwebenhaut stellenweise milchig getrübt, die übrigen Hirnhäute blutreich,
ebenso die Hirnsubstanz und das Adergeflechte. Der Sichelblutleiter enthielt eine bedeutende Menge schwarzen,

flüssigen Blutes, ebenso auch die Querblutleiter. Die Hirnhöhlen waren leer, am Schädelgrunde eine halbe Unze
klaren Serums angesammelt. Unter den Verletzungen am
Halse kam in den tiefern Halsgebilden kein Blutaustritt
vor. Die Drosselvenen enthielten eine mässige Menge
schwarzen, flüssigen Blutes, die linke Hälfte der Schilddrüse war bedeutend grösser und sehr blutreich. Das Zungenbein und die Kehlkopfknorpel waren unverletzt; Mund
und Rachenhöhle frei von fremden Körpern, die Schleimhaut blass, jene des Kehlkopfes und der Luftröhre dunkel
geröthet, fein injicirt, im Kehlkopfe eine grosse Menge
weissen Schlammes vorhanden. Die Lungen waren dunkel marmorirt, beim Einschneiden stark knisternd, alle,
besonders aber die unteren Lappen eine grosse Menge
blutigen Schaumes enthaltend; das in den Lungen enthaltene Blut war schwarz und flüssig, in jedem Brustfell-
sacke überdies mehrere Unzen wässeriger Flüssigkeit angesammelt. Die linke Herzkammer war leer, die rechte
mit schwarzem flüssigem Blute angefüllt, die Klappen normal, die Blutaderstämme der Brusthöhle mit schwarzem
flüssigem Blute gefüllt, die Leber blutreich, sonst normal; im Magen einige Unzen lichtgelber Flüssigkeit enthalten. Am grossen Bogen an der Schleimhaut waren
einige mohnkorn- bis linsengrosse Blutunterlaufungen zu
sehen, sonst die Schleimhaut blass, der Zwölffingerdarm in
einer Länge von 3 Zoll dunkelblau geröthet, im angren-
zenden Gekröse in derselben Länge schwarzes geronnenes
Blut ausgetreten; die Nieren blutreich, sonst normal, die
Harnblase leer.

Der Verdacht einer verübten Gewaltthat fiel sogleich
auf einen Taglöhner, der mit dem Vater der Verstorbenen
in einem benachbarten Walde beim Holzmachen beschäftigt war, an diesem Tage aber mit ihm in Streit gerieth
und ihm die Arbeit aufsagte, hierauf in der Gegend des
Ortes der That gesehen wurde, zu seinem Weibe ging, dieser befahl, seine Säge und Hacke zu verkaufen und sich
den rückständigen Lohn auszahlen zu lassen, weil er nie
mehr zurückkehren und Alles dieses nicht mehr brauchen
werde. Er lief hierauf wieder in den Wald, wo er sich 3
Tage hindurch herumtrieb, ohne eingefangen werden zu
können. Am 4. Tage kam er zum Vorschein, als eben die

Leiche der F. H. zum Kirchhofe getragen wurde, und als man ihn bemerkt hatte, sprang er in einen Teich, wurde jedoch noch lebend herausgezogen und zum Amte gebracht, wo er allsogleich die That gestand, auch schon unterwegs auf seine Hinrichtung bezügliche Aeusserungen fallen liess. Er war seiner Angabe zufolge nach dem Streite mit dem Vater der F. H. an den Ort gerathen, wo letztere im Grase sitzend, einen Strumpf strickte und ihn fragte, warum er ihren Vater verlassen habe. Als er ihr die Ursache angegeben, habe sie ihn geschimpft und damit trotz seiner Drohung nicht aufgehört. Er sei daher auf sie zugegangen, während sie aufstand und zu entlaufen suchte, habe sie eingeholt, von hinten beim Rocke und als sie sich umkehrte, an der Brust und am Halse gepackt, dann die Anhöhe herab in den Bach geworfen, wo sie gleich regungslos liegen geblieben sei. Er sei dann zu seinem Weibe gegangen und nach etwa einer Stunde wieder an den Ort zurückgekehrt und habe F. H. noch immer im Bache liegen und todt gefunden, worauf er sich im Walde versteckt, am 3. Tage aber zwei vorübergehende Bekannte zu seinem Weibe um Kleider und Brod geschickt habe, und weil diese nichts gebracht hatten, habe er versucht, sich zu seinem Weibe hindurchzuschleichen, weil er jedoch bemerkt worden, so sei er in den Mühlteich gesprungen.

Er läugnete F. H. mit irgend etwas gestossen oder geschlagen, oder die Absicht gehabt zu haben, sie um's Leben zu bringen, und äusserte sich, er habe dieselbe bloss auf den Rasen niedergeworfen, wobei sie in den Bach gefallen sei, und sich an den Kieselsteinen wahrscheinlich angeschlagen habe.

Der Beklagte wird als ein roher, wilder, jähzorniger Mensch geschildert, der beim Raufen seine Gegner gern bei der Gurgel fasste.

Es wurde über diesen Fall das Gutachten abverlangt, und die Frage gestellt, ob F. H. in Folge des Erwürgens allein, oder aber auch in Folge des Ertrinkens ums Leben gekommen sei, ferner ob sich aus den Erhebungen annehmen lasse, dass der Thäter die Absicht gehabt habe, die F. H. zu ermorden?

350

Gutachten.

1. Wenn auch F. H. in einem Bache todt aufgefunden und Schaum in der Luftröhre und dem Kehlkopfe derselben angetroffen wurde, so ist doch kein Grund vorhanden, anzunehmen, dass dieselbe in Folge des Ertrinkens gestorben ist, weil Schaum in der Luftröhre auch bei anderen Todesarten vorzukommen pflegt, das seichte Wasser nur bis zur Mitte des Mundes reichte, Mund und Rachenhöhle keine fremden Körper enthielten, und an der Leiche kein weiteres Zeichen des Ertrinkungstodes aufgefunden wurde. — Dagegen liefern das aus der Nase fliessende Blut sowie auch der Blutreichthum des Gehirnes, der Lungen, der rechten Herzhälfte und die dunkle und flüssige Beschaffenheit des Blutes den Beweis, dass F. H. am Stickschlagflusse gestorben ist.

2. Was die Ursache dieser Todesart anbelangt, so sprechen die am Halse vorgefundenen Verletzungen dafür, dass dieselbe in Folge einer gewaltsamen Unterbrechung des zum Leben unentbehrlichen Athemholens eingetreten ist, weil einerseits keine anderweitige Todesursache aufgefunden wurde, andererseits aber eine Unterbrechung des Athemholens durch den Druck oder Zusammenpressen des Halses schon an und für sich, ihrer allgemeinen Natur nach den Tod eines Menschen herbeizuführen vermag.

3. Die Verletzungen im Gesichte, an den Brüsten, am Rücken, in der Lendengegend, der Kniekehle und an den Unterschenkeln bilden als ein nur oberflächliches Leiden minder wichtiger Gebilde sowohl einzeln als zusammengenommen eine leichte Verletzung.

Die Beschädigungen am Kopfe setzen wegen der gleichzeitigen Blutaustretung die kräftige Wirkung eines stumpfen Werkzeuges voraus, womit jedenfalls eine Hirnerschütterung verbunden war, dieselben müssen daher sowie auch die Blutaustretungen am Magen und am Zwölffingerdarm, welche gleichfalls eine Erkrankung dieser Theile zur Folge gehabt hätten, sowohl einzeln als zusammengenommen für eine unbedingt schwere Verletzung erklärt werden.

Von den Verletzungen am Halse war jede einzelne wegen der damit verbundenen Hemmung des Athemholens unbedingt schwer, zusammengenommen haben dieselben jedoch im gegenwärtigen Falle den Tod herbeigeführt, und müssen somit zusammengenommen für eine ihrer allgemeinen Natur nach tödtliche Verletzung erklärt werden.

4. Sämmtliche Verletzungen deuten auf die Einwirkung eines stumpfen und rauhen Werkzeuges, insbesondere müssen aber die Verletzungen am Halse von einem kräftigen Drucke, mit der Hand und dem Zusammenziehen der Korallenschnur hergeleitet werden. Dass die am Körper vorgefundenen Verletzungen beim Sturze in den Bach und dem Rollen über Steine entstanden wären, ist nicht anzunehmen, sondern es lässt sich mit grosser Wahrscheinlichkeit behaupten, dass die Beschädigungen am Rücken vom Packen und Stossen mit der Hand herrühren.

Die Blutunterlaufungen an den Brüsten deuten um so mehr auf Schläge oder Stösse, als auch das Halstuch herausgezogen und das Hemd eingerissen war. Die Blutaustretungen an den Eingeweiden lassen sich am befriedigendsten erklären, wenn angenommen wird, dass der Thäter am Unterleib der F. H. kniete, wobei dann auch die Verletzungen in der Kniekehle und an den Unterschenkeln durch Stösse mit den Füssen entstanden sein konnten; die Verletzungen am Kopfe endlich konnten eben sowohl durch Schläge, als auch durch Auffallen auf Steine hervorgebracht worden sein, da die Leiche mit dem Kopfe auf einem Kieselsteine lag.

5. Der Umstand, dass so viele Verletzungen an verschiedenen Körperstellen jedenfalls eine längere Einwirkung voraussetzen, dass ferner der Thäter die F. H. am Halse auf eine Art misshandelte, welche, wie ihm wohl nicht unbekannt war, den Tod leicht zur Folge haben konnte, dass er sie ferner in den Bach schleuderte und verliess, ohne ihr Hilfe zu leisten, von seinem Weibe Abschied nahm und von niemals Wiederkommen sprach, beim Anblicke der Verfolgenden in einen Teich sprang, und bei seiner Verhaftung auf die Hinrichtung bezügliche Aeusserungen vorbrachte, lässt es mit überwiegender Wahrscheinlichkeit annehmen, dass er die Absicht gehabt habe, die F. H. ums Leben zu bringen.

352

§. 95.

In vielen Fällen handelt es sich um die Entscheidung der Frage, ob Jemand durch eigene oder fremde Schuld oder durch Zufall das Leben verloren habe, oder mit andern Worten, ob Mord, Selbstmord oder Verunglückung vorliege. Wie immer wird der Gerichtsarzt auch hier auf Grundlage des objektiven, ein positives oder negatives Resultat ergebenden Befundes, sowie der gerichtlich erhobenen Umstände ein positiv bestimmtes, ein negatives oder unbestimmtes Gutachten abgegeben. Da nur wenige Merkmale positiv für Selbstmord sprechen, so wird der Gerichtsarzt vorzüglich sein Augenmerk darauf zu richten haben, ob die Verhältnisse, unter denen der Leichnam gefunden, und der Befund mit den gerichtlich erhobenen Umständen und Verhältnissen zusammenstimmen. Besonders werden daher zu berücksichtigen sein:

1. Moralische Verhältnisse aller Art. Hierher gehören sämmliche Leidenschaften und Gemüthsaffekte: Liebe, Eifersucht, Zorn, Ehrgeiz, Rachsucht, Schwärmerei, Unzufriedenheit, Furcht vor Schande oder Strafe, Aussschweifungen im Baccho et Venere, tiefer sittlicher Verfall, Lebensüberdruss, Noth, Elend, Vermögensverlust, politische Verhältnisse etc.

2. Physische Verhältnisse, und zwar in erster Reihe alle nicht durch die Verletzung gesetzten pathologischen Veränderungen, die möglicherweise und erfahrungsgemäss auf das Gemüthsleben derart einzuwirken vermögen, dass die Sucht zum Selbstmorde begründet wird; in zweiter Reihe, längere oder kürzere Zeit dem Tode vorangegangene, krankhafte Zustände, welche Lebensüberdruss oder den Trieb zur Selbsttödtung veranlassen. Hierher gehören: chronische, mit heftigen Schmerzen einhergehende Zustände, Gemüths- und Geisteskrankheiten (siehe §§. 56—57), Verwachsungen der Dura mater, Wasseransammlungen zwischen den Hirnhäuten, überhaupt Entzündungen, Tumoren und organische Veränderungen des Gehirns, Verwachsungen des Herzbeutels mit dem Herzen, Missbildungen, Inversionen der Eingeweide, chroni-

sche Krankheiten der Leber, Milz, Nieren, des Geschlechtsapparates etc.

3. Der Mangel aller Merkmale, die auf stattgefundenen Kampf und Gegenwehr deuten.

4. Uebereinstimmung vorgefundener verletzender Werkzeuge mit der Art und der Beschaffenheit der vorhandenen Verletzungen sowie mit dem möglichen naturgemässen Vorgange eines Selbstmordes.

Selbstmörder wählen gewöhnlich solche Hilfsmittel zur Erreichung ihres Zweckes, welche ihren persönlichen Verhältnissen, ihrem Berufe, Gewerbe entsprechen, oder die in ihrer nächsten Umgebung ihnen zugänglich sind. Männer das Rasirmesser, den Strick, Kinder und Frauen das Wasser, den Strick oder Kohlendunst, Soldaten, Jäger, Pulver und Blei, Arbeiter in Fabriken, Maschinen, Gift, Wäscherinnen, Chemiker, Apotheker und Droguisten Gifte u. s. w. Die Todesarten, welche Selbstmörder gewöhnlich wählen, sind übrigens: Herabstürzen von einer Höhe, Verletzungen mit schneidenden oder, stechenden Werkzeugen, Aussetzen einzelner Körpertheile oder des ganzen Körpers der mechanischen Kraft von Maschinen, Erschiessen, Vergiften, Ersticken, Erhängen, Ertränken.

Allgemein giltige Grundsätze, aus welchen sich auf Selbsttödtung schliessen liesse, lassen sich, wie gesagt, nicht aufstellen.

Es sind in den meisten Fällen äussere Umstände, Thatsachen, Kombinationen und aus denselben gezogene Schlüsse, mithin Postulate des gesunden Menschenverstandes weit mehr, als die Resultate des Obduktionsbefundes, welche den Gerichtsarzt auf den rechten Weg führen.

Zu solchen Umständen und Thatsachen gehören mündliche Aeusserungen, schriftliche Mittheilungen des Selbstmörders, Kenntniss der, der Tödtung vorangegangenen Lebensverhältnisse, Lage der Leiche, Beschaffenheit der Lokalität, in welcher sie gefunden wurde etc. Doch wird auch der Sektionsbefund sehr häufig im Stande sein, in zweifelhaften Fällen Licht zu bringen. Bei einer Leiche, die mit ausgeschnittenem Herzen gefunden wird, wird kein Mensch an Selbst-

mord denken, und umgekehrt wird in dem Falle, dass
in einem Zimmer, dessen Thüre von innen verschlossen ist, dessen Fenster durch eiserne Gitter geschützt
sind, eine Person erschossen, die tödtliche Waffe an
der Seite gefunden wird, Niemand auf Mord, sondern
Jedermann an Selbstmord denken.

Es gehört zu den Unmöglichkeiten, diese
Umstände erschöpfend aufzuzählen, sie sind wech-
selnd und mannigfaltig, in diesem Falle anders als in
jenem. Wir wollen daher nur wiederholen, dass der Gerichtsarzt in zweifelhaften Fällen alle seine Aufmerksamkeit zusammennehmen, dass er alle Umstände gehörig
würdigen muss, um das Wahre und Richtige zu treffen.
Seinem Geiste, seinem Scharfsinne, seinem Kombina-
tionsvermögen eröffnet sich hier ein weites Feld. Ist er
zu einem positiven Resultate gekommen, so wird er in
seinem Gutachten logisch und pragmatisch die Gründe aufführen, die für oder gegen Selbstmord sprechen, ist sein
Resultat nicht positiv, sondern zweifelhaft, so ist es besser, diesem Zweifel in dem Gutachten Ausdruck zu geben, als durch inhaltslose Phrasen die eigene Inkompe-
tenz zu beschönigen.

§. 96.

Priorität des
Todes.

Der §. 25 des österreichischen bürgerlichen Gesetzbuches lautet:

„Im Zweifel, welche von zwei oder mehren Personen zuerst
mit dem Tode abgegangen sei, muss derjenige, welcher den früheren Todesfall des Einen oder des Andern behauptet, seine Behauptung beweisen; kann er dieses nicht, so werden Alle als zu
gleicher Zeit verstorben vermuthet, und es kann von Uebertragung der Rechte des Einen auf den Andern keine Rede sein."
Die Frage der Priorität des Todes liegt demnach
dem Gerichtsarzte in Oesterreich ferne, und es ist
lediglich Sache der streitenden Parteien, da wo der
Beweis nicht durch Sachverständige zu führen ist,
jene beweisenden Behelfe herbeizuschaffen, welche den
Richter bei seinem Urtheile leiten sollen.

In Ländern, wo eine analoge gesetzliche Bestimmung nicht besteht, wird (die Fälle gehören allerdings zu den grössten forensischen Seltenheiten) der
Gerichtsarzt in die Lage kommen, sein Urtheil abge-

ben zu müssen. Leider gibt es aber zur Beantwortung
dieser Frage durchaus keine allgemeinen Regeln oder
auch nur praktisch verwerthbare oder verlässliche Anhaltspunkte. Am meisten dürften noch Alter, Geschlecht,
Konstitution, Todesart, mehr oder minder fortgeschrittene Verwesung, sowie auch äussere Umstände maassgebend sein, wiewohl auch die Berücksichtigung
aller dieser Verhältnisse kein sicheres Urtheil abzugeben gestattet. Jeder einzelne Fall wird eben concret
und individuell aufzufassen sein. Wird eine befriedigende Entscheidung mit Benützung der oben angeführten Momente oder sonst durch Kombination nicht
möglich, dann ist es am besten einzugestehen, dass
die Wissenschaft hier eine Grenze hat und nicht im
Stande ist, die Sache erfolgreich aufzuklären.

§. 97.

Mitunter werden einzelne organische Theile Ob- Organische
Theile.
jekte der gerichtsärzlichen Beurtheilung. An Werkzeugen, Kleidungsstücken, Mobilien können Flecke vorgefunden werden, deren Natur und Qualität eruirt
werden soll, da sie zur Aufklärung des Thatbestandes
beitragen können. Haare können über eine stattgefundene Nothzucht, Verletzung, Tödtung, oder auf einem
Werkzeuge vorgefunden, über die Person des muthmasslichen Thäters sowie darüber Aufschluss geben,
ob das Verbrechen mit dem vorliegenden Werkzeuge
vollführt wurde. Es können einzelne Körpertheile,
ein Kopf, ein Rumpf, einzelne Gliedmassen aufgefunden werden, und es handelt sich um den Nachweis,
dass diese zusammen gehören, dass sie von einem
Neugeborenen stammen etc. Bei aufgefundenen Gerip-
pen oder Knochen kann die Frage entstehen, ob dieselben menschlichen oder thierischen Ursprungs sind,
ob sie Manns- oder Frauenspersonen, Kindern oder
Erwachsenen angehörten, ob sich Spuren eines gewaltsamen Todes an ihnen finden u. s. w.

§. 98.

Die Diagnose von Blutflecken ist manchmal eine Untersuchung
von Blutflecken.
leichte, manchmal eine schwierige. Sind die Flecke an

lichten Körpern, z. B. Thüren, Möbeln, so lassen sich
dieselben schon auf den ersten Blick mit blossem Auge
als von Blut herrührend erkennen. Frische, selbst sehr
kleine Blutflecke zeigen, wenn sie durch nahe gehaltenes Kerzenlicht beleuchtet, und unter einem schiefen
Winkel von 45 Graden beobachtet werden, einen intensiven, dunkelgranat- oder carmoisinrothen Lichtre-
flex. Doch wird der Gerichtsarzt gut thun, sich auch
in solchen Fällen nicht mit einer oberflächlichen Prüfung zu begnügen, sondern seine Diagnose exact zu
machen, und die chemische Reaktion oder das Mikroskop zu Hilfe zu nehmen.

Um die Untersuchung vorzunehmen, werden die
blutigen Lappen ausgeschnitten oder das Blut abge-
kratzt und sodann auf einem Uhrgläschen mit destil-
lirtem Wasser übergossen. Die Reaction ist auf das
Albumen und den Blutfarbestoff gerichtet Bleibt die
Lösung farblos, so ist kein Blut vorhanden, wird sie
roth gefärbt, so wird in der Untersuchung fortgefahren. Verschiedene Proben der Lösung werden durch
Salpetersäure, Sublimat oder Kochen auf Eiweiss geprüft. Dasselbe wird in Form kleiner Flöckchen nie-
dergeschlagen. Eine Lösung von salpetersaurem Queck-
silberoxyduloxyd, welches salpetrige Säure enthält,
bildet mit der geringsten Menge Albumens einen rothen
Niederschlag.

Flecke von rothen vegetabilischen Farbstoffen werden durch Ammoniak in Carmoisin verwandelt; roth-
braune Extracte, z. B. Catechu, Kino, lassen sich durch
den Gehalt an Tannin, der durch Zusatz eines Eisen-
salzes kundbar wird, deutlich erkennen.

Wird die Flüssigkeit unter das Mikroskop gebracht und zeigen sich in derselben Blutkörperchen,
die sich jahrelang zu erhalten pflegen, so sind diese
beweisend. Unter ihnen zeigen sich auch manchmal
farblose Blutkörperchen und verfilzte Fäden von Faserstoff.

Die wichtigste Methode jedoch zur Prüfung von
Blutflecken ist die Teichmann'sche Häminprobe.
Es wird das getrocknete Blut in möglichst dichtem
Zustande mit trockenem krystallisirtem Kochsalzpul-

ver gemengt, dann auf diese trockene Mischung Eis-
essig (Acetum glaciale) gebracht und dann bei Koch-
hitze abgedampft. Ist dies geschehen, so hat man da,
wo vorher die Blutkörperchen waren, Häminkrystalle,
nämlich kleine, platte, rhombische Tafeln. Es ist dies
eine Reaktion, die zu den sichersten und zuverlässig-
sten gehört, die wir überhaupt kennen. Die Teichmann'sche Blutprobe ist deshalb ausserordentlich
wichtig, weil sie auch auf ganz minimale Mengen an-
wendbar ist. In Fällen, wo eine chemische Probe wegen der geringen Menge absolut fehlschlagen müsste,
ist man noch immer im Stande, Häminkrystalle zu gewinnen.

Eine unterscheidende Diagnose zwischen ge-
wöhnlichem und Menstrualblute ist heute noch eben
so wenig möglich, wie die Differenzirung von Men-
schen- und Säugethierblut.

§. 99.

Bei Untersuchung von Körpertheilen hat der Ge- Untersuchung
von Körper-
theilen.
richtsarzt stets sich die Bestimmungen der Vorschrift
gegenwärtig zuhalten, und er wird bei Berücksichtigung
der verschiedenen anatomischen und physiologischen
Verhältnisse über mancherlei Fragen dem Richter oft
überraschende Auskünfte geben können. Er wird z. B.
sich mit Bestimmtheit darüber aussprechen können, ob
ein Körpertheil von einem Manne, einer Frau oder
einem Kinde herrühre, ob das Kind ein reifes, lebens-
fähiges gewesen oder nicht; ob die vorgefundenen
Knochen der rechten oder linken Körperhälfte angehören, ob sie schon lange unter der Erde gelegen, ob
sie von einem Kinde oder Erwachsenen stammen.

Vorgefundene Haare müssen immer mikroskopisch
untersucht werden. Es wird sich aus der morphologischen Beschaffenheit entscheiden lassen, ob es Kopf-
Bart- oder Schamhaare; ob sie einem bestimmten Individuum angehörten oder von einer andern Person
stammen.

Bei der Auffindung von Knochen wird wohl eine
Verwechslung von Menschen- mit Thierknochen bei
einem gebildeten Arzte kaum möglich sein. Ob die

von einander getrennten Knochen von einem einzelnen
oder mehreren Skeletten herrühren, wird sich aus der
Aneinanderreihung der verschiedenen Skelettheile entscheiden lassen, wobei sich die Vollständigkeit oder
die Unvollständigkeit eines oder mehrerer Skelette wird
nachweisen lassen.

Aus der anatomischen und chemischen Beschaffenheit wird sich auf das Alter des Individuums, von
dem die Knochen herrühren, ein Schluss ziehen lassen.

Die Antwort auf die Frage : wie lange vorliegende
Knochen unter der Erde gelegen, wird häufig nur unbestimmt lauten können. Es wird bei Beantwortung
dieser Frage darauf zu sehen sein, ob sie von Weichtheilen schon ganz oder noch nicht entblösst sind, ob
sie noch von Säften durchdrungen sind, ob noch
Knochenmark vorhanden, ob sie verwittert sind etc.
Es bleibt in allen solchen Fällen, wie überhaupt im
forensischen Leben, ein weites Feld für den Geist
und den Scharfsinn des Gerichtsarztes.

Untersuchung auf Blutflecke; Flohexcremente.

**Achtundvierzig-
ster Fall.** Es waren ein Hemd, eine Tuchhose und eine
Zwilchjacke zu untersuchen. Auf dem Hemde waren
durchwegs bloss hanfkorngrosse, braunrothe, blutähn-
liche Flecke, die Aehnlichkeit mit Flohexcrementen
hatten. Die mikroskopische Untersuchung wies in denselben lichtgelb gefärbte, moleculäre Massen und einen
im Wasser löslichen grüngelben Farbestoff nach. Blutkörperchen fehlten gänzlich. Die chemische Untersuchung ergab, dass die braunrothen Flecke Albumin,
Hämatin und das Eisen des letzteren, daher Blutbestandtheile enthalten, und als Blut anzusehen wären.
Nachdem die mikroskopische Untersuchung keine Blutkörperchen nachweisen konnte und die physikalischen
Eigenschaften der Flecke, zufolge vorgenommener Gegenversuche, vollkommen mit den Flecken von Flohexcrementen (die aus verdautem Blute bestehen, worin
die Blutkörperchen, die bei der Verdauung zu Grunde
gehen, fehlen) übereinstimmten, und die Untersuchung
der Hose und der Jacke dasselbe Resultat ergab, so
lautete das erstattete

Gutachten:

Die oben geschilderte Beschaffenheit der im Hemde
vorgefundenen Flecke, das Vorkommen derselben bei
ganz gleichem Verhalten auf der äussern und innern
Seite und an solchen Theilen des Hemdes, wohin, wie
z. B. am Rücken und Gesässtheile, bei einer ausge-
übten Gewaltthätigkeit nicht leicht Blutspuren gelangen können, so wie endlich das durch Gegenversuche
sicher gestellte ganz gleiche Verhalten wirklicher Floh-
excremente lässt es nicht bezweifeln, dass diese im
Hemde befindlichen Flecke nicht vom Blute, sondern
in der That bloss von Flohexcrementen herstammen.
Da nun an den übrigen Kleidungsstücken gleichfalls
kein Fleck vorgefunden wurde, in welchen die Untersuchung Blutbestandtheile nachgewiesen hätte, so lässt
es sich mit vollem Rechte behaupten, dass an gesammten untersuchten Kleidern durchaus keine Zeichen vorkommen, welche auf eine Verunreinigung
mit Blut hindeuten würden.

**Chemische Untersuchung einer Asche. Nachweis
verbrannter, von einem jugendlichen Individuum
herrührender Knochen.**

A. N. eine 39jährige Witwe, welche in ihrer Ehe Neunundvierzig-
6 Kinder geboren hatte, wurde nach dem Tode ihres ster Fall.
Mannes abermals schwanger, und gebar, als sie sich
allein im Hause befand, ein uneheliches Kind. Dasselbe soll todt zur Welt gekommen sein, worauf die
Mutter daraus schloss, weil das Kind kalt und blau
gewesen und durchaus keine Bewegung gemacht haben
soll. Nachdem sie das Kind zufolge ihrer Angabe die
ganze Nacht hindurch bei sich im Hause behalten
hatte, warf sie dasselbe gegen Morgen in den zu jener
Zeit geheizten Backofen und wartete so lange, bis
die Verbrennung des Kindes beendet war. Da nun
die Sache bald ruchbar wurde, und der Verdacht entstand, dass die Angabe der A. N. unwahr sei, und
dieselbe vielleicht dem Kinde eine Gewalt angethan
und das letztere irgendwo verborgen habe, so wurde
die Asche, welche in dem Backofen gefunden worden

war, zur Bestimmung mit der Frage eingesandt, ob
dieselbe von einem verbrannten Kinde herrühre?

Das Gewicht des Corpus delicti betrug bei der
Untersuchung 1 Loth; dasselbe bestand aus kleineren
und grösseren Stücken einer porösen, gleichsam zu-
sammengebackenen Substanz, welche an der Oberfläche schwarz, hie und da metallisch glänzend, im
Innern braun gefärbt erschien. Eine den Knochen
ähnliche Struktur war nicht bemerkbar, ebenso bot
auch die mikroskopische Untersuchung keinen Anhaltspunkt dar, doch hatten einzelne Stückchen eine röh-
renförmige Gestalt, während andere Stücke zwar kompakt, jedoch durchaus porös erschienen.

Im Wasser, Alkohol und Aether waren sie unlöslich. Mit Salzsäure enstand ein Aufbrausen von Koh-
lensäure, ein Theil löste sich auf, der unlösliche Rückstand bestand aus Kohle. Im Platintiegel geglüht,
verbrannten die Stücke, und es blieb eine verhältnissmässig grosse Menge grauer, alkalisch reagirender
Asche zurück, welche sich in Salzsäure unter Aufbrausen vollsändig löste.

Mit Ammoniak entstand in der Lösung ein starker Niederschlag von phosphorsaurem Kalk, aus dem
Filtrate schied oxalsaures Ammoniak Kalkoxalat in
bedeutender Menge ab, und in der abfiltrirten Flüssigkeit gab phosphorsaures Natron und Ammoniak
eine schwache Reaktion auf Magnesia.

Molibdensaures Ammoniak mit Salpetersäure gaben
den charakteristischen gelben Niederschlag, und zeigten
die Anwesenheit von Phosphorsäure; Silbernitrat wies
in der wässerigen Lösung einen geringen Gehalt von
Kochsalz nach. Das fragliche Corpus delicti bestand
somit aus Kohle, den Phosphaten von Kalk und Magnesia, ferner aus kohlensaurem Kalk, welcher gleichfalls in beträchtlicher Menge vorhanden war, kohlen-
saurer Magnesia, nebst etwas Kochsalz, und enthielt
somit alle Bestandtheile, welche der Thierkohle zu-
kommen.

Gutachten:

1. Die äusseren Merkmale der fraglichen Kohle,
u. z. deren poröse, strukturlose, gleichsam zusammen-

gebackene Beschaffenheit, sowie die schwarze, hie und da metallisch glänzende Oberfläche derselben, in Verbindung mit dem Resultate der chemischen Untersuchung, welche Kohle, Phosphate von Kalk und Magnesia, kohlensauren Kalk, kohlensaure Magnesia, somit alle Bestandtheile der Thierkohle nachwies, liefern den Beweis, dass das fragliche Corpus delicti das Produkt der Verkohlung einer thierischen Substanz sei.

2. Da bei der chemischen Untersuchung eine verhältnissmässig grosse Menge der früher erwähnten phosphorsauren Verbindungen vorgefunden wurde, so lässt sich mit Gewissheit schliessen, dass in dem verkohlten Stoffe Knochen enthalten waren, welche zufolge der gleichzeitig vorhandenen, reichlichen Menge von kohlensaurem Kalke von einem jugendlichen Individuum herrühren dürften. Dass übrigens nebst den Knochen auch bluthaltende Organe der Verkohlung ausgesetzt waren, beweist das stellenweise metallisch glänzende Aeussere, wodurch sich eben die Blutkohle von der Knochenkohle unterscheidet.

3. Ob jedoch die Kohle von Menschen- oder Thierknochen herrührt und welches Organ der Verkohlung ausgesetzt war, lässt sich nicht entscheiden, da Menschen- und Thierknochen eine gleiche Zusammensetzung und somit ein gleiches chemisches Verhalten darbieten.

Sechstes Kapitel.

Untersuchung an Neugeborenen. *)

§. 100.

Untersuchung
und deren Ver-
anlassung. In Fällen, wo todte Neugeborene Objekte der
gerichtsärztlichen Thätigkeit werden, ist das Urtheil
des Richters zumeist von dem Erfolge der gerichtsärztlichen Untersuchung abhängig, und es ist darum
um so nöthiger, dass der Gerichtsarzt hier seine ganze
Aufmerksamkeit zusammennehme, um eben die Untersuchung so vorzunehmen, wie sie das Gesetz vorschreibt. Der Befund bildet hier nicht allein die Grundlage des ersten Gutachtens, sondern es wird auch,
wenn der Richter ein Obergutachten für nöthig er-
achtet, die Grundlage des Superarbitriums. Ist die Untersuchung nicht eine dem Gesetze entsprechende,
vollständige gewesen, so wird es nicht allein geschehen, dass das darauf basirte Gutachten angefochten
wird, sondern die superarbitrirende Instanz wird nicht
in der Lage sein, auf Grundlage des mangelhaften
Befundes ein bestimmtes Obergutachten abzugeben.
Minder gewiegte Gerichtsärzte dürften daher gut thun,
sich die §§. 112 bis 134 der „Vorschrift" in Erinnerung zu bringen, bevor sie an die gerichtliche Todtenbeschau eines Neugeborenen gehen.

Ausser der Feststellung der Todesursache wird
es sich in den einschlägigen Fällen um die folgenden

---

*) Seite 264 soll es statt: Sechstes Kapitel, heissen: Fünftes Kapitel.

Hauptfragen handeln: War das Kind reif? war es lebensfähig? hat es bereits ein extrauterinales Leben angetreten? Diese Fragen lassen sich in allen Fällen auf
Grundlage des Befundes beantworten. Etwaige im concreten Falle vom Richter gestellte Fragen wird der
Gerichtsarzt zum Theile durch Folgerungen aus den
Hauptfragen, zum Theil nach den vorhandenen Umständen, zum Theil unbestimmt beantworten; Falls die
Beantwortung nicht im Bereiche der Möglichkeit liegt,
so wird er den Richter aufklären, dass hier die Wissenschaft nicht in der Lage ist, irgend einen Aufschluss zu liefern.

§. 101.

Reife und Lebensfähigkeit sind Charaktere, die Alter der Frucht.
sich nach dem Alter der Frucht richten und feststellen lassen. Bevor wir also zur Entwicklung dieser
Charaktere der Frucht gelangen, wollen wir die Charaktere des Alters des Eies oder der Frucht in den
verschiedenen Schwangerschaftsmonaten betrachten, und
aus diesen dann die Begriffe der Reife, Unreife und
Lebensfähigkeit ableiten.

Zu Ende des ersten Schwangerschaftsmonats ist
das Ei gegen 10, der Embryo 4 bis 6 Linien lang.
Die Extremitäten erscheinen als stumpfe Hervorragungen, die Augen als schwarze Punkte, die Ohren als
seitliche Vertiefungen; das Herz ist wahrnehmbar, die
Leber unverhältnissmässig gross.

Am Ende des zweiten Monats ist das Ei $2^1/_2$
Zoll gross, der Embryo misst 12 Linien und darüber,
wiegt über eine Drachme, und hat schon menschliche
Gestalt. Der Kopf ist gross, Augenlider, äusserer Ohr-
gang, Nase und Nasengrübchen werden sichtbar. Die
Extremitäten stehen schon vom Rumpfe ab, Andeutung
von Zehen- und Fingerbildung, die Stelle des Afters
durch einen Punkt bezeichnet, die inneren Organe
sämmtlich zu erkennen.

Am Ende des dritten Monats ist der Embryo
2 bis $2^1/_2$ Zoll lang, 2 Loth schwer, Mund und Augen
durch die Lippen und Lider geschlossen, die Ohrmuschel ist gebildet, an den Fingern und Zehen hat die

Nagelbildung begonnen, das Gehirn und die Herzhöhlen sind wahrnehmbar, das Geschlecht ist mit der Lupe erkennbar.

Am Ende des vierten Monates hat der Embryo eine Länge von 5 Zoll und ein Gewicht von 10 Loth. Der Nabelstrang inserirt sich über dem untern Drittheile der Linea alba ; es findet sich lichtes Mekonium; Fontanellen und Nähte sind gebildet. Die geschlossenen Lider lassen die Pupillarmembran durchscheinen. Die Haut transparent, geröthet; es ist bereits eine gewisse Physiognomie vorhanden, an welcher der grosse Mund auffällt.

Am Ende des fünften Monats ist der Embryo 10 Zoll lang (von diesem Monate an bis zur Reife beträgt die Länge, in Zollen ausgedrückt, das Doppelte der Zahl der Monate) und bis 20 Loth schwer. Wollhaare und Vernix caseosa bedecken den Körper; die Haut nimmt Fett auf und verliert ihre Transparenz, die Kopfhaare werden sichtbar. Kopf, Leber, Herz und Nieren unverhältnissmässig gross.

Am Ende des sechsten Monates ist die Länge 12 Zoll, das Gewicht 1—1½ Pfund; das Gesicht hat durch den Fettgehalt der Haut ein freundlicheres Aussehen, die Genitalien ausgebildet, die Nymphen hervorragend, der Hodensack noch leer. Die Augenwimpern sprossen hervor. Das Meconium ist dunkel und zähe.

Am Ende des siebenten Monates. Der Fötus misst 14 Zoll. Viele, beiläufig ¼ Zoll lange Haare vorhanden, dunkelgrünes Meconium reichlich im Dickdarme, grosse Fontanelle ½ Zoll im Durchmesser. In diesem Zeitraume wird die Frucht lebensfähig.

Am Ende des achten Monates ist der Fötus 15 bis 16 Zoll lang, 3 bis 5 Pfund schwer, die Kopfhaare sind dichter, die Nägel haben freie Ränder, die Augenlider sind geöffnet und die Pupillarmembran verschwunden; der Nabelstrang inserirt sich unterhalb der Mitte der Linea alba, der Hode tritt in den Hodensack, die offene Schamspalte lässt die Clitoris deutlich wahrnehmen; die Haut hat eine hellere Fleischfarbe.

Im n e u n t e n Monate wird die Frucht 17—18 Zoll lang und bekömmt ein Gewicht von 5 bis 6 Pfund. Das Scrotum wird gerunzelt, die Schamspalte schliesst sich; die Frucht unterscheidet sich von dem reifen nur durch geringere Ausbildung aller ihrer Eigenschaften.

Im z e h n t e n Monate wird das Kind ein reifes.

§. 102.

Wenn der Fötus 10 Lunarmonate oder 40 Wochen im Uterus verweilte, so wird er reif genannt. Die Charaktere des reifen Fötus sind keinesfalls stets so ausgebildet, um dessen Alter immer mit Bestimmtheit andeuten zu können. Von allen Erscheinungen ist das Längenmaass und das Körpergewicht noch am konstantesten.

Charaktere der Reife und Un-- reife.

Wir können einen Fötus, welcher vom Scheitel bis zur Sohle 19 bis 20 Zoll (50 Centimeter) misst, und 6 Pfund schwer ist, für unbedingt reif erkläran, aber umgekehrt darf man einen Fötus nicht für unreif halten, wenn er unter diesem Masse und Gewichte zurückbleibt, weil derselbe wohl durch 10 Monate im Uterus verweilen, aber durch eigene Erkrankung, durch Krankheiten der Placenta, durch Erkrankung, Individualität und Lebensweise der Mutter in seiner Ausbildung gehemmt werden kann.

Die Haut des reifen Fötus ist gespannt, an den Gelenken mit Einkerbungen und Falten versehen. Der Kopf ist meist mit $3/4$ bis 1 Zoll langen Haaren besetzt, sein gerader Durchmesser von der kleinen Fontanelle zur Glabella beträgt bis 4 Zoll, der quere, von einem Scheitelbeinhöcker zum andern beträgt $3\frac{1}{2}$ Zoll, der lange oder diagonale, von der kleinen Fontanelle zur Kinnspitze misst 5 Zoll, die grosse Fontanelle zeigt einen Längendurchmesser von $3/4$, einen Breitendurchmesser von $1/2$ Zoll. Die Seitenfontanellen sind geschlossen. Das Gesicht ist voll und gerundet, Augenbrauen und Wimpern, Nasen- und Ohrknorpel sind deutlich entwickelt. Die Nägel sind hornartig anzufühlen und erreichen die Spitze der Finger (niemals die der Zehen). Die Schulterbreite beträgt $4\frac{1}{2}$ bis 6 Zoll. Die Hoden sind im Hodensacke, die grossen Schamlippen sind geschlossen, Nymphen und Clitoris ragen nicht mehr hervor.

Casper legt einen grossen Werth auf das Vorhandensein eines Knochenkerns in der untern Epiphyse
der Oberschenkel. „Während noch die Epiphyse keines
einzigen langen Knochens im 10. Lunarmonate des
Fruchtlebens einen Anfang von Ossification zeigt, bildet
sich in der zweiten Hälfte dieses Monats in der genannten
Epiphyse der erste Knochenkern aus. Um ihn aufzu-
finden verfährt man folgendermassen: man trennt die
Hautbedeckung über dem Kniegelenk durch Horizontal-
schnitt bis auf die Knorpel, dann biegt man die Extremität stark im Gelenk, so dass die Knorpel hervortreten
und entfernt die Kniescheibe. Nun schneidet man horizontal dünne Knorpelschichten, Anfangs dreister, dann
aber und sobald man in der Mitte des letzten Segmentes
einen gefärbten Punct wahrnimmt, sehr vorsichtig Blättchen auf Blättchen ab, bis man auf den grössten Durchmesser des Knochenkerns gekommen ist. Dieser zeigt
sich dann in der milchweissen Knorpelschicht auch dem
unbewaffneten Auge als eine mehr oder weniger kreis-
runde, hellblutrothe Stelle, in der man deutlich Gefäss-
schlängelungen wahrnimmt."

Aus 125 Beobachtungen zieht Casper folgende
Schlüsse:

a. Wenn sich noch keine Spur des Knochenkerns in
der untern Schenkelepiphyse findet, so hatte die Frucht
höchstens ein Alter von 36 bis 37 Wochen.

b. Ein Knochenkern von $\frac{1}{2}$ Linie Durchmesser
deutet bei einem todtgebornen Kinde im Durchschnitte
auf ein Alter von 37 bis 38 Wochen.

c. Ein Durchmesser des Knochenkerns von $\frac{3}{4}$ bis
3 Linien deutet bei todtgebornen Kindern auf ein Alter
von 40 Wochen.

d. Man kann auf Leben des Kindes nach der
Geburt schliessen, wenn der Knochenkern schon über
3 Linien im Durchmesser zeigt, wiewohl ein Durchmesser unter 3 Linien nicht gegen das Gelebthaben
spricht.

Nach Schürmayer ist die Gegenwart eines
Knochenkerns in der untern Epiphyse des Oberschenkels für die Diagnose der Reife und des Ausgetragen-
seins des Fötus vollkommen werthlos. Nach seinen

Beobachtungen kann derselbe in allen Schwangerschaftsmonaten, selbst bei reifen und nach der Geburt gelebt
habenden Kindern fehlen, und erlaubt deshalb keinen
Schluss auf das Alter der Frucht. Er pflegt sich zwar
in den letzten Schwangerschaftsmonaten, doch bisweilen
erst nach der Geburt zu bilden, aus der Grösse seines
Durchmessers ist jedoch kein verlässlicher Schluss auf
den Grad der Reife zulässig, wenn gleich in der Regel
ein Kern von über 3 Linien Durchmesser bei reifen
Früchten vorzukommen pflegt.

Der Knochenkern verdient jedoch nichtsdestowe-
niger als Merkmal der Reife, wie wohl nicht ausschliesslich,
alle Berücksichtigung, und der Gerichtsarzt wird wie
immer, so auch hier, nicht aus einem Zeichen allein,
sondern aus dem Complexe aller übrigen Erscheinungen,
Charactere und Merkmale seine Diagnose stellen.

Aus den positiven Zeichen der Reife ergeben
sich die der Unreife. Länge des Körpers von 14 bis
16 Zoll, Gewicht zwischen 4 und 5 Pfund, unverhältnissmässig grosser Kopf, weit offene vordere,
nicht geschlossene seitliche Fontanelle, kurzes, spar-
sames, wolliges Haar, fettlose Haut mit seichten Einkerbungen, Gesicht weniger voll, weinerlich, Augenbrauen und Wimpern schwach angedeutet, die knorpli-
gen Gebilde noch häutig, die Hoden nicht im Hodensacke, Nymphen und Clitoris über die grossen Schamlippen hervorragend.

§. 103.

Ueber den Begriff der Lebensfähigkeit der Frucht ^{Lebensfähigkeit.}
herrschen zwischen Aerzten und Juristen noch sehr
auffallende Widersprüche, und einzelne Gesetzbücher,
z. B. das preussische, haben den Ausdruck lebensfähig
gänzlich aufgegeben. Wir verstehen unter Lebensfähigkeit der Frucht jenen Zustand derselben, wo sie im
Stande ist, ein normales extrauterines Leben anzu-
treten und fortzusetzen. Die Reife der Frucht ist demnach ein hinreichender Grund für die Annahme ihrer
Lebensfähigkeit, vorausgesetzt, dass nicht gewisse krankhafte Zustände und solche Missbildungen (Siehe §. 13)
an ihr vorhanden sind, welche die Lebensfähigkeit auf-

heben. Derlei Missbildungen sind z. B. Acephalie, Anencephalie, Fehlen einzelner Partien des Gesichtes, der Brust- und Bauchorgane, Spaltungen an Brust und Bauch mit Ectopien einzelner Eingeweide, Zwerchfellbrüche und Vorfall von Baucheingeweiden in die Brusthöhle, vollständige Spina bifida, etc. Diese und andere Missbildungen sind nach Maassgabe ihrer In- und Extensität im concreten Falle individuell zu beurtheilen.

Es kann aber auch eine unreife Frucht lebensfähig sein, und zwar wird jene Frucht schon vor dem Eintritte ihrer Reife für lebensfähig erkannt werden müssen, welche bei Fehlen aller Zustände, die die Lebensfähigkeit an und für sich aufheben, in den letzten drei Monaten der normalen Schwangerschaftsdauer geboren ist. Kinder unter sieben Monaten, den Monat zu 30 Tagen gerechnet, also unter einem Alter von 210 Tagen, werden daher auch unter sonst normalen Verhältnissen als nicht lebensfähig betrachtet werden.

§. 104.

Lungen- oder Athemprobe.

Nach dem Wortlaute des Gesetzes ist bei der gerichtlichen Beschau todter Neugeborner nebst der vorschriftmässigen Untersuchung der Kindesleiche darauf zu sehen, ob das Kind lebendig geboren worden, und es muss zu diesem Behufe die Lungen- und Athemprobe vorgenommen werden. Die den Bestimmungen der „Vorschrift" conform gemachte Untersuchung bietet dem Gerichtsarzte das Materiale zu seiner Begutachtung.

Wir halten es für überflüssig, uns hier weitläufig über den Modus, über die Art und Weise, wie die Untersuchung vorzunehmen und durchzuführen ist, weitläufig auszusprechen, da dieselbe ebenfalls durch das Gesetz klar vorgezeichnet ist; wir werden uns daher darauf beschränken, die etwa möglichen Befunde zu commentiren und auszuführen, welche Schlüsse aus denselben gezogen werden dürfen.

Je nachdem das Kind wenige oder viele Athemzüge gemacht hat, also im Verhältnisse zum Luftgehalte der Lungensubstanz werden die Lunge und deren einzelne Theile entweder ganz auf dem Wasserspiegel schwimmen, oder sich mehr weniger unterhalb des Wasserspiegels erhal-

ten, oder auf den Boden des Gefässes sinken. Im ersten Falle
ist die Lunge vollkommen schwimmfähig, im zweiten
theilweise schwimmfähig, im letzten fehlt die Schwimmfähigkeit.

Wenn die Lunge ihre Schwimmfähigkeit dem Re-
spirationsakte ihre Entstehung verdankt, dann ist sie ein
vollständiger Beweis, dass das Kind lebendig geboren
wurde. Damit jedoch dieser Beweis vollkräftig werde,
müssen zum Theil durch die anatomische Untersuchung,
zum Theil durch das Experiment jene Zustände ausgeschlossen werden, welche unter gewissen Verhältnissen
die nicht geathmet habende Lunge mehr weniger lufthältig, daher mehr weniger schwimmfähig machen können. Es kann nämlich die Lunge mehr weniger schwimmfähig werden, ohne dass Respiration stattgefunden, durch
künstliches Einblasen von Luft, durch den Fäulnissprozess. Es ist möglich, dass das leblos zur Welt gekommene Kind während der Geburt geathmet habe (Vagitus
uterinus). Von einzelnen Beobachtern wurde ein fötales
Lungenemphysem als 'möglich angenommen, welches
die Lungen von Kindern, die nicht geathmet haben,
schwimmfähig machen solle.

Was das künstliche E i n b l a s e n v o n L u f t betrifft,
so sind hier folgende Umstände zu bedenken. Soll dasselbe
von Erfolg sein, so müsste es, da es eine besondere Ge-
schicklichkeit voraussetzt, von Sachverständigen vorgenommen worden sein, und dieser Umstand wird sich wohl
eruiren lassen, auch werden solche Fälle nicht die Veranlassung zur gerichtlichen Leichenschau. Ferner lässt es
sich nicht voraussetzen, dass eine Gebärende ihrem todt-
geborenen Kinde Luft einblasen werde, dass sie zu täuschen beabsichtige, wo die Täuschung nicht in ihrem Interesse gelegen. Hat endlich in der That künstliches
Lufteinblasen stattgefunden, so wird der Erfolg immer
sehr unvollkommen sein, und es wird nur eine Aehnlichkeit mit Lungen erlangt, die nur schwach und unvollständig respirirten. Zudem kann das Lufteinblasen bei
einem todten Kinde nicht die physiologischen Veränder-
rungen wie der¦ Athmungsprozess hervorbringen; die
Lunge wird nicht knistern, das Blut nicht schaumig sein,
der Blutgehalt ist ein geringer. Endlich würden, da

wahrscheinlich ein Theil der eingeblasenen Luft in den Magen gelangte, dieser und die Gedärme von Gas ausgedehnt sein.

In Bezug auf Fäulniss der Lungen wäre Folgendes zu erwähnen. Die Lunge gehört zu jenen Organen, welche dem Fäulnissprozesse ziemlich lange Widerstand leisten (siehe §. 78. 8). Ist die Lunge also bereits im Zustande gänzlicher fauliger Destruktion, dann wird von einer erfolgreichen anatomischen Untersuchung überhaupt nicht mehr die Rede sein, daher auch nicht von einer Athemprobe. Ist die Fäulniss jedoch nicht zu weit vorgeschritten, so wird das Lungengewebe noch nicht von derselben angegriffen, die Fäulnissgase werden zwischen Pleura und Lunge angesammelt sein. Beim Aufstechen der reihenförmig stehenden Fäulnissbläschen werden, ohne dass dabei ein Knistern entsteht, die Gase entweichen, und die Lunge wird trotz der Fäulniss untersinken, und nicht sich über den Wasserspiegel erhalten, wie dies zahlreiche von Maschka angestellte Versuche darthun. Zudem gibt ein angestellter Kontrollversuch noch immer einigen Aufschluss. Ist die Schwimmfähigkeit der Lunge Folge des Fäulnissprozesses, dann werden auch andere parenchymatöse Organe, die normal untersinken, sich auf dem Wasser erhalten.

Auch ein Athmen vor der Geburt (vagitus uterinus) und das Vorkommen von spontan in fötalen Lungen entwickeltem Emphysem haben einzelne Autoren als Momente angeführt, welche die Beweiskraft und den Werth der Lungen- oder Athemprobe schwächen sollen. Beide können, wenn überhaupt, nur nach schweren oder protrahirten Geburten, bei welchen operative, manuelle Hilfe geleistet wurde, vorkommen; sie werden daher nie bei verheimlichten, präzipitirten Geburten, die Anlass zu gerichtlichen Untersuchungen werden, vorkommen. Es kann daher in der forensischen Praxis die Schwimmfähigkeit der Lungen von heimlich und ohne Kunsthilfe Neugebornen niemals diesen beiden Ursachen zugeschrieben werden.

Es sind aber noch einzelne anatomische Befunde, welche als Zeichen des Lebens nach der Geburt gelten können, und welche die Athemprobe unterstützen. Das Zwerchfell, welches bei Neugebornen, die nicht geathmet haben, die 4. bis 5. Rippe erreicht, steht bei solchen, die geathmet haben, an der 6. oder 7. Rippe. Durch die begonnene Funktion der Lungen füllen diese den Thorax mehr aus, ihre vordern Ränder bedecken besonders rechts, den Herzbeutel, die Concavität ihrer untern Fläche entspricht der Convexität des Zwerchfells, die Ränder sind nicht mehr scharf, sondern mehr abgestumpft. Ebenso wird die Konsistenz der Lungen durch die Respiration verändert. Die fötale Lunge ist derb, ähnlich dem Leber- oder Milzgewebe, sie knistert beim Durchschneiden nicht, und zeigt keinen Schaum auf der Schnittfläche; sie ist spezifisch schwerer als Wasser, und es entweichen beim Ausdrücken unter demselben keine Blasen. Das Gegentheil dieser Charaktere zeigt eine Lunge, die geathmet hat. Sie ist weich, elastisch, schwammig, knistert beim Durchschneiden, auf der Schnittfläche zeigt sich Schaum, sie ist spezifisch leichter als Wasser, auf dem sie daher schwimmt, beim Ausdrücken unter dem Wasser entweichen Blasen. Auch die Farbe der Lungen ist zum Theil ein Zeichen des Geathmethabens, und Casper hebt mit besonderem Nachdrucke hervor, dass Lungen, die bereits respirirt haben, inselartig marmorirt und blassrosaroth sind.

§. 105.

Diejenigen Autoren, welche die Beweiskraft der Unsichere Zeichen des Lebens Lungen- oder Athemprobe durch Einwendungen anzu- nach der Geburt. zweifeln und zu erschüttern versuchten, haben allerhand andere Proben erdacht, die jedoch alle geringen oder gar keinen Werth haben, und auch schon darum übergangen werden können, weil sie vom Gesetze nicht vorgeschrieben sind. Es sind dies eine sogenannte Leber-, Gallenblasen-, Mastdarm-, Kreislauf-, Harnblasen-, Nieren- und Magenprobe. Man meinte, dass die Gallenblase beim Neugebornen cylindrisch, später birnförmig sei. Aus dem Vorhandensein von Meconium im Mastdarme und der Leere der Blase wollte man folgern, dass die Bauchpresse bei stattgehabter

Respiration thätig gewesen. Da angeborne Bildungsfehler des Herzens bis ins Alter bestehen, kann die
fötale Beschaffenheit des Kreislaufsorganes nichts beweisen. Das Vorhandensein harnsaurer Sedimente in
den Harnkanälchen ist kein Beweis für Leben nach
der Geburt, da sie ausnahmsweise auch bei Kindern
sich finden, die während oder vor der Geburt gestorben.

Einigen Werth hat bloss die Magenprobe. Findet
man in dem Magen eines Neugebornen Milch oder
überhaupt Nahrungsmittel, so können diese nur während des Lebens dahin gelangt sein. Die Fälle, wo
die Mutter vor der Tödtung des Kindes sich veranlasst
fände, dasselbe zu nähren, dürften jedoch in der Praxis kaum vorkommen.

Die grösste Beweiskraft hat jedoch das positive
Resultat der Lungenprobe selbst, wenn bei derselben
die möglichen Fehlerquellen berücksichtiget wurden;
alle übrigen Zeichen sind gleichsam die Gegenproben,
welche den durch die hydrostatische Probe geführten
Beweis bekräftigen. Zeigen sich die Lungen bei sorgfältig angestellter Untersuchung schwimmfähig, reicht
dabei das Zwerchfell bis zur 5. oder 6. Rippe, füllen die
Lungen den Thorax aus, zeigt die Lunge rosen- oder
scharlachrothe Inselmarmorirungen, entweichen beim
Drucke unter dem Wasser Luftblasen, knistert die Lunge
beim Einschneiden, wird ein Knochenkern der untern
Oberschenkelepiphyse von 3 Linien Durchmesser gefunden, so wird man sich bei Zusammentreffen aller dieser
Zeichen mit Bestimmtheit darüber aussprechen, dass das
Kind nach der Geburt geathmet, d. h. gelebt habe.

Bei Kindern, bei denen die Nabelschnur bereits ab-
zutrocknen beginnt, bei Früchten unter 180 Tagen und
bei todtfaul geborenen Kindern ist selbstverständlich die
Athemprobe überflüssig.

§. 106.

Gewaltsame
Todesarten. In Bezug auf die Untersuchung gewaltsamer Todesarten bei Neugebornen verweisen wir abermals auf die
„Vorschrift" und auf das über Untersuchungen gewaltsamer Todesarten überhaupt Gesagte; wir wollen hier

bloss noch einige spezielle Angaben machen, die im forensischen Leben häufige Anwendung finden und von
Bedeutung sind.

In Bezug auf Tod durch Verletzung wäre Folgendes zu bemerken :

Wegen Kindesmord Angeschuldigte pflegen rücksichtlich der am Neugeborenen vorgefundenen Verletzungen anzugeben, das Kind sei mit denselben zur Weltge-
kommen, und sie pflegen als Ursache der Verletzungen
ein Trauma vorzuschützen, das sie im schwangeren Zustande kürzere oder längere Zeit vor der Entbindung erlitten. Hierauf ist zu bemerken, dass, wenn die am Kinde
vorkommende Verletzung tödtlich ist, der Tod schon im
Uterus eintritt, das Kind sich also durch die Athemprobe
als ein todtgeborenes erweisen wird.

Verletzungen der Schädelknochen bei Neugeborenen
können auch während der Geburt veranlasst werden durch
den Gebärakt selbst, durch manuelle Selbsthilfe der Gebärenden. Es muss die Möglichkeit angenommen werden,
dass das Kind bei einer natürlichen aber präzipitirten
Geburt rasch aus dem Schoosse mit dem Kopfe voran auf
den Boden stürzen und sich tödtlich verletzen könne.
Die Erfahrung lehrt ferner, dass uneheliche Kinder von
ihren unnatürlichen Müttern getödtet oder noch lebend
in den Abort geworfen werden. Die Mutter will von der
Geburt auf dem Aborte überrascht worden sein, und es
handelt sich sodann für den Gerichtsarzt um die Beurtheilung des Falles und der am Neugeborenen vorgefundenen Verletzungen.

Die Entscheidung und Beurtheilung ist häufig eine
schwierige, und es sind meistens die äusseren Umstände,
welche den gewichtigsten Aufschluss geben. Es wird sich
z. B. um den Gemüthszustand der Mutter oder darum
handeln, ob die Geburt eine leichte oder schwere gewesen, wobei auf das Vorhandensein einer Kopfgeschwulst
zu sehen wäre ; Vergleichung der Schädeldurchmesser
des Kindes mit den Dimensionen des Beckens können
mitunter der Beurtheilung Anhaltspunkte bieten. Die
Zahl, Lage und Ausdehnung der Frakturen, der Augenschein, bei welchem der Ort, auf welchem das Kind
stürzte, mit der Verletzung verglichen wird, und die Fall-

höhe ihre Berücksichtigung findet, das Verhältniss der
Verletzung zum vorhandenen Blutextravasate, gleichzeitige Anwesenheit anderer Verletzungen, die nicht von
einem Sturze herrühren können oder die auf ein verlez-
zendes Werkzeug zurückschliessen lassen; die Beschaffenheit der Nabelschnur, die vielleicht geschnitten, nicht
gerissen ist; endlich im einzelnen concreten Falle mancherlei an und für sich unbedeutend scheinende, durch
geistreiche und logische Kombination Bedeutung gewin-
nende Nebenumstände werden das Urtheil des Gerichtsarztes leiten.

Verblutung durch die Nabelschnur ist möglich,
wiewohl die nicht vorgefundene Unterbindung nicht zur
Annahme des Todes durch Verblutung berechtigt. Es
kann das Band zufällig entfernt worden sein, und es
braucht auch, ohne dass unterbunden wurde, keine Blutung einzutreten. Je weiter die Nabelschnur vom Leibe
getrennt ist, desto weniger wahrscheinlicher ist die Verblutung. Bei abgerissener Nabelschnur entsteht die
Verblutung schwerer als bei abgeschnittener. Der Befund
ist wie überhaupt bei Verblutung der der Anämie. Ist
jedoch die Verwesung sehr weit vorgeschritten, kann die
Blutleere nicht mehr als Zeichen der Verblutung gelten.

Erstickung bei Neugeborenen kann dadurch
vorkommen, dass das Kind durch längere Zeit zwischen
den Füssen der Mutter liegen bleibt. Wegen Kindesmord Angeschuldigte können diesen Umstand vor-
schützen und angeben, dass sie sich unmittelbar nach
der Geburt in bewusstlosem Zustande befanden, und
nicht in der Lage waren, dem Kinde die nöthige
Unterstützung angedeihen zu lassen. Der Vorgang bei
und nach der Geburt, etwa eingetretene Metrorrhagien,
die Constitution der Mutter etc. werden hier zu berücksichtigen sein.

Der Strangulation durch die Nabel-
schnur wurde bereits gedacht; die spontane Strangulation des Kindes durch Umschlingung der Nabelschnur
unterscheidet sich übrigens gewöhnlich von jeder absichtlichen Erdrosslung durch das negative Resultat der
Lungenprobe, durch Abwesenheit der Luft in den
Lungen.

Bei Neugebornen, die im Wasser aufgefunden werden, handelt es sich zuerst um Entscheidung der Frage, ob das Kind todt oder lebend in's Wasser kam. Etwa vorgefundene Verletzungen und die Lungenprobe werden hier entscheidend sein. Gibt die letztere kein Resultat, dann wird die anatomische Untersuchung erfolglos sein, und es werden noch am meisten die erhobenen äusseren Umstände Aufschluss geben.

Tod durch Erfrieren kann bei Neugeborenen bei einigen Graden über dem Réaumur'schen Nullpuncte stattfinden. Wo aus den Umständen hervorgeht, dass eine Temperatur unter oder wenige Grade über Null durch längere Zeit auf einen Neugebornen einwirkte, wo der Befund Hyperämie der Lunge und des Gehirns nachweist und keine andere Todesart zu eruiren ist, kann der Erfrierungstod angenommen werden. —

„Das Urtheil über die Todesart Neugeborener,“ sagt Schürmayer, „ist in der Regel für den Gerichtsarzt die schwierigste und häufig nicht mit Gewissheit oder auch gar nicht lösbare Aufgabe. Anfänger' oder weniger geübte Gerichtsärzte lassen sich bisweilen aus einem entschuldbar grossem Interesse, das sie für die Sache der Gerechtigkeit nehmen, verleiten, in ihrem Zweifel oder in ihren Behauptungen weiter zu gehen, als die Anwendung der Wissenschaft auf den concreten Fall gestattet. Um hier bald in das richtige Niveau zu kommen, und das zu ersetzen, was ans Mangel an Gelegenheit in der eigenen Uebung und Erfahrung noch abgeht, dient allein das fleissige Lesen der Casuistik.“

Heimlich angeblich todt geborenes Kind mit mehreren oberflächlichen Hautverletzungen.

Veronika S., 22 Jahre alt, wohlverhalten, wurde ^Fünfzigster Fall.^ schwanger, und zwar war ihr Zustand sowohl den Hausleuten, als auch im ganzen Orte B. bekannt. Am 12. September 185. beklagte sie sich über Bauchschmerzen, und genoss etwas Liqueur, wonach ihr besser wurde.

In der Nacht gegen 1 Uhr fiel es der Hausfrau ein, nachzusehen, wie sich die Magd befinde. Sie ging somit in das Gesindezimmer, fand jedoch dieselbe nicht dort, wohl aber zahlreiche, bereits verwischte Blutspuren am Fussboden. Sie rief sogleich die Magd herbei, stellte sie, als diese in das Zimmer kam, zur Rede, und fragte, wo sie das Kind hingegeben habe, das sie geboren haben müsse.

Die Magd jedoch läugnete geboren zu haben, und wollte von keinem Kinde etwas wissen. Es wurde die Hebamme herbeigerufen, welche von der S. die Nachgeburt entfernte, demungeachtet wollte diese aber noch immer keine Kenntniss von dem Kinde haben, bis sie endlich erst später gestand, das Kind im Stalle in einem engen Winkel hinter einem Fasse verborgen zu haben, wo dasselbe auch aufgefunden wurde.

Beim Verhör gab S. an, sie habe in der Nacht des 12. September gegen 11 Uhr die Nothdurft verrichten wollen, und sei deshalb aufgestanden und hinausgegangen, bei welcher Gelegenheit plötzlich viel Blut von ihr abging; beim Eintritte in den Stall sei jedoch das Kind aus ihrem Schoosse herausgefallen, es habe sich nicht gerührt, sei nur wenig warm gewesen, sie habe es daher für todt gehalten, versteckt, und aus Furcht den Vorgang verschwiegen; übrigens gibt dieselbe an, es sei während der Geburt eine Art Betäubung über sie gekommen, und erst als sie sich wieder erholt hatte, habe sie das Kind angegriffen, und hinter das Fass gelegt, die Nabelschnur will sie jedoch weder abgerissen, noch abgeschnitten haben. Aus ihren weiteren Aussagen geht hervor, dass sie die Entbindung erst in mehreren Wochen erwartet, und den Entschluss gefasst habe, sich nach P. zu begeben, um da zu gebären.

Am 14. September wurde die Obduktion des Kindes vorgenommen. Man fand:

Eine wohlgenährte Kindesleiche männlichen Geschlechts, im ersten Grade der Fäulniss. Die Muskeln waren fest, der Rücken mit Todtenflecken besetzt, sämmtliche Körpertheile im gehörigen Verhältnisse zu einander. Die Haut war weiss, mit Fett ausgepolstert, die Haare 7 Linien lang, die grosse Fontanelle von der Grösse eines Kreuzers, die hintere bohnengross, die seitlichen geschlossen, die Brauen und Wimpern, sowie die Nasen-,

Augen- und Ohrenknorpel waren gut ausgebildet. Die Länge betrug 19 Zoll, das Gewicht 4 Pfund 19 Loth C. G., der lange Kopfdurchmesser betrug 5 Zoll 3 Linien, der gerade 4 Zoll 3 Linien, der quere $3\frac{1}{2}$ Zoll, die Schulterbreite 5 Zoll, der quere Brustdurchmesser 4 Zoll, der gerade 3 Zoll, die Nägel waren fest, die Fingerspitzen überragend, im Hodensacke waren beide Hoden. Die Nabelschnur war frisch, 5 Zoll lang, nicht unterbunden. Die Bindehaut des linken Auges war geröthet, die linke Kopf- und Gesichtshälfte bläulichroth.

An der rechten Seite des Halses waren 7 Hautaufschürfungen, 1 Linie lang, $\frac{1}{2}$ Linie breit, wie von Nägeln gekratzt.

Am rechten und linken Vorderarme, am rechten Handrücken, der rechten Leistengegend, am rechten Knie, am untern Theile des Rückens, und in der Gegend des linken Darmbeinköckers befanden sich ähnliche, einzelne, hanfkorn- bis linsengrosse Hautaufschürfungen.

Die äusseren Kopfdecken waren sehr blutreich, das Zellgewebe an der rechten Kopfhälfte mit Blut unterlaufen, die Schädelknochen stark, fest, elastisch, die Gehirnsubstanz fest und derb, die Gefässe des grossen und kleinen Gehirns und der Hirnhäute, sowie auch die Blutleiter strotzten von Blut. Der Stand des Zwerchfelles entsprach der 7. Rippe. Die Lungen füllten den Brustkorb aus, waren im obern und mittlern Lappen zinnoberroth, nach hinten dunkelroth, ihre Ränder waren stumpf, an derselben bemerkte man zahlreiche Luftbläschen. Die Substanz der Lungen war derb, wenig blutreich, sie wogen sammt dem Herzen $6\frac{1}{2}$ Loth, ohne das letztere 5 Loth. Die Lungen sammt dem Herzen und ohne dasselbe schwammen auf dem Wasser; beim Einschneiden derselben hörte man ein deutliches Knistern und es stiegen Luftblasen gegen den Wasserspiegel empor. Die rechte Herzkammer war leer, die linke enthielt etwas wenig coagulirtes Blut. In der Luftröhre befand sich eine etwas schaumige Flüssigkeit, die Leber war gross, die Gallenblase gut ausgebildet, die Lage des Magens senkrecht, in demselben etwas röthlicher Schleim angesammelt. Der

Dünndarm war leer, der Dickdarm und Mastdarm mit Kindespech angefüllt, die übrigen Baucheingeweide waren normal.

Zu bemerken ist noch, dass an der normalen Nachgeburt die Nabelschnur bloss in der Länge von 2 Zoll anhing, und abgeschnitten schien, woraus sich ergibt, dass ein grosser Theil der Nabelschnur fehlte,

Gutachten.

1. Die mit dem Kindeskörper noch zusammenhängende Nabelschnur liefert den Beweis, dass das Kind der V. S. neugeboren war, während die gleichzeitige Ausbildung der Nägel, Knorpel, Muskel und Haare, sowie auch das Körpergewicht, die Länge und die Durchmesser es nicht bezweifeln lassen, dass dasselbe reif und ausgetragen, und vermöge der regelmässigen Beschaffenheit aller Organe auch lebensfähig war.

2. Die Lungen waren ausgedehnt, ihre Farbe stellenweise zinnoberroth, sie schwammen auf dem Wasser und enthielten eine beträchtliche Menge Luft; es musste sonach, da die Fäulniss noch keine bedeutenden Fortschritte gemacht hatte, und von einem stattgefundenen Lufteinblasen keine Rede ist, das Kind, und zwar höchst wahrscheinlich erst nach beendeter Geburt, geathmet haben, da ein blosses Athmen während des sehr rasch verlaufenen Geburtsaktes kaum angenommen werden kann, oder doch wenigstens nicht so bedeutende Veränderungen der Lungen veranlasst hätte. Demungeachtet konnte aber das Athmen nicht lange gewährt, und einige wenige Athemzüge ausserhalb des Mutterleibes dürften hingereicht haben, die besprochenen Veränderungen hervorzubringen, da die Lungen in den hinteren Partien noch dunkelroth, der Magen senkrecht gestellt, und das Kindespech noch nicht entleert waren.

3. Die an der Leiche vorgefundenen mehrfachen Hautaufschürfungen konnten entweder durch Nachhilfe bei der Geburt von Seite der Mutter, jene am Halse auch durch eine anderweitige absichtliche Hand-

anlegung, oder auch dann, als das Kind in dem engen
Winkel hinter dem Fasse versteckt wurde, sowie aber
auch möglicherweise erst an der Leiche entstanden
sein; eine bestimmte Angabe ihrer Entstehungsweise
liegt jedoch ausser dem Bereiche der Möglichkeit.
Sie bilden, wenn sie bei Lebzeiten schon veranlasst
worden waren, für sich betrachtet, da sie von keiner
bedeutenden Ausdehnung waren, und kein gewichtiges
Gebilde verletzten, sowohl einzeln als zusammengenommen nur eine leichte Verletzung, und es lässt sich
bei der obenerwähnten, möglichen dreifachen Entstehungsweise derselben der Zusammenhang mit dem erfolgten Tode nicht nachweisen.

4. Obgleich jedenfalls eine Vernachlässigung des
Kindes nach der Geburt stattgefunden hat, da weder
die Nabelschnur unterbunden, noch aber eine anderweitige Hilfe geleistet worden war, so lässt sich doch
nicht behaupten, dass diese Vernachlässigung für sich
allein den Tod herbeigeführt hat, da einerseits aber
der Zeitraum zwischen Weglegung und Auffindung
des Kindes kein gar langer war, das Kind selbt aber,
wenn es noch am Leben gewesen wäre, höchst wahrscheinlich geschrien hätte, was von den in der Nähe
befindlichen Personen doch gehört worden sein dürfte.

5. Da übrigens an der Leiche kein Zeichen vorgefunden wurde, welches auf eine ausgeübte Gewaltthätigkeit mit Bestimmtheit hindeuten würde, und der
angegebene Leichenbefund auch bei gesunden, schnell
verstorbenen Kindern vorkommen kann, andererseits
aber die beobachtete blaue Farbe des Gesichtes und
die Blutunterlaufung unter den Schädeldecken, sowie
das Strotzen des Gehirns, seiner Häute und Gefässe
vom Blute, mit Rücksicht auf die am Halse bemerkten Hautaufschürfungen, die Möglichkeit einer Handanlegung doch nicht ausschliessen, so kann die Frage,
ob die erwähnten, als Zeichen des Schlagflusses in
der Regel geltenden Erscheinungen durch eine äussere Gewaltthätigkeit veranlasst wurden, der Tod des
Kindes somit in dieser Beziehung ein gewaltsamer gewesen sei, nicht mit voller Verlässlichkeit gelöst werden, zumal als auch der Sectionsbefund besonders hin-

sichtlich der Blutmenge in den untern Körperhöhlen
und seiner Beschaffenheit viel zu wünschen übrig lässt.
Ob abgesehen von dem oben Gesagten

6. bei einer geeigneten Hilfeleistung das Kind am
Leben erhalten worden wäre, somit dessen Tod durch
die stattgefundene Vernachlässigung bedingt wurde, lässt
sich ebenso wenig verlässlich angeben, da wohl eine
kunstgemässe Hilfeleistung in ähnlichen Fällen bisweilen
von günstigem Erfolge gekrönt ist, nicht selten aber auch
trotz aller Bemühung fruchtlos bleibt.

Wohl ist es

7. nicht unmöglich, dass S. durch den Geburtsakt
überrascht, und durch den plötzlichen Blutverlust geschwächt, auf Momente das Bewusstsein verlor, und ausser Stande war, sich ihres Kindes anzunehmen; doch ist
das im gegenwärtigen Falle nicht wahrscheinlich, da,
wie die Gerichtsärzte ganz richtig bemerkten, S. in diesem Falle höchst wahrscheinlich umgesunken, und nicht,
wie sie angibt, während und nach der Geburt stehen geblieben wäre. Wenn aber auch übrigens eine momen-
tane Bewusstlosigkeit zugegen war, so musste diese, zufolge der gepflogenen Erhebungen und der eigenen Angabe der Beschädigten so kurzdauernd gewesen sein, dass
die bloss während dieser Zeit unterlassene Hilfeleistung
für sich allein nicht wohl einen nachtheiligen Einfluss
auf das Kind äussern könnte.

**Angeblich todtgebornes, bereits im hohen Ver-
wesungsgrade vorgefundenes neugebornes Kind.**

Einundfünfzig-
cter Fall. B. G., welche von ihrem schwangeren Zustande
durchaus nichts gewusst haben will, gebar am 29.
August 18.. im Bette liegend, ohne dass die Wehen
besonders lange gedauert hätten. Das Kind, welches
nach der Angabe der Mutter mit den Füssen zuerst
geboren sein soll, blieb nach der Geburt auf dem Un-
terbette, auf dem die Gebärende lag, eine geraume
Weile liegen, ohne dass es die geringste Bewegung
gemacht hätte. Da sie nun das Kind für todt hielt,
so riss sie dasselbe von der Nachgeburt, welche gleich
nach dem Kinde abgegangen war, ab, und legte das
Kind in einen Fetzen eingehüllt im Bette zu ihren

Füssen nieder. Am anderen Tage gegen die Mittags-
zeit nahm sie das Kind und verscharrte dasselbe am
Friedhofe, wo es am 3. September gefunden wurde.

Bei der am 7. September vorgenommenen Kommission fanden Dr. St. und A. K. eine Kindesleiche
weiblichen Geschlechtes, angeblich im 3. Grade der
Fäulniss. Dieselbe wog 3 Pfd. 8 Loth C. G. und mass
15 Zoll W. M. Die Oberhaut war ganz von der eine
grünliche Masse bildenden Hautdecke abgestreift, auch
der Kopf bildete eine grün gefärbte, faulende Masse,
an welcher jedoch noch die 2—3 Linien langen Kopfhaare zu unterscheiden waren. Die Ohrknorpel waren
ziemlich ausgebildet, von der Oberhaut entblösst, die
Nägel, welche nicht mehr häutig und leicht abstreifbar
waren, überragten die Fingerspitzen nicht; der gerade
Durchmesser des Kopfes betrug $3\frac{1}{2}$ Zoll, der quere $2\frac{1}{4}$
Zoll. Hals, Brust und Unterleib stellten eine dunkelgrüne
Masse dar; vom Nabelstrange war ein 2 Zoll langer, in
Brei zerfallender Ueberrest vorhanden, an dessen Enden
nicht mehr zu erkennen war, ob dieselbe abgerissen oder
abgeschnitten waren, der Rücken war grün gefärbt, mit
Blasen versehen. Verletzungen wurden an der ganzen
Leiche nicht wahrgenommen. Wegen angeblich zu weit
vorgeschrittener Fäulniss unterliessen die untersuchenden
Aerzte die Eröffnung der Leiche, und sprachen sich dahin aus, dass das Kind im 7. Monate geboren wurde,
mithin lebensfähig war, dass es aber unbestimmbar sei,
ob dasselbe gelebt habe.

An demselben Tage begab sich noch eine zweite
Kommission zur Erhebung des Thatbestandes dahin,
welcher Dr. L. und Wundazt F. beigegeben waren.
Diese fanden, dass das Geschlecht des Kindes von der
ersten Kommission irrig angegeben war, indem sie eine
männliche Kindesleiche vorfanden.

Zugleich erklärte Dr. L., dass die Fäulniss zwar bereits weit vorgeschritten, die Obduktion jedoch noch zulässig sei, worauf dieselbe auch allsogleich vorgenommen
wurde.

Die äussere Untersuchung ergab das nämliche Resultat, wie die Untersuchung der früheren Aerzte, und
es wurde auch diesmal kein Zeichen einer Gewaltthätig-

keit oder einer Verletzung wahrgenommen. Bei der Eröffnung der Schädelknochen zeigte sich eine grosse
Menge schwarzen, dünnflüssigen Blutes in den äusseren
Kopfbedeckungen, die Schädelknochen waren unverletzt,
die Gehirnhäute und Blutleiter strotzten von schwarzem
dünnflüssigem Blute, das Gehirn selbst war in einen Brei
verwandelt. Das Herz war von normaler Grösse und Konsistenz, die Lungen füllten die ganze Brusthöhle aus,
waren schön rosenroth, elastisch. Beim Herausschneiden
derselben floss aus den grossen Gefässen der Lungen und
des Herzens eine beträchtliche Menge dünnflüssigen
schwarzen Blutes; auf's Wasser gelegt schwammen dieselben, selbst in Verbindung mit dem Herzen. Jeder ab-
geschnittene Theil derselben gab beim Drucke ein deutlich hörbares Knistern und blieb auch für sich allein
schwimmend, das Herz wurde nicht geöffnet. Aus der
Bauchhöhle entströmte bei der Eröffnung eine Menge
Gas, der Magen war leer, zusammengesunken, etwas geröthet, die Gedärme waren dunkelblau von Farbe, und
enthielten Kindespech, die Leber war gross, blutreich,
die Gallenblase leer, die Milz normal. Dr. L. erklärte:
das Kind sei lebensfähig zur Welt gekommen, habe gelebt und geathmet, und sei am Stickschlagflusse gestorben, welcher durch eine fremde Person herbeigeführt
worden zu sein scheint. Wundarzt F. stimmte diesem
Gutachten bei, glaubte aber bemerken zu müssen, dass
dieses Kind auch an der Verblutung gestorben sein
könne, da er das Kind gleich nach dessen Auffindung
am 3. September gesehen habe, wo die Nabelschnur
nicht unterbunden war, und nach der Beschaffenheit der
Ränder abgerissen schien, in den Lappen übrigens, in welchem dasselbe eingehüllt war, Blut wahrgenommen wurde.

Am 9. September wurde dieser Fall dem Kreisarzte
S. und dem Dr. J. zur Begutachtung übergeben, und
ihnen zu diesem Behufe die Lungen und das Herz dieses
Kindes, welche im Wasser aufbewahrt waren, zugestellt.

Dieselben fanden die Textur derselben derb und
leberartig, die Kanten und Ränder scharf, nirgends eine
hellrothe, sondern überall eine blutrothe Färbung, überdies an allen Flächen der Lungen und des Herzens unter
den oberflächlichen Bedeckungen hirsekorn- bis linsen-

grosse Luftblasen. Die genannten Aerzte erklärten, dass
das Obduktionsprotokoll des Dr. L. ganz unvollständig
und schleuderhaft sei, und dass zufolge der Beschaffenheit der Lungen und des Herzens nicht angenommen
werden könne, dass dieses 7—8 Monate alte und lebens-
fähige Kind gelebt und geathmet habe.

Bei der Verschiedenheit der diesfälligen Meinungen
ersuchte das Landesgericht um die Begutachtung dieses
Falles und übersendete zu diesem Zwecke die in Weingeist aufbewahrten Lungen und das Herz dieses Kindes.
Die Lungen und das Herz waren ausgewässert, mit zahlreichen Luftblasen besetzt, so dass auch das Herz für
sich allein schwamm. Das eiförmige Loch und der Bo-
tallische Gang waren offen, die Substanz der Lungen jedoch bereits so schmierig, und derart durch die Fäulniss
verändert, dass darauf kein Schluss basirt werden kann,
ihre Farbe war lichtbraun, ihre Kanten und Ränder
scharf.

Gutachten.

1. Die mit der Kindesleiche noch zusammenhängende Nabelschnur liefert den Beweis, dass dieses Kind
neugeboren war. Da jedoch

2. das Gewicht desselben nur $3\frac{1}{2}$ Pfund und die
Länge nur 15 Zoll betrug, die Durchmesser klein, die
Kopfhaare sehr kurz waren, und die Nägel die Fingerspitzen nicht überragten, so unterliegt es keinem Zweifel, dass das in Frage stehende Kind noch nicht ausgetragen war, sondern zufolge seiner Ausbildung ungefähr
zu Ende des 7. Schwangerschaftsmonates geboren wurde.
Da es somit von der vollkommenen Reife nicht sehr entfernt war, sämmtliche Organe gleichzeitig auch regelmässig gebildet waren, so ist auch dessen Lebensfähigkeit, d. h. die Möglichkeit, das Leben auch ausserhalb des
mütterlichen Organismus fortzusetzen, nicht abzuleugnen.

3. Ungeachtet die von Dr. L. angegebene Beschaffenheit der Lungen allerdings die Vermuthung
rege machte, dass dieses Kind nach der Geburt gelebt und geathmet habe, so lässt sich doch im gegenwärtigen Falle diese Behauptung nicht mit voller Gewissheit aufstellen, da einerseits die Fäulniss der
Leiche sehr weit vorgeschritten war, andererseits aber

in der That die oberflächliche und unvollständige Beschreibung der Lungen, so wie auch der Umstand,
dass der in diesem Falle höchst wichtige Gegenver-
such mit dem Schwimmen nicht lufthältiger Organe,
wie z. B. des Herzens oder der Leber, nicht vorgenommen wurde, Zweifel rege machen, ob nicht ein
grosser Theil jener Erscheinungen auf Rechnung des
Verwesungsprozesses zu setzen sei. Da übrigens die
anher übermittelten Ueberreste der Leiche (Lunge und
Herz) gleichfalls schon so durch die Fäulniss gelitten
haben, dass kein Schluss auf die Beschaffenheit dieser
Organe basirt werden kann, so muss die Frage, ob
dieses Kind nach der Geburt gelebt und geathmet
habe, unentschieden bleiben.

4. Ebenso kann auch über die Todesveranlassung
kein Urtheil gefällt werden, da alle Anhaltspunkte
zu einem derartigen Ausspruche im gegebenen Falle
gänzlich mangeln; so viel muss jedoch bemerkt werden, dass, der Erfahrung zufolge, frühzeitig geborene
Kinder sehr häufig während oder kurz nach der Geburt
ohne alle Veranlassung oder äussere Einwirkung ab-
zusterben pflegen.

Neugebornes, in einem Teiche gefundenes Kind. — Zeichen vorgeschrittener Fäulniss.

Zweiundfünfzig-ster Fall. Am 11. September 1858 wurde in einem Teiche
bei N. eine in Fetzen eingehüllte Kindesleiche vorge-
funden. Am darauffolgenden Tage wurde die Obduktion vorgenommen.

Die Leiche war in einen Leinwandlappen eingehüllt, an welchem sich Spuren von Blut, Kindspech
und abgelöster Oberhaut vorfanden. Die Leiche war
männlichen Geschlechtes und bereits im dritten Grade
der Fäulniss begriffen, indem sich die Oberhaut fast
am ganzen Körper in Lappen abgelöst vorfand. Die
Länge derselben betrug 20 Zoll, das Gewicht 6 Pfund,
der Kopf hatte eine längliche Form ohne Vorkopf, die
Haare waren kurz, und ein leises Ziehen an denselben
löste die ganze Oberhaut weit ab. Der gerade Kopfdurchmesser betrug 4 und einen halben Zoll, der quere
4 Zoll, der lange 5 Zoll. Das Gesicht des Kindes war

blaugrün, in seinem ganzen Umfange aufgelaufen, die Oberhaut abgelöst, die Augenlider stark angelaufen, die Gesichtszüge ganz entstellt und nicht mehr erkennbar, die Augäpfel vorgetrieben, durch die Fäulniss theilweise zerstört. Die Nase war platt gedrückt, und es floss aus derselben eine jauchige Flüssigkeit. Der Mund war geöffnet, die Lippen wulstig und aufgetrieben, schwärzlichblau, die Zunge angelaufen und zwischen den Kiefern einen Viertel Zoll weit vorgedrängt. Der Bauch war stark aufgetrieben, grün-blau, die schwarz-grüne Nabelschnur 9 Zoll lang, das freie Ende fransig abgerissen, Hodensack und Penis bläulich, blasenartig aufgetrieben. Die Nägel waren ausgebildet, vorragend, aus dem offenen After kam Kindspech hervor. Am ganzen Körper übrigens keine Spur einer Verletzung oder sonst Verdacht erregender Erscheinung.

Die weichen Schädeldecken waren in Folge der Fäulniss leicht zerreisslich, unter denselben eine blutige Jauche ergossen, die Schädelknochen unbeschädigt, die ganze Gehirnmasse in einen braun-röthlichen Brei verwandelt, in welchem die einzelnen Gebilde nicht mehr zu unterscheiden waren, die Knochen an der Basis blutreich. Kehlkopf und Luftröhre waren an der innern Fläche mit schaumiger blutiger Jauche überzogen. Die Lungenflügel füllten den Brustkorb nur zum Theile aus, ihre Farbe war dunkelroth, die Winkel und Ränder mehr scharf, die Wölbung des Zwerchfells stand zwischen der sechsten und siebenten Rippe. Beide Lungen schwammen, sowohl mit dem Herzen als allein, ebenso auch die einzelnen Stücke derselben. Die Substanz der Lungen war ziemlich fest, knisternd, enthielt etwas blutiges Serum und liess beim Druck unter dem Wasserspiegel Luftblasen emporsteigen. Das Herz war normal, in demselben nur weniges blutiges Serum. Bei Eröffnung des Unterleibes entleerte sich viel fauliges Gas, und sämmtliche Bauchmuskeln waren grösstentheils in ihrem Gewebe durch die Fäulniss missfärbig. Die Gedärme waren dunkelblauroth; der Magen, mit seinem Grunde nach links und aufwärts gekehrt, enthielt etwas schmierigen Schleim. Die Leber war gross, mürbe, beim Einschnitte etwas dunkel-

schaumiges Blut entleerend, die Milz war mürbe, der
Mastdarm mit Kindspech gefüllt.

Die Obducenten gaben das Gutachten ab:

1. Dass das Kind lebensfähig und reif war;

2. nach der Geburt gelebt und geathmet hat;

3. am Stickschlagflusse, durch gewaltsame Handanlegung der ruchlosen Mutter, gestorben ist. Für den
Stickfluss sprechen ihrer Ansicht nach das aufgetriebene
blaue Gesicht, die geschwollenen Augenlider, die vor-
gedrängten und theilweise zerstörten Augäpfel, die vor-
ragende Zunge, der blutige Schaum in der Luftröhre,
die bereits merkliche Blutansammlung in den Lungen
und die Vergrösserung einiger Unterleibsorgane; für
den Schlagfluss die blutige Jauche auf der Oberfläche
der Kopfknochen, die blutreiche Beschaffenheit der
Knochen, die Farbe des Gehirnes, welches durch seinen Stich in's Rothe reichlich extravasirtes Blut durchblicken liess.

4. Aus der plattgedrückten Nase, und wie sie sich
bei der Schlussverhandlung äusserten, aus der roth an-
gelaufenen, auf Reaktion hindeutenden Nasenspitze
schliessen ferner die Obducenten, dass die Mutter mit
der Hand oder einem andern Gegenstande die Nase
und den Mund des Kindes fest zusammengedrückt und
hierauf das bereits erstickte Kind in das Wasser geworfen habe.

Der oberste Gerichtshof ordnete noch die Abgabe
eines Obergutachtens über die Frage an: ob es als
gewiss angenommen werden könne, dass dieses Kind
eines unnatürlichen Todes, und zwar entweder durch
Unterlassung des nöthigen Beistandes, oder durch gewaltsame Handanlegung gestorben ist, und ob der Tod
erfolgt war, ehe es in's Wasser geworfen wurde?

Gutachten:

1. Der noch mit dem Kindeskörper zusammenhängende Rest der Nabelschnur liefert den Beweis,
dass das in Frage stehende Kind neugeboren war,
während gleichzeitig die Länge und das Gewicht, so
wie auch die sonstige Ausbildung und Beschaffenheit
dafür sprechen, dass dasselbe reif und geeignet war,

sein Leben ausserhalb des mütterlichen Organismus fortzusetzen.

2. Die Obducenten haben sich in ihrem Gutachten dahin ausgesprochen, dass dieses Kind nach der Geburt gelebt, geathmet, und in Folge eines gewaltsamen Zusammenpressens des Mundes und der Nase von Seite der Mutter am Stickschlagflusse gestorben ist. Dieser Ausspruch, und zwar namentlich was die Todesart anbelangt, entbehrt vom ärztlichen Standpunkte aus einer jeden wissenschaftlichen Begründung, und es ist kaum zu begreifen, wie die Obducenten auf Erscheinungen, welche bloss Folge der Fäulniss und daher von gar keiner Bedeutung sind, einen so wichtigen Schluss basiren konnten.

Die Leiche des Kindes befand sich, wie dies die Ablösung der Oberhaut am ganzen Körper, das Gedunsensein der grün gefärbten Hautdecken und noch viele andere Kennzeichen darthun, in einem hohen Grade der Fäulniss. Alle (ohne Ausnahme) von den Obducenten angeführten Erscheinungen, aus welchen sie den Stickschlagfluss deduciren wollen, als da sind: das aufgetriebene blaue Gesicht, die geschwollenen Augenlider, die vorgetriebenen Augen und Zunge, die Ansammlung einer blutigen Jauche unter den Schädeldecken und in der Luftröhre, die rothe Färbung der Kopfknochen und des breiigen Gehirnes etc. sind blosse Folgen der Fäulniss und Verwesung, und man findet auch nicht ein einziges Zeichen, welches für den selbst an frischen Kindesleichen, so schwierig festzustellenden Stickschlagfluss vernünftigerweise sprechen würde. Was ferner die plattgedrückte Nase und die rothe Nasenspitze anbelangt, so ist die letztere Erscheinung gänzlich bedeutungslos, die erstere aber gleichfalls ohne Werth, weil sie durch ein zufälliges Angedrücktwerden des im Wasser schwimmenden Kindes an einen festen Gegenstand, oder selbst durch den Druck der enge anliegenden Leinwandfetzen auf das in Folge der Fäulniss angeschwollene Gesicht bedingt sein konnte. Eben so wenig als der Stickschlagfluss lässt sich jedoch im gegenwärtigen Falle eine andere Todesursache nachweisen, und man kann demnach nicht umhin, zu erklären, dass es bei diesem weit vorgeschrittenen Fäulnissprozesse und den durch denselben bedingten Veränderungen gänzlich unmöglich ist, über die Todesart des Kindes, d. h. über die Frage, ob dasselbe auf natürliche oder gewaltsame Weise sein Leben verlor, und über die Zeit des Absterbens, vom ärztlichen Standpunkte aus ein Urtheil abzugeben.

Ja, selbst die Frage, ob das Kind nach der Geburt gelebt und geathmet hat, lässt sich nicht mit voller Gewissheit beantworten, da bei einem so weit gediehenen Fäulnissprozesse sich auch in inneren Organen Gase zu entwickeln pflegen, wofür auch das in der Leber vorgefundene schaumige Blut spricht, und die Lungen auch hierdurch allein schwimmfähig und lufthältig geworden sein konnten.

Um sich hierüber den möglichsten Aufschluss zu verschaffen, hätten die Obducenten den etwaigen Luftgehalt anderer Organe, z. B. des Herzens, der Leber prüfen und sich von der Schwimmfähigkeit der Lungen nach vorgenommener Kompression derselben überzeugen sollen. Da sie dies jedoch unterlassen haben, so lässt sich, wie bereits erwähnt, die Frage, ob das Kind nach der Geburt geathmet hat, nicht mit voller Bestimmtheit bejahen.

(Hierher auch der 44. und 45. Fall, Seite 334 u. 341.)

Anhang.

Verordnung vom 17. Februar 1855, betreffend die Gebühren für die zu gerichtsärztlichen Zwecken
verwendeten Sanitätspersonen.

(Reichs-Gesetz-Blatt 1855, Nr. 33.)

Die Ministerien des Innern, der Justiz und der Finanzen
haben über die Entlohnung der zu gerichtsärztlichen Zwecken
verwendeten Sanitätspersonen, insoferne dieselben nicht für
solche Geschäfte und Verrichtungen bestellt oder mit Gehalten
angestellt sind, nachstehende Bestimmungen zu erlassen befunden:

§. 1. Für die streng-gerichtsärztlichen Verrichtungen im
Civil- und Strafverfahren hat der beiliegende Tarif I. zu gelten.

§. 2. Für andere bei den Gerichtsbehörden vorkommende
ärztliche, wundärztliche und geburtshilfliche Verrichtungen ist
die Entlohnung nach dem beiliegenden Tarife II. zu bemessen.

§. 3. Für aussergewöhnliche Verrichtungen, welche in den
Tarifen namentlich nicht aufgeführt erscheinen, ist, unter genauer Nachweisung und Darstellung des Falles, ein entsprechender Entlohnungsbetrag in Aufrechnung zu bringen, worüber
in jedem einzelnen Falle die Entscheidung des Oberlandesge-
richtes einzuholen ist.

§. 4. Die nach diesen Tarifen gebührenden Entlohnungen
werden den betreffenden Sanitätspersonen unmittelbar vom Aerar
selbst dann vergütet, wenn das Aerar dritten Personen gegenüber einen Ersatz dafür anzusprechen hat.

§. 5. Werden gerichtsärztliche Geschäfte ausserhalb des
Wohnortes der dazu verwendeten Sanitätspersonen besorgt, so
hat dieselbe nebst der für die Verrichtung selbst (nach Tarif I.
und II.) entfallenden Entlohnung auch noch eine Zehr- und
Fuhrkostenvergütung anzusprechen.

Aerzte, die im Staatsdienste stehen, erhalten als Zehr- und
Fuhrkosten die ihnen überhaupt bei dienstlichen Verrichtungen
ausserhalb des Amtsortes nach den bestehenden Vorschriften zu-
kommenden Taggelder und Reisegebühren. Andere Aerzte hingegen haben die Diät mit 3 fl. 12 kr. (Aerzte) oder 1 fl. 36 kr.
C.M. (Wundärzte) und jene Reisegebühr aufzurechnen, welche ge-

richtliche Beamte nach der entsprechenden Diätenklasse bei
ämtlichen Reisen ausserhalb des Gerichtssprengels anzusprechen
haben.

I.

Gebühren-Tarif

für die streng-gerichtsärztlichen Verrichtungen.

In Civil-Rechtssachen.

Allg. bürgl. Gesetzbuch §. 100.

	fl.nkr.
Ermittlung des ehelichen Unvermögens:	
a) für die Untersuchung	2.10
b) für jeden hierzu nothwendigen folgenden Besuch	— 52¹/₂
c) für das schriftliche Gutachten	1. 5

§§. 273, 283, 567.

Für die Untersuchung eines an Wahn- oder Blödsinn
Leidenden, und zwar:
a) wegen Bestimmung des Wahn- oder Blödsinnes ⎫ 2.10
b) wegen Bestimmung der Heilung desselben . ⎬
c) wegen Bestimmung der heiteren Zwischenzeit ⎭ 4.20
Für jeden folgenden nothwendigen Besuch 1. 5
Für das schriftliche Gutachten, je nach der geringeren⎱ 2.10
oder grösseren Ausführlichkeit . . . . ⎰ 5.25

§. 926.

Für Untersuchung wegen Gewährleistung für bestimmte
Viehkrankheiten:
a) bei Schafen oder anderen kleinen Thieren von
1— 5 Stück   —.52¹/₂
bei 5—10 Stück   —.78³/₄
und so fort;
b) bei Rindern und Pferden für 1 Stück 1. 5

§§. 1325, 1328.

Für die Untersuchung bei körperlichen Verletzungen,
insoferne sie ausser dem Strafverfahren vorkommt   2.10
Für jeden erforderlichen folgenden Besuch . . . . . —.52¹/₂
Für die Abgabe eines abgesonderten Gutachtens . . .   2.10

Im Strafverfahren.

A. Verbrechen:

Allg. Strafgesetz §§. 125, 127, 128.

Für die Untersuchung bei der Nothzucht oder bei der
Schändung 1. 5

§§. 129, 132 zu IV.

Für die Untersuchung bei der Unzucht gegen die Natur
oder bei der Kuppelei durch Verführung einer un-
schuldigen Person 1. 5

§§. 134—143, 161.   fl.nkr.

Für die gerichtliche Sektion (Leichen-Eröffnung) . . .   3.15
Für die Abfassung eines abgesonderten Gutachtens . .   2.10
Für die gerichtliche Sektion eines Neugeborenen, mit
  Vornahme der Lungenprobe 4.20
In Fällen, wo die Untersuchung an faulen Leichen vor-
  zunehmen ist, über die oben angeführte Gebühr noch   2.10
Für die Vornahme einer chemischen Untersuchung bei ⎫
  Vergiftungen, nebst dem Ersatze der dazu verwende- ⎪   6.30
  ten, nach der Arzneitaxe berechneten Prüfungs- ⎨   10.50
  mittel . . . . ⎪
Für die Leitung und Ueberwachung der Untersuchung ⎫   3.15
  und für das darüber abgefasste Gutachten dem Arzte ⎬   5.25
Für die nachträgliche Untersuchung des Mordwerkzeuges
  oder anderer hierher gehöriger Gegenstände . . .   2.10
im Falle aber letztere Gifte wären, nebst Ersatz der Prü-
  fungsmittel 4.20

§§. 144—148.

Für die Untersuchung der Mutter bei dem Verdachte der
  Abtreibung der Leibesfrucht · 2.10

§§. 149—151.

Für die bei Weglegung von Neugeborenen erforderlichen
  Untersuchungen:
a) bei lebend gefundenen Kindern 2.10
b) bei todt gefundenen Kindern 3.15

§§. 152—157, 160.

Für die Untersuchung eines körperlich schwer Beschädigten oder im Zweikampfe Verwundeten 2.10
für jeden erforderlichen folgenden Besuch . . . . .   —.52½
für die Abgabe eines abgesonderten Gutachtens . . .   2.—
Untersuchung eines Gefangenen, bezüglich der Leibesbeschaffenheit (Gebrechen) etc. . . . .   —.17½

B. Vergehen und Uebertretungen:

§§. 335—337.

a) Für die Untersuchung einer leichten körperlichen
  Verletzung 1. 5
b) Für die Untersuchung einer schweren körperlichen
  Verletzung . . . . · · .   2.10
c) Für die Untersuchung im Falle der Tödtung (gerichtliche Sektion) die oben bei den §§. 134 bis
  143 vorkommenden Gebühren.

§§. 339, 340.

Untersuchung der Wöchnerin wegen verheimlichter Geburt   1. 5
Untersuchung einer unreifen Frucht 1. 5
Im Falle die Sektion des Kindes nöthig ist, dafür sammt
  Gutachten 3.15

§. 345.

Untersuchung einer verbotenen Arznei (beim Verkaufe
  derselben von Seite Berechtigter) 1. 5

392

der stattgefundenen leichteren oder schwereren Verletzungen und der Zahl der verletzten Personen,
wie oben.

§. 431.

Untersuchung der im §. 431 bezeichneten Fälle, nach
den vorstehend entwickelten Ansätzen.

Anhang.

	fl.nkr.
Für ein von Seite des Gerichtes gefordertes Krankheits- zeugniss	1. 5

Für die Beiwohnung bei einer gerichtlichen Hauptver-
handlung, Gerichtssitzung, um Aufschlüsse zu
geben:

a) für einen halben Tag	3.15
b) für einen ganzen Tag . . . . ˙ .	5.25
c) für jeden folgenden halben Tag	2.10

Gerichtliche Sektion eines todten Thieres:

a) eines grösseren	3.15
b) eines kleineren	1. 5

Wenn diese Verrichtungen von einem Wundarzte vorgenommen werden, so erhält er nur die Hälfte der hier angesetzten Gebühren.

Nebst den hier angesetzten Gebühren haben die von den
Gerichten als Sachverständige in Anspruch genommenen Sanitätspersonen, wenn die Verrichtung für das Gericht ihre Entfernung von dem Wohnorte erheischt, die durch die bestehenden
Gesetze und Verordnungen bestimmten Diäten und Reisegelder
zu fordern.

II.

Gebühren-Tarif

*für die ärztlichen, wundärztlichen und geburtshilflichen Ver-
richtungen im Auftrage der Gerichtsbehörden.*

Für einen Besuch oder eine Untersuchung des Gesund-
heitszustandes oder der Leibesbeschaffenheit, für

jedes Individuum: dem Arzte	—˙17$\frac{1}{2}$
dem Wundarzte	—. 8$\frac{3}{4}$
der Hebamme	—. 8$\frac{3}{4}$

Werden von einer Sanitätsperson mit Einem Besuche
zugleich mehr als 6 Individuen in Einer Anstalt
behandelt oder untersucht, so erhält für jedes In-

dividuum über 6 der Arzt nur	—. 8$\frac{3}{4}$
der Wundarzt nur	—. 4$\frac{3}{8}$
die Hebamme nur	—. 4$\frac{3}{8}$
Für einen Aderlass	—.21
Für die Anwendung eines trockenen Schröpfkopfes .	—.10$\frac{1}{2}$

394

fl.nkr.

Für die Anwendung eines blutigen Schröpfkopfes . . —.21
Für die Anwendung eines Blutegels wird weiter nichts
vergütet, als für jeden einzelnen der jeweilige La-
denpreis.
Für die Anwendung eines Blasenpflasters . . . . . . —.17½
Für die Anwendung von Seidelbast . . . . —.26¼
Für die Anwendung eines Haarseiles . . . . —.42
Für die Anwendung eines Fontanelles . . . . . . —.28
Für die Anwendung eines Klystiers oder sonst einer
Einspritzung in eine der natürlichen Höhlen des
menschlichen Körpers . . . . —.14
Für die Anwendung des Katheters
a) bei Frauen . . . . —.35
b) bei Männern . . . . —.52½
Für die Extraction fremder Körper aus einer der na-
türlichen Höhlen des menschlichen Leibes . . . 1. 5
Für die Extraktion eines Nasen- oder dergleichen Po-
lypen . . . . —.63
Für das Ausziehen eines Zahnes . . . . —.21
Für das Befeilen eines Zahnes . . . . —.14
Für die Untersuchung und das Verbinden einer Wunde,
eines Geschwüres, einer Contusion, Geschwulst
u. dgl. . . . . —.17½
Für die Anlegung einer blutigen Naht bei einer Wunde —.17½
Für die Unterbindung eines verletzten Gefässes . . 2.10
Für die Eröffnung eines Abszesses, einer Drüsenge-
schwulst u. dgl. . . . . 1.—
Für die Einrichtung einer Luxation 1.33
Für die Einrichtung eines Knochenbruches 3.98
Für die Erneuerung des Verbandes bei einer Luxation
oder einem Knochenbruche . . . . —.17½
Für die Amputation eines Armes, Schenkels, einer Hand
oder eines Fusses 10.50
Für die Amputation eines Fingers oder einer Zehe . 2.10
Für die Amputation einer Brust 5.25
Für die Zurückbringung einer Darmvorlagerung durch
die Taxis 1. 5
Für die blutige Einrichtung einer eingeklemmten Darm-
vorlagerung 10.50
Für die Anlegung eines Bruchbandes oder Tragbeutels —.17½
Für die Zurückbringung eines Mastdarm-, Scheiden-
oder Gebärmutter-Vorfalles . . . . —.52½
Für die Punktion des Bauches 2.10
Für die Punktion einer Hydrokele 1. 5
Für den Kaiserschnitt an einer lebenden oder todten
Person 5.25
Für die Untersuchung der weiblichen Geschlechtstheile
auf Schwangerschaft, vorhergegangene Geburt,
Krankheiten derselben u. s. w. überhaupt ausser
der Entbindungszeit . . . . —.17½
Für eine leichte Entbindung 3.15

	fl.nkr.
Für eine schwere Entbindung (mittelst Wendung oder Zange)	5.25
Für eine Zwillingsgeburt	8.40
Für die besonders nothwendig gewordene Entfernung der Nachgeburt oder eines unreifen Eies oder einer Mola	5.25
Für den Beistand bei einer Fehlgeburt	1. 5
Für die manuelle Hilfeleistung bei der Stillung eines heftigen Gebärmutterflusses ·	1.57$\frac{1}{2}$
Für die Untersuchung (das Kosten) der Speisen und des Brotes dem Arzte	—.17$\frac{1}{2}$
dem Wundarzte	—. 8$\frac{3}{4}$
Für dieselbe Untersuchung, wenn sie bei Gelegenheit der ärztlichen Krankenbesuche vorgenommen wird, dem Arzte	—.10$\frac{1}{2}$
dem Wundarzte	—. 7

Anmerkungen.

1. Bei der Gebühr für einen Besuch sind das Krankenexamen, die Ordination und die Verschreibung von Rezepten, sowie kleine Manual- und Instrumental-Untersuchungen, oder ein ganz einfacher, leichter Verband, insoferne für letztere nicht ein besonderer Ansatz im Tarife vorkommt, darunter verstanden.

2. Für einen Besuch bei Nacht, d. i. von 10 Uhr Abends bis 5 Uhr Morgens, ist die doppelte Besuchstaxe aufzurechnen gestattet.

3. Die Besuchstaxe ist, ausgenommen bei den Untersuchungen Tarifpost 1, 2, 41 und 42, bei allen übrigen Verrichtungen nebst den, für dieselben angesetzten Gebühren zu entrichten.

4. Die bezüglichen Tarifansätze gelten nur für die Vornahme und Vollendung des Operationsaktes, zu welchen auch Stillung der Blutung und Anlegung des ersten Verbandes u. dgl. gehören.

5. Diese Operationstaxen sind den Sanitätspersonen ohne Unterschied ihrer sonstigen Eigenschaft im vollen Betrage zu vergüten.

6. Die bei Tarifpost 7 bis 11 nothwendigen Ingredenzien, sowie Verbandstücke, Instrumente und andere Utensilien, welche entweder nur einen Einmaligen Gebrauch erlauben, oder welche den Kranken zu ihrem ferneren Gebrauche nothwendig bleiben, sind den Sanitätspersonen entweder zu liefern oder aber besonders zu vergüten.

7. Die Kosten für die gewöhnliche Instandhaltung der Instrumente, z. B. Schärfen der Messer u. s. w. dürfen nicht aufgerechnet werden.

8. In Fällen, wo über Anordnung der Gerichtsbehörde ein zweiter Sachverständiger einzuschreiten hat, erhält dieser, wenn nicht besondere Bestimmungen etwas Abweichendes festsetzen, die im Tarife für die bezüglichen Verrichtungen angesetzten Gebühren.

9. Die bei der einen oder anderen Operation etwa nothwendig gewesene entgeldliche Assistenz ist als solche von dem Operateur nachzuweisen, eine angemessene Entlohnung dafür zu beantragen, und der zuständigen Behörde zur Entscheidung vorzulegen.

10. Die zur etwaigen Vorbehandlung, sowie die zur Nachbehandlung bei Operationen nothwendigen Besuche und anderweitigen Verrichtungen sind nach den bezüglichen Tarifansätzen aufzurechnen und zu honoriren.

11. Bei Verbrennungen oder bei besonders grossen Verwundungen und Geschwüren, deren Stellen sich über mehrere Körpertheile erstrecken, wird jeder Arm, Schenkel u. s. w. als ein abgesonderter Theil in dem Konto zu benennen und ein billiger Betrag für die nothwendigen Verbände anzusetzen sein.

12. In den Tarifsätzen für geburtshilfliche Akte sind die unmittelbar vor und nach denselben nothwendigen Untersuchungen der weiblichen Geschlechtstheile mit eingerechnet.

13. In Betreff der nach vollkommen beendigter Entbindung nothwendigen Behandlung der Mutter und des Kindes, soweit solche zu den Verrichtungen entweder des Arztes oder der Hebamme gehört, haben sich die Entlohnungen hierfür entweder nach den bezüglichen Tarifansätzen, oder, wo solche fehlen, nach der Bestimmung des §. 3 der vorstehenden Verordnung zu richten.

14. Die unter Post 35 und 36 des Tarifes II. angesetzten Gebührenbeträge werden nur dann passirt, wenn die Wöchnerin die neun Tage überstanden hat, während bei einem unverschuldeten Todesfalle derselben nur die Hälfte der daselbst festgesetzten Beträge aufgerechnet werden darf.

Ein verschuldeter Todesfall der Wöchnerin hebt selbstverständlich jene Entlohnungen auf.

15. Hebammen erhalten für die manchmal von ihnen vorgenommenen kleineren chirurgischen Hilfeleistungen, wie Blutegel-, Klystier-, Kathetersetzen u. dgl., den dafür angesetzten Taxbetrag.